ENGLISH-HINDI

GLOSSARY ON FISHERIES SCIENCE AND AQUACULTURE

THE AUTHORS

Dr. Prem Kumar, joined as Agricultural Research Service in year 2009 at ICAR-CIBA, Chennai, and currently working as senior scientist at ICAR-Central Institute of Fisheries Education, Mumbai. He has developed the seed production and farming technology of Mystus catfish, nursery rearing of Hilsa, developed the protocol for captive maturation of gold spot mullet yellow fin bream and popularized the seed production and farming of Seabass,. Currently, he is working on reproductive physiology and breeding of fish and shell fish. He has published more than 50 research papers in peer-reviewed journals.

Dr. M.S. Shekhar is working as Principal Scientist and Head of the Department of Aquatic Health and Environment Division at ICAR-Central Brackish Aquaculture Research Institute, Chennai. He has 30 years of research experience in the field of Aquaculture Biotechnology. His major research areas of interest include development of molecular diagnostic tests for viral pathogens, genomics, development of DNA markers, bioprospecting and allele mining of genes and aquatic disease management. He has published approximately 65 research articles, 10 book chapters and granted 4 patents.

Dr. Sujeet Kumar is a senior scientist at ICAR-Central Institute of Brackishwater Aquaculture. He has specialization in microbiology and obtained his MVSc and PhD degree from IVRI, Izatnagar, Bareilly. Presently, he is working on developing molecular diagnostics for quantification of pathogenic Vibrios and development of live attenuated vaccine for their control, understanding the virulence status of aquatic pathogens, genomics and phage based therapeutics. He has handled two external funded projects as PI and Co-PI in several institute projects. He has published more than 50 research papers in peer-reviewed journals.

Naveen Kumar Jha has received the Bachelor of Arts (Political Science) degree in 2004 from C.M College, Darbhanga (Lalit Narayan Mithila University). He started his career in Indian Railways as Assistant Station Master (2006-10). Subsequently, Section Officer in the Principal Accounts Office, Ministry of Education (2010-2011), Ministry of Science and Technology (2011-2012). He also served as Administrative Officer, ICAR-CIFRI, Kolkata (2012-2017), Senior Administrative Officer, ICAR-NINFT, Kolkata (2017-22). Currently, he is working as Chief Administrative Officer, ICAR-CIBA, Chennai, 600028, Ministry of Agriculture, Government of India.

ENGLISH-HINDI

GLOSSARY ON FISHERIES SCIENCE AND AQUACULTURE

–: Authors :–

Dr. Prem Kumar | Dr. M.S. Shekhar

Dr. Sujeet Kumar | Naveen Kumar Jha

2025

Daya Publishing House®

A Division of

Astral International Pvt. Ltd.

New Delhi – 110 002

ISBN: 978-93-5919-699-2

Published by : **Daya Publishing House®**
A Division of
Astral International Pvt. Ltd.
– ISO 9001:2015 Certified Company –
4736/23, Ansari Road, Darya Ganj
New Delhi-110 002
Ph. 011-43549197, 23278134
E-mail: info@astralint.com
Website: www.astralint.com

Digitally Printed at : **Replika Press Pvt. Ltd.**

भारतीय कृषि अनुसंधान परिषद
भा.कृ.अनु.प.-केन्द्रीय मात्स्यिकी शिक्षा संस्थान, मुंबई
(वि.अ.आ. अधिनियम धारा-३ के अंतर्गत विश्वविद्यालय)
ICAR - CENTRAL INSTITUTE OF FISHERIES EDUCATION
(University under Sec.3 of UGC Act)
कृषि एवं किसान कल्याण मंत्रालय, भारत सरकार, Ministry of Agriculture and Farmers Welfare, Govt. of India

डा. एन. पी. साहू
संयुक्त निदेशक
Dr. N. P. SAHU
Joint Director

प्रस्तावना

मुझे हिंदी-अंग्रेजी द्विभाषी वैज्ञानिक शब्दकोश आपके समक्ष प्रस्तुत करते हुए अत्यंत हर्ष की अनुभूति हो रही है। यह पुस्तक जलीय कृषि के प्रति उत्साही लोगों, किसानों, छात्रों और शोधकर्ताओं की जरूरतों को पूरा करने के लिए तैयार की गई है। यह पुस्तक जलीय कृषि और मत्स्य विज्ञान में उपयोग किए जाने वाले विभिन्न प्रकार के वैज्ञानिक और तकनीकी शब्दों के बारे में व्यापक जानकारी प्रदान करेगी।

मुझे विश्वास है कि यह पुस्तक हिंदी में मत्स्य पालन और जलीय कृषि विज्ञान को बारीकी से समझने के लिए तैयार की गई है, जो निश्चित रूप से कई उद्यमियों और छात्रों के लिए उपयोगी साबित होगी। मैं इस उपयुक्त पुस्तक को समय पर प्रकाशित करने हेतु संपादक, सह-संपादक एवं सहयोगियों द्वारा किए गए प्रयासों की सराहना करता हूँ।

न. प्र. साहू

स्थानः मुंबई

(एन.पी. साहू)
संयुक्त निदेशक

पंच मार्ग, ऑफ यारी रोड, वर्सोवा, अंधेरी (पश्चिम), मुंबई-400061, भारत
Panch Marg, Off Yari Road, Versova, Andheri (West), Mumbai-400061, India
कार्यालय /Office : 022-263000995
Email: jointdirector@cife.edu.in/npsahu@cife.edu.in Website: https://www.cife.edu.in

भारतीय कृषि अनुसंधान परिषद
भा.कृ.अनु.प.-केन्द्रीय मात्स्यिकी शिक्षा संस्थान, मुंबई
(वि.अ.आ. अधिनियम धारा-३ के अंतर्गत विश्वविद्यालय)
ICAR - CENTRAL INSTITUTE OF FISHERIES EDUCATION
(University under Sec.3 of UGC Act)
कृषि एवं किसान कल्याण मंत्रालय, भारत सरकार, Ministry of Agriculture and Farmers Welfare, Govt. of India

डा. रविशंकर सी.एन.
निदेशक/कुलपती
Dr. Ravishankar C.N.
Director/Vice Chancellor

प्राक्कथन

भा.कृ.अनु.प – के. मा. शि. सं एक प्रमुख शैक्षणिक संस्थान है, जो मत्स्य पालन और जलीय कृषि में उत्कृष्ट शिक्षण और अनुसंधान के लिए दुनिया भर में जाना जाता है। 1961 में अपनी स्थापना के बाद से, पिछले छह दशकों में, इसने उद्योग और शिक्षा जगत, दोनों की जरूरतों को पूरा करते हुए, मत्स्य पालन क्षेत्र की उन्नति में महत्वपूर्ण योगदान दिया है। संस्थान शिक्षा और कौशल विकास प्रशिक्षण कार्यक्रमों के माध्यम से मत्स्य विज्ञान के विभिन्न क्षेत्रों में गुणवत्तापूर्ण मानव संसाधनों को तैयार करने के लिए जिम्मेदार है, जो सबसे टिकाऊ और पर्यावरण-अनुकूल तरीके से प्रति इकाई क्षेत्र में मछली उत्पादन बढ़ाने के क्षेत्र में एक महत्वपूर्ण कार्य है। मात्स्यिकी एवं जलकृषि खाद्य एवं पोषण संबंधी असुरक्षा, गरीबी उन्मूलन और अरबों लोगों के आर्थिक विकास संबंधी वैश्विक चुनौतियों से निपटने में महत्वपूर्ण भूमिका निभाता रहा है।

विश्व में हिंदी भाषा मंडारिन के बाद सबसे अधिक बोली जाने वाली दूसरी भाषा है। यह अनुमान लगाया गया है कि विश्व में हिंदी बोलने वाले लगभग एक अरब है। विश्व के अधिकाधिक देशों में एक विषय के रूप में हिंदी पढाई जाती है। हिंदी केंद्र सरकार की राजभाषा है। भारत में उत्तर से लेकर दक्षिण तक अधिकांश लोगों के बीच हिंदी एक महत्वपूर्ण संपर्क भाषा है। इसलिए किसानों, शोधकर्ताओं, उद्यमियों, अधिकारियों और छात्रों के बीच मत्स्य विज्ञान और जलीय कृषि के ज्ञान और प्रौद्योगिकी को स्थानांतरित करने के लिए इस द्विभाषी अंग्रेजी-हिंदी शब्दकोश बहुत उपयोगी साबित होगा।

मैं इस उपयुक्त पुस्तक को समय पर प्रकाशित करने हेतु संपादक, सह संपादक एवं प्रमुख संसाधन व्यक्तियों द्वारा किए गए प्रयासों की सराहना करता हूं।

रविशंकर सी. एन.

9 मई 2024
मुंबई

पंच मार्ग, ऑफ यारी रोड, वर्सोवा, अंधेरी (पश्चिम), मुंबई-400061, भारत
Panch Marg, Off Yari Road, Versova, Andheri (West), Mumbai-400061, India
कार्यालय दूरभाष/Office Tel.: +91-22-26361446/7/8 मोबाइल फ़ोन/Mobile phone: (+91) 9446474368
Email: director@cife.edu.in Website: https://www.cife.edu.in

प्राक्कथन

मनुष्य की सबसे महान खोज है भाषा। यह सर्वविदित है कि भाषा विचारों के आदान-प्रदान का सशक्त माध्यम है । वही भाषा संपन्न मानी जाती है, जिसमें अपार साहित्य मौजूद हैं। इस परिप्रेक्ष्य में हिंदी को देखा जाए तो मालूम पड़ेगा कि आदिकाल से लेकर वर्तमान काल तक हजारों साहित्यकारों ने विभिन्न विधाओं में हिंदी साहित्य को सँवारा और पोषित किया है।

आज के वैश्विक परिदृश्य में हिंदी एक सशक्त भाषा बनकर उभरी है और इसका प्रचार-प्रसार पूरे विश्व में हो रहा है। विद्वानों में इस बात में मतभेद है कि हिंदी विश्व में दूसरी सर्वाधिक बोली जाने वाली भाषा है या पहली। हाल ही में प्रकाशित शोध रिपोर्ट के अनुसार मंडारिन को पीछे छोड़कर हिंदी ने प्रथम स्थान प्राप्त किया है। तर्क जो भी हो, यह सर्वविदित है कि हिंदी भाषा की चर्चा पूरे विश्व में प्रभावी तरीके से हो रही है।

साहित्य के अतिरिक्त विज्ञान के क्षेत्र में हिंदी को स्थापित करने का कार्य कई विद्वानों ने किया है, जिसकी बदौलत आज विज्ञान के क्षेत्र में भी हिंदी ने अपना परचम लहराया है और यह एक सतत प्रक्रिया है। हम सब जानते हैं कि हिंदी भारत सरकार की राजभाषा है और इसका प्रचार-प्रसार करना हमारा कर्तव्य है। साथ में वैज्ञानिक विषयों को सरल एवं सहज हिंदी में प्रस्तुत करने की जरूरत है।

उपर्युक्त बात को ध्यान में रखते हुए मात्स्यिकी क्षेत्र के विभिन्न पहलुओं का समावेश करते हुए तैयार किया गया यह अंग्रेजी-हिंदी कोश विज्ञान के क्षेत्र में हिंदी की पहुँच को और अधिक सहज बनाएगा। इस कोश में मात्स्यिकी से जुड़े विभिन्न अंग्रेजी शब्दों को सरल हिंदी में प्रस्तुत करने की कोशिश की गई है। आशा ही नहीं वरन पूरा विश्वास है कि मात्स्यिकी विज्ञान और प्रौद्योगिकी के क्षेत्र में कार्यरत शोधकर्ताओं, वैज्ञानिकों, शिक्षाविदों और छात्रों को यह कोश बहुत ही उपगोगी साबित होगा, तब हम मानेंगे कि हमारी यह कोशिश सफल हुई है।

लेखकगण

A

Abiotic	अजीव
Physical factor, which affects the development andèor survival of an organism-W	भौतिकी पहलू, जो किसी जीव के विकास और/या उसके उत्तर जीविता को प्रभावित करता है।
Absorption	**अवशोषण**
The transfer of nutrients across cell membranes following digestion. Products of digestion are absorbed by diffusion and active transport. The taking in and assimilation of gases, fluids and suitable matter by the skin, mucous membranes] and blood vessels.	1. पाचन के बाद कोशिका झिल्ली में से पौष्टिक तत्त्वों का अंतरण। 2. त्वचा, श्लेशम झिल्ली एवं रक्त की नलियों द्वारा गैस, द्रव एवं उचित सामग्रियों के सोखने एवं समावेश की प्रक्रिया।
Acclimation	**पर्यनुकूलन**
Adjustment of organisms to Condition Laboratory	जीवों का प्रयोगशाला परिस्थितियों के अनुकूल करना।
Acid	**अम्ल**
A substance characterized by the ability to react with bases or alkalis in water to form salts- An acid releases hydrogen ions upon dissociation in water, having a pH below 7.	वह पदार्थ जो पानी में मार से अभिक्रिया करके लवण पेदा करता है। अम्ल, पानी में वियोजित होने पर हाईड्रोजन अयॉन पैदा करता है, जिसकी pH 7 से कम है।
Acid-binding capacity (ABC)	**अम्ल-बंधन क्षमता (ABC)**
Amount of alkaline reserves (or alkalinity) present in a water, measured by a simple method using methyl orange as an indicator] expressed in SBV units (abbreviation of the German term "Säurebindungsvermögen"), it provides an estimate of total alkalinity and of temporary water hardness. Equivalents are: SBV = 50 mg eq.$CaCO_3$èlitre = 28 mg eq. CaOl = 20 mg Ca++l = 8 German degrees of hardness = 1 milliequivalent l.	पानी में उपस्थित क्षारों के संचयन की मात्रा को मीथाईल ऑरेंज, संकेतक का प्रयोग करते हुए सरल पद्धति के माध्यम से मापा जाता है, जिसे SBV यूनिटों (शौरेनिन्डुंग्सवेर्मोजेन) में अभिव्यक्त किया जाता है। यह अस्थायी पानी की कुल कठोरता एवं क्षारीयता प्रदान करता है। इसके समतुल्य इस प्रकार हैं: SBV = 50 mg eq.CaCO3 litre = 28 mg eq. CaOl = 20 mg Ca++ l =8 कठोरता की जर्मन मात्रा = 1 milliequivalent l.

Adaptation	**रूपांतरण**
The process by which individuals (or parts of individuals), populations, or species change in form or function in order to perform better under given or changed environmental conditions.	वह प्रक्रिया जिसमें एक जीव था उसका कोई अंग (संख्या के भाग), या प्रजाति, किसी दी हुई परिस्थितियों में या बदले गए पर्यावरणीय परिस्थितियों में बेहतरीन ढ़ंग से काम करने के लिए रूप या प्रकार्यों में परिवर्तित होते हैं। इसे उक्त प्रक्रिया के परिणामों के लिए भी प्रयोग किया जा सकता है।
Additive	**योजक**
An ingredient or combination of ingredients added to the basic feed mix or parts thereof to fulfil a specific need-Usually used in micro quantities and requires careful handling and mixing. The additives used in aquafeed may include synthetic amino acids, vitamins, binders, antioxidants, preservatives, prophylactic medicines, hormones and growth promoters.	किसी विशिष्ट आवष्यकता को पूरा करने के लिए मूल खाद्य पदार्थ मिश्र या उसके भागों में मिलाए जानेवाली सामग्री या सामग्रियों का मिश्रण। यह आमतौर पर सूक्ष्म यानी बहुत ही कम मात्राओं में उपयोग किया जाता है और इन्हें अत्यंत सावधनी और ध्यान से मिलाने की जरूरत है। जलकृषि में प्रयोग किए जानेवाले योजकों में संष्लिश्टिक अमीनो अम्ल, विटामिन, बाईंडर या बंध्क, ऑक्सीकरण-रोधी पदार्थ, परिरक्षक, प्रोफईलेक्टिक औषधि, हार्मोन एवं वृद्धिपरक पदार्थ शामिल हैं।
Adsorption	**अधिशोषण**
(a) Adhesion of molecules of a gas, liquid or dissolved substance to a surface.	(a) सतह पर गैस, द्रव या विघटित पदार्थ के अणुओं का आसंजन।
(b) In soil: the attachment of a particle, ion or molecule to a surface. *e.g.* calcium is adsorbed onto the surface of clay or humus.	**(b) मृदा में:** कण, अयॉन या अणु के किसी सतह से जुड़ जाना या संलग्न होना, उदाहरण के लिए चिकनी मिट्टी या ह्यूमस से कैल्शियम का अध्शिोषण।
Adult	**वयस्क**
Any animal that has attained full growth or is sexually mature	कोई भी पशु जिसने पूर्ण वृद्धि स्तर प्राप्त की है या यौन रूप से परिपक्व है।
Aeration	**वातन**
In aquaculture systems: the mechanical mixing of air and water. this generally refers to a process by which gases contained in air are transferred across the air&liquid interface.	जलकृषि की व्यवस्थाओं में वायु और पानी का यांत्रिक पद्धति से मिश्रण; यह सामान्य रूप से उस प्रक्रिया का संकेत देता है जिसके माध्यम से हवा में उपस्थित गैसों को वायु-द्रव इंटर्फेस से अंतरित किया जाता है।

Aerator	**वातक**
Device used for introducing air into the water- There are three broad categories of aerators/ mechanical, gravity and air diffusion systems.	हवा में पानी मिलाने के लिए प्रयुक्त उपस्कर। वातकों के तीन मुख्य वर्ग होते हैं; यांत्रिक, गुरुत्वाकर्शक एवं वायु विसरण व्यवस्थाएं।
Aerator,- paddle wheel	**वातक, पैडल-व्हील**
Simple aerator consisting of a turning wheel with flat paddles that agitate water] causing degassing and aeration of the water. A float & mounted motor drives a horizontal axle on which is fitted at each end a vertical paddle&wheel, set about one fourth to one third of its diameter into the water, The blades of the paddle & wheel are usually slightly scooped or angled and are perforated, The paddle & wheels rotate in the water, scooping, lifting and splashing the water out across the pond surface.	एक सरल वातक जिसमें समतल पैडलों के साथ घूमनेवाले चक्र होते हैं जो पानी में घूमकर, पानी से गैस निकालकर एवं वातन स्थिति पैदा करते हुए पानी को आंदोलित करता है। मोटर पर लगाया हुआ फ्लोट, एक क्षैतिज ऐक्सेल को चलाता है जिसे पैडल-व्हील के अंत में लगाया रहता है और इसके व्यास के एक-चौथाई या एक-तिहाई भाग पानी में डूबा होता है। सामान्य रूप से पैडल-व्हील के ब्लेड थोड़े से बाहर निकले या कोण रूप में या छेददार होते हैं। पैडल-व्हील पानी में घूमते हैं और वे तालाब की सतह पर पानी को छपछपाते हुए घूमता हैं।
Aerator, propeller & diffuser	**वातक, प्रोपेलर-विसरक**
Consists of a rotating hollow shaft attached to an electric motor. A diffuser and an impeller are located at one end of the shaft and are submerged The unit is supported at the water surface with a float assembly so that a hole in the opposite end of the shaft near the motor remains above the water surface. The impeller accelerates the water sufficiently to cause a pressure drop within the hollow tube that forces atmospheric air into the tube. The air passes through the diffuser and enters the water as fine bubbles that are mixed with the impeller- These aerators provide water circulation in addition to aeration.	इसमें इलेक्ट्रिक मोटर से लगाए गए घूमनवाले खोखले शौफ्ट होता है। षैफ्ट के एक कोने में एक विसरक और इम्पेल्लर होते हैं और ये डूबी हुई स्थिति में होते हैं। यूनिट को फ्लोट असेम्बली के साथ पानी की सतह पर स्थापित किया जाता है ताकि मोटर के पास शौफ्ट के दूसरे किनारे में स्थित छेद पानी की सतह के ऊपर हो। इम्पेल्लर पानी की गति बढ़ा देती है जिससे खोखले ट्यूब में दाब को कम होता है, जिससे कि ट्यूब में वातावरणिक हवा मजबूरन भेजी जाती है। हवा विसरक में से जाता है और पानी में बहुत ही महीन बुलबुलों के रूप में प्रवेष करता है और से इम्पेल्लर के साथ मिल जाते हैं। ये वातक, पानी में उपस्थित वातन के अतिरिक्त हवा का परिचालन प्रदान करते हैं।
Aerobic	**वायुजीवी**
A condition or process where gaseous oxygen is present or required. Aerobic organisms obtain energy for growth from aerobic respiration.	वह स्थिति या प्रक्रिया जहां गैशियस ऑक्सीजन उपस्थित है या उसकी आवश्यकता होती है। वायुजीवी, बढ़ने के लिए वायु उपस्थित श्वसन से ऊर्जा प्राप्त करते हैं।

Aetiologic agent	**ऐटियोलॉजिक एजेन्ट**
The primary organism responsible for changes in a host animal] leading to disease.	वह प्राथमिक सूक्ष्मजीवी जो मेजबान पशु में परिवर्तन लाने के लिए जिम्मेदार है जिससे रोग हो सकता है।
Aetiology	**व्याधिनिदान विज्ञान, रोग हेतु विज्ञान**
The study or description of the cause of disease, including the factors, which enhance transmission and infectivity of the etiologic agent.	रोग के कारणों के विवरण या अध्ययन, ऐटियॉलोजिक एजेन्ट के हस्तांतरण एवं अशक्तता जैसे लक्षणों को बढ़ाता है।
Aflatoxins	**ऐफ्लेटॉक्सिन**
A group of extremely heat & stable mycotoxins, produced by strains of Aspergillus flavus and A. parasiticus, which exhibit fluorescence on UV radiation. Aflatoxins are toxic to a wide range of eukaryotes. In integrated tropical aquaculture farming systems, aflatoxins have reportedly been a problem when Aspergillus & infected poultry feeds and faeces are transferred to fish ponds. Feedstuffs, which are particularly prone to infestation by A. flavus are groundnuts, cotton seed and copra.	अत्यंत ताप-स्थिर मईटॉक्सिन्स का दल जो ऐसपर्ल्लिस फ्लेवस एवं ऐ.पैरासिटिकस के सार द्वारा पैदा होते हैं, जो यू.वी.विकिरण पर फ्लूरसेन्स पैदा करते हैं। ऐफ्लेटॉक्सिन्स, यूकाराईयोट्स जीवियों के लिए विषैले साबित होते हैं। एकीकृत उष्णकटिबंध जलकृषि खेती व्यवस्थाओं में, जब उन्हें मत्स्य तालाबों में स्थानांतरित किया जाए तो ऐसपर्गिल्लस-दूषित मुर्गीपालन खाद्य एवं मल पदार्थों के लिए ऐफ्लेटॉक्सिन्स समस्या रहे हैं। खाद्य पदार्थ जो विशेष रूप से मूँगफली रुई फलियाँ और कोपरा से दूषित हो सकते हैं।
Agar	**अगर**
Gelatinous product made primarily from red algae (seaweeds) such as *Gelidium* spp. and *Gracilaria* spp. Commonly used as a base for bacterial cultures.	एक श्लेषी उत्पाद जो मूल रूप से लाल सूक्ष्मजीवी-शैवाल (समुद्री घास फूस) से बनाया जाता है, जैसे जेलीडियम प्रजाति एवं ग्रेसिलेरिया प्रजाति। इसे आमतौर पर सूक्ष्मजीवी संवर्द्धन के लिए बेस के रूप में उपयोग किया जाता है।
Agropisciculture	**जलकृषि-मत्स्यपालन**
Combination or alternation of agriculture and freshwater aquaculture.	कृषि एवं स्वच्छ पानी जलकृषि का साथ साथ होना।
Air blower	**वायु-ब्लोअर या वायु धौकनी**
A device that pumps large quantities of ambient air at low pressure, through an air distribution network to aerate water by air stones or air diffusers.	वह उपस्कर जो पानी में वायु भरने के लिए वायु पत्थर या वायु छितरकों तथा वायु वितरण नेटवर्क के माध्यम से निम्न दाब पर परिवेशी वायु को अत्यधिक मात्रा में पंप करता है।

Air compressor	**वायु संपीडक/कम्प्रेसर**
An air pump, which draws in ambient air and pressurises it. In aquaculture, it may be used to transport air (low volume and under high pressure) to culture units where it is dispersed through air diffusers.	एक वायु पंप जो परिवेश से वायु खींचता है और उसे दबाता है। जलकृषि के यूनिटों में वायु (निम्न मात्रा और उच्च दाब के अंतर्गत) के संवहन के लिए उपयोग किया जाता है, जहां उसे वायु छितरकों से फैलाया जाता है।
Air diffuser	**वायु छितरक**
Piece of equipment consisting of a porous material/substance through which air propelled by an air blower or an air compressor can be dispersed into the water column of a culture unit.	वह उपकरण जिसमें छिद्रदार सामग्री होती है जिसमें से वायु ब्लोअर या वायु कम्प्रेसर द्वारा पदार्थ को किसी जलकृषि यूनिट के कॉलम में हवा को फैलाया जाता है।
Air stone	**वायु पत्थर**
Stone-like porous structure used as an air diffuser in water to promote the transfer of oxygen and the removal of carbon dioxide.	वे छिद्रदार पत्थर जिससे पानी में ऑक्सीजन भरने तथा कार्बन ईऑक्साइड निकालने के लिए वायु छितरक के रूप में इस्तेमाल किया जाता है।
Alevin	**ऐलिविन**
The larval stage of fish from hatching to the end of dependence on endogenous yolk as a source of nutrition. This term is often restricted to salmonids and related fishes before they emerge from the spawning gravel or incubation substrate to begin swimming freely.	प्रस्फुटन से लेकर पोषकता प्राप्त करने हेतु अंतः जनित पीतक पर निर्भरता के अंतिम स्तर तक मत्स्य का अविकसित स्तर। इस शब्द को प्रायः साल्मनिड्स के संदर्भ में अथवा उन मत्स्यों के लिए ही प्रयोग किया जाता है, जो मुक्त होकर तैरने से पहले प्रजनन बजरी से निकलने से पहले स्तर के या अंड सेने के सब्स्ट्रेट स्तर के होते हैं।
Alga (pl- algae)	**शैवाल**
Primitive chlorophyll & containing mainly aquatic eukaryotic organisms lacking true stems and roots and leaves-	एक प्राथमिक स्तर का क्लोरोफिल - जिसमें मुख्य रूप से यूकाराईयॉटिक सूक्ष्म जीवी होते हैं जिसमें तनी जड़ें और पत्ते नहीं होते हैं।
Algicide	**शैवालनाशी**
Chemical agent that kills algae	वे रासायनिक पदार्थ जो शैवालों का नाश करता है।
Algiculture	**शैवाल संवर्द्धन**
The culture of algae and in particular microalgae	शैवालों की कृषि विशेष रूप से सूक्ष्म-शैवाल।
Alginates	**अल्जीनेट**
Industrial product derived from brown algae	वह औद्योगिक चूर्ण जिसे भूरे शैवालों से तैयार किया जाता है।

Alkaline	**क्षारीय**
Having a pH greater than 7- Relating to the hydroxide (OH^-) or carbonate $(CO_3)^{2-}$ radical of a highly reactive group of metals that are characteristically basic-	7 से भी ज्यादा pH होने की स्थिति। हाईड्रॉक्साइड (OH.) या कार्बोनेट $(CO_3)^2$ से संबंधित मूलक जो अत्यंत अभिक्रियात्मक धातुओं के दल होते हैं और क्षारता उनका मूल लक्षण है।
Alkalinity	**क्षारीयता**
The ability of a mineral solution to neutralise hydrogen ions usually expressed as equivalents of calcium carbonate-	धातु विलेय की वह क्षमता जिससे हाईड्रोजन अयॉनों को निष्क्रिय बनाया जाता है, सामान्यतया कैल्शियम कार्बोनेट के समतुल्यों के रूप में अभिव्यक्त किया जाता है।
Allele(s)	**विकल्पी**
Alternative form of gene that occupies a given locus on a specific chromosome and that segregate in formation of gametes-	किसी जीन का दूसरा रूप किसी क्रोमजोम के विशिष्ट स्थान पर स्थित रहता है और ये गेमीट निर्माण के दौरान अलग हो जाते हैं।
Altitude	**ऊँचाई**
In topography: vertical distance or height above the mean sea level.	**स्थलाकृति में:** समुद्री सतह के ऊपर या लम्ब औसत दूरी।
Alum (filter)	**ऐलम (फिल्टर)**
Aluminium sulphate: a substance which coagulates particulate matter in water remove turbidity from water.	एलुमिनियम सल्फेट, वह पदार्थ जो पानी में उपस्थित टर्बिडिटी को कोएगुलेट कर पानी साफ करता है।
Ameiosis	**अमीयॉसिस**
Occurrence of only one division in meiosis instead of two_ the absence of pairing of chromosomes in meiosis-	अर्द्धसूत्री विभाजन में दो विभाजनों के स्थान पर एक ही विभाजन घटता है।
Ameiotic	**अमीयॉटिक**
Parthenogenesis in which meiosis is suppressed.	अनिषेक जनन, इसमें अर्द्धसूत्री विभाजन प्रक्रिया को दबाया जाता है।
Amictic	**अमिक्टिक**
Amictic eggs cannot be fertilized and develop parthenogenetically into females_ term also used for females producing amictic eggs (*e.g.* in rotifers).	अमिक्टिक अण्डों का निशेचन और पार्थोजेनेटिक रूप से उन्हें मादा में विकास नहीं किया जा सकता। इस शब्द को अमिक्टिक अण्डे पैदा करनेवाले मादा के लिए प्रयोग किया जाता है (उदाहरण के लिए रोटिफरों में)।

Amino acid	अमीनो अॅम्ल
An organic compound containing both the amino (NH_2) and carboxyl (COOH) groups. Amino acid molecules combine to form proteins, and therefore are a fundamental constituent of living matter.	एक कार्बनिक पदार्थ जिसमें दोनों (NH_2) एवं कार्बाक्सिील (COOH) दल होते हैं। अमीनो अम्ल अणु मिलकर प्रोटीन बनाता है और वे सजीव पदार्थ का मूलभूत अंग होता है। वे मुख्य रूप से हरे पौधें द्वारा ऑटोट्रॉफिक सूक्ष्मजीवियों द्वारा संश्लेषित किए जाते हैं।
Amino acid [essential–(EAA)]	**अनिवार्य अमीनो अम्ल (EAA)**
Amino acid that cannot be synthesized by the organism or cannot be synthesized in quantities sufficient to meet its requirements] yet are required for protein synthesis and therefore must be supplied in the diet.	वह अमीनो अम्ल, जिसे जीवियों के द्वारा संश्लेषित नहीं किया जा सकता। परन्तु, प्रोटीन संश्लेषण की प्रक्रिया में इनकी जरूरत पड़ती है और इस कारण से इन्हें निर्धारित खाद्य पदार्थों से आपूर्ति किया जाना चाहिए।
Ammonia	**अमोनिया**
Total Ammonia¸ is a general term referring to NH_3 and NH_4 combined-	''कुल अमोनिया'' NH_3 एवं NH_4 के लिए संयुक्त रूप से प्रयोग किए जानेवाला एक सामान्य शब्द है।
Ammonia, (gaseous)	**गैसियस अमोनिया**
Gaseous combination of nitrogen and hydrogen] naturally produced during the decomposition of organic nitrogen_ produced synthetically by industrial processus to be used for the production of chemical fertilisers and unionised ammonia.	यह नाइट्रोजन और हाईड्रोजन का गेशियस सम्मिश्रण है, यह कार्बनिक नाईट्रोजन के अपघटन के दौरान प्राकृतिक रूप से पैदा होता है, रासायनिक उर्वरकों एवं एकीकृत अमोनिया के उत्पादन के लिए औद्योगिक प्रक्रियाओं द्वारा तैयार किया जाता है।
Ammonia] (unionized)	**एकीकृत अमोनिया**
A specific term for the dissolved gas NH_3.	एक विशिष्ट शब्दाबली जिसे NH_3 गैस के विलेयित रूप के इस्तेमाल किया जाता है।
Ammonia – nitrogen, (total)	**कुल अमोनिया-नाईट्रोजन**
Refers to both the molecular and ionized forms (NH_3^{-N} and NH_{4+}^{-N}) combined_ values are reported as N. For ease of comparison] data should always be reported as "total ammonia & nitrogen" with the appropriate pH, temperature and salinity values provided.	यह (NH_3^{-N} एवं NH_{4+}^{-N}) के दोनों आण्विक एवं अयोनाईज्ड रूप के लिए प्रयोग किया जाता है इसके मूल्यों को N के रूप में व्यक्त जाता है। सरल तुलना के लिए डेटा को उचित pH, ताप एवं लवणता मूल्यों के साथ सदा ''कुल अमोनिया - नाइट्रोजन'' के रूप में रिपोर्ट किया जाना है।

Ammonium	अमोनियम
A specific term for the ion NH_{4+}, which is the ionized form of ammonia.	NH_{4+} अयॉनों के लिए विशिष्ट शब्दावली, जो अमोनिया का अयोनाईज्ड रूप है।
Ammonium (nitrogen)	**अमोनियम (नाइट्रोजन)**
A specific term referring to the summed weight of nitrogen in the ionized NH_{4+}.	एक विशिष्ट शब्दावली जो अयॉनीकृत NH^{4+} में नाइट्रोजन के कुल वजन को बनाता है।
Amphibiotic	**उभयचर-जीवी**
Aquatic species during one part of the life cycle and terrestrial during the rest of the life cycle.	वह प्रजाति, जिसके जीवन चक्र का एक भाग पानी में व्यतीत होता है और जीवन चक्र का शेष भाग भूमि पर होता है।
Amphihaline	**ऐम्फिहलीन**
Aquatic species, which passes periodically at well defined stages of its life cycle] from salt water to freshwater and vice versa.	वह जलीय प्रजाति जो अपने जीवन चक्र के निर्धारित समय को लवणीय पानी से स्वच्छ पानी तथा स्वच्छ पानी से लवणीय पानी में रखता है।
Anabolism	**उपापचयन**
The part of metabolism involving the manufacture of complex substances from simpler molecules with the consequent utilization of energy-	उपापचयन प्रक्रिया का वह भाग जिसमें ऊर्जा के उपयोग से सरल अणुओं से जटिल पदार्थों का उत्पादन किया जाता है।
Anadromous	**समुद्र अपगामी**
Fish that spend their adult life in the sea but swim upriver to freshwater spawning grounds in order to reproduce, such as most salmonids, sturgeons and certain members of the Clupeidae family.	वह मत्स्य जो अपने जीवन की प्रौढ़ावस्था में समुद्र में रहता है, लेकिन प्रजनन के दौरान नदी प्रवाह के विपरीत मीठे जल के प्रजनन क्षेत्रों की ओर जाता है ताकि वे प्रजनन कर सकें। जैसे साल्मोनिड, सर्जन और क्लूपेइडे परिवार के कुछ सदस्य।
Anaerobic	**अवायवीय, अनॉक्सीय**
Referring to a condition or process where gaseous oxygen is not present or not necessary-	वह स्थिति या प्रक्रिया जिसमें गेशियस ऑक्सीजन की उपस्थिति नहीं होती है या जिसमें उसकी आवश्यकता नहीं होती है।
Anaesthetics	**संवेदनाहरण, चेतनालोप, संज्ञानहीनता**
In the case of fish% chemicals used to relax and facilitate handling] surgery and spawning procedures- Commonly used agents include tricaine methane sulfonate (MS&222)] benzocaine] quinaldine, and carbon dioxide-	मत्स्य के मामले में: वह रासायनिक पदार्थ जिससे निस्चेत कर संभालने, सर्जरी करने तथा प्रजनन प्रक्रियाओं में प्रयोग किया जाता है। आमतौर पर प्रयुक्त एजेन्टों में ट्राईकेन मीथेन सल्फोनेट (MS & 222), बेन्जोकेईन, क्विनल्डीन एवं कार्बन डाईऑक्साईड सम्मिलित होते हैं।

Ancestor	**पूर्वज**
A fish that appears in a previous generation in a fish*s pedigree.	वह मत्स्य जो मत्स्य के वंश के पूर्व वंश का हो।
Androgen	**ऐण्ड्रोजन**
(a) A fish that has only a male parent_ all genes in an androgen come from the father.	(a) वह मत्स्य जिसका एक ही पिता होता है, ऐण्ड्रोजन में निहित सभी जीन पिता से ही प्राप्त होते हैं।
(b) Anabolic steroid hormone that stimulates activity of accessory sex organs and sexual characteristics in males- They are often termed male sex hormones.	(b) ऐनबॉलिक स्टीरॉईड हार्मोन, यह पुरुष लिंग के क्रियाकलापों और यौन लक्षणों को उत्तेजित करता है। सामान्यतया इन्हें पुरुष लिंग हार्मोन के नाम से जानते हैं।
Androgen (mitotic)	**मईटॉटिक ऐण्ड्रोजन**
An androgen that is created by chromosomal manipulation by% (i) Fertilizing an irradiated egg_ and (ii) Shocking the haploid zygote during first cleavage to prevent nuclear and cell division- Mitotic androgens are 100 percent homozygous and 100 percent inbred_ additionally] all genes come from the father-	एक ऐण्ड्रोजन जिसे (i) किरणित अण्डों को निशेचित कर किया जाता है (ii) कोशिका विभाजन की पहली क्लीवेज के दौरान अगुणित युग्मज को शॉक के माध्यम से क्रोमोजोनल दक्षता से पैदा किया जाता है। मईटॉटिक ऐण्ड्रोजन 100 प्रतिशत समयुग्मजी होते हैं और 100 प्रतिशत अंतः प्रजात क्रम व्युत्पन्न हैं। इसके अतिरिक्त सभी जीन पिता से ही व्युत्पन्न होता हैं।
Androgenesis	**ऐन्ड्रोजेनेसिस**
The production of progeny with only the paternal genome_ development from a male gamete] i-e- male parthenogenesis-	केवल पैतृक जीनोम से ही अगला वंश पैदा होता है, एक पुरुष युग्मक से विकास, अर्थात् पुरुष अनिषेक जनन।
Anemometer	**वायुवेगमापक**
Device to measure velocity of either gases (e-g- wind) or liquids in closed conduits or open channels- There are two basic types: vane or propeller anemometers and hot & wire anemometers-	बंद वाहक या खुले चैनलों में गैस (उदाहरण के लिए पवन) या किसी द्रव का वेग मापनेवाला उपकरण। इसके दो मूल प्रकार हैं: वेन या प्रोपेलर वायुवेगमापक तथा गरम-वायर वायुवेगमापक।
Anoxia	**अनॉक्सिता**
Deficiency or absence of oxygen in the blood and tissues-	रक्त एवं ऊतकों में ऑक्सीजन की कमी या अनुपस्थिति।
Antibiotic	**जीवाणुनाशक, प्रतिजीव**
A chemical produced by living organisms] usually moulds or bacteria] capable of inhibiting other organisms-	सूक्ष्मजीवी, आमतौर पर फफूँदी या जीवाणुओं द्वारा उत्पन्न एक रासायनिक पदार्थ, जो अन्य सूक्ष्मजीवियों की वृद्धि रोकता है।

Antibody (Ab)	**प्रतिरक्षी, प्रतिविष**
A protein capable of cross&reacting with an antigen-	वह प्रोटीन जो किसी प्रतिजन के साथ क्रॉस-अभिक्रिया करने की क्षमता रखते हैं।
Antigen	**प्रतिजन**
A substance or cell that elicits an immune reaction-	वह पदार्थ या कोशिका जो एक प्रतिरक्षी अभिक्रिया पैदा करता है।
Antioxidant	**ऑक्सीजन-रोध्क**
A substance that chemically protects other compounds against oxidating thus enhancing stability and prolonging shelf&life_ for example] vitamin E prevents oxidation and rancidity of fats-	वह पदार्थ जो रासायनिक दृष्टि से ऑकसीकरण की प्रक्रिया से सम्मिश्रों की रक्षा करता है ताकि स्थिरता एवं जीवंतता को लम्बा बनाया जा सके। उदाहरण के लिए विटामिन E ऑक्सीकरण प्रक्रिया एवं वसा की रान्सिडिटी रोकता है।
Antivitamin	**विटामिन-रोधी**
Substance chemically similar to a vitamin that can replace the vitamin or an essential compound] but cannot perform its role-	वह पदार्थ जो रासायनिक तौर पर किसी विटामिन के समान होता है और वह विटामिन या किसी अनिवार्य सम्मिश्र को प्रतिस्थापित कर सकता है, लेकिन उसकी भूमिका नहीं अदा कर सकता।
Aquaculture	**जलकृषि**
The farming of aquatic organisms in inland and coastal areas] involving intervention in the rearing process to enhance production and the individual or corporate ownership of the stock being cultivated-	समुद्र तट से भूमि की ओर तथा समुद्री तटवर्ती प्रदेशों में जल जीवों की खेती, जिसमें उत्पादन बढ़ाने के लिए पालन की प्रक्रिया में तथा स्टॉक के व्यक्तिगत या कॉर्पोरेट स्वामित्त्व को हस्तक्षेप होता है।
Aquaculture Practices] (Good)	**जलकृषि की अच्छी पद्धतियां**
Those practices of the aquaculture sector that are necessary to produce quality food products conforming to food laws and regulations-	जलकृषि क्षेत्र की वे पद्धतियाँ जो खाद्य पदार्थ नीति एवं विनियमनों के अनुसरण में गुणवत्तापूर्ण खाद्य पदार्थों का उत्पादन करने के लिए आवश्यक हैं।
Aquaculture production system	**जलकृषि उत्पादन व्यवस्था**
Concept identified by what is being cultured] giving also hints on how this is done] and possibly the aquaculture milieu in which it takes place] such as for example land&based trout culture] suspended rope culture of mussel] intensive eel culture] pond culture of Nile tilapia and intensive catfish raceway culture-	वह संकल्पना जिससे जलकृषि की जा रही है, यह भी संकेत देता है कि कैसे किया जाना है और जलकृषि परिवेश जिसमें हो रहा है, उदाहरण के लिए भूमि अधारित ट्राऊट जलकृषि, शंबुकों का लटकाई हुई रस्सी कृषि, गहन बाम मछली कृषि, नाईल टिलापिया का तालाब कृषि तथा गहन कैट मछली रेसवे कृषि।

Aquaculture artisanal	कारीगर जलकृषि
Aquaculture system producing for family consumption and for the market on a small scale-	पारिवारिक उपभोग के लिए जलकृषि व्यवस्था तथा मार्केट के लिए छोटे स्तर पर उत्पादन
Aquaculture backyard	**पिछवाड़े जलकृषि**
Micro& to small&scale aquaculture] for hobby] own food production or commercial output_ using own@ domestic resources_ literally in the backyard with domestic power and water] etc-	सूक्ष्म- से छोटे स्तर की जलकृषि, दिलचस्पी के लिए अपने ही खाने के लिए या अपने ही घरेलू स्रोतों का उपयोग करते हुए किसी वाणिज्यिक आऊटपुट के लिए घरेलू पावर और पानी आदि का प्रयोग पर निर्भर जलकृषि।
Aquaculture, brackish water	**खारापानी जलकृषि**
The cultivation of aquatic organisms where the end product is raised in brackish water_ earlier stages of the life cycle of these species may be spent in fresh waters or marine waters-	जल जीवों की जलकृषि जहां अंतिम उत्पाद को खारापानी में पाला जाता है, इन प्रजातियों के जीवन चक्र का पहला भाग स्वच्छ पानी या समुद्री पानी में बीतता है।
Capture & based Aquaculture	**पकड़ना आधारित जलकृषि, अधिकृत आधारित जलकृषि**
The practice of collecting seed¸ material – from early life stages to adults & from the wild] and its subsequent ongrowing in captivity to marketable size] using aquaculture techniques-	जलकृषि के तकनीकों का प्रयोग करते हुए - जीवन के प्रारंभिक स्तरों से परिपक्व स्तर तक - जंगली स्थिति से बंद स्थिति के बढ़ते हुए स्तरों से मार्केट करने के आकार स्तर तक ''बीज'' इकट्ठा करने की पद्धति। बीज एवं छोटी मछली को प्रकृति से लाकर जलकृषि द्वारा पालना।
Aquaculture, commercial	**वाणिज्यिक जलकृषि**
The farming of aquatic organisms with the goal of maximizing profits_ it is practised by small to large&scale producers who are active participants in the market] purchasing inputs (including capital and labour) and engaging in off&farm sales of their production.	लाभों बढ़ोत्तरी करने के लक्ष्य से जल जीवों की खेती, इसमें छोटे से बड़े पैमाने पर उत्पादन करनेवालों द्वारा मार्केट में इनपुट की खरीदारी (पूँजीनिवेश एवं श्रम) तथा अपने उत्पादन का विक्रय उत्पादक द्वारा किया जाता है।
Aquaculture, extensive	**विस्तारित जलकृषि**
Production system characterized by (i) a low degree of control (e.g. of environment, nutritionm, predators, competitors, disease agents). (ii) low initial costs, low&level technology] and low production efficiency (yielding no more than 500 kgèhaèyr). (iii) high dependence on local climate and water	उत्पादन व्यवस्था जो (*i*) कम नियंत्रित (उदाहरण के लिए पर्यावरण, पौष्टिकता, परभक्षी, प्रतिद्वन्द्वी, रोग एजेन्ट आदि), (*ii*) कम प्रारंभिक लागत, कम स्तर की प्रौद्योगिकी और कम उत्पादन क्षमता (500 kgèhaèyr से अधिक नहीं), (*iii*) स्थानीय मौसम एवं पानी की गुणवत्ता पर अधिक निर्भर,

quality_ use of natural waterbodies (e-g- lagoons] bays] embayments) and of natural often unspecified food organisms-	प्राकृतिक पानी निकायों का प्रयोग (उदाहरण के लिए लगून, खाड़ी, आदि) तथा प्राकृतिक अविशिष्ट खाद्य सूक्ष्मजीवी द्वारा लक्षणित होता है।
Aquaculture] freshwater	**स्वच्छ पानी जलकृषि**
The cultivation of aquatic organisms where the end product is raised in fresh water_ earlier stages of the life cycle of these species may be spent in brackish waters or marine waters-	जलीय जीवों की जलकृषि जहां जलजीवों को स्वच्छ पानी में पाला जाता है। इन प्रजातियों के जीवन चक्र, खारा पानी या समुद्री पानी में हो सकता है।
Hydroponic Aquaculture	**हाईड्रोपोनिक्स जलकृषि**
Aquaculture linked to hydroponic crop production_ aquaculture providing nutrients for plants.	हाईड्रोपोनिक फसल उत्पादन से संबंधित जलकृषि पौधें के लिए पौष्टिकता प्रदान करनेवाली जलकृषि।
Aquaculture, hyper & intensive	**अति गहन जलकृषि**
System of culture characterized by a production averaging more than 200 tonnes@ha@yr by the use of a complete (processed) fully formulated feed to meet all diet requirements of the species] stocking with hatchery&reared fry] no fertilisers used] full predator and anti&theft precautions taken] highly co&ordinated and controlled regimes] usually pumped or gravity supplied water or cage&based] full use of water exchange and aeration with increasing levels of control over supply and quality] usually in flowing water ponds] cage systems] or tanks and raceways-	जलकृषि की वह पद्धति जो 200 tonnes@ha@yr से भी अधिक औसत उत्पादन करता हो, जिसमें प्रजातियों की सभी आवश्यकताओं को पूरा करने के लिए पूर्ण रूप से संविरचित (परिष्कृत) खाद्य पदार्थ का प्रयोग किया जाता है, हैचरी-पालित फ्राई का स्टॉकिंग, उर्वरकों के प्रयोग के बिना, पूर्ण परभक्षी तथा चोरी से रक्षा के उपाय, अच्छी तरह से संयोजित तथा नियंत्रित क्षेत्र, आमतौर पर पंप किया गया गुरुत्वाकर्षण से पानी की आपूर्ति या बंदी स्थिति आधरित, पानी विनिमय का पूर्ण उपयोग तथा आपूर्ति एवं गुणवत्ता पर पूर्ण नियंत्रण बनाए रखने के साथ वायु-मिश्रण, आमतौर पर बहते हुए पानी के तालाबों में या टंकियों में या रेसवे में अपनाया जाता है।
Aquaculture, integrated	**एकीकृत जलकृषि**
Aquaculture system sharing resources & water, feeds, management, etc. & with other activities commonly agricultural, agro & industrial, infrastructural (wastewaters, power stations, etc.).	जलकृषि की ऐसी व्यवस्था जिसमें स्रोत जैसे- पानी, खाद्य पदार्थ देना, प्रबंधन, आदि- अन्य क्रियाकलापों से उपलब्ध कराया जाता है, आमतौर पर कृषि, कृषि-औद्योगिक, संरचनात्मक आदि (व्यर्थ पानी, पवर स्टेशन आदि)।
Aquaculture (integrated horizontally)	**क्षैतिज एकीकृत जलकृषि**
An overall commercial strategy] where aquaculture production at several farm sites, across several regions or for different species] is managed in an integrated way-	पूर्ण रूप से एक वाणिज्यिक कार्य-नीति, जहां जलकृषि का उत्पादन किया जाता है, कई क्षेत्रों में या विभिन्न प्रजातियों के लिए और इसका प्रबंध एकीकृत पद्धति से किया जाता है।

Integrated Aquaculture	**समन्वित जलकृषि**
An overall commercial strategy, where a farm has control over its own support facilities, broodstock, feed supplies, hatchery, husbandry, processing and marketing.	वाणिज्यिक तौर की कार्य-नीति जहां अपनी ही सुविधाओं पर जलकृषि का नियंत्रण बना रहता है, जैसे ब्रूडस्टॉक, फीड की आपूर्ति, हैचरी और कृषि-खेती, प्रक्रिया और मार्केटिंग।
Aquaculture, (intensive)	**गहन जलकृषि**
System of culture characterized by (i) a production of up to 200 tonnes/ha/yr (ii) a high degree of control. (iii) high initial costs, high & level technology, and high production efficiency. (iv) tendency towards increased independence of local climate and water quality. (v) use of man&made culture systems.	जलकृषि की वह पद्धति जिसमें (i) 200 tonnes/ ha/yr से भी अधिक औसत का उत्पादन (ii) नियंत्रण पूर्ण रूप से नियंत्रित (iii) उच्च प्रारंभिक लागत, उच्चस्तरीय प्रौद्योगिकी तथा उच्च उत्पादन क्षमता (iv) स्थानीय मौसम एवं पानी की गुणवत्ता की स्वतंत्रता की ओर उन्मुख (v) मनुष्य प्रचालित जलकृषि व्यवस्थाओं का प्रयोग।
Aquaculture, marine water	**समुद्र पानी जलकृषि**
The cultivation of the end product takes place in seawater_ earlier stages of the life cycle of these species may be spent in fresh waters or brackish waters-	समुद्री पानी में ही अंतिम उत्पाद की जलकृषि की जाती है, इन प्रजातियों के जीवन चक्र का कुछ समय पानी में पूर्व स्तरों में खारा पानी या समुद्री पानी में गुजरता है।
Aquaculture, production	**जलकृषि उत्पादन**
Type of aquaculture, which transforms water productivity into a product consumed by Man mostly extensive aquaculture systems.	जलकृषि का प्रकार, वह उत्पाद जो पानी में उत्पादकता को मनुश्य द्वारा उपयोग के लिए उत्पाद में परिवर्तित करता है; जो लगभग विस्तृत जलकृषि व्यवस्थाएं हैं।
Restocking Aquaculture	**पुनः संचय जलकृषि**
Type of aquaculture, which produces juvenile or adult aquatic organisms to be used for stock enhancement, generally in a natural environment	जलकृषि का वह प्रकार जो प्राकृतिक वातावरण में स्टॉक अभिवृद्धि के लिए प्रयोग किए जानेवाले तरुण अथवा परिपक्व जल जीवों का उत्पादन करता है।
Aquaculture, rural	**ग्रामीण जलकृषि**
The farming of aquatic organisms by small&scale farming households or communities, usually by extensive or semi&intensive, low&cost production technology appropriate to their resource base- Term sometimes erroneously used interchangeably with subsistence aquaculture.	घरेलू या सामुदायिक, छोटे स्तर पर जलजीवों की खेती जो आमतौर पर विस्तृत या अर्द्ध-गहन, निम्न स्तरीय उत्पादन प्रौद्योगिकी आजीविका पर होता है। यह शब्द कभी कभी गलत रूप से परिवर्तन आधार पर निर्वाह जलकृषि के लिए प्रयोग किया जाता है।

Aquaculture, semi & extensive — **अर्द्ध विस्तारित जलकृषि**

System of culture characterized by a production of 0-5 & 5 tonnes@ha@ yr, possibly supplementary feeding with low & grade feeds] stocking with wild &caught or hatchery&reared fry] regular use of organic or inorganic fertilisers] rain or tidal water supplyand@or some water exchange] simple monitoring of water quality] and normally in traditional or improved ponds_ also some cage systems e-g- with zooplankton feeding for fry.

जलकृषि की वह पद्धति जो 0.5-5 tonnes@ ha@yr के उत्पादन द्वारा वर्गीकृत हैए संभवत: निम्न-स्तरीय खाद्य पदार्थ के साथ अतिरिक्त फीडिंग, खुले वातावरण से पकड़े या हैचरी पालित फ्राई के साथ स्टॉकिंग, कार्बनिक एवं अकार्बनिक उर्वरकों के नियमित प्रयोगए वर्षा या ज्वारीय पानी की आपूर्ति और/या कुछ पानी विनिमय, पानी गुणवत्ता का सरल परिवीक्षण तथा सामान्य रूप से परंपरागत या सुधरित तालाबों मेंय कुछ बंदी स्थितियों में उदाहरण के लिए फ्राई के लिए जूप्लैंक्टन के साथ वर्गीकृत किया जाता है।

Aquaculture] semi & intensive — **अर्द्ध गहन जलकृषि**

Systems of culture characterized by a production of 2 to 20 tonnes@ha@ yr] which are dependent largely on natural food] which is augmented by fertilization or complemented by use of supplementary feed] stocking with hatchery&reared fry] regular use of fertilisers] some water exchange or aeration] often pumped or gravity supplied water] and normally in improved ponds] some enclosures] or simple cage systems-

जलकृषि की वह पद्धति जो 2 से 20 टनधेंध्लत का उत्पादन देता है, सामान्य रूप से प्राकृतिक खाद्य पदार्थ पर निर्भर है जो उर्वरण द्वारा संवर्द्धित है या अतिरिक्त फीड के प्रयोग द्वारा पूर्ण है, हैचरी पालित फ्राई के साथ स्टॉकिंग, उर्वरकों का नियमित उपयोग, कुछ पानी विनिमय या वायु मिश्रण, आमतौर पर पंप के माध्यम से या गुरुत्वाकर्षण द्वारा आपूर्ति या सामान्य रूप से सुधरे हुए तालाबों में कुछ बंदी स्थिति में या कुछ सरल केज व्यवस्थाओं के माध्यम से वर्गीकृत है।

Aquaculturist — **जलकृषि कर्ता**

A person engaged in aquaculture.

वह व्यक्ति जो जलकृषि का कार्य करता है।

Aquafeed — **जलकृषि आहार**

Feed to be used in aquaculture.

वह खाद्य पदार्थ जिसे जलकृषि में उपयोग किया जाता है।

Aquafeed] farm&made& — **खेत में उत्पादित जलकृषि-फीड**

Feed in pellet or other forms, consisting of one or more artificial and/or natural feedstuffs] produced for the exclusive use of a particular farming activity] not for commercial sale or profit-

पेलेट या अन्य रूपों में फीड या खाद्य पदार्थ, जिसमें एक या अधिक कृत्रिम और/या प्राकृतिक खाद्य पदार्थ होते हैं, जिन्हें विशेष रूप से किसी विशिष्ट खेती क्रियाकलापों में प्रयोग किया जाता है, यह किसी वाणिज्यिक विक्रय या लाभ के लिए नहीं होता है।

Aquarium (pl- aquaria)	**जलजीवालय**
A tank or other suitable container in which fishes and other aquatic organisms may be maintained-	एक टंकी या एक उचित डिब्बा जिसमें मछली और अन्य जलजीवों को रखा जाता है।
Aquatic	**जलीय**
Living in or on water for all or a substantial part of the life span-	वह जीव जो अपने जीवन के बहुत बड़े भाग को पानी में या पानी पर निर्भर हैं।
Aquifer	**जलदायी स्तर**
A freshwater&bearing stratum of permeable rock] sand or gravel that provides a groundwater reservoir-	पारगम्य पत्थर, रेत या बजरी जिसमें स्वच्छ पानी का सहन परत होता है, जो भूतल पानी जलाशय प्रदान करते हैं।
Aseptic	**कीटाणुहीन**
Free from infection_ sterile-	दूषण से मुक्त, जीवाणुहीन
Ash	**राख**
In chemical feed analysis% that portion of a sample remaining after burning (at up to 500 °C) until the residue is free of organic matter-	रासायनिक फीड विश्लेषण में: नमूने का 500°C पर कार्बनिक पदार्थ से मुक्त होने तक जलने के बाद बचा हुआ भाग।
Assessment, impact	**निर्धरण असर**
The evaluation of ecological effects to determine their impact on human needs] environmental] social] and economic-	मानवीय आवश्यकताओं, सामाजिक तथा आर्थिकी स्तर पर उनकी पारिस्थितिकी के प्रभावों का मूल्यांकन।
Assets (a)	**परिसंपत्ति (a)**
Resource having commercial or exchange value that is owned by or due an individual, business, institution, or corporation-	वह स्रोत जिसमें वाणिज्यिक या विनिमय मूल्य होता है जो किसी व्यक्ति, वाणिज्यिक, संस्थान या कार्पोरेशन द्वारा संभाला गया है।
Astaciculture	**अस्टासी जलकृषि**
The culture of crayfish-	क्रेफिश की जलकृषि
Atolls	**अटोल**
Coral islands-	प्रवाल द्वीप
Atrophy	**अपक्षय**
Decrease in the amount of tissue] or size of an organ] after normal growth has been achieved-	सामान्य वृद्धि स्तर प्राप्त करने के बाद ऊतकों की मात्रा में कमी, या किसी अंग के आकार में कमी।

Autolysis	**स्वलयन**
Enzyme&induced rupture of cell membranes] either as a normal function of cell replacement or due to infection-	कोशिका झिल्लियों का ऐन्जाइम के कारण टूटना, एक कोशिका प्रतिस्थापन के सामान्य प्रकार्य के रूप में या दूषण की वजह से।
Autosome	**अलिंगसूत्र**
A non&sex chromosome- The autosomes are the pairs of chromosomes that are the same in males and females-	एक गैर–लिंग क्रोमोसोम। ऑटोसोम, क्रोमोसोम की वे जोड़ियां हैं जो पुरुष और मादा में समान होते हैं।
Autotroph	**स्वपोशी**
An organism that can make its own food] usually using sunlight-	वह जीव जो अपना खाना खुद बनाता है, सामान्य रूप से सूर्य प्रकाश का प्रयोग करते हुए बना लेता है।

B

Back flushing	बैक फ्लशिंग
General term used to describe the process whereby a filter is being cleaned. The washing can be either from flows in filters being reversed, filter beds being agitated by air or some mechanical means, or the jetting of water air onto screens to clean them.	सफाई का काम जिसके माध्यम से एक फिल्टर को साफ किया जाता है। सफाई, फिल्टरों में होनेवाले प्रवाह के रास्ते को विपरीत करने के माध्यम से किया जा सकता है अथवा वायु या कुछ यांत्रिक माध्यमों से फिल्टर बेड को आंदोलित किया जाता है या स्क्रीनों पर पानी-हवा का जेट डाला जाता है।
Bacterium, coliform	**जीवाणु कोलिफॉर्म**
Widely distributed microorganism found in the intestinal tract of humans and other animals and in soils; its presence in water indicates fecal pollution and potentially dangerous contamination by disease-causing microorganisms.	यह अत्यधिक रूप से फैला हुआ सूक्ष्मजीवी है जो मानवीय या अन्य पशुओं के आँत और मिट्टी में पाए जाते हैं। पानी में उसकी उपस्थिति से मलीय प्रदूषण का संकेत मिलता है और यह एक अत्यंत खतरनाक संदूषक है जो रोग पैदा करता है।
Bag	**थैला**
In shellfish culture: mesh bag in which ongrowing of shellfish (e.g. oysters) takes place on intertidal trestles (or around stakes).	सीपदार मछली की जलकृषि में: एक मेश का थैला जिसमें सीपदार मछली पालते हैं (उदाहरण के लिए घोंघा) जो इंटरटाइडल ट्रेस्टल्स में होते हैं (स्टेक्स के चारों ओर)।
Basin	**नदी की घाटी**
(a) A hollow depression, natural or artificial, containing water. In aquaculture: a container for culture, such as a pond, a raceway or a tank.	(a) **एक खोखला गढ्ढा, प्राकृतिक या कृत्रिम, जिसमें पानी हो। जलकृषि में:** जलकृषि के लिए एक टंकी, जैसे तालाब या रेसवे या टंकी।
(b) In hydrology: total land area drained by a river and its tributaries	(B) **जल अध्ययन में:** किसी नदी या उसके सह-नदियों द्वारा छोड़ी हुई भूमि का कुल क्षेत्र।
Bed	**बेड**
Prepared area of natural substrate withèwithout additional structures; usually coastal, e.g. oyster beds for culture or storage.	अतिरिक्त संरचनाओं के साथ/उसकी अनुपस्थिति में किसी प्राकृतिक पदार्थ से बनाया गया क्षेत्र, आमतौर पर समुद्र तटवर्ती क्षेत्र, उदाहरण के लिए जलकृषि या भंडारण के लिए ऑइस्टर बेड।

Beel	
In Bangladesh, a small semi-closed lake, seasonal or perennial, shaped as a saucer depression, and considered for development as a common property resource.	बांगलादेश में एक छोटी आध बंद झील, जो मौसमिक या चिर भी हो सकता है, एक कप के आकार में बना हुआ होता है। इसे एक सामान्य संपत्ति स्रोत के रूप में विकास किया जाता है।
Bench-mark	
Permanent, well-defined ground point of known or assumed elevation used as the starting point of a topographical survey or as a reference point during construction of an aquaculture facility.	स्थायी, जाने हुए या माना हुआ उत्कर्ष का अच्छी तरह से निर्धारित भूमि पर बिन्दु जिसे किसी जलकृषि सुविधा के निर्माण के दौरान टोपोग्राफिकल सर्वेक्षण के लिए एक प्रारंभिक बिन्दु या संदर्भ बिन्दु के रूप में लिया जाता है।
Benthic	**बेंथिक**
Of or relating to or happening on the bottom under a body of water.	किसी पानी की बॉडी में तल पर होने वाले या उसके बेंथिक या उससे संबंधित
Benthos	**बेन्थॉस**
Organisms that live on or in the sediment in aquatic environments.	वह सूक्ष्मजीव जो जलीय वातावरणों के सेडिमेण्ट में वास करती हैं।
Bentonite	**बेंटोनाइट**
A clay with a high content of the mineral montmorillonite, usually characterized by high swelling on wetting, often used to seal ponds when water losses by seepage are too high.	वह चिकनी मिट्टी जिसमें मॉण्टमोरिल्लोनाइट धातु की अत्याधिक उपस्थिति होती है। सामान्य रूप से इसे गीले होने पर सूजन द्वारा बताया जाता है, अक्सर तालाबों में सीपेज से पानी की अत्याधिक कमी दूर करने के लिए सील के रूप में इस्तेमाल किया जाता है।
Berm	**बेर्म**
In a coastal area: a natural ridge of sand or gravel deposited by wave action on the shore just above the normal high water mark.	समुद्र तट के क्षेत्र में : समुद्री तट पर पानी के उच्चस्तरीय सामान्य अंकन से ऊपर लहरों द्वारा जमा की हुई रेत या ग्रेवल का प्राकृतिक रिड्ज।
Berry	**बेर्री**
One of the eggs of a fish or a crustacean.	किसी मत्स्य या क्रस्टीशियन का अण्डा।
Binder	**बंध्क**
The adhesive component, which holds together the non-adhesive components of a compound mixture such as aquaculture feed	जोड़नेवाला वह आसंजक घटक, जो किसी सम्मिश्र के गैर-आसंजक घटकों को एक साथ जोड़ता है, उदाहरण के लिए जलकृषि खाद्य पदार्थ का बंधक।

Bioaccumulation — **जैव इकत्रीकरण**

The uptake of substances - e.g. heavy metals or chlorinated hydrocarbons - leading to elevated concentrations of those substances within aquatic organisms.

पदार्थों का उद्ग्रहण : उदाहरण के लिए भारी धातु या क्लोरिनेट हाईड्रोकॉर्बन का जलजीवों में इन पदार्थों की सान्द्रता में अधिकता।

Bioassay — **जैव ऐस्से**

The determination of the effect of any material on living organisms by testing it under standardized conditions, e.g. in aquaculture the use of fish to determine if water is safe to stock with fish, or in toxicology the use of a live organism or cell culture to test for the presence of a chemical.

मानकीकृत परिस्थितियों में सूक्ष्मजीवों पर किसी भी सामग्री के प्रभाव को निर्धरित करने का परीक्षण, उदाहरण के लिए जलकृषि में मत्स्य भंडारण के लिए पानी के सुरक्षित स्तर निर्धारित करने के लिए मत्स्य का प्रयोग करना, या विष-विज्ञान में रासायनिक पदार्थों की उपस्थिति के लिए सूक्ष्मजीवी या कोशिका पालन का उपयोग।

Biodegradable — **जैव अपघटनशील**

Capable of being decomposed by natural biological processes.

प्राकृतिक जैविक प्रक्रियाओं द्वारा अपघटित होने की क्षमता रखनेवाले।

Biodiversity — **जैव वैविध्यता**

The variability among living organisms from all sources including, inter alia, terrestrial, marine and other aquatic ecosystems and the ecological complexes of which they are a part: this includes diversity within species, between species and of Ecosystems.

सभी स्रोतों से जीवों की वैविध्यता का अध्ययन भूमि पर रहने वाले, समुद्री तथा अन्य जलीय पारिस्थितिकी के रहनेवाले जीव। इसमें पारिस्थितिकियों में रहने वाले प्रजातियों के अंतर्गत वैविध्यता, प्रजातियों के बीच होनेवाली वैविध्यता भी शामिल है।

Bioencapsulation — **जैव संपुटन**

A technique whereby various substances, for example nutritional elements and prophylactics, are administered into living organisms, which can then be administered as feed to another animal.

उदाहरण के लिए पौष्टिक घटक एवं रोगनिरोधी, जिन्हें जीवों को दिया जाता है और उसे किसी अन्य पशु को खाद्य पदार्थ के रूप में भी दिया जाता है।

Bioenergetics — **जैव ऊर्जा**

Energy transformation in living organisms and aquatic ecosystems.

जीवों और जलीय पारिस्थितिकियों में ऊर्जा रूपांतरण।

Biofilter	जैव फिल्टर
The component of the treatment units of a culture system in which the removal of organic matter takes place and dissolved metabolic by-products are converted (mainly oxidized) as a result of micro-biological activity. The most important processes are the degradation of organics by heterotrophic bacteria and the oxidation of ammonia via nitrite to nitrate.	जलकृषि व्यवस्था की सहायता से कार्बनिक सामग्री को निकाला जाता है तथा सूक्ष्मजैविक क्रियाकलापों (मुख्य रूप से ऑक्सीकृत) के द्वारा विघटित चयापचय उपोत्पाद पैदा किए जाते हैं। परपोषित बैक्टीरिया के कारण कार्बनिक पदार्थों के अपघटन द्वारा तथा नाईट्राईट से नाईट्रेट का ऑक्सीकरण महत्त्वपूर्ण प्रक्रियाएं हैं।
Biogas	**जैव गैस**
Mixture of methane and carbon dioxide in the ratio of 7:3 that is produced by the treatment of animal dung, industrial wastes and crop residues. It is used as an alternative source of energy.	7:3 अनुपात में मीथेन और कार्बन डाई ऑक्साईड का मिश्रण जो पशुओं के गोबर, औद्योगिक व्यर्थ पदार्थ एवं फसल के अवशेषों से पैदा होता है। इसे एक वैकल्पिक ऊर्जा स्रोत के रूप में प्रयोग किया जाता है।
Biogas slurry	**जैव गैस घोल**
Organic fertilizer produced as a by-product from biogas plant. Organic fertilizer, which can be used in rural ponds.	जैव गैस संयंत्र से जैव उपोत्पाद के रूप में पैदा होने वाला कार्बनिक उर्वरक।
Biological value	**जैविक मूल्य**
A measurement of protein quality expressing percentage of food nitrogen utilized for growth and body maintenance; involves digestion, absorption, utilization and excretion of nitrogen-bearing compounds, especially proteins.	बढ़ोत्तरी एवं शारीरिक रखरखाव के लिए प्रयुक्त खाद्य पदार्थ अभिव्यक्त करनेवाले प्रोटीन गुणवत्ता का मापन। इसमें पाचन, अवशोषण, उपयोग एवं नाइट्रोजन युक्त सम्मिश्र, विशेष रूप से प्रोटीन शामिल हैं।
Biomass	**जैव पदार्थ ढेर**
(a) The total live weight of a group (or stock) of living organisms (e.g. fish, plankton) or of some defined fraction of it (e.g. spawners), in an area, at a particular time.	(a) जीवों (उदाहरण के लिए मत्स्य, प्लावक) का दल (या स्टॉक) का कुल सजीव वज़न या किसी विशिष्ट समय में उस क्षेत्र में कोई निर्धारित अंश (उदाहरण के लिए बोयाना)।

(b) Any quantitative estimate of the total mass of organisms comprising all or part of a population or any other specified unit, or within a given area at a given time; measured as volume, mass (live, dead, dry or ash-free weight) or energy (joules, calories).	(b) किसी निर्धरित क्षेत्र एवं समय में किसी विशिष्ट यूनिट में कुल जीवों का ढेर या जनसंख्या के कोई भाग का परिमाणात्मक आकलन, जिसे मात्रा के रूप में, ढेर (सजीव, मृत, सूखा या राख से मुक्त भार) के रूप में या ऊर्जा (जूल्स, कैलोरीज़) में मापा जाता है।
Biometrics	**जैवमिति**
Application of statistical analysis to biological data.	जैविक डेटा के सांख्यकीय विश्लेषण का अनुप्रयोग।
Biota	**जीवजात**
Collective flora and fauna of a given region, a specific habitat or a biotope.	किसी दिए हुए क्षेत्र की सामूहिक वनस्पति और प्राणिता, एक विशिष्ट आवास या बयोटोप।
Biotechnology	**जैव प्रौद्योगिकी**
The application of recombinant DNA, cell and tissue culture and other methods used to develop new and improved products.	पुनर्योगज DNA, कोशिका एवं ऊतक संवर्द्धन का अनुप्रयोग तथा नवीन एवं सुधार किए गए उत्पादों के विकास हेतु अन्य पद्धतियां।
Biotic	**जीवीय**
Relating to life or living matter.	जीवन या किसी सजीव पदार्थ से संबंधित।
Biotype	**जैविक प्रकार**
Group of organisms of similar genetic constitution.	एक समान आनुवंशिक गठन के जीवों का दल।
Bivalves	**सीपी**
Common name for a class of aquatic molluscs characterized by two calcareous valves joined by a flexible ligament along a hinge line. This class includes various edible species, many of which are cultivated (e.g. mussels, oysters, scallops, clams).	एक हिंज लाइन पर लचीले अस्थिबंध द्वारा बंधे दो केलकेरियस वाल्वों से युक्त जलीय घोंगा के एक वर्ग के लिए प्रयुक्त नाम। इस वर्ग में विभिन्न खाने योग्य प्रजातियां भी सम्मिलित हैं जिनमें से कईयों की जलकृषि (उदाहरण के लिए शंबुक, सीप, शंक, बड़ी सीपी) की जाती है।
Blastoderm	**बीज-जनस्तर**
The foundation from which the embryo will form on an egg. For practical purposes, the blastoderm is the same as the blastodisc or germinal disc of a fertilized egg.	वह नींव जिसमें भ्रूण, अंडे पैदा होते हैं। हर व्यावहारिक पहलू के लिए बीज-जनस्तर, किसी गर्भाधान अंडे के बीज-डिस्क या भ्रूणीय डिस्क जैसा ही होता है।

Blastopore	**बीज-छिद्र**
As the blastoderm grows over the egg, it finally leaves a circular opening or blastopore.	जिस प्रकार बीज-जनस्तर अंडे पर पलता है, वह अंत में एक गोलाकार छिद्र या बीज-छिद्र छोड़ जाता है।
Blastula	**बुदबुद**
A hollow ball of cells, one of the early stages of embryonic development.	कोशिकाओं का एक खोखला गेंद, भ्रूणीय विकासों का शुरुआती स्तर।
Bloom (algal-)	**पुष्पन (शैवाल)**
A sudden and rapid increase in biomass of the plankton population. Seasonal blooms are essential for the aquatic system productivity. Sporadic plankton blooms can be toxic.	प्लवक जनसंख्या में एकदम से और अत्यंत त्वरित बढ़ोत्तरी। जलीय व्यवस्था की उत्पादकता के लिए मौसमिक पुष्पन अत्यंत अनिवार्य हैं। छिटपुट प्लवकों का पुष्पन विषैला हो सकता है।
Bolting cloth, silk	**बोल्टिंग कपड़ा, रेशम**
Synthetic fine-mesh cloth used for making plankton nets; usually with 25 μm mesh for phytoplankton and 80 to 100 μm for zooplankton.	संश्लिष्ट अत्यंत महीन मेश-कपड़ा, जिसे प्लावक जाल बनाने के लिए उपयोग किया जाता है। आमतौर पर पौधा-प्लावकों के लिए 25 –μ तथा प्राणिमंदप्लावकों के लिए 80 से 100 –μ होता है।
Bottleneck, genetic	**आनुवंशिक संकीर्णता**
A severe restriction in a population's effective breeding number or a reduction in genetic variation caused when one or more generations are produced using few breeders (i.e. with low effective population size).	जनसंख्या की प्रभावशाली प्रजनन संख्या में अत्यंत सख्त रोकथाम या जब कुछ प्रजनकों का उपयोग करते हुए पैदा किए जानेवाले एक या अधिक वंशों में जब आनुवंशिक भिन्नता में कमी पैदा होती है।
Boucholeur	**बौकोबलियूर**
French term for a mussel farmer practicing bouchot culture.	शंबुक खेती करनेवाले कृषक के लिए प्रयुक्त फेंच भाषा का शब्द।
Bouchot	**बौकोशॉट**
French term for a line of wooden poles embedded into the sea bottom at regular intervals along a line perpendicular to the coast; used for the spat collection and grow-out of mussels along the French Atlantic coast.	समुद्र तट से लंबवत पर नियमित समयांतरालों में समुद्र तल में डाले गए लकड़ी के स्तंभ की लाइनों के लिए प्रयुक्त फांसिसी शब्द जिसे फ्रांस के अटलांटिक समुद्र तट के प्रदेशों में स्पेट इकत्रीकरण एवं शंबुकों के ग्रो-आऊट के लिए प्रयोग किया जाता है।

Bourriche	**बाऊरिश**
Basket in which oysters are packed prior to shipping.	वह टोकरी जिसमें जहाज पर भेजने से पहले सीपों को पैक किया जाता है।
Brail	**ब्रेइल**
Short stick fitted at each end of a seine net for spreading purposes.	साइन जाल को फैलाने के लिए उसके किनारों में लगाए जानेवाले छोटी लकड़ियां।
Breaking stage	**टूटनेवाला स्तर**
Developmental stage of the brine shrimp cysts, when their shell (including the outer cuticular membrane) bursts and the embryo appears, surrounded by the hatching membrane.	लवण पानी के झींगे पुटों के विकास स्तर में, जब उनका शेल (क्यूटिक्यूलार की बाह्य झिल्ली के साथ) फूट जाता है और फूटनेवाली झिल्ली में लिपटा भ्रूण दिखने लगता है।
Breeding colour	**प्रजनन रंग**
Skin pigmentation developed during the spawning period.	बोयाना अवधि के दौरान चर्म पर उभरनेवाले रंग के धब्बे।
Breeding cycle	**प्रजनन चक्र**
A period between hatching and the first spawning of a given generation.	किसी वंश में अंडों के फूटने और पहले बोयाना के बीच की अवधि।
Breeding, mutation	**प्रजनन उत्परिवर्तन**
The use of artificially-induced mutations in breeding.	प्रजनन में प्रयोग किए जानेवाले कृत्रिम रूप से प्रेरित उत्परिवर्तन।
Brine	**लवण पानी**
Water saturated with or containing large quantities of a salt, especially of sodium chloride (kitchen salt).	लवण से संतृप्त पानी अथवा लवण की अत्यधिक मात्रा की उपस्थिति, विशेष रूप से सोडियम क्लोराईड (रसोईघर की नमक)।
Brine shrimp	**लवण पानी झींगा**
A small crustacean (Artemia sp.). At certain periods of the year, it produces cysts, metabolically inactive as long as they are kept dry, that float at the water surface of saline waterbodies; upon immersion in seawater, these cysts hydrate and the embryo resumes its development. The cysts can be easily used as a source of live food for early stages of fish and crustaceans.	एक छोटा क्रस्टीशियन (आर्टेमियां sp.)। वर्ष के कुछ अवधियों में यह पुट पैदा करता है और ये जितने समय तक सूखे रखे जाते हैं, ये चयापचयी ख्रष्टि से अक्रिय रहते हैं, ये पुट लवण युक्त पानियों में समुद्र पानी में डुबोने से तैरते हैं, ये पुट जलयोजित होते हैं और भ्रूण का विकास फिर होने लगता है। पुट, प्रारंभिक स्तर के मत्स्य एवं क्रस्टीशियनों के लिए सजीव खाद्य पदार्थ बनते हैं।

Brining	**लवणीकरण**
The process of placing fish in a solution of food grade salt (sodium chloride) in water for a period of sufficient length for the fish tissue to absorb a significant quantity of salt.	निर्धारित समय के लिए मत्स्य को पानी में खाद्य पदार्थ दर्जे के लवण (सोडियम क्लोराइड) के विलय में डालने की प्रक्रिया ताकि मत्स्य के ऊतक लवण की पर्याप्त मात्रा को अवशोषित कर सके।
Brood	**ब्रूड**
A group of young animals produced (spawned) at the same time.	एक ही समय में उत्पादित (बोयाना) युवा पशुओं का एक समूह।
Brood fish	**ब्रूड मत्स्य समूह**
Sexually mature fish, especially for propagation in fish farms	यौन दृष्टि से परिपक्व मत्स्य, जिसका उपयोग प्रजनन के लिए किया जाता है।
Brooding	**अड़ों का समूह बनना**
Care of the eggs during at least the early part of development. This can be undertaken either inside or outside the animal and can be undertaken by males in some animals.	विकास के प्रारंभिक स्तरों में अंडों की देखरेख। यह पशु के शरीर के बाहर या उसके अंदर भी किया जा सकता है और कुछ पशुओं में नर पशु भी करते हैं।
Broodstock (a)	**ब्रूडस्टॉक (ए)**
Specimen or species, either as eggs, juveniles, or adults, from which a first or subsequent generation may be produced in captivity, whether for growing as aquaculture or for release to the wild for stock enhancement.	मछली का वह नमूना जिसे बड़ा करके प्रजनन के लिए उपयोग किया जाता है।
Broodstock (b)	**ब्रूडस्टॉक (b)**
In aquaculture: sexually mature specimens of both sexes kept for the purpose of controlled reproduction.	**जलकृषि में:** नियंत्रित प्रजनन के लिए दोनों लिंगों के परिपक्व नमूने का रखना एवं इसका उपयोग प्रजनन के लिए करना।
Budget, cash flow	**नकद प्रवाह बजट**
A summary of the cash inflows and outflows for a business over a given time period. Its primary purpose is to estimate future borrowing needs and the loan repayment capacity of the business.	किसी निर्धारित समय में व्यवसाय में नकद का अंतर्प्रवाह एवं बाह्य प्रवाह। भविष्य में ऋण की आवश्यकता तथा व्यवसाय में ऋण लौटाने की क्षमता को आकलित करना ही इसका उद्देश्य है।
Buffer	**बफर**
A chemical used to maintain the pH within a given narrow range by taking up or releasing hydrogen ions.	हाईड्रोजन अयॉनों को मुक्त करने एवं ग्रहण करने के माध्यम से pH बनाए रखने के लिए प्रयुक्त रासायनिक पदार्थ।

Buffering capacity	बफरिंग क्षमता
The ability to absorb or neutralize shocks or changes, such as the ability of a solution to absorb acids (or bases) without changing pH, or the ability of a drainage basin to absorb heavy rainfall.	शॉक या परिवर्तन को निष्क्रिय बनाने या अवशोषित करने की क्षमता जैसा कि विलय में pH में परिवर्तन किए बिना अम्लों को अवशोषित करने की क्षमता या किसी मोरी द्वारा सघन वर्षा अवशोषित करने की क्षमता।

Bund	बांध
A low embankment, wider than a ridge, normally higher than 20 cm but lower than 1 m, used to control runoff on an irrigated land. Bunds are characterized by the materials used ('earth bund', 'stone bund' or 'mixed bund'), their shape ('triangular bund', 'trapezoidal bund', 'semicircular bund'), their dimension ('large semicircular bund'), their position across the slope ('contour bund', 'graded water diversion bund', 'straight water diversion bund') and presence of ties if any ('tied bund').	एक निम्नस्तरीय बांध, टीले से चौड़ा, आमतौर पर 20 cm से भी ऊँचा, लेकिन 1m से नीचे, इसे किसी सिंचे हुए खेत में अत्यधिक पानी के प्रवाह को नियंत्रि करने के लिए प्रयोग किया जाता है। बांधों को बनाने के लिए प्रयुक्त सामग्री (मिट्टी का बांध, पत्थर का बांध या मिश्रित), उनके आकार (त्रिकोणाकार बांध, समलंब बांध, अर्द्धगोलाकार बांध), उनके आयामों के आधार पर (बृहत अर्द्धगोलाकार बांध) ढाल पर उनके स्थान के अनुसार (रूपरेखा बांध, श्रेणीबद्ध पानी दिक्परिवर्तन बांध, सीधा प्रवाह दिक्परिवर्तन बांध) के आधार पर के आधार पर वर्गीकृत किया जाता है

Byte	बाइट
In digital computer technology: a group of eight bits of digital data. Mostly used as "Kilobyte" (K = 1024 bytes) and "Megabyte" (M = 1024 x 1024 bytes = 1 048 576 bytes) and "Gigabyte" (G = 1024 x 1024 x 1024 bytes = 1 073 741 824 bytes).	कंप्यूटर के डिजिटल प्रौद्योगिकी में : वह डिजिटल डेटा के आठ बिट का दल होता है। उसे आमतौर पर ''किलोबाईट'' (K=1024 बाईट) तथा ''मेगाबाइट'' (M=1024 x 1024 x 1024 बाईट = 1073 x 741 x 824 बाईट्स) के रूप में प्रयोग किया जाता है।

C

Cage	पिंजड़ा
Rearing facility enclosed on the bottom as well as on the sides by wooden, mesh or net screens. It allows natural water exchange through the lateral sides and in most cases below the cage.	लकडी, मेश या जाल के स्क्रीन से नीचे के साथ दोनों तरफ से बंद संरचना। यह किनारों से तथा कई मामलों में पिंजड़ा के नीचे से प्राकृतिक पानी के विनिमय को अनुमति प्रदान करता है।
Cage, fixed	**स्थिर पिंजड़ा**
A cage consisting of a net bag supported by posts driven into the bottom of a lake or river.	वह पिंजड़ा जिसमें एक जाल की थैली को तालाब या नदी के तल तक पहुंचने वाले स्तंभों द्वारा समर्थन प्रदान किया गया है।
Cage, floating	**तैरने वाला पिंजड़ा**
Traditional design: floating wood or bamboo cage, occasionally incorporated into a boat to form a sort of well boat; still widely used in Indonesia and Indo-China. Modern design: generally consists of a mesh bag supported by a buoyant collar or, in some cases, frame; some floating types rotate, as a means of controlling fouling.	**परंपरागत डिजाइन:** तैरनेवाली लकड़ी या खस का पिंजड़ा, कभी कभी इसे एक नाव के रूप में भी उपयोग किया जाता है। अभी भी इस पद्धति को इंडोनीशिया एवं भारत-चीन में अपनाया जाता है। **आधुनिक डिजाइन:** इसमें आमतौर पर एक मेश थैला होता है जिसे एक तैरनेवाले कॉलर द्वारा समर्थन प्रदान किया जाता है या कुछ मामलों में एक फ्रेम द्वारा समर्थन प्रदान किया जाता है। कुछ तैरनेवाले प्रकार घूमते हैं और दुर्गंध नियंत्रित करते हैं।
Cage, submerged	**डूबा हुआ पिंजड़ा**
Most designs are little more than wooden boxes with gaps between the slats to facilitate water flow, and are anchored to the substrate by stones or posts. Still widely used in parts of Indonesia and ex-USSR.	कई डिजाइन लकड़ी के डिब्बों से थोड़ा ज्यादा होते हैं जिसमें लकडी की पट्टियों के बीच दरारों में से पानी प्रवाह की सुविध होती है और वे पत्थरों से या खंभों से बंधे होते हैं। यह पद्धति अभी भी इंडोनीशिया और पुराने यूएसएसआर में अपनाई जाती है।
Cage, submersible	**निमज्जक पिंजड़ा**
Cage designed so that its position in the water column can be adjusted to take advantage of prevailing environmental conditions. Relies on its frame or rigging to maintain shape.	वह पिंजड़ा जिसकी डिजाइन ऐसी बनाई गई है कि उसे वहां प्रचलित पर्यावरणीय परिस्थितियों के अनुकूल होने की सुविधा मिल सके। अपने आकार बनाए रखने के लिए फ्रेम और रिगिंग पर निर्भर रहना पड़ता है।

Calcium carbonate	**कैल्शियम कार्बोनेट**
$CaCO_3$. A white compound occurring naturally as limestone rock. It is crushed and used as a liming material.	$CaCO_3$. एक सफेद सम्मिश्र जो चूना पत्थर के रूप में प्रकृति में पाया जाता है। इसका चूर्ण बनाकर लाइमिंग सामग्री के रूप में इसका प्रयोग किया जाता है।
Calcium carbonate equivalent	**कैल्शियम कार्बोनेट समतुल्य**
The amount of calcium carbonate required to be chemically equivalent to a given amount of another substance. For example, 1 mgl of hydrogen ion has the same chemical reacting power as 50 mgl of calcium carbonate.	किसी अन्य पदार्थ की निर्धरित मात्रा के समतुल्य होने के लिए आवश्यक कैल्शियम कॉर्बोनेट की मात्रा। उदाहरण के लिए 50 mgl कैल्शियम कॉर्बोनेट की मात्रा में निहित रासायनिक अभिक्रियात्मक शक्ति 1 mgl हाइड्रोजन अयॉन में पाई जाती है।
Calcium cyanamide	**कैल्शियम सईनमईड**
CaCN2. Used as a pond disinfectant andèor liming agent.	CaCN2. इसे तालाब में एक विसंक्रामक और/या चूनायन एजेन्ट के रूप में प्रयोग किया जाता है।
Calorie	**कैलोरी**
The unit for measuring chemical energy. It is defined as the amount of heat required to raise the temperature of one gram of water by one degree Celsius at standard pressure.	वह यूनिट जिसे रासायनिक ऊर्जा मापने के लिए प्रयोग किया जाता है। मानक दाब पर एक डिग्री सेल्शियस पर एक ग्राम पानी को गरम करने के लिए आवश्यक ताप की मात्रा के रूप में परिभाषित किया जाता है।
Canal	**नहर/ केनाल**
Artificial watercourse connecting waterbodies for navigation, irrigation, power generation or other applications. In aquaculture: open artificial structure for water transport, usually with trapezoidal cross-section and dug below ground level or partly embanked. In too permeable soil, it may be lined with e.g. stones, bricks, cement blocks, concrete slabs or a flexible lining.	एक कृत्रिम नहर, जिसके माध्यम से नौपरिवहन, सिंचाई, पावर उत्पादन या अन्य अनुप्रयोगों के लिए इस्तेमाल किया जाता है। जलकृषि में : पानी के परिवहन के लिए खुली कृत्रिम संरचना, सामान्य रूप से समलंब के क्रॉस सेक्शन के साथ और भूमि स्तर के नीचे खोदकर या आंशिक रूप से बांध बना हुआ होता है। बहुत ही पारगम्य मिट्टी में इसमें पत्थर, ईंट, सिमेंट ब्लॉक, कांक्रीट स्लैब या लचीला लाइनिंग होती है।
Canal, feeder	**फीडर नहर/ केनाल**
Canal supplying water from the main water intake to rearing facilities. In a large farm with several diversion pond units, there is usually a main feeder canal branching into secondary and even tertiary feeder canals.	वह नहर, जो मुख्य पानी प्रवेश से पालन सुविधाओं तक पानी की आपूर्ति करते हैं। कई दिक्परिवतन युक्त तालाबों के साथ बड़े बड़े खेतों में आमतौर पर एक मुख्य फीडर होता है जिसमें नहर माध्यमिक एवं तृतीय श्रेणी के नहरों में विभाजित होते हैं।
Canal, drainage	**ड्रेनेज नहर**
A runoff channel, receiving effluents from various activities such as agriculture andèor aquaculture or other industries.	एक अपवाह चैनल जिसमें कृषि और/या जलकृषि या अन्य उद्योगों के विभिन्न क्रियाकलापों से बहिस्राव प्राप्त करते हैं।

Canal, water carrying capacity of a	**नहर का पानी वहन करने की क्षमता**
The maximum volume of water a canal can deliver per unit of time, expressed e.g. in litres second, m^3 second or m^3 day.	अवधि की एक यूनिट में पानी की अधिकतम मात्रा की आपूर्ति करने की क्षमता, उदाहरण के लिए लीटर प्रतिक्षण, में अभिव्यक्त किया जाता है।
Cannibalism	**नरभक्षण**
Intraspecific predation.	अंतर-विशिष्ट परभक्षण।
Cannulation	**प्रवेश**
A form of biopsy performed with a catheter to obtain a sample of ovarian tissue.	बयॉप्सी का एक प्रकार जिसमें केथीथर से अण्डाशयी ऊतकों का नमूना प्राप्त किया जाता है।
Capillarity	**केषिकत्त्व**
In soil: the process by which moisture moves in any direction through the fine pore spaces and as films around particles.	मिट्टी में : वह प्रक्रिया जिसके माध्यम से आर्द्रता बहुत ही महीन छिद्रों से तथा छोटे छोटे कणों के चारों ओर निहित पतली झिल्लियों में से होकर किसी भी दिशा में चलती है।
Carbohydrate	**कार्बोहाईड्रेट**
Energy-yielding organic compounds containing carbon, hydrogen and oxygen in the ratio of 1:2:1.	ऊर्जा देनेवाली कार्बनिक सम्मिश्रण जिसमें 1:2:1 के अनुपात में कार्बन, हाईड्रोजन और ऑक्सीजन पाया जाता है।
Carbon dioxide	**कार्बन डाई ऑक्सईड**
CO^2: A colourless, odourless gas resulting from the oxidation of carbon-containing substances, highly soluble in water, toxic to fish at levels of 20 ppm; toxicity increases with lower levels of oxygen. Carbon dioxide has an acidic reaction in water.	CO^2 : एक रंगहीन, गंध्हीन गैस जो कार्बन युक्त पदार्थों के ऑक्सीकरण से पैदा होता है और यह पानी में अत्यंत विलयशील है तथा 20 ppm के स्तर पर मत्स्यों के लिए विषैला है। ऑक्सीजन के निम्न स्तरों से विषैलापन बढ़ता है। पानी में कार्बन डाई ऑक्साईड की अभिक्रिया बहुत ही अम्लीय होती है।
Carbon to nitrogen ratio (C:N ratio)	**कार्बन से नाइट्रोंजन का अनुपात (C: N. vuqikr)**
Ratio representing the quantity of carbon (C) in relation to the quantity of nitrogen (N) in a soil or organic material; it determines the composting potential of a material and serves to indicate product quality.	किसी मिट्टी या कार्बनिक सामग्री में नाईट्रोजन की मात्रा के अनुसार कार्बन की मात्रा का प्रतिनिध्त्वि करनेवाला अनुपात: यह किसी सामग्री की वानस्पतिक खाद में रूपांतरित होने की क्षमता निर्धरित करता है।
Carcinoculture	**केंकड़ा पालन**
The culture of crabs.	केंकड़ों का पालन
Carnivore	**माँसाहारी**
An animal that feeds mainly on the tissues of other animals.	वह पशु जो अन्य पशुओं के ऊतक खाते हैं।

Carotenoids	कार्टिनॉईड्स
Pigment molecules found in algal cells and crustaceans (exoskeleton) as well as in plant and animal fats. Fed to fish, salmonids in particular, before marketing to give their meat an attractive red colour.	वे रंजक अणु जो शैवाल कोशिका एवं क्रस्टीशियन (ऐक्सोस्केलिटन) में तथा पौधे एवं पशु के वसा में पाया जाता है। सालमोनिड के विक्रय करने से पहले उनके माँस को आकर्षक लाल रंग देने के लिए खिलाया जाता है।
Carp culture	**कार्प पालन**
Branch of cypriniculture specialized in the breeding and rearing of common carp (Cyprinus carpio).	साईप्रिनिपालन अध्ययन जिसमें सामान्य कार्प के प्रजनन और पालन की विशिष्टता सम्मिलित है (साईप्रिनस कार्पियो)।
Carpospore	**कार्पोस्पोर**
Developmental stage of Porphyra red algae produced sexually by the main plant or thallus (gametophytic generation), developing into conchocelis.	मुख्य पौधे या थैलस (गैमिटोफाइटिक उत्पादन) द्वारा यौन रूप से उत्पादित लाल शैवाल पॉर्फाइरा का विकासशील स्तर जो कांचोसेलिस में विकसित होता है।
Carrageenan	**कैर्रागीनन**
A seaweed extract used chiefly as a suspending agent or binder in foods, pharmaceuticals, cosmetics and industrial liquids; as a clarifying agent for beverages and as an agent to control crystal growth in frozen confections.	समुद्री शैवाल का सार जिसे मुख्य रूप से खाद्य पदार्थ, फार्मस्यिटिकल्स, श्रृंगार सामग्री एवं औद्योगिक द्रावों में एक निलंबन एजेन्ट या बंध्क के रूप में प्रयोग किया जाता है। पेय पदार्थों में एक शुद्धीकरण एजेन्ट तथा ठंड़ा किए हुए मिश्र खाद्य पदार्थों पर क्रिस्टलीकरण को नियंत्रित करनेवाले एजेन्ट के रूप में प्रयोग किया जाता है।
Carrier	**वाहक**
An individual who harbours the specific organisms of a disease without manifest symptoms and is capable of transmitting the infection.	एक अकेला जो बिना कोई लक्षण दिखाए रोग जीवों को शरण देता है और यह दूषण फैलाने की क्षमता रखता है।
Carrying capacity	**वाहक क्षमता**
The amount of a given activity that can be accommodated within the environmental capacity of a defined area. In aquaculture: usually considered to be the maximum quantity of fish that any particular body of water can support over a long period without negative effects to the fish and to the environment.	क्रियाकलाप की वह मात्रा जो किसी निर्धारित क्षेत्र के पर्यावरणीय क्षमता के अंतर्गत होती है। जलकृषि में: आमतौर पर वह पानी मत्स्य एवं पर्यावरण को नकारात्मक प्रभाव पहुंचाए बिना अध्कितम मत्स्यों की मात्रा को एक लंबी अवधि के लिए समर्थन प्रदान करता है।
Cartography	**कार्टोग्राफी**
The organization and communication of geographically related information in either graphic or digital form. It can include all stages from data acquisition to presentation and use.	ग्राफिक या डिजिटल रूप में रखा हुआ भौगोलिक संबंधी सूचना का संगठन एवं संप्रेषण। यह डेटा इकत्रीकरण से प्रस्तुतीकरण एवं उपयोग संबंधी सभी स्तरों को शामिल करता है।

Cascade	**सोपानी**
Small waterfall or one section of a broken waterfall. In aquaculture: a simple fixed structure over which water is dropped. As it drops, the water mixes with air and its dissolved oxygen content is increased by gravity aeration. Also used for degassing a water supply.	छोटा झरना या झरने का एक टूटा हुआ भाग। जलकृषि में: एक लगाया हुआ सरल संरचना जिसपर से पानी गिराया जाता है। जैसे जैसे पानी गिरता है और पानी हवा से मिलता है तथा गुरुत्वाकर्षण वातन से उसमें घुले हुए ऑक्सीजन की मात्रा में बढ़ोत्तरी होती है साथ ही पानी को डीगैस करने के लिए भी उपयोग किया जाता है।
Catabolism	**अपचयन**
The metabolic process by which chemicals are broken down to produce smaller molecules, yielding energy for growth, activity or heat.	वह प्रक्रिया जिसके माध्यम से रासायनिक पदार्थों को छोटे अणु पैदा करने के लिए तोड़ा जाता है जिससे वृद्धि, क्रियाकलाप या ताप पैदा होता है।
Catadromous	**केटड्रोमस**
Refers to fishes that migrate to spawn in the sea but live a large portion of their existence in freshwaters (e.g. eels).	यह उन मत्स्यों का संदर्भ प्रदान करता है जो प्रजनन के लिए समुद्र में चले जाते हैं। लेकिन अपने जीवन के बहुत बड़े भाग को स्वच्छ पानी में व्यतीत करते हैं। (उदाहरण के लिए ईल)।
Caviar	**कैवियर**
Preserved (salted) fish eggs, specially of sturgeons, used as relish. Caviar, when prepared from eggs of fish other than sturgeon, is preceded by the name of the fish, e.g. salmon caviar, cod caviar.	परिरक्षित (नमकीन) मत्स्य के अण्डे, विशेष रूप से सर्जन जिसे एक स्वाद के रूप में इस्तेमाल किया जाता है। कैवियर को सर्जन के सिवाय मत्स्य के अण्डों से बनाया जाता है, उस मत्स्य का नाम लग जाता है जैसे सैलमन कैवियर, कॉड कैवियर।
Cellulose	**सेल्युलोज**
Carbon component of plants, not easily digested by microorganisms.	पौधें का कार्बन घटक जो सूक्ष्मजीवों द्वारा आसानी से पचते नहीं हैं।
Celsius	**सेल्सियस**
A temperature scale set up so that 0 °C is equal to the freezing point of water and 100 °C is equal to the boiling point of water	तापमान का नियत स्केल ताकि 0 °C पानी के हिमांक बिन्दु के समान है और 100 °C पानी के उबलने की बिन्दु के समान है।
Centromere	सेन्ट्रोमीयर
The constricted region of a chromosome that holds sister chromatids together.	किसी क्रोमोजोम का वह संकीर्णित क्षेत्र जो क्रोमोटिडों को एक साथ पकड़ता है।
Cercaria (pl. cercariae)	**सिर्केरिया**
Larval stage of flukes (parasitic trematode worms). The stage at which the flukes are released from their mollusc host (usually a snail) and infect fish or other animals, or humans.	फ्लूकों के इल्लियों का (परजीवी ट्रेमटोड कीड़े)। वह स्तर जिसमें सीप होस्ट (आमतौर पर घोंघा) से फ्लूकों को रिलीज किया जाता है और ये मत्स्य या अन्य पशु या मानवों को दूषित करते हैं।

Chlorine	**क्लोरीन**
The chemical element often used as a biocide in the cooling waters of power plants (mainly those using brackish and marine waters as coolant), and as disinfectant in aquaculture (especially in quarantine stations and hatcheries).	वह रासायनिक घटक जिसे पावर संयंत्रों (मुख्य रूप से खारापानी और समुद्री पानी में कूलेण्ट के रूप में प्रयोग किया जाता है) के कूलिंग पानी में जीवनाशी के रूप में इस्तेमाल किया जाता है और जलकृषि (विशेष रूप से संगरोध स्टेशन एवं हैचरी में प्रयोग किए जाते हैं) में इन्हें एक कीटनाशक के रूप में उपयोग किया जाता है।
Chlorine, residual	**अपषिश्ट क्लोरीन**
The sum of the free available and combined chlorine, frequently occurring in the plume of power plant effluents.	मुक्त रूप से उपलब्ध तथा एवं संयुक्त रूप से उपलब्ध क्लोरीन की कूल मात्रा जो मुख्य रूप से पावर संयंत्रों के बहिस्रावों में पाए जाते हैं।
Chlorinity (Cl)	**क्लोरिनिटी (Cl)**
The weight of chlorine in grams contained in one kilogram (or parts per thousand) of seawater after the bromides and iodides have been replaced by chloride. Chlorinity is determined by titration as one means of ascertaining the salinity of a water sample.	जब समुद्र के पानी में ब्रोमाईड एवं आयोडाइड को कलोरीन द्वारा प्रतिस्थापित होने के बाद समुद्र पानी के एक किलोग्राम (या अंश प्रति हजार) में उपस्थित क्लोरीन का वजन ग्रामों में। किसी पानी सैम्पल में लवणता को सुनिश्चित करने की पद्धति के अंतर्गत क्लोरिनिटी को टाइट्रेशन द्वारा निर्धरित किया जाता है।
Chlorophyll (chlorophyl)	**क्लोरोफिल**
The green nitrogenous colouring matter contained in the chloroplasts of plants. There are two forms, bluish-green chlorophyll - A, and yellowish-green chlorophyll – B	पौधें के क्लोरोप्लास्टों में उपस्थित हरा नाइट्रोजनस रंगण पदार्थ। इसके दो रूप होते हैं, नीलाभ हरा क्लोरोफिल – A, तथा पीला-हरा क्लोरोफिल B
Chlorosity	**क्लोरोसिटी**
Chlorinity expressed in grams per litre.	ग्राम प्रति लीटर में अभिव्यक्त क्लोरिनिटी
(Cl)	**कोरियॉन**
Embryonic membrane, which encloses the fish egg.	भ्रुणीय झिल्ली, जो मत्स्य अण्डों को घेरती है।
Chromatid	**क्रोमेटिड**
One copy of a homologue that is joined to the other by the centromere. The joined pair is called "sister chromatids.	समजात की एक प्रति जिसे दूसरे के साथ में सेन्ट्रोमीटर के माध्यम से जोड़ा जाता है। जुड़े-जोड़े को ''सहयोगी क्रोमेटिड'' कहते हैं।
Chromatids, sister	**सहयोगी क्रोमेटिड**
A homologue and its replicated "twin"; they are joined at the centromere.	एक समजात और उसकी प्रतिकृति ''जुड़वां'' : इन्हें सेन्ट्रोमीटर द्वारा जोड़ा जाता है।
Chromatophore	**क्रोमेटोफोर**
Motile, pigment-containing epidermal cell responsible for colour in algae for example.	स्वत: गतिशील, रंजक पदार्थ युक्त अध्चिर्मीय कोशिका जो शैवाल में रंग के लिए जिम्मेदार है।

Chromosomal manipulation	**गुणसूत्र हस्तकौशल**
Biotechnical manipulation of eggs, sperm, or zygotes by temperature or pressure shocks or with chemicals either to alter chromosome set number or to create fish with only a single parent. This is used to create triploid (3n) or tetraploid (4n) fish and to create fish that have only a mother (gynogens) or only a father (androgens). The creation of triploids is done to produce a population of sterile fish.	गुणसूत्र सेट संख्या में परिवर्तन करने या मत्स्य के एक ही जनक की रचना करने के लिए ताप या दाब शॉक या रासायनिक पदार्थों द्वारा अंडे, शुक्राणु एवं युग्मजों का जैवप्रौद्योगिकीय हस्तकौशल। इसे ट्राइप्लॉइड (3n) या टेट्राप्लाइड (4n) की रचना करने के लिए प्रयोग किया जाता है या उन मत्स्यों की रचना करने जिनकी केवल मादा (गाइनोजन) या नर (ऐण्ड्रोजन) होते हैं। बंध्य मत्स्य की जनसंख्या पैदा करने के लिए ट्राइप्लॉइडों की रचना की जाती है।
Chromosome	**गुणसूत्र**
The structure on which the genes are located. Chromosomes reside in the nucleus of each cell and, in most species, they occur in pairs.	वह संरचना जिस पर जीन पाए जाते हैं। हर कोशिका के न्यूक्लियस या केन्द्रक में गुणसूत्र पाए जाते हैं तथा वे जोड़ों में पाए जाते हैं।
Chromosomes, sex	**लिंग गुणसूत्र**
The chromosomes that determine sex. They can be morphologically different in males and females, but in most species of fish there is no obvious morphological difference.	वे गुणसूत्र जो लिंग निर्धरित करते हैं। आकृति के आधार पर वे पुरुष और स्त्री में अलग अलग हो सकते हैं, लेकिन कई मत्स्यों में कोई आकृतिक अंतर नहीं होता।
Chronic	**चिरकालिक**
Long-term infection, which may or may not manifest clinical signs.	दीर्घकालिक दूषण, जो शायद रोगलक्षण दर्शाएंगे या नहीं दर्शाएंगे।
Circadian	**सिरकाडियन**
Adjective meaning approximately 24 hours.	एक विशेषण, जिसका अर्थ है लगभग 24 घंटे
Cladoceran	**क्लेडोसिरॉन**
Small zooplankton crustaceans that are almost exclusively living in freshwater, for example Moina and Daphnia; the latter is a frequently used food source in the freshwater larviculture (e.g. for different carp species) and in the ornamental fish industry.	एक छोटा प्राणिप्लवक क्रस्टीशियन जो विशेष रूप से स्वच्छ पानी में रहते हैं, उदाहरण के लिए मोइना और डैफ्निया इसे स्वच्छ पानी इल्लीपालन में तथा श्रृंगारिक मत्स्य उद्योग में एक खाद्य पदार्थ के रूप में इस्तेमाल किया जाता है (उदाहरण के लिए विभिन्न कार्प प्रजातियां)।

Claire (pl. claires)	क्लेयर
French term for small, shallow, artificial ponds 0.1 ha to 0.2 ha in size, which are constructed on marshland adjacent to the sea. They are filled (about 25 cm water depth) and drained during spring tides through a system of gates and channels connecting them to the sea. A single operation may include several hundred contiguous claires. Either oysters are stocked in late summer and fall for six months, for fattening and greening and to produce the "spéciales de claires", the most highly priced oysters on the French market; or they are stocked in August-September for greening only and to produce the "fines de claires". A common, non-specific name used colloquially for a range of bivalve mollusc species including members of the genera Mercenaria, Meretrix, Mya and Tapes, which are cultured or harvested in many parts of the world.	छोटे, छिछला, 0.1 ha से 0.2 ha की साइज के कृत्रिम तालाब के लिए प्रयुक्त फ्रांसिसी शब्द जिसे समुद्र के पास स्थित दलदली भूमि पर बनाया जाता है। उन्हें समुद्र से कनेक्ट करनेवाले गेट एवं चैनलों की व्यवस्था के माध्यम से बृहत् ज्वार भाटा के दौरान भरा (लगभग 25 cm पानी की गहराई) जाता है। बड़ी श्रेणी के बईवॉल्व घोंघा प्रजातियों के लिए बोलचाल की भाषा में प्रयुक्त सामान्य शब्द जिसमें जेनेरा मेर्सनेरिया मेरेट्रिक्स, मया एवं टेप्स के सदस्य भी शामिल हैं जिन्हें विश्व के कई भागों में पाला जाता है।
Climate	**मौसम**
Condition of the atmosphere in a particular region over a long period of time. Climate is a long-term summation of atmospheric elements (e.g. solar radiation, temperature, humidity, frequency and amount of precipitation, atmospheric pressure, speed and direction of wind) and their variations.	किसी विशिष्ट क्षेत्र में लंबी अवधि के लिए वातावरण स्थिति। मौसम वातावरण (उदाहरण के लिए सौर विकिरण, तापमान, आर्द्रता, बारंबारता, अवक्षेपण की मात्रा, वातावरणिक दाब, पवन की गति एवं दिशा) के घटकों का कुल प्रभाव।
Clinical	**रोगलक्षण**
Pertaining to or founded on actual observation.	वास्तविक प्रेक्षण पर पाया गया या उससे संबंधित।
Clone	**एकपूर्वजक या क्लोन**
A population derived from a single organism. In aquaculture: an asexually-derived population of organisms that have been established in culture from a single, initially isolated individual or cell, for example macroalgae.	वह जनसंख्या जिनकी व्युत्पत्ति एकल जीव से होती है। जलकृषि में : काम के अभाव से व्युत्पन्न जीवों की जनसंख्या जिन्हें एकल, प्रारंभिक स्तर पर पृथक किए गए व्यक्ति या कोशिका के पालन से स्थापित किए गए हैं, उदाहरण के लिए स्थूल शैवाल।
Cluster	**समूह**
In mollusc suspended culture: an agglomerate of growing mussels or oysters.	लटकते घोंघा पालन में: एक घोंघा या सीपियों का बढ़ता हुआ समूह।

Clutch	**क्लच**
A group of eggs laid at the same time. Most fish lay eggs in clutches. More specifically the term is sometimes used to relate to groups of eggs that remain together; for example some fish species lay their eggs in a nest rather than letting them drift freely in the water column.	एक ही समय में दिए गए अंडे। कई मत्स्य अंडों को क्लचों में देते हैं। विशेष रूप से इस शब्द को अंडों के समूहों के लिए प्रयोग किया जाता है जो एक साथ होते हैं य उदाहरण के लिए मत्स्य की कुछ प्रजातियां जो पानी के पूरे कॉलम में अपने अंडों को फैलाने के बजाय अपने अंडों को एक घोंसले में देते हैं।
Coagulation, chemical	**रासायनिक पदार्थ जमाव**
A process in which chemical coagulants are put into water to form settleable blocs from suspended colloidal solids.	वह प्रक्रिया जिसमें रासायनिक स्कंद या जामन को निलंबित कोल्लॉयडल ठोस पदार्थों से ठहर जानेवाले ब्लॉक बनाने के लिए पानी में डाले जाते हैं।
Coastal area	**समुद्र तटवर्ती क्षेत्र**
A geographic entity of land and water affected by the biological and physical processes of both the terrestrial and the marine environments, and defined broadly for the purpose of natural resources management.	भूमि और पानी का वह भौगोलिक भाग जो भौमिक एवं समुद्री वातावरण के जैविक एवं भौतिक प्रक्रियाओं से प्रभावित हो तथा प्राकृतिक स्रोत प्रबंध्न के लिए भी माना गया है।
Coastal plain	**समुद्र तट की समतल भूमि**
A plain composed of gently sloping or flat strata of sedimentary material fronting the sea coast and generally derived from a recently emerged portion of the seabottom.	वह समतल भूमि जो समुद्री तट के अग्र भाग के तलछटी सामग्री से युक्त बहुत कम झुकाव या समतलता का मेल है तथा आमतौर पर समुद्र तल से वर्तमान में उभरी सामग्री से बनी होती है।
Coastal zone	**समुद्र का तटवर्ती क्षेत्र**
The band of dry land and adjacent ocean space in which land ecology and use directly affect ocean space ecology and use, and vice versa. For Coastal Zone Management: a geographic entity including both terrestrial and submerged areas of the sea coast, defined legally or administratively for this purpose.	सूखी भूमि और समुद्र क्षेत्र के पास का वह क्षेत्र, जिसमें भूमि पारिस्थितिकी एवं प्रयोग, समुद्री क्षेत्र पारिस्थितिकी एवं प्रयोग पर सीधा प्रभाव करता है। इसका विपरीत भी होता है। समुद्र के तटवर्ती क्षेत्र के प्रबंध्न में : वह भौगोलिक स्थिति जिसमें समुद्र तट के भौमिक एवं डूबे हुए क्षेत्र शामिल हैं और इस उद्देश्य के लिए कानूनी तौर पर या प्रशासनिक तौर पर परिभाषित किए गए हैं।
Cockle	**कॉकल**
Bivalve mollusc of the genus Cerastoderma. Name originally applied to a single species popular as food in the UK.	जीनस सेरास्टोडर्मा का बाइवॉल्व घोंघा। इस नाम को यू.के. में प्रचलित खाद्य पदार्थ की एकल प्रजाति के लिए इस्तेमाल किया जाता है।

Code of Conduct for Responsible Fisheries (CCRF)	**जिम्मेदार मात्स्यिकी के लिए आचार संहिता (CCRF)**
FAO-formulated code, which sets out principles and international standards of behaviour for responsible aquaculture and fisheries practices with a view to ensuring the effective conservation, management and development of living aquatic resources, with due respect for the ecosystem and biodiversity.	एफ.ए.ओ. विरचित कोड, सजीव जल स्रोतों का प्रभावी परिरक्षण, प्रबंध्न एवं विकास सुनिश्चित करने के लिए जिम्मेदार जलकृषि एवं मात्स्यिकी व्यवसाय के लिए पारिस्थितिकी एवं जैव वैविध्यता पर ध्यान देते हुए व्यवहार के सिद्धांत एवं अंतर्राष्ट्रीय मानक स्थापित करता है।
Collector (seed-)	**बीज संग्राहक**
Underwater device used to collect sticky eggs and settling larval stages such as mussel or oyster spat.	पानी के अंदर प्रयुक्त उपकरण जिससे चिपकीले अंडे तथा शंबुक या सीपी स्पेट के इल्ली को इकत्रित करने के लिए प्रयोग किया जाता है।
Colloid	**कोल्लॉइड**
Finely divided material dispersed in a different phase, with a particle size lying within the range 1-1000 nm in diameter. In soils: a soil particle of very small size (from 0.5 μm to 1 μm), either mineral (e.g. colloid clay) or organic (e.g. humus). Because of their high surface area, such particles usually exhibit strong exchange properties.	किसी भिन्न फेज की सामग्री में अच्छी तरह छितरी हुई सामग्री जिसकी कण साइज 1–1000 nm व्यास की श्रेणी में होती है। मिट्टियों में : बहुत ही छोटे आकार की मिट्टी का कण (0.5 –μ से 1 –μ के बीच), चाहे धत्विक (उदाहरण के लिए कोल्लाइड क्ले) हो या कार्बनिक (उदाहरण के लिए ह्यूमस)। उनकी उच्च सतही क्षेत्र के कारण ऐसे कण आमतौर पर मजबूत विनिमय गुणधर्मों प्रदर्शित करता है।
Colorimeter	**वर्णमापी**
A device for used for water quality testing. Reagents are added to a sample, which react with specific chemicals in the sample to produce a colour, the depth of which is indicative of the concentration of the chemical. The colorimeter is used to compare the original sample with the depth of colour that has developed in the treated sample.	पानी गुणवत्ता परीक्षण के उपयोग हेतु उपकरण। सैम्पल में रियेजन्ट डाले जाते हैं और सैम्पल में रंग पैदा करने के लिए उपस्थित विशिष्ट रासायनिक पदार्थों के साथ अभिक्रिया होती है, और अभिक्रिया की गहराई रासायनिक पदार्थ की सान्द्रता का संकेत प्रदान करती है। मूल सैम्पल के साथ उपचारित सैम्पल में विकसित रंग की गहराई की तुलना करने के लिए रंगमीटर का प्रयोग किया जाता है।
Community	**समुदाय**
(a) In biology: any group of organisms belonging to a number of different species that co-occur in the same habitat or area and interact through trophic and spatial relationships; typically characterized by reference to one or more dominant species.	**(a) जीव विज्ञान में:** एक ही आवास या क्षेत्र में पाए जानेवाले जीवों का कोई भी समूह जो भिन्न प्रजातियों के हैं और वे पोषण संबंधी और स्थानिक संबंधों के माध्यम से एक दूसरे को प्रभावित करते हैं।

Compaction	**संघनन**
The densification of a soil (or other particulate material) by means of mechanical manipulation.	यांत्रिक व्यवहार कौशल से मिट्टी का संघनन (या अन्य विविक्त सामग्री)।
Compensation depth	**क्षतिपूर्ति गहराई**
The depth of water at which photosynthetic oxygen production is balanced by respiratory uptake; generally assumed to correlate with the depth at which light is one percent of its incident intensity. Below this depth there will be no net phytoplankton growth.	पानी की वह गहराई जहां श्वास उद्ग्रहण द्वारा प्रकाश-संश्लेषी ऑक्सीजन उत्पादन में संतुलन लाया जाता है। सामान्य रूप से इसे उस गहराई से संबंधित बताया जाता है जिसमें प्रकाश अपनी इंसिडेण्ट इंटेन्सिटी का एक प्रतिशत होता है। इस गहराई के नीचे पादप प्लवकों की वृद्धि नहीं होती है।
Competition	**प्रतिस्पर्धा**
The detrimental interaction between two or more organisms of the same or different species, which utilize a common resource.	सामूहिक स्रोत का उपयोग करनेवाले एक ही प्रजाति के या भिन्न प्रजातियों में दो या अनेक जीवों में उपस्थित हानिकारक पारस्परिक संबंध।
Compost	**कूड़ा खाद**
Organic fertilizer produced by the more or less controlled decomposition of natural organic materials.	कार्बनिक खाद जो प्राकृतिक कार्बनिक सामग्रियों के लगभग नियंत्रित अपघटन से पैदा होता है।
Composting	**वानस्पतिक खाद का बनना**
Composting is an aerobic process in which organic matter and wastes are partially decomposed into 'humus' by a mixed population of microorganisms and invertebrates in a controlled, warm, moist environment. Also used to indicate the use of compost as an organic fertilizer.	वानस्पतिक खाद बनाना एक वायुजीवी प्रक्रिया है जिसमें कार्बनिक पदार्थ और व्यर्थ पदार्थ आंशिक रूप से सूक्ष्मजीवों और रीढ़ रहित या अपृष्ठवंशी की मिश्रित जनसंख्या नियंत्रित, गरम, आर्द्र पर्यावरण में अपघटित होते हैं। इसे एक कार्बनिक उर्वरक को वानस्पतिक खाद के रूप में प्रयोग किए जाने के बारे में संकेत मिलता है।
Concentrate	**सान्द्रता**
A feed used with another to improve the nutritive balance of the total and intended to be further diluted and mixed to produce a supplemental or a complete feed.	वह खाद्य पदार्थ जिसे कुल सामग्री के पौष्टिक संतुलन में सुधार लाने के लिए दूसरे के साथ प्रयोग किया जाता है तथा संपूरक या पूर्ण खाद्य पदार्थ पैदा करने के लिए आगे और भी पतला किया जाता है या मिलाया जाता है।
Conchology	**शंखविज्ञान**
The branch of zoology dealing with shells of animals (molluscs, branchiopods, etc.).	प्राणिविज्ञान की वह शाखा जो पशुओं के सीप के अध्ययन से संबंधित है। उदाहरण के लिए घोंघा, ब्रांकियोपॉड्स।
Conchyliculture	**शंख पालन**
The culture of marine molluscs, such as mussels, oysters and clams	समुद्री घोंघा का पालन, जैसे शंबुक, सीपी और बड़ी सीपियों का पालन।

Condition factor (K or C)	स्थिति घटक (K or C)
A numerical index: the relationship between weight (W in grams) and length (L in cm – type to be specified) of a specimen, expressed as: K = aW/Lb, where a and b are species-specific constants. The constant b is usually taken to be 3, or as experimentally determined low K values indicate fish in poor condition. Fish approaching sexual maturation have a very high conditon factor. Anglo-saxon measuring units may also be used to obtain this factor, then known as C.	**एक सांख्यकीय सूचिका:** किसी नमूने के वजन (ग्रामों में W) तथा लंबाई (L में cm – प्रकार निर्धरित करना है) के बीच में संबंध, इसे K = aW/Lb, के रूप में व्यक्त किया जाता है जहां और इ प्रजाति-विशिष्ट नियांतक हैं। नियांतक b को आमतौर पर 3 लिया जाता है या प्रायोगिक स्तर पर सुनिश्चित निम्न K मूल्य मत्स्य की कमजोर स्थिति का संकेत देते हैं। यौन परिपक्वता बताने वाले मत्स्यों में बहुत उच्च स्थिति घटक पाया जाता है। इन घटकों को प्राप्त करने के लिए ऐंग्लो-सेक्सन मापन यूनिटों का भी प्रयोग किया जा सकता है। उन्हें C के रूप में जाना जाता है।
Condition index	**स्थिति सूचक**
The ratio of the meat to shell volume of a mollusc, used as a measure of marketability.	घोंघे के मांस और सीप के आयतन का अनुपात, जिससे उसकी मार्केट क्षमता मापने के लिए प्रयोग किया जाता है।
Conditioning	**अनुकूलन**
In feed technology: achieving pre-determined moisture characteristics andèor temperature of ingredients or a mixture of ingredients prior to further processing.	खाद्य पदार्थ प्रौद्योगिकी में: आगे और प्रक्रमण के लिए सामग्री या सामग्री मिश्रणों के पूर्व-निर्धरित आर्द्रता लक्षणों और/या तापमानों को प्राप्त करना।
Contagious	**संक्रामक**
A disease normally transmitted only by direct contact between infected and uninfected organisms.	वह रोग जो सामान्य रूप से दूषित एवं अदूषित जीवों के सीधे संपर्क में आने की स्थिति से ही संचारित होते हैं।
Contamination	**दूशण**
In food technology: direct or indirect transmission of objectionable matters to the fish.	खाद्य पदार्थ प्रौद्योगिकी में: मत्स्य को प्रत्यक्ष रूप में या परोक्ष रूप में अनुचित संचारण।
Continental shelf	**महाद्वीपीय जल सीमा**
The shallow gradually sloping seabed around a continental margin, not usually deeper than 200 m and formed by submergence of part of the continent.	किसी महाद्वीपीय सीमाओं के चारों ओर होनेवाला छिछला धीरे से झुकता हुआ समुद्र तल जो प्राय: 200 m से गहरा नहीं है और यह महाद्वीप के एक भाग के निमज्जन से होता है।
Control, biological	**जैविक नियंत्रण**
Control of undesirable animals or plants by means of predators, parasites, pathogens, or genetic diseases (including sterilization).	परभक्षी, परजीवी, रोगजनक या आनुवंशिक रोग द्वारा अवांछित पशु एवं पौधे का नियंत्रण (वंध्यीकरण को शामिल करते हुए)।

Copepod	कोपपॉड
A major group of minute crustaceans common to freshwater and saltwater. They have no carapace and have a single median eye. Some are freeswimming and belong to the zooplankton, while others are parasitic on the skin and gills of fishes. Some copepods live interstially in sediments.	स्वच्छपानी एवं लवणपानी के लिए समान बहुत ही छोटे क्रस्टीशियन का एक प्रमुख दल। उनके पास कोई कारापेस या पृष्ठवर्म नहीं होता है और उनके पास एक ही मध्य चक्षु होता है। कुछ मुक्त रूप से तैरते हैं और प्राणिमंदप्लवक वंश के होते हैं जबकि अन्य मत्स्यों के चर्म और गिलों पर रहनेवाले परजीवी होते हैं। कुछ कोपपॉड अवसादों में रहते हैं।
Cost, fixed	**निर्धरित लागत**
Cost that are incurred regardless of whether the farmer engages in production. These costs include land, property taxes, depreciation and interests on capital investment, such as drainage and pond construction. Fixed costs do not change in magnitude as the amount of output of the production process changes.	वे खर्चे जो बिना किसी उत्पादन कार्य के किसान द्वारा वहन किए जाते हैं। इन खर्चों में भूमि, संपत्ति कर, पूंजी निवेश पर अवमूल्यन और ब्याज, जैसे निकास और तालाब निर्माण आदि शामिल हैं। जैसे जैसे उत्पादन प्रक्रिया आऊटपुट की मात्रा में परिवर्तन होता है नियतखर्चे या लागतों की मात्रा में परिवर्तन नहीं होता।
Cost, marginal	**सीमांत लागत**
The additional cost necessary to produce one more unit of output. Marginal costs depend on the nature of the production function and the unit costs of the variable inputs.	आऊटपुट के एक और यूनिट का उत्पादन करने के लिए अतिरिक्त लागत की आवश्यकता होती है। सीमांत लागत उत्पादन प्रकार्यों की प्रवृत्ति पर निर्भर हैं और यूनिट लागतें भिन्न भिन्न इनपुट पर निर्भर हैं।
Cost, total- (production)	**कुल लागत (उत्पादन)**
Those payments necessary to attract and keep the factors of production attached to the farm or firm, including the human resources of the entrepreneur; the amount of money that must be expanded to obtain various levels of production. Equal to the sum of total fixed cost and total variable cost. In the short run, it will increase only as total variable cost increases, total fixed cost being a constant value.	खेत से फर्म तक संबंधित उत्पादन के घटकों को आकर्षित करने और उन्हें रखने के लिए अनिवार्य हैं, जिसमें उद्यमी के लिए मानव संसाध्न प्रकार्य भी शामिल हैं, ये उत्पादन के भिन्न स्तरों को प्राप्त करने के लिए पैसों की रकम में बढ़ोत्तरी करने की जरूरत है। इसे कुल निर्धरित लागत एवं कुल परिवर्ती लागत के कूल के समान होना चाहिए। कुछ समय के लिए यह कुल परिवर्ती लागत के बढ़ने से ही बढ़ेगा और इसमें कुल निर्धरित लागत एक नियतांक मूल्य बनकर रहेगा।
Cost, total fixed	**कुल निर्धारित लागत**
The summation of several types of fixed costs.Depreciation, insurance, repairs, taxes (property taxes, not income taxes), and interest are its usual components.	यह विभिन्न प्रकार के निर्धारित लागतों का योग होता है। इसके अंतर्गत अवमूल्यन, बीमा, मरम्मत, कर (संपत्ति कर, आयकर नहीं), तथा बीमा आदि इसमें शामिल हैं।

Cost, variable	परिवर्ती लागत
A cost which the manager has control over at a given point in time. Such costs can be increased or decreased at the manager's discretion and will increase as production is increased. Items such as labour, feed, fertilizer, juveniles, chemicals, fuel, and livestock health expenses are examples of variable costs; each of them is equal to the quantity of the input purchased times its price.	वह लागत जिसपर एक निर्धारित समय में प्रबंधक का नियंत्रण होता है। ऐसे लागतों को प्रबंधक के निर्णय के अनुसार बढ़ाए या कम किए जा सकते हैं। श्रम, खाना, उर्वरक, युवा, रासायनिक पदार्थ, ईंधन एवं मवेशी के स्वास्थ्य खर्चे, परिवर्ती लागतों के कुछ उदाहरण हैं। इनमें से हर एक खर्चा क्रय किए गए इनपुट की मात्रा के समतुल्य है जिसके आधर पर दर लगाया जाता है।
Crab, soft shell	**केंकड़ा, नरम सीप**
Asian mud crab product consisting of recently moulted crabs, whose shell is still soft.	ऐशियाई मिट्टी केंकड़ा पालन में मोल्टेड केंकड़ों का उत्पाद, जिनके सीप अत्यंत नरम हैं।
Crayfish	**चिंगट**
Freshwater decapod crustacean.	स्वच्छपानी डीकेपॉड क्रस्टीशियन।
Critical Control Point (CCP)	**संकट नियंत्रण बिन्दु**
Stage during production or processing of an aquaculture product, which has significant influence on food safety and can, at the same time, be continuously controlled and monitored.	जलकृषि उत्पाद के उत्पादन या प्रक्रिया का वह स्तर जिस पर खाद्य पदार्थ की सुरक्षा का पूरा पूरा प्रभाव है और इन पर सतत नियंत्रण एवं अनुवीक्षण किया जाता है।
Crossbreeding	**संकरण**
A breeding programme where fish from different populations or species are mated to produce hybrids. Crossbreeding is used to exploit dominance in genetic variance. In some cases, it can be used to produce monosex populations (e.g. with tilapia) or sterile populations (e.g. with baitfish).	एक प्रजनन कार्यक्रम जिसमें भिन्न संकर पैदा करने के लिए विभिन्न जनसंख्याओं या प्रजातियों के मत्स्यों को जोड़ा जाता है। आनुवंशिक भिन्नता को प्रभावी बनाने के लिए संकरण प्रक्रिया अपनाई जाती है। कुछ मामलों में एकल-लिंग (उदाहरण टिलापिया के साथ) या बंध्य जनसंख्या (उदाहरण के लिए बैइट मत्स्य) पैदा करने के लिए उपयोग किया जा सकता है।
Crumbles	**दानेदार चूर्ण**
Granular processed fish feed made by crushing steam pellets between rollers moving at different speeds; the resulting pellet fragments are screened to produce several size ranges of particles. A starter feed for fry.	दानेदार मत्स्य खाद्य पदार्थ जिसे विभिन्न गतियों में घूमनेवाले रोलरों के बीच में भाप युक्त पेलेटों को दबाया जाता है। इस प्रक्रिया के बाद प्राप्त होनेवाले पेलेटों के टुकड़ों को स्क्रीन करने के बाद उनसे विभिन्न साइजों की श्रेणी के कण तैयार करने के लिए उपयोग किया जाता है। यह फ्राइ के लिए एक प्रारंभिक खाद्य पदार्थ हैं।

Crustacean	**क्रस्टीशियन**
Aquatic animal belonging to the phylum Arthropoda, a major group of invertebrate organisms characterized by their chitinous exoskeleton and jointed appendages, occurring in marine and freshwaters and on land, e.g. crabs, lobsters, crayfish, shrimps, prawns, etc. Microcrustaceans include cladocerans and copepods.	वह जलीय पशु जो फाइलम ऑर्थोपोडा के अंतर्गत वर्गीकृत है जो उनके चिटिनस बाह्य कंकाल एवं जुड़े उपांगों से पहचाना जाता है, यह रीढ़ रहित प्राणियों का प्रमुख समूह है और ये समुद्री एवं स्वच्छ पानी एवं भूमि पर रहते हैं, उदाहरण के लिए केंकड़े, झींगा मछली, झींगा, आदि। सूक्ष्म क्रस्टीशियनों में क्लेडोसिरॉन एवं कोपपॉड भी शामिल हैं।
Cryopreservation	**हिमांकमिति परिरक्षण**
The freezing and storage of gametes (usually sperm) so they can be used at a later date.	युग्मकों का हिमीकरण एवं भंड़ारण (आमतौर पर शुक्राणु) ताकि उन्हें भविष्य में उपयोग किया जा सके।
(K or C)	**चुनना**
To reduce the number of animals in a breeding group by removing inferior stock or by killing selected animals.	निम्नस्तरीय स्टॉक निकालने या चयनित पशुओं को मारने के माध्यम से प्रजनन समूह में पशुओं की संख्या कम करना।
Cultch	**कल्च**
Any substrate placed into the environment for the attachment of mollusc larvae, in particular of oyster larvae, when they leave the plankton community and become benthic. Examples include ropes, tiles, rocks, pipes and wooden or bamboo posts.	घोंघा इल्लियों के संलग्नक प्रदान करने के लिए, विशेष रूप से सीपी इल्ली के लिए उस पर्यावरण में कोई कार्यद्रव्य रखना, जब वे प्लवक समुदाय को छोड़कर बेन्थिक बन जाते हैं। उदाहरण के लिए रोप्स, टाइल्स, पत्थर, पाइप तथा लकड़ी या खस के खंभे।
Culture (a)	**पालन या कृषि (a)**
The maintenance, growth and propagation of organisms under various levels of care and control.	देखभाल एवं नियंत्रण के विभिन्न स्तरों में जीवों का रखरखाव, वृद्धि और उनकी उत्पत्ति
Culture (b):	**पालन या कृषि (b):**
In microbiology: the propagation of bacteria or microorganisms in artificial media.	**सूक्ष्मजीव विज्ञान में :** कृत्रिम माध्यम में बैक्टीरिया या सूक्ष्मजीवों की उत्पत्ति।
Culture (c)	**पालन या कृषि (c)**
In aquaculture: to grow finfish, shellfish and other organisms through stages of development under (largely) controlled conditions.	जलकृषि में : विकास के विभिन्न स्तरों में (मुख्य रूप से) नियंत्रित परिस्थितियों में परयुक्त मत्स्य, सीप मत्स्य एवं अन्य जीवों की जलकृषि या पालन।
Culture system	**जलकृषि व्यवस्था**
Concept comprising not only the production facilities but also a description of the culture practices applied.	वह संकल्पना जिसमें न केवल उत्पादन की सुविधाएं हैं बल्कि प्रयोग की जानेवाली पालन पद्धतियों के विवरण भी शामिल हैं।

Culture system, batch	**जलकृषि व्यवस्था बैच**
For microalgae as live-food organisms: a method consisting of a single inoculation of cells into a container of fertilized seawater followed by a growing period of several days and finally harvesting when the algal population reaches its maximum or near-maximum density; in flasks, carboys, plastic bags, fiberglass cylinders and tanks.	सजीव खाद्य पदार्थ के रूप में सूक्ष्म शैवालों के लिए : उर्वरित समुद्र पानी के आधन में कोशिकाओं के एकल संचारण की पद्धति के बाद कई दिनों के लिए बढ़ोत्तरी तथा जब शैवालों की जनसंख्या अधिकतम हो जाती है या अत्यध्कि सघनता की स्थिति पैदा हो जाती है तब अंत में उनका हार्वेस्ट किया जाता है। यह फ्लास्क में, कारबॉय में, प्लास्टिक थैलों में, फाइबर गैस सिलिंडरों और टंकियों में किया जाता है।
Culture system, continuous	**सतत जलकृषि व्यवस्था**
For microalgae as live-food organisms: a method in which a supply of fertilized seawater is continuously pumped into a growth chamber and the excess culture is simultaneously washed out; in large plastic tubing (e.g. 40 litres) or bags (e.g. 400 litres).	**सजीव खाद्य पदार्थ के रूप में सूक्ष्म शैवालों के लिए:** वह पद्धति जिसके अंतर्गत वृद्धि चेम्बर में पंपिंग द्वारा उर्वरित समुद्र पानी की सतत आपूर्ति की जाती है तथा साथ साथ बड़े प्लास्टिक ट्यूबिंग (उदाहरण के लिए 40 लीटर) या थैलों (उदाहरण के लिए 400लीटर) में अत्यधिक जलकृषि का निकास किया जाता है।
Culture system, sawah tambak	**सवाह तंबाक जलकृषि व्यवस्था**
Indonesian coastal rice-cum-fish system in which brackishwater fish are produced concurrently with rice or separately during the wet season.	इंडोनीशिया में समुद्री तटवर्ती क्षेत्रों में धान एवं मत्स्य कृषि व्यवस्था जिसमें खारापानी के मत्स्यों का उत्पादन वर्षा के मौसम में धन के साथ या अलग से किया जाता है।
Culture system, semi-continuous	**अर्द्ध सतत जलकृषि व्यवस्था**
For microalgae as live-food organisms: a method prolonging the use of large tank cultures by partial periodic harvesting followed immediately by topping up the original volume and supplementing with nutrients to achieve the original level of enrichment.	**सजीव खाद्य पदार्थ के रूप में सूक्ष्म शैवालों के लिए:** वह पद्धति आंशिक आवध्कि फसल में जलकृषि की बड़ी टंकियों का उपयोग किया जाता है और इसके तुरंत बाद फिर से भरकर मूल परिमाण तक लाते हैं और उसमें पोषक डालकर फिर से समृद्धि का वही स्तर उपलब्ध करते हैं।
Culture system, single-pass	**एकल पास जलकृषि व्यवस्था**
A culture system in which water is passed through rearing units without being recycled and is then discharged.	जलकृषि की वह व्यवस्था जिसमें पानी का पुनः चक्रण किए बिना पालन यूनिटों से पानी भेजा जाता है और उसके बाद उसका निष्कासन किया जाता है।
Culture, axenic	**असंदूशित जलकृषि**
Used to describe the culture of a species or a strain of organism in isolation from all other species or strains of living organisms. Often used to refer to the laboratory growth of unicellular organisms (especially protozoans) in pure cultures (i.e. bacteria-free cultures).	अन्य सभी प्रजातियां या जीवों के स्ट्रेनों से पृथक किए गए प्रजाति या जीवों के स्ट्रेन की जलकृषि को परिभाषित करने के लिए प्रयुक्त शब्द। इसे प्रायः शुद्ध जलकृषि (अर्थात् बैक्टीरिया मुक्त जलकृषि) में एकल-कोशिका जीवों (विशेष रूप से प्रोटोजोऑन) की प्रयोगशाला वृद्धि के संदर्भ में प्रयोग किया जाता है।

Culture, batch- (a)	**जलकृषि बैच (a)**
Culture of organisms in homogeneous developmental stages.	संजातीय विकास स्तरों में जीवों का पालन।
Culture, batch- (b)	**जलकृषि बैच (b)**
For fish: a system of rearing fish involving the total harvest at a certain interval after stocking. If drainable, the rearing unit is then drained before restocking. In undrainable structures, the water is usually chemically treated to eliminate any fish still present before restocking.	**मत्स्यों के लिए:** मत्स्यों को पालने की वह व्यवस्था जिसमें स्टॉकिंग के कुछ समय अंतराल के बाद कुल फसल की हार्वेस्ट की जाती है। यदि पानी निष्कासनीय है तो यह जलकृषि व्यवस्था को पुन:स्टॉकिंग की प्रक्रिया से पहले उसमें से पानी को निष्कासित किया जाता है। उन संरचनाओं में जहां पानी का निष्कासन नहीं किया जा सकता तो आमतौर पर पुन:स्टॉकिंग की प्रक्रिया अपनाने से पहले उपस्थित मत्स्यों को निकालने के लिए पानी का रासायनिक उपचार किया जाता है।
Culture, bed	**जलकृषि बेड**
Bottom culture of molluscs on intertidal or deepwater beds+	मध्य ज्वारीय या गहरे पानी बेडों में समुद्र तल पर घोंघा की जलकृषि।
Culture, bottom	**तल पर जलकृषि**
Type of extensive culture of mussels, oysters, scallops and clams in which ongrowing occurs on the seabed. After an appropriate period of growth, the shellfish are harvested by dredging. Method also used for the culture of seaweeds.	शंबुक, सीपी, स्कैलप और बड़ी सीपियों की विस्तृत जलकृषि का एक प्रकार जिसमें इनकी वृद्धि समुद्र तल में की जाती है। वृद्धि की उचित अवधि के बाद तलकर्षण की प्रक्रिया से सीप मत्स्यों की फसल की जाती है। इस पद्धति को समुद्री शैवालों के पालन के लिए उपयोग किया जाता है।
Culture, bouchot	**बाऊकोट जलकृषि**
Method of culturing mussels that is primarily used along the French Atlantic coast but is applicable to other areas with a high tidal flux. Spat are collected by larval settlement on poles and ropes. Ropes with young mussels are transported to the ongrowing area and wrapped around poles (i.e. "bouchots") embedded in the intertidal zone.	शंबुकों की जलकृषि की पद्धति जो मुख्य रूप से फ्रेंच अट्लांटिक समुद्र के तटवर्ती प्रदेशों में अपनाई जाती है लेकिन यह उन क्षेत्रें में भी अपनाई जा सकती है जहां उच्च ज्वार भाटा का प्रवाह है। स्पैटों को खंभों एवं रस्सियों पर ठहर जानेवाली इल्लियों से इकत्रित किया जाता है। रस्सियों पर ठहरे हुए बहुत ही छोटे शंबुकों अगले वृद्धि क्षेत्र में भेजा जाता है तथा मध्य ज्वारीय क्षेत्र में लगाए गए खंभों (अर्थात् ''बाऊकोट'') के चारों ओर ओढ़ा जाता है।
Culture, clear water	**साफ पानी जलकृषि**
A method of raising larval fish, crustaceans or molluscs where food organisms (e.g. microalgae, rotifers) are cultured in separate vessels and added to the larval rearing tanks at regular intervals.	मत्स्य, क्रस्टीशियन या घोंघों को पालने की पद्धति जहां खाद्य पदार्थ (उदाहरण के लिए सूक्ष्म शैवाल, रोटीफर्स) को अलग से बर्तनों में पाला जाता है तथा नियमित समयांतरालों में मत्स्य पालन टंकियों में डाला जाता है।

Culture, continuous — **सतत जलकृषि**

A system of rearing fish, which involves continuous operation of the rearing unit. It is not completely drained for harvesting, nor completely harvested. The larger animals are regularly removed by fishing for marketing, leaving the smaller ones to grow on. The ponds are regularly restocked.

मत्स्य पालने की वह पद्धति जिसमें पालन यूनिट का लगातार प्रचालन किया जाता है। फसल के दौरान इसमें से पानी को पूर्ण रूप से निष्कासित नहीं किया जाता है और न ही पूर्ण रूप से फसल की जाती है। बड़ी मछलियों को मार्केटिंग के लिए नियमित रूप से निकाला जाता है और छोटे को बढ़ोत्तरी के लिए छोड़ दिया जाता है। तालाबों में नियमित रूप से पुनःस्टॉकिंग किया जाता है।

Culture, floating — **प्लावक जलकृषि**

Conchyliculture system in which growing molluscs are held in various types of containers suspended from floating devices such as rafts or longlines.

शंक जलकृषि की पद्धति जिसमें वृद्धि होनेवाले घोंघों को विभिन्न प्रकार की टंकियों में रखा जाता है और इन टंकियों को रैफ्ट या लॉगाइन्स जैसे तैरनेवाले उपस्करों से लटकाया जाता है।

Culture, floating net — **प्लावक जलकृषि जाल**

Seaweed culture method in which synthetic ropes are supported on the surface of the sea by buoys and held by anchors; a series of nets with small buoys are stretched between the ropes. It makes it possible to utilize even offshore waters of about 20 m depth with strong wave action.

समुद्री शैवाल पालन पद्धति जिसमें संश्लिष्ट रस्सियों को बॉयज द्वारा समुद्र सतह पर समर्थन प्रदान किया जाता है और उन्हें लंगरों द्वारा पकड़ा जाता है। रस्सियों के बीच में छोटे बॉयज द्वारा समर्थित कई जाल होते हैं। इसे 20m की गहराइयों में जहां उच्च लहर होती हैं, में उपयोग किया जा सकता है तथा ऑफशोर पानियों में इसे प्रयोग करने की संभावना है।

Culture, green water — **हरित पानी जलकृषि**

The enhancement of natural food chains in ponds or tanks by nutrient enrichment, as a means of increasing food supply to an aquaculture species.

तालाबों या टंकियों में प्राकृतिक खाद्य पदार्थ श्रृंखला का विस्तार और यह जलकृषि प्रजातियों को खाद्य पदार्थ की आपूर्ति बढ़ाने का एक माध्यम है।

Culture, integrated — **समेकित जलकृषि**

System of culture where aquatic organisms are considered as secondary production and consequently the culture is not managed for aquaculture production only - for example fish and rice.

जलकृषि की वह पद्धति जिसमें जल जीवों को गौण उत्पादन माना जाता है तथा उसके बाद अपनाई गई पालन व्यवस्था, जलकृषि उत्पादन के लिए नहीं की जाती है - उदाहरण के लिए मत्स्य एवं धान।

Culture, longline — **लॉन्गलाईन जलकृषि**

Form of open-water suspended culture in which cultured species are ongrown on ropes or diverse containers (e.g. baskets, stacked trays, lantern nets) suspended from anchored and buoyed surface or subsurface ropes (longlines). Used for the culture of bivalve molluscs, e.g. mussels, oysters, scallops, and marine macroalgae.

खुला-पानी निलंबित जलकृषि की पद्धति जिसमें पालन किए जानेवाले प्रजातियों को रस्सियों या लंगर या बॉयड सतह से या उप-सतही रस्सियों (लॉन्गाइन्स) द्वारा निलंबित विविध आधनों (उदाहरण के लिए टोकरियां, तह लगाए गए ट्रे, लालटेन जाल) में आगे की वृद्धि के लिए रखा जाता है। बाइवॉल्व घोंघा पालने के लिए यह पद्धति अपनाई जाती है उदाहरण के लिए शंबुक, सीपी, स्कैलप और समुद्री स्थूल शैवाल।

Culture, mass	**बृहत् जलकृषि**
Production of a species on a large scale; often used with reference to rotifer and Artemia production, which are cultured on a continuous basis in large amounts for fish larvae rearing.	किसी प्रजाति का बृहत् स्तर पर उत्पादनः प्रायः इस पद्धति को रोटीफर एवं आर्टेमिया के उत्पादन में इस्तेमाल किया जाता है। अत्यधिक मात्रा में मत्स्य इल्ली पालन के लिए इनकी जलकृषि सतत् आधार पर की जाती है।
Culture, mixed	**मिश्रित जलकृषि**
The rearing of fish of different age and size in the same waterbody.	एक ही पानी में भिन्न भिन्न उम्र एवं आकार के मत्स्यों का पालन।
Culture, mixed-sex	**मिश्रित-लिंग जलकृषि**
Culture of males and females in the same grow-out facility.	एक ही वृद्धि सुविधा में नर एवं मादा मत्स्यों का पालन।
Culture, monosex	**एकल-लिंग जलकृषि**
The selection or rearing of a single sex of a given species in an aquaculture unit in order to avoid uncontrolled reproduction or to obtain higher yields. Commonly used with salmonids and tilapias in which there is a dichotomy between the growth of the two sexes that is activated after the onset of sexual maturity.	अनियंत्रित उत्पत्ति रोकने के लिए या उच्च उपलब्धि प्राप्त करने के लिए किसी जलकृषि यूनिट में दिए हुए प्रजातियों के एकल-लिंग का पालन या उनका चयन। इसे आमतौर पर सॉल्मोनिड एवं टीलापियास के लिए प्रयोग किया जाता है जिसमें यौन परिपक्वता आने के बाद दोनों लिंगों की वृद्धि के बीच में द्विभाजन सक्रिय किया जाता है।
Culture, net	**जाल जलकृषि**
Seaweed culture method in which rectangular synthetic nets are suspended from bamboo poles driven into the bottom of the shallow sea so that the flat surface is parallel to the water surface.	समुद्री शैवाल पालने की पद्धति जिसमें समकोणीय आकार के जालों को छिछले समुद्र के तल पर लगाए गए खस के खंभों से टांगे जाते हैं ताकि उसकी समतल सतह पानी की सतह की समानांतर रेखा में हो।
Culture, off-bottom	**तल से परे जलकृषि**
Where the culture equipment are kept off the bottom.	जहां जलकृषि के उपकरणों को तल से ऊपर रखा जाता है।
Culture, off-shore	**ऑफशोर जलकृषि**
Marine aquaculture of aquatic organisms in the unprotected off-shore zone of the sea.	समुद्र का असुरक्षित ऑफशोर क्षेत्र जहां जलजीवों की समुद्री जलकृषि की जाती है।
Culture, paddy-cum-fish	**धान एवं मत्स्य जलकृषि**
An integration technique, which entails raising fish in a rice paddy; fish and rice may be produced either concurrently (rizipisciculture) or in rotation.	एक समेकित तकनीक जिसमें धान के खेतों में मत्स्य पालन किया जाता है या धान की खेती साथ में (रिजी-मत्स्य कृषि) या आवर्तन में की जाती है।

Culture, pearl	**मोती जलकृषि**
Term used to describe the production of pearls by artificial means using freshwater mussels (e.g. Hyriosis schlegellis) and marine water oysters (e.g. Pinctada funcata), for use in the jewellery industry. They are cultured in suspension for three to six years.	स्वच्छपानी शंबुकों (हईरियॉसिस श्लेगेल्लिस) का प्रयोग करते हुए कृत्रिम माध्यमों से तथा श्रृंगार सामान के उद्योग में प्रयोग की जानेवाली मोतियों का उत्पादन परिभाषित करने के लिए प्रयुक्त शब्दावली समुद्री पानी सीपी (उदाहरण के लिए पिंक्टाडा फंक्टा)। इन्हें तीन से छह वर्षों तक के लिए पाला जाता है।
Culture, pen	**घेरा जलकृषि**
The rearing of fish in pens	घेरों में मत्स्यों का पालन।
Culture, pond	**तालाब जलकृषि**
Common term used to describe the cultivation of organisms in land-based ponds. Various pond designs are used in different stages of an organism's development, such as spawning ponds, wintering ponds, fry ponds and ongrowing ponds.	भूमि आधरित तालाबों में जीवों का पालन परिभाषित करने के लिए प्रयुक्त सामान्य शब्दावली। जीवों के विकास के विभिन्न स्तरों में प्रयुक्त तालाब के भिन्न-भिन्न डिजाइन, जैसे बोयाना तालाब, शरदी तालाब, फ्रई तालाब और आगे की वृद्धि हेतु तालाब।
Culture, rack	**अलमारी जलकृषि**
A hanging cultur e technique for oysters andmussels in which wooden or bamboo racks are built over the bottom of shallow coastal areas; evenly spaced lines (nylon string, rope, etc) are hung vertically from it with cultch strung on them at regular intervals; the collected spat are cultured on site.	सीपी एवं शंबुकों के लिए एक टंगी हुई जलकृषि की पद्धति जिसमें लकड़ी या खस की अलमारियों को समुद्र तट के छिछले पानियों में बनाया जाता है, समान रूप से लंम्बवत् रूप से लगाई हुई लाइनों पर (नईलॉन स्ट्रिंग, रस्सी आदि) नियमित अंतरालों में कल्च टंगी रहती हैं तथा सील पर ही जलकृषि किए गए स्पैटों को इकट्ठा किया जाता है।
Culture, raft	**रैफ्ट जलकृषि**
Form of suspended culture in which the ongrowing structures (ropes, etc.) are suspended from a raft. Utilizes moored, floating rafts mostly for coastal shellfish culture; holes are punched in old shells and the shells are placed on strings, which are attached to the raft structure; after settling of spat on the shells, the rafts may be anchored in good growing areas.	टंगी हुई जलकृषि की वह पद्धति जिसमें से आगे की वृद्धि के लिए बनाई गई संरचनाओं को रैफ्ट पर से टांगा जाता है। इसमें सामान्यतया समुद्री तटवर्ती सीप मत्स्यों के पालन के लिए मूर्ड, प्लावक रैफ्टों का प्रयोग किया जाता है तथा सीपों को डोरों पर लगाया जाता है जो रैफ्ट की संरचना से लगा रहता है। सीपों पर स्पेट के ठहर जाने पर रैफ्टों को अच्छी वृद्धि स्थलों में लगाया जा सकता है।
Culture, rotationa	**आवर्तन जलकृषि**
The alternate cropping of fish and plant in a pond or paddy field.	तालाब या धान के खेत में मत्स्य एवं पौधें की बारी-बारी खेती।
Culture, sewage-	**सीवेज जलकृषि**
The rearing of fish integrated with sewage treatment.	सीवेज उपचार से समेकित संरचनाओं में मत्स्यों का पालन।

Culture, stake	स्टेक जलकृषि
An off-bottom culture method of mussels or oysters where bamboo, wooden or cement stakes or sticks are driven into the bottom to catch spat. Grow-out may be in the spat-catching area itself or more often, in separate grow-out areas. Particularly useful in intertidal areas with soft bottom mud.	शंबुक या सीपियों को तल से दूर क्षेत्र में पालने की पद्धति जिसमें स्पेट पकड़ने के लिए खस, लकड़ी या सिमेंट के स्टेकों या खंभों को तल पर लगाया जाता है। स्पेट पकड़ने के क्षेत्र में ही ग्रो-आऊट हो सकती है और कई बार अलग से ग्रो-आऊट क्षेत्रें में भी की जाती है। यह विशेष रूप से मध्यज्वारीय क्षेत्र के नरम मिट्टी युक्त तलों में बहुत उपयोगी सिद्ध होता है।
Culture, stake-and-line	**स्टेक एवं लाइन जलकृषि**
Aquaculture technique widely used in Asia for seaweed culture in which simple wood or bamboo stakes are knocked into muddyèsandy tidal areas to support a crossed network of nylon line set at intervals, 30-50 cm above the seabed; stems of seaweed are tied directly on to the line.	ऐशिया में समुद्री शैवालों के पालन के लिए प्रयुक्त जलकृषि तकनीक जिसमें ज्वारीय क्षेत्रें में अंतरालों में लगाई गई नाइलॉन के क्रॉस्ड नेटवर्क लाइनों को समर्थन देने के लिए लकड़ी या खस के मामूली स्टेकों को समुद्र तल से 30-50 बउ की ऊँचाई पर मिट्टी/रेतीले तलों में लगाया जाता है और सीधे लाइनों पर समुद्री शैवालों को बांधा जाता है।
Culture, string	**डोरी जलकृषि**
Type of mollusc suspended culture in which the cultured species are grown on hanging ropes (in nylon or as tubular netting), such as for example the French "corde marseillaise" (Marseilles rope).	घोंघों की जलकृषि हेतु एक प्रकार की टंगी हुई पद्धति जिसमें पाले गए प्रजातियों को टंगी हुई रस्सियों (नाइलॉन में या ट्यूबुलार जाली में) पर लगाया जाता है, उदाहरण के लिए फ्रेंच ''कॉर्ड मॉसियेल्लइज'' (मार्सेल्लिस रस्सी)।
Culture, suspended	**टंगी हुई जलकृषि**
Culture method whereby cultured species (molluscs or seaweeds) are ongrown on hanging ropes, or other structures, suspended from fixed or floating installations (buoys, frames, floating platforms, longlines).	वह जलकृषि पद्धति जिससे पाले गए प्रजातियों को टंगी हुई रस्सियों पर या अन्य संरचनाओं पर उगाया जाता है जिन्हें लगाए गए या तैरनेवाले संस्थापनाओं (बॉयज, फ्रेम, तैरनेवाले प्लैटफार्म, लँगालाइन्स) से टंगाया जाता है।
Culture, tray	**ट्रे जलकृषि**
An off-bottom cultural practice used for shellfish in coastal waters. Shellfish are placed in baskets or trays made of a mesh material such as fishing net,chicken wire, or plastic. These baskets trays are suspended from fixed racks or beneath rafts.	तल से दूर जलकृषि करने की पद्धति जिसे समुद्री तटवर्ती प्रदेशों में सीपी मत्स्य पालन के लिए प्रयोग किया जाता है। सीपी मछलियों को टोकरियों या ट्रे में रखा जाता है जो मत्स्य पकड़ने की जालधिचकन वायर या प्लास्टिक के होते हैं। उक्त टोकरी ट्रे को लगाए गए अलमारी या रैफ्टों के नीचे से टंगाया जाता है।

Culture, valli (Valliculture)	**वल्ली जलकृषि**
One of the most ancient still existing forms of aquaculture, its origins dating back to the first rudimental fish ponding and fattening systems used along the Adriatic and Tyrrhenian coasts. Developed to exploit the seasonal migrations of some fish species from the sea into lagoon and delta areas and later, back to the sea. Large brackish areas were enclosed (valli) and complex permanent capture systems (lavorieri) developed.Later, captured wild juveniles were also stocked into the basins to be reared for a few years.	जलकृषि की यह पद्धति अत्यंत प्राचीन है और इसका प्रयोग अभी भी प्रचलित है। इस प्रयोग का प्रारंभ एड्रियाटिक एवं टाईर्हेनियन समुद्री तटवर्ती प्रदेशों में मूल रूप से अपनाए जानेवाले मत्स्य पालन एवं मोटा करने की व्यवस्थाएं हैं। कुछ मत्स्यों द्वारा समुद्र से झीलों और डेल्टा में मौसमी प्रवास तथा बाद में वापस समुद्र में चले जाने की स्थिति से लाभान्वित होने के लिए विकास किया गया था। बड़े खारापानी क्षेत्र को घेरा (वल्ली) गया तथा जटिल स्थायी मत्स्य पकड़नेवाली व्यवस्थाओं (लेवोरियेरी) का विकास किया गया। बाद में पकड़े गए मुक्त होकर चरनेवाले छोटे मत्स्यों को भीबेसिनों में स्टॉक किया गया जिन्हें कुछ वर्ष पालने की आवश्यकता है।
Curing	**क्यूरिंग**
To preserve by salting, drying, smoking, fermentation or a combination of these methods.	लवण लगाकर, सुखाकर, धुआँ लगाकर, किण्वन द्वारा या इन पद्धतियों को मिलाकर क्यूरिंग कहा जाता है।
Current	**करेंट**
A continuous non-tidal horizontal movement of water, e.g. in ponds, reservoirs, lakes and rivers.	पानी की एक लगातार गैर-ज्वारीय प्रदेश में क्षैतिज गति में बहना, उदाहरण के लिए तालाब, जलाशय, झील और नदियाँ।
Cypriniculture	**सईप्रिनी जलकृषि**
The breeding and rearing of cyprinids, in particular common carp (Cyprinus carpio) in Europe and major Indian carps and Chinese carps in Asia.	सईप्रिनिडों का प्रजनन एवं पालन, विशेष रूप से यूरोप में पाए जानेवाला सामान्य कार्प (सईप्रिनस कार्पियो) तथा ऐशियाई भाग में प्रमुख भारतीय एवं चीनी कार्प।
Cyprinids	**सईप्रिनिड**
Finfish of the family Cyprinidae, which include common carp, the Chinese carps (grass-, bigheadand silver carps) and the Indian major carps (catla,mrigal and rohu) as the main species cultured around the world.	सईप्रिनिडे परिवार का परयुक्त मत्स्य, जिसमें सामान्य कार्प शामिल हैं, चीनी कार्प (घास-बड़े सिरवाले और सिल्वर कार्प) तथा प्रमुख भारतीय कार्प (कैट्ला, म्रिगल एवं रोहू) जो विश्व में पाले जानेवाले मुख्य प्रजातियों में से माने जाते हैं।
Cytopathic effect (CPE)	**सईटोपैथिक प्रभाव**
Pertaining to or characterized by pathological changes in cells.	कोशिकाओं में होने वाले रोगात्मक परिवर्तन द्वारा लक्षणित या उनसे संबंधित।

D

Daphnia	**डैफ्निया**
A genus of primarily freshwater micro crustaceans usually 0.5 to 3 mm long. A frequently used food source in freshwater larviculture (e.g. for cyprinids) and in the ornamental fish industry.	मूल रूप से एक स्वच्छ पानी सूक्ष्म क्रस्टीशियन प्रजाति जिसकी लंबाई 0.5 mm और 3 mm के बीच होती है। यह आमतौर पर स्वच्छ पानी इल्ली (उदाहरण के लिए सईप्रिनिड) पालन तथा श्रृंगारिक मत्स्य उद्योग पालन में खाद्य पदार्थ के रूप में प्रयोग किया जाता है।
Decapsulation	**विप्रावृतन**
A process whereby the capsules of brine shrimp cysts are removed before they are used further in cultivation. The cyst, often called an egg, is an arrested gastrula encapsulated within a hard lipoproteinaceous shell or capsule.	वह प्रक्रिया जिसमें आगे की जलकृषि में प्रयोग किए जाने से पहले लवणित झींगा सिस्टों के प्रावृत को निकाला जाता है। सिस्ट को प्राय: अण्डा कहा जाता है। यह सिस्ट एक कठोर लिपोप्रोटीनियेशस सीपी या कैप्सूल में प्रावृत गैस्ट्रूला होता है।
Decomposer	**अपघटित करनेवाला**
Any organism that feeds by degrading organic matter such as for example bacteria and fungi.	कोई भी जीव जो कार्बनिक सामग्री को अपघटित करके अपना खाद्य पदार्थ पैदा करता है, उदहारण के लिए बैक्टीरिया और कवक।
Decomposition	**अपघटन**
The degradation of organic matter into simple organic and inorganic compounds, with consequent liberation of energy.	कार्बनिक सामग्री का कार्बनिक एवं अकार्बनिक सम्मिश्रों में अपघटन होता है और इस प्रक्रिया के फलस्वरूप ऊर्जा पैदा होती है।
Degree Celsius (°C)	**डिग्री सेल्शियस (°C)**
International unit of temperature equivalent to 59 (°F - 32) where °F are degrees Fahrenheit.	59 (°F - 32) के समतुल्य तापमान का अंतर्राष्ट्रीय यूनिट जिसमें °F डिग्री फैरनहीट होता है।
Degree Fahrenheit (°F)	**डिग्री फैरन्हीट (°F)**
Anglo-Saxon unit of temperature equivalent to 95 °C + 32 where °C are degrees Celsius.	95 °C+ 32 के समतुल्य तापमान का ऐंग्लो-सैक्सन यूनिट जिसमें °C डिग्री सेल्शियस होता है।

Degree-days	**डिग्री डेज**
Unit used in the measurement of the duration of a life cycle or a particular growth phase of an organism (e.g. fish egg incubation); calculated as the product of time and temperature average over a specific number of days.	वह यूनिट जिसे एक जीव (उदाहरण के लिए मत्स्य अंडा सेना) की वृद्धि के किसी विशिष्ट या उनके जीवन चक्र की अवधि का मापन अभिव्यक्त करने के लिए प्रयोग किया जाता है। इसे समय तथा दिनों की विशिष्ट संख्या में औसत तापमान के गुणन के रूप में आकलित किया जाता है।
Delayed release	**विलंबित विमोचन**
A technique used to change the migration pattern of ranched salmonids. For example, the smolt stage is put to sea in net cages and fed for a period before it is released. This technique enhances the return rate in ranching programmes.	रैंच सॉलमोनिडों के प्रवास पैटर्न में परिवर्तन करने के लिए प्रयुक्त तकनीक। उदाहरण के लिए स्मोल्ट स्तर में उन्हें समुद्र में जाल घेरों में डाला जाता है और उन्हें मुक्त करने से पहले निर्धरित अवधि के लिए खिलाया जाता है। इस तकनीक से रैंचिंग कार्यक्रम में वापस आने की दर बढ़ती है।
Demand, consumer	**उपभोक्ता मांग**
The various quantities of a particular commodity a consumer is willing and able to buy as the price of the commodity varies, when all other factors affecting demand are held constant.	किसी विशिष्ट उत्पाद की विभिन्न मात्राएं जो उपभोक्ता खरीदना चाहता है और खरीद सकता है क्योंकि मांग को प्रभावित करनेवाले सभी पहलू स्थिर बनाए जाते हैं और उत्पाद दर में भिन्नता होती है।
Demersal	**डिमर्सल**
Living on or near the bottom of a pond, lake or the sea.	तालाब, झील या समुद्र के तल के पास या तल पर रहनेवाला जीव।
Denitrification	**डीनाईट्रिफिकेशन**
The biochemical reduction of nitrate via the intermediate nitrite to molecular (gaseous) nitrogen and carbon dioxide through microbiological activity. In aquaculture: a necessary water treatment process in recycling systems with little or no water exchange; also occurs in settling tanks, suspended solid traps and water storage tanks.	सूक्ष्मजैविक क्रियाकलाप के माध्यम से नाइट्रोजन एवं कार्बन डाइऑक्साइड के आण्विक (गेशियस) मध्यवर्ती नाइट्राइट के माध्यम से नाइट्रेट के जैव-रासायनिक न्यूनीकरण। जलकृषि में: पुनश्चक्रण व्यवस्थाओं में बहुत ही कम पानी विनिमय के साथ या बिना कोई पानी विनिमय के एक आवश्यक पानी की उपचार प्रक्रिया। यह सेटलिंग टंकियों में, निलंबित ठोस ट्रैप में तथा पानी भंड़ारण टंकियों में भी होता है।

Density	**सघनता**
(a) Number of individuals or other units per unitarea, expressed in numberm2. (b) Weight of a unit volume of a substance,expressed in kgm3.	(a) अन्य यूनिट प्रति यूनिट-क्षेत्र या व्यक्तियों की संख्या, इसे संख्या m^2 में अभिव्यक्त किया जाता है। (b) किसी पदार्थ के यूनिट परिमाण का वजन, इसे kgm^2 में अभिव्यक्त किया जाता है।
Density index	**सघनता सूचिका**
The relationship of fish size to the water volume of a hatchery rearing unit; calculated by the formula: Density Index = (weight of fish) (fish length x volume of rearing unit).	एक हैचरी पालन यूनिट में निहित पानी की मात्रा और मत्स्य की साइज में संबंध सघनता सूचिका = (मत्स्य का वजन)/(मत्स्य की लंबाई x पालन यूनिट का परिमाण)।
Deoxygenated	**विऑक्सीकृत**
Used for an environment depleted in free oxygen.	मुक्त ऑक्सीजन से क्षीण पर्यावरण के लिए प्रयुक्त शब्द।
Depuration	**शोध्न**
Technique whereby animals that may contain undesirable substances (sand, silt), pollutants, parasites or organisms of possible harm to human beings are placed and held in clean water to clean themselves; usually applied to shellfish.	वह तकनीक जिससे अवांछित पदार्थ (रेत, तलछट), दूषण पदार्थ, परजीवी या मानवों के लिए हानिकारक जीव युक्त पशुओं को स्वच्छ पानी में रखा जाता है ताकि वे अपने आप को शुद्ध करें। प्राय: इसे सीप मत्स्यों के लिए अपनाया जाता है।
Desalination (a)	**विलवणीकरण (a)**
Of water: removal of salt from sea- or brackish water. It is achieved by various methods, for example distillation, reverse osmosis, hyperfiltration, electrodialysis, ion exchange, and solar evaporation followed by condensation of water vapour.	पानी में : समुद्र या खारापानी से लवण निकालने की प्रक्रिया। इसे कई पद्धतियों से प्राप्त किया जा सकता है, उदाहरण के लिए आसवन, परासरण, उच्च निस्यंदन, इलेक्ट्रो डयालिसिस, आयन विनिमय तथा सौर वाष्पीकरण के बाद पानी वाष्पों का संघनन।
Desalination (b)	**विलवणीकरण (b)**
Of soil: removal of salt from soil by artificial means, usually leaching.	मिट्टी में: कृत्रिम पद्धतियों द्वारा मिट्टी में से लवण निकालने की प्रक्रिया, आमतौर पर निक्षालन।
Detritivore	**कूड़ा खाने वाला जन्तु**
An animal that consumes detritus.	वह पशु जो सड़ा-गला पदार्थ खाता है।

Detribus	
In limnology and oceanography: the fragments of organic matter or other disintegrated material moved about by water.(b) In pathology: a collection or heap of fragments formed by detrition, especially in fish gills.	(a) सरोविज्ञान एवं समुद्र विज्ञान: कार्बनिक पदार्थ के टुकड़े या अंश या अन्य विघटित सामग्री जिसे पानी द्वारा एक जगह से दूसरी जगह ले जाते हैं। (b) विकृति विज्ञान : अपघर्षण द्वारा पैदा होनवाले टुकड़ों का समूह या इकत्रीकरण, विशेष रूप से मत्स्यों के गिल में।
Development, sustainable	**दीर्घकालिक विकास**
Management and conservation of the natural resource base, and the orientation of technological and institutional change in such a manner as to ensure the attainment of continued satisfaction of human needs for present and future generations. Such sustainable development conserves (land),water, plants and (animal) genetic resources, is environmentally non-degrading, technologically appropriate, economically viable and socially acceptable.	प्राकृतिक स्रोत अधारों का प्रबंधन एवं परिरक्षण तथा इस तरह के प्रौद्योगिकीय एवं सांस्थानिक परिवर्तन वर्तमान एवं भविष्य में आनेवाले वंशों के लिए मानव की आवश्यकताओं को संतोष प्राप्ति सुनिश्चित कर सकें। इस प्रकार का दीर्घकालिक विकास (भूमि) पानी, पौधे और (पशु आनुवंशिक स्रोतों का परिरक्षण करता है और यह पर्यावरणीय गैर-अपघटनीय है, इसमें प्रौद्योगिकीय औचित्य है तथा आर्थिक रूप से व्यावहारिक एवं सामाजिक रूप से स्वीकार्य है।
Diadromous	**डयड्रोमस**
A comprehensive term used for fish, which migrate freely between the sea and freshwater.	समुद्र एवं स्वच्छपानी दोनों के बीच में मुक्त रूप से प्रवास करनेवाले मत्सयों के लिए प्रयुक्त शब्दावली।
Diagnosis	**निदान**
Determination of the nature of a disease.	किसी रोग की प्रवृत्ति का निदान।
Diapause	**डयापॉजः**
A spontaneous state of dormancy occurring in the lives of several organisms (e.g. in Artemia cysts).	कई जीवों के जीवन में होनेवाली सुशुप्ति की स्वाभाविक स्थिति (उदाहरण के लिए ऑर्टेमिया सिस्ट)।
Diapedesis	**डायापेडेसिस**
Migration of haemocytes across any epithelium to remove metabolic by-products, dead cells and microbial infections.	चयापचय उपोत्पाद, मृत कोशिकाएं तथा सूक्ष्मजैविक दूषणों को निकालने के लिए किसी भी ऐपिथीलियम हीमोसाइट्स का प्रवास।

Diatom	डायटोम
Free floating, microscopic unicellular alga surrounded by a cell wall, which is highly impregnated with silica (SiO_2 nH_2O). Typically brown in colour. Some species are cultured for feeding to rotifers and other zooplankters, which are then fed in the larval rearing stages of some fish species.	मुक्त रूप से तैरनेवाला कोशिका भित्ति से घिरे सूक्ष्म एकल-कोशिका शैवाल जो अत्यध्कि मात्रा में सिलिका O_2nH_2O)) से व्याप्त है। इसका रंग भूरा है। रोटिफरों और अन्य प्राणिप्लावकों को खिलाने के लिए कुछ प्रजातियों की जलकृषि की जाती है, बाद में जिनको बाद में कुछ मत्स्य प्रजातियों को खिलाया जाता है
Diet (a)	**डायट (a) आहार**
Feed ingredients or mixture of ingredients including water, which is regularly provided and consumed by animals.	पानी के साथ में मिश्रित सामग्री या खाद्य पदार्थ सामग्री, जिसे नियमित रूप से पशुओं को दिया जाता है और वे उसे खाते हैं।
Artificial Diet	**कृत्रिम आहार**
Feeds cannot be produced artificially (synthetically) but are derived from natural ingredients (organic substances). The use of the term "processed diet" is therefore more appropriate.	खाद्य पदार्थों का कृत्रिम उत्पादन नहीं किया जा सकता लेकिन उन्हें प्राकृतिक सामग्रियों (कार्बनिक पदार्थ) से व्युत्पन्न किसा जा सकता है। ''संसाध्ति डायट'' शब्दावली का प्रयोग अत्यंत उचित सिद्ध होता है।
Diet, balanced	**संतुलित डायट**
A diet, which furnishes all necessary nutrients in such amounts as will properly nourish a given Animal.	वह डायट, जिसमें सारी आवश्यक पौष्टिकताओं की मात्राएं होती हैं जो किसी निश्चित पशु को उचित पोषण प्रदान करती हैं।
Diet, binary	**द्विआधरी डायट**
A mixture of dry ingredients (vitamins, minerals, etc.) and minced fish prepared on a daily basis at the farm, including the addition of fish oil.	खेत में बनाए जानेवाले रोजाना सूखी सामग्रियों और कीमा बनाए गए मत्स्य का मिश्रण (विटामिन, धत्विक पदार्थ आदि) जिसमें अतिरिक्त मत्स्य तेल भी पाया जाता है।
Diet, control	**नियंत्रित डायट**
In nutrition research: may be either a negative or positive reference diet used to compare dietary treatment responses. It can be the standard reference diet or the reference diet.	पोषण अनुसंधान में : नकारातमक या सकारात्मक डायट का संदर्भ हो सकता है जिसे डायटरी उपचार की प्रतिक्रियाओं की तुलना करने के लिए प्रयोग किया जा सकता है। यह एक मानक संदर्भ डायट या संदर्भ डायट हो सकती है।

Formulated-Diet	**सूत्रित आहार**
A specially designed fish diet, which is produced so as to contain specific levels of constituents such as protein, fat and carbohydrate. A vitamin pre-mix and a binder is usually added.	विशिष्ट रूप से डिजाइन किया गया मत्स्य डायट जिसमें प्रोटीन, वसा एवं कार्बोहाइड्रेट जैसे घटकों के स्तर होते हैं। इसमें एक विटामिन पूर्व-मिश्र और बंध्क भी शामिल हैं।
Diet, high energy	**उच्च ऊर्जा डायट**
Diet that is formulated to provide adequate levels of protein and contain elevated oil levels (>20%). The oil component provides sufficient energy for basic metabolism, thus sparing the protein for somatic growth.	वह विरचित डायट जिसमें प्रोटीन के पर्याप्त स्तर होते हैं तथा उसमें तेल के उन्नत स्तर (>20 प्रतिशत) होते हैं। इसमें सम्मिलित तेल का घटक मूल चयापचयन के लिए पर्याप्त ऊर्जा प्रदान करते हैं जिससे शारीरिक वृद्धि के लिए प्रोटीन छोड़ता है।
Diet, processed-	**संसाधित डायट**
A formulated diet made of selected crude raw materials, which has been designed by means of food technology or food engineering.	वह विरचित डायट जो अधूरी कच्ची सामग्रियों से बनी है और इसे खाद्य पदार्थ प्रौद्योगिकी या खाद्य पदार्थ अभियांत्रिकी की सहायता से बनाई जाती है।
Diet, purified	**शुद्धीकृत डायट**
A feed made out of refined ingredients with specified analyses; used for nutritional research only.	वह खाद्य पदार्थ जिसे विशिष्ट विश्लेषण के आधार पर परिष्कृत सामग्रियों से बनाया जाता है और इसे पोषण अनुसंधन के लिए प्रयोग किया जाता है।
Diet, reference- (RD)	**संदर्भ डायट (RD)**
In nutrition research: a diet with which one can compare response to experimental design and dietary treatments.	**पोषण अनुसंधन में:** वह खाद्य पदार्थ जिसकी तुलना प्रायोगात्मक डिजाइन एवं डायटरी उपचारों से की जा सकती है।
Diet, standard reference- (SRD)	**मानक संदर्भ डायट (SRD)**
In nutrition research: a precisely defined and reproducible test diet satisfying the nutritional needs of fish for use in feeding studies to facilitate comparisons betxween various experiments, species, locations, researchers and other factors and conditions.	**पोषण अनुसंधन में:** विशिष्ट रूप से परिभाषित एवं पुनःउत्पादन करने के योग्य डायट जो मत्स्य के पोषणीय आवश्यकताओं को संतुष्ट करता है और इन मत्स्यों को विभिन्न प्रकार के प्रयोग, प्रजातियां, स्थान, अनुसंधताओं एवं अन्य घटकों और परिस्थितियों के बीच तुलनात्मक अध्ययन में प्रयोग किए जाते हैं।

Supplemental Diet	**पूरक आहार**
A prepared diet formulated to provide additional nutrients to those obtained from natural food organisms grown in the culture environment (usually ponds). It may be undiluted as a supplement to other feeds, offered free choice with other parts of the diet separately available, or mixed with other feed ingredients to produce a complete feed.	एक विरचित डायट जिसे जलकृषि वातावरण (आमतौर पर तालाब) में पाले गए प्राकृतिक खाद्य पदार्थ जीवों से प्राप्त पोषण प्रदान करने के लिए बनाए जाते हैं। इसे अन्य खाद्य पदार्थों के अनुपूरक के रूप में विशुद्ध रूप में भी प्रयोग किया जा सकता है। साथ ही, यह डायट के अन्य अंशों के साथ मुक्त चयन के रूप में प्रदान किया जाता है जो अलग से उपलब्ध है या एक पूर्ण खाद्य पदार्थ बनाने के लिए अन्य खाद्य पदार्थ सामग्रियों से मिलाया जाता है।
Digestibility	**सुपाच्य**
The relative rate and completeness at which a food is digested and absorbed.	संबंधित दर एवं पूर्णता, जिससे खाद्य पदार्थ पचता और अवशोषित होता है।
Digestibility coefficient, apparent-(DC)	**सुपाच्य अवास्तविक गुणांक-(DC)**
Digestion efficiency expressed as the ratio of the difference betwen total weight of feed consumed and weight of excreted faecal matter over the total weight of feed consumed, without correction for metabolic faecal losses.	पाचन प्रक्रिया की क्षमता जिसे ग्रहण किए गए खाद्य पदार्थ की कुल वजन तथा ग्रहण किए गए कुल खाद्य पदार्थ पर चयापचयी मल पदार्थ के नुकसान के लिए शुद्धीकरण किए बिना त्याग किए गए मल पदार्थ के वजन के बीच अनुपात के रूप में अभिव्यक्त किया जाता है।
Digestion	**पाचन**
The breakdown of complex organic substances into simpler molecules. In nutrition this takes place by digestive enzymes in the alimentary tract and the absorbable products are used in metabolism. In wastewater treatment it takes place through catalytic, enzymatic and bacterial action. In composting it is the most active stage of the composting process when microorganisms rapidly decompose the organic portion of the refuse.	जटिल कार्बनिक पदार्थों का छोटे अणुओं में टूटना। पोषण में यह पोषक नाली में पचने वाले ऐन्जाइमों से होता है तथा चयापचयन में अवशोषणीय उत्पादों का प्रयोग किया जाता है। व्यर्थ पानी के उपचार में यह उत्प्रेरक, ऐन्जाइमेटिक एवं बैक्टिरियल प्रक्रियाओं से होती है। वानस्पतिक खाद बनाने की प्रक्रिया का यह अत्यंत महत्त्वपूर्ण भाग है जहां सूक्ष्मजीवी बहुत तेजी से व्यर्थ पदार्थों के कार्बनिक भाग को अपघटित करते हैं।

Digestion coefficient, true- (TDC)	**सही पाचन गुणांक (TDC)**
Digestion efficiency expressed as the ratio of total weight of feed consumed minus weight of excreted faecal matter minus weight of metabolic faecal nutrient excreted over total weight of feed consumed.	पाचन प्रक्रिया की क्षमता जिसे ग्रहण किए गए खाद्य पदार्थ की कुल वजन से त्याग किए गए मल पदार्थ के कुल वजन घटा कुल ग्रहण किए गए खाद्य पदार्थ पर अपचयित मल पदार्थ पोषण का कुल वजन।
Dyke	**बांध, तटबंध, खाई**
The elevated rim of a pond, artificial, built.	कृत्रिम रूप से एक तालाब पर थोड़े से उत्कर्ष पर बनाया गया किनारा
Dikes, earthen pond	**मिट्टी के डईक तालाब**
Keep the necessary volume of water impounded and form the actual pond. Should be able to resist the water pressure, should be impervious and should be high enough to keep the pond water from ever running over its top.	घिरे हुए पानी की आवश्यक मात्रा रखते हुए वास्तविक तालाब बनाना। इसे पानी के दबाव पर काबू कर पाने की क्षमता होनी चाहिए। इसे अप्रवेशनीय होना चाहिए तथा तालाब के पानी को उसके ऊपर से प्रवाहित न कर पाने देने की क्षमता होनी चाहिए।
Dinoflagellate	**डायनोफ्लेजल्लेट**
Unicellular protozoan group with two flagellae, most important in the marine plancton. Certains species carry endogenous alcaloid toxins; when a bloom occurs (red tide), it may be the cause of massive mortalities of marine animals; food poisoning in humans has also been observed.	दो फ्लेजेल्ल युक्त एकल-कोशिका एक-कण जीव समूह जो समुद्री प्लावकों के लिए अत्यंत महत्त्वपूर्ण है। कुछ प्रजातियां में अंतर्जात ऐल्कलोइड विषैले पदार्थ होते हैं, जब खिलाव होता है (लाल ज्वार) तो यह समुद्री पशुओं के लिए बृहत् नश्वरता का कारण बन सकता है। मानवों में खराब खाना खाने से होनेवाली बिमारी भी देखी गई है।
Diploid	**द्विगुणित**
A fish or cell (apart from the gametes) where chromosomes occur in pairs.	वह मत्स्य या कोशिका (युग्मकों को छोड़कर) जहां क्रोमोजोम जोड़ों में होते हैं।
Dipnet	**डिपनेट**
A small mesh bag, sometimes attached to a handle, shaped and framed in various ways. It is usually operated by hand, to capture the fish by a scooping motion.	एक छोटा मेश थैला जो कभी कभी हैण्डल से जुड़ जाता है और इसे विभिन्न पद्धतियों से शेप या फ्रेम किया जा सकता है ताकि मत्स्य को झट से उठाया जा सके।

Disease	**रोग**
A deviation from the state of complete physical or social well-being of an organism involving a well-defined set of symptoms and etiology, and leading to an impairment of its normal function. It may be inherited or caused by parasites, dietary deficiencies, or by physical and chemical factors in the environment.	जीव के पूर्ण भौतिक एवं सामाजिक स्वस्थता की स्थिति से व्युत्पत्ति जिसमें सुनिश्चित लक्षण एवं हेतु विज्ञान के संकेत हैं तथा उसके सामान्य कार्य दुर्बल हो जाते हैं। यह पर्यावरण में परजीवी, डायटरी कमी, या भौतिक एवं रासायनिक घटकों द्वारा किया जा सकता है।
Disease agent	**रोग एजेन्ट**
An organism that causes or contributes to the development of a disease.	वह जीव जो रोग के विकास का कारण बनता है या उसमें योगदान देता है।
Disinfectant	**रोगाणुनाशक**
An agent which destroys infective agents. Can be selective without sterilizing the treated medium or treated surfaces.	वह एजेन्ट जो दूषक एजेन्टों का नाश करता है। यह उपचारित माध्यम या उपचारित सतहों को विसंक्रामित किए बिना चयनशील हो सकता है।
Antiseptic	**रोगनाशक**
(a) The application, after thorough cleansing, of procedures intended to destroy the infectious or parasitic agents of diseases of aquatic animals; this applies to aquaculture establishments (e.g.hatcheries, fish farms, oyster farms, shrimp farms, nurseries), to vehicles, and to different equipmentè objects that may have been directly or indirectly contaminated. (b) Destruction of pathogenic microorganisms, agents or their toxins or vectors. Disinfection is affected adversily by the presence of dissolved and particulate organic carbon. [RT: sterilization.	(a) उच्चस्तरीय सफाई के बाद जल पशुओं के रोगों के संक्रामक या परजीवी एजेन्टों का नाश करने की प्रक्रिया यह जलकृषि संस्थापनाओं पर लागू होता है (हैचरी,मत्स्य खेत, सीपी मत्स्य के खेत, झींगा खेत, नर्सरी, आदि) वाहनों को तथा विभिन्न प्रकार के उपस्कर/चीजें जो प्रत्यक्ष या परोक्ष रूप में दूषित होने की संभावना है। (b) रोगजनक सूक्ष्मजीवियों, एजेन्ट या उनके विष या वेक्टर का नाश। विसंक्रमण की प्रक्रिया विलीन एवं विक्ति कार्बनिक कार्बन की उपस्थिति से उसपर प्रतिकूल प्रभाव पड़ सकता है। [RT: वंध्यीकरण
Diurnal	**दिवाचार**
Recurring every day (24 hours), or occurringè active during daylight hours.	जो हर दिन (24 घंटों में) में प्रकट घटित होते हैं/ दिन के समय सक्रिय होते हैं।

Diversity	वैविध्यता
The number of different species, and their relative abundance, and the number of habitats existing in a particular area. Diversity is a measure of the complexity of an ecosystem, and often an indication of its relative age, measured in terms of the number of different plants and animal species (often called species richness) it contains, their distribution and the degree of genetic variability within each species.	प्रजातियों की भिन्न-भिन्न संख्या, उनकी संबंधित बाहुल्यता, तथा किसी विशिष्ट क्षेत्र में उनके कई प्राकृतिक आवासों का अस्तित्त्व। किसी पारिस्थितिकी की जटिलता का माप ही वैविध्यता माना जाता है, जो उसमें वास करनेवाले भिन्न-भिन्न पौधें और पशु की प्रजातियों (प्राय: इसे प्रजातियों की बाहुल्यता कहा जाता है) की संख्या द्वारा बताया जाता है और हर प्रजाति के अंतर्गत उनमें आनुवंशिक वैविध्यता की मात्रा और उनके वितरण से बताया जाता है।
DNA, randomly amplified polymorphic- (RAPD)	**DNA अनियमित तरीके से परिवर्द्धित पॉलीमॉर्फिक (RAPD)**
A kind of DNA fingerprinting in which the DNA bands are amplified by polymerase chain reaction using a series of fairly non-selective primers.	एक प्रकार का DNA मुद्रण जिसमें DNA बैण्ड, पर्याप्त गैर-चयनित प्राइमरों के क्रम का उपयोग करते हुए पॉलीमरेज अभिक्रिया श्रृंखला द्वारा परिवर्द्धित होता है।
Dolomite	**डोलोमईट**
Calcium magnesium carbonate $CaMg(CO_3)^3O$. A liming agent used in aquaculture.	कैल्शियम मेग्नीशियम कार्बोनेट $CaMg(CO_3)^3O$ जलकृषि में प्रयुक्त चूनायन एजेन्ट।
Domestication	**पालतू बनाना**
In a broader sense: process by which plants, animals or microbes selected from the wild adapt to a special habitat created for them by humans, bringing a wild species under human management. In a genetic context: process in which changes in gene frequencies and performance arise from a new set of selection pressures exerted on a population.	विस्तृत अर्थ में : वह प्रक्रिया जिसके माध्यम से वन्य क्षेत्र पौधे से चुने पशु या सूक्ष्म-कीटाणु मानवों द्वारा उनके लिए रचित प्राकृतिक आवास के अनुकूल रहते हैं जिससे कि वन्य प्रजातियों को मानवीय प्रबंध्न के अंतर्गत लाया जाता है। आनुवंशिक संदर्भ में: वह प्रक्रिया जिसमें किसी जनसंख्या के अंतर्गत लगाए हुए चयनित दबावों की एक नई सेट से आनेवाले जीन आवर्तन एवं निष्पादन में परिवर्तन होते हैं।
Dormant (periodèstage)	**सुषुप्त (स्थिति या अवधि)**
Any periodèstage during which an organism or some of its organs isèare inactive or with strongly reduced activity.	वह अवधि/स्थिति जिसके दौरान कोई जीव या उनके अंग निष्क्रिय हो जाते हैं या उनके क्रियाकलापों की गति में बहुत कमी आ जाती है।

Dredge	तलकर्शन की प्रक्रिया
(a) Active fishing gear: a towed machine used for the collection of molluscs, e.g. oysters, scallops and mussels, from the seabed. Dredging is the use of such fishing gear.	**(a) सक्रिय मत्स्य पकड़ने की प्रक्रिया:** टो करनेवाली मशीन जिसे घोंघा पकड़ने के लिए प्रयोग किया जाता है उदाहरण के लिए समुद्री तल सीपी मत्स्य, स्कैलप और शंबुकों को इकट्ठा करने की प्रक्रिया। ऐसे मत्स्य पकड़ने के गीयर में तलकर्षण प्रक्रिया इस्तेमाल की जाती है।

Dropsy	ड्रॉप्सि
The abnormal accumulation of serous fluid in the cellular tissues or in a body cavity.	कोशिका के ऊतकों या शारीरिक गृहिकाओं में से गंभीर द्रव का असामान्य इकत्रीकरण।

E

Ear hanging	लटकन
A procedure and system used in the culture of certain bivalve molluscs species, particularly scallops, whereby holes are mechanically drilled in the shell margins enabling the individuals to be attached to lines and reared in suspended culture.	वह प्रक्रिया ओर पद्धति जिससे कुछ बईवॉल्व घोंघे प्रजातियां, विशेष रूप से स्कैलप के सीप के किनारों में छिद्र किए जाते हैं, ताकि अलग अलग स्कैलपों को श्रृंखलाओं में एक दूसरे से जोड़ा जा सके और लंबित जलकृषि अपनाई जा सके।
Eclosion	**अड्स्फुटन**
The process of hatching from an egg.	अंडों का प्रस्फुटन की प्रक्रिया।
Ecology	**पारिस्थितिकी**
A branch of science concerned with the interrelationships of organisms and their environments.	विज्ञान की वह शाखा जो जीवों के अंर्तसंबंधों और उनके पर्यावरणों से संबंधित है।
Economics	**अर्थशास्त्र**
The study of the allocation of scarce resources to meet relatively unlimited human wants and needs. Those resources, which are scarce are termed economic goods.	अपेक्षाकृत असीम मानवीय आवश्यकताओं और इच्छाओं को पूरा करने के लिए दुर्लभ स्रोतों के आबंटन का अध्ययन। वे स्रोत जो अत्यंत दुर्लभ बताए जाते हैं, आर्थिक वस्तु कहे जाते हैं।
Economics, aquaculture	**जलकृषि अर्थशास्त्र**
Deals with rearing of desirable aquatic organisms under controlled or semi-controlled conditions .for economic or social benefits. Of special concern are the allocation and utilization of scarce resources (land, labour, capital and management) in the production of aquatic organisms under managed conditions to satisfy some human want.	यह आर्थिक या सामाजिक लाभ के लिए नियंत्रित स्थितियों में या अर्द्ध नियंत्रित स्थितियों के अंतर्गत वांछित जल जीवों के पालन से संबंधित है। इसमें कुछ मानवीय इच्छाओं को पूरा करने के लिए प्रबंधित स्थितियों के अंतर्गत जलजीवों के उत्पादन में दुर्लभ स्रोतों का आबंटन और उपयोग अत्यंत गंभीर विषय हैं।

Economics, macro	**समष्टि अर्थशास्त्र**
Deals with the behaviour of economic aggregates such as gross national product, the level of employment, and the various sectors of the economy (for example, the fishing or aquacultural sector). Typically, macroeconomics describes, analyzes, and forecasts economic activity, then evaluates resource allocation to meet developmental priorities.	यह कुल अर्जित उत्पाद, रोजगार स्तर जैसे आर्थिक पूर्णयोगों की प्रवृत्ति तथा आथिकी के विभिन्न क्षेत्रों (उदाहरण के लिए मत्स्य पकड़ना या जलकृषि) से संबंधित है। विशेष रूप से समष्टि आर्थिकी आर्थिक क्रियाकलापों का विवरण, विश्लेषण और पूर्वानुमान प्रदान करती है और इसके बाद विकासोन्मुख प्राथमिकताएं प्राप्त करने के लिए स्रोत आबंटन का मूल्यांकन करती है।
Economics, micro	**सूक्ष्म अर्थशास्त्र**
Deals with the economic behaviour of individual units such as consumers, farmers, resource owners. When one analyzes the output and the price of that output for a single firm (or industry), one is engaged in microeconomic analysis.	यह उपभोक्ता, किसान, स्रोत मालिक जैसे व्यक्तिगत आर्थिक व्यवहारों से संबंधित है। जब कोई इसका आऊटपुट तथा एक फर्म के लिए वह आऊटपुट के दर का विश्लेषण करता है तो वह सूक्ष्म-आर्थिकी विश्लेषण से संबंधित है।
Ecosystem	**पारिस्थितिकी**
A natural entity (or a system) with distinct structures and relationships that liaise biotic communities (of plants and animals) to each other and to their abiotic environment. The study of an ecosystem provides a methodological basis for complex synthesis between organisms and their environment.	स्पष्ट संरचनाओं से युक्त एक प्राकृतिक इकाई (या व्यवस्था) जो जैविक समुदायों को (पौधे एवं पशुद्ध एक-दूसरे के साथ तथा उनके अजैविक पर्यावरणों के साथ संपर्क बिठाता है। पारिस्थितिकी का अध्ययन, जीव और उनके पर्यावरणों के बीच जटिल विश्लेषण के लिए एक व्यवस्थित आधार प्रदान करता है।
Ecotype	**पारिस्थितिकी प्रकार**
A biotype resulting from selection in a particular habitat.	किसी विशिष्ट प्राकृतिक आवास के चयन से एक जैविक प्रकार का प्रादुर्भाव।
Ectoparasite	**बाह्य परजीवी**
A parasite that lives on the outer surface of the host, e.g. sea lice on marine fish.	वह परजीवी जो परपोशी के बाह्य सतह पर रहता है, उदाहरण के लिए समुद्री मत्स्य पर रहनेवाले समुद्री जूँ।
Edaphic	**मृदीय**
Of or pertaining to the soil or influenced by soil factors.	मिट्टी की या मिट्टी से संबंधित या मिट्टी के पहलुओं से प्रभावित।
Eel	**सर्पमीन**
Benthic, amphibiotic catadromous fish of the family Anguillidae (Anguilla spp.); grows in freshwaters but migrates to reproduce at sea.	ऐंग्विल्लिडे (ऐंग्विल्ला प्रजाति) बेन्थिक, उभयचरी समुद्राभिगामी मत्स्य जो साफ पानी में रहते हैं लेकिन प्रजनन के लिए समुद्र की ओर प्रवास करते हैं।

Eel culture	**सर्पमीन जलकृषि**
Branch of pisciculture specialized in the propagation and the rearing of eels.	मात्स्यिकी अध्ययन की वह शाखा जिसमें सर्पमीन के प्रजनन एवं पालन में विशिष्टता होती है।
Eel, glass	**ग्लास सर्पमीन**
Early juvenile stage of the European eel (Anguilla anguilla), which has metamorphosed from a leptocephalus larva; characterized by a transparent body. Generally fished for human consumption in estuaries. In a few countries, they are cultured in specialized nurseries for the production of elvers.	यूरोपीय सर्पमीन का प्रारंभिक युवा स्तर (ऐंग्विल्ला प्रजाति) जो लेप्टोसिफेलस इल्लियों से रूपांतरित हैय एक पारदर्शी शरीर द्वारा लक्षणित है। आमतौर पर इसे समुद्री खाड़ियों में मानव भोजन के लिए पकड़ा जाता है। कुछ देशों में इसे युवा सर्पमीनों के उत्पादन के लिए विशिष्ट नर्सरियों में पाला जाता है।
Eel, glass-, nursery	**ग्लास सर्पमीन नर्सरी**
Nursery specialized in growing-out wild glass eels captured in estuaries, for the production of elvers.	युवा सर्पमीनों के उत्पादन के लिए समुद्री खाड़ियों से पकड़े गए ग्रो-आऊट वन्य ग्लास सर्पमीन का विशिष्ट नर्सरी है।
Eel, yellow-	**पीला सर्पमीन**
Eel morphologically similar to an adult eel, which will continue to grow in freshwater. Belly yellowish white and back yellowish olive brown.	आकृति विज्ञान के अनुसार सर्पमीन, एक वयस्क सर्पमीन के समान है, जो स्वच्छ पानी में ही पलेंगे। बेल्ली हल्के पीले एवं पीले जेतूनी भूरे रंग के होते हैं।
Eel, silver	**सिल्वर सर्पमीन**
Eel in which sexual maturity has started to develop; captured in rivers as it is migrating downstream towards the sea where it will reproduce. Belly sivery white and back relatively dark.	वह सर्पमीन जिसमें यौन परिपक्वता शुरू हो गई है, जिसे समुद्र की ओर प्रवाहित नदीयों में पकड़ा जाता है और यहां उनका प्रजनन होता है। बेल्ली सिल्वरी सफेद एवं बैक तुलनात्मक रूप से कुछ गहरे रंग के होते हैं।
Effective breeding efficiency (Nb)	**प्रभावी प्रजनन क्षमता (Nb)**
The ratio of the effective breeding number (Ne) to the breeding population (N): Nb = NeN.	प्रभावी प्रजनन संख्या (Nb) एवं प्रजनन संख्या का अनुपात (N): Nb - NeN
Effective breeding number (Ne):	**प्रभावी प्रजनन क्षमता (Nb)**
A measure of the breeding size of the population synonomous with effective population size. Inbreeding and genetic drift are inversely related to Ne.	प्रभावी जनसंख्या आकार के साथ प्रजनन साइज़ का माप। अंत: प्रजनन एवं आनुवंशिक झुकाव Ne का प्रतीपानुपाती है।

Egg picking	अंडे चुनना
Process where dead eggs are removed from viable ones. Eggs may be picked by hand or using machines. Other methods include immersing the eggs in a saline solution (or other solution denser than water). Dead eggs often have a different density than viable ones, and can be separated by flotation.	वह प्रक्रिया जिससे जीव्य अंडों के समूह में से मृत अंडों को निकाला जाता है। अंडों को हाथ से निकाल सकते हैं या मशीनों का प्रयोग करते हुए भी निकाला जा सकता है। अन्य पद्धतियों में अंडों को लवण विलय में डुबोते हैं (या अन्य विलयों में जो पानी से भी सघन हैं)। प्रायः मृत अंडों की सघनता, जीव्य अंडों से भिन्न होती है और वे तैरने लगते हैं और इस पद्धति से भी उन्हें अलग किया जा सकता है।
Egg, adhesive	**आसंजक अंडे**
Mainly demersal eggs whose coating contains sticky material, which allows them to adhere to substrates or surfaces. May be removed by treating with tannin or milk.	मुख्य रूप से डीमर्सल अंडों पर एक चिपकनेवाली सामग्री का लेप होता है जो उन्हें पदार्थ या सतहों से चिपकने देता है। उन्हें टैनिन या दूध से उपचार करके भी निकाला जा सकता है।
Egg, eyed	**चक्षु अंडे**
Eggs in which the embryo has reached an advanced developmental stage, and where fully pigmented eyes can easily be seen. In the opaque salmonid eggs, this stage is resistant to mechanical shock; eggs are therefore commonly shipped upon reaching this stage.	अंडे जिनमें भ्रूण एक अत्यंत विकसित स्तर पर हैं और जहां पूर्ण रंजित आंखों से आसानी से देखा जा सकता है। अपारदर्शी सेल्मोनिड अंडों में यह स्तर यांत्रिक शॉक का प्रतिरोधी है। अतः उक्त स्तर के प्राप्त होते ही इन्हें प्रायः भेजा जाता है।
Egg, green	**हरे अंडे**
Colloquial term for healthy, newly-fertilized salmonid eggs. At this stage of development, the eggs are very vulnerable to the impacts of shock.	स्वस्थ, नूतन रूप से उर्वरित सेल्मोनिड अंडे के लिए प्रयुक्त सामान्य शब्द। विकास के इस स्तर पर अंडे शॉक से काफी प्रभावित हो सकते हैं।
Eggs, benthic	**बेन्थिक अंडे**
Fish eggs deposited on the bottom, sometimes in a nest, or on a substrate (e.g. adhesive eggs). Generally the case for cultured freswater fish, such as for example salmonids (big eggs), cyprinids, tilapias and catfishes (average-size eggs).	तल पर जमनेवाले मत्स्यों के अंडे कभी कभी नीड़ में या किसी पदार्थ पर (उदाहरण के लिए आसंजक अंडे)। सामान्य रूप से स्वच्छ पानी मत्स्य के मामले में उदाहरण के लिए सेल्मोनिड (बड़े अंडे), साइप्रिनिड, टीलापियास और कैटफिश (औसत-आकार-अंडे)।
Eggs, demersal	**डीमर्सल अंडे**
Eggs that are actively deposited on substrates (sand, gravel, algae, aquatic plants) during Spawning.	अंडे जो बोयाना अवधि में सक्रिय रूप से पदार्थों पर जमते हैं (रेत, बजरी, शैवाल, जलीय पौधे)

Eggs, pelagic	**लोमीय अंडे**
Floating fish eggs, spawned and fertilized in midwater. Their size is generally very small. Essentialy the case for marine fish.	तैरनेवाले मत्स्य के अंडे, मध्य पानी में बोयाना और उर्वरित। उनका आकार साइज आमतौर पर बहुत छोटी होती है और यह प्राय: समुद्री मत्स्य के मामले में होता है। Dictionary meaning वित आकार is shape. Size is different from shape.
Electrophoresis	**विद्युत कण संचालन**
The movement of colloidal particles through a fluid under the action of an electric field or the process of separating biomolecules based on the electical charge and size. The technique is used todetermine protein phenotypes and genotypes.	किसी इलेक्ट्रिक क्षेत्र में द्रव क्रिया के अंतर्गत कोलॉयडल कणों की गति या इलेक्ट्रिकल चार्ज और साइज के आधार पर जैव अणुओं को अलग करने की प्रक्रिया। प्रोटीन फीनो प्रकार एवं जीन प्रकारों को निर्धारित करने के लिए प्रयुक्त तकनीक।
Elevation	**उत्कर्ष**
In topography: vertical distance or height above a given horizontal reference plane.	स्थलाकृति में : किसी क्षैतिज संदर्भ सतह के ऊपर लम्ब दूरी या ऊँचाई।
Elver	**युवा सर्पमीन**
A young pigmented eel (Anguilla sp.) more than two years old in which sexual differentiation has started. It is usually captured alive while migrating up rivers from estuaries to be cultured.	दो वर्ष के अधिक उम्र की रंजित युवा सर्पमीन (ऐंग्विल्ला प्रजाति) जिसमें लैंगिक भिन्नता की प्रक्रिया शुरू हो गई है। सामान्यतया जलकृषि के लिए खाड़ियों से नदी की ओर प्रवाह द्वारा प्रवास करते समय पकड़ा जाता है।
Emaciation	**कृशता**
A wasted condition of the body.	शरीर की एक व्यर्थ स्थिति।
Embankment	**तट बंधन**
Any raised earthen structure, including dams and dikes, for the purpose of holding back or containing water.	बांध और नहर पर बने बांध को शामिल करते हुए उठा हुआ मिट्टी की संरचना जिसकी सहायता से पानी रखने के लिए प्रयोग किया जाता है।
Embryo	**भ्रूण**
The embryonic period begins after fertilizationwith the fusion of the two pronuclei of the zygote (caryogamy) or, in parthenogenetic or gynogeneticorganisms, the triggering that begins cell divisionand ends with the first defined larval stage.	युग्मनज (कैर्योगेमी) के दो प्रोन्यूक्ली के फ्यूजन से निषेचन के बाद या अनिषेकजनन में या गाइनोजेनेटिक जीवों के बाद ही भ्रूणिक अवधि शुरू होती है। कोशिका-विभाजन का प्रारंभ हो जाता है तथा पहले परिभाषित इल्ली स्तर के साथ समाप्त होता है।

Emulsion	**इमल्शन**
Oil suspended in a watery liquid.	जलीय द्रव में निलंबित तेल।
Enclosure	**घेरा**
An enclosed natural bay, where the shoreline forms all but one side, which is typically closed off by asolid, net or mesh barrier.	एक प्राकृतिक खाड़ी का घेरा, जहां एक तरफ छोड़कर सभी तरफों पर तटवर्ती जगह है जो विशिष्ट रूप से गैर-ठोस सामग्री, जाल या मेश रोकथाम से बंद है।
Endemic	**स्थानिक**
Specific or indigenous to an area. Endemic diseases or disease agents are those that are present, or usually prevalent, in a population or geographical area at all times.	यह किसी क्षेत्र के लिए विशिष्ट या स्वदेशी है। स्थानिक रोग या रोग एजेन्ट जो उपस्थित हैं या सभी समयों में किसी जनसंख्या या भौगोलिक क्षेत्र में आमतौर पर प्रचलित हैं।
Endoparasite	**अंतः परजीवी**
An internal parasite.	एक आंतरिक परजीवी।
Endosymbiosis	**अंतः सहजीवन**
An association between two organisms (one living within the other) where both derive benefit orsuffer no obvious adverse effect.	दो जीवों (एक जीव दूसरे में जीना) के बीच में संबंध जहां दोनों लाभान्वित होते हैं या वे कोई प्रतिकूल प्रभाव नहीं सहते।
Energetics	**ऊर्जा गतिकी**
The study of energy transportation and utilization in living systems. In aquaculture, energetics isgenerally used to study the energy efficiencies of growthèreproduction.	जीव व्यवस्थाओं में ऊर्जा परिवहन एवं उपयोग का अध्ययन। जलकृषि में आमतौर पर ऊर्जा गतिकी को वृद्धि/प्रजनन की ऊर्जा क्षमता का अध्ययन करने के लिए प्रयोग किया जाता है।
Energy	**ऊर्जा**
The capacity to carry out work. In aquaculture it usually refers to the dietary requirements ofaquatic organisms, comprising a certain quantity of joules or calories per day to undertake essentialliving processes, e.g. growth, reproduction.	कार्य करने की क्षमता। जलकृषि में यह प्रायः जलजीवों के खाद्य पदार्थ की आवश्यकताओं के संदर्भ में लिया जाता है, इसमें अनिवार्य जीव प्रक्रिया प्रचालन के लिए आवश्यक प्रतिदिन जूल्स या केलरीज़ की मात्रा शामिल है उदाहरण के लिए वृद्धि, प्रजनन आदि।
Energy for maintenance, net	**रखरखाव के लिए कुल ऊर्जा**
That fraction of net energy expended to keep the animal in energy equilibrium.	कुल ऊर्जा का वह अंश जिसे ऊर्जा संतुलन बनाए रखने के लिए खर्च किया जाता है।
Energy for production, net	**उत्पादन के लिए कुल ऊर्जा**
That fraction of net energy expended for growth and metabolic production.	कुल ऊर्जा का वह अंश जिसे वृद्धि और चयापचयन उत्पादन के लिए खर्च किया जाता है।

Energy, apparent digestible- (DE)	**दृश्यमान पाचन ऊर्जा (DE)**
In feed analysis: ratio of gross energy (kcal) of feed consumed minus gross energy of total faeces produced over gross energy of feed consumed.	खाद्य पदार्थ विश्लेषण में : ग्रहण किए गए खाद्य पदार्थ की कुल ऊर्जा घटा ग्रहण किए गए खाद्य पदार्थ की कुल ऊर्जा पर पैदा किए गए कुल मल पदार्थ का इसे पचनीय ऊर्जा घटा गिल एवं मूत्र व्यर्थ पदार्थों द्वारा शरीर से खोई हुई ऊर्जा।
Energy, gross	
In feed analysis: amount of energy (kcal) obtained by total oxidation of a sample of the feed in a bomb calorimeter.	खाद्य पदार्थ विश्लेषण में : बॉम्ब कैलोरीमीटर में ग्रहण किए गए खाद्य पदार्थ के सैम्पल के कुल ऑक्सीकरण से प्राप्त ऊर्जा (kcal) की मात्रा।
Energy, metabolizable- (ME)	**चयापचयनीय ऊर्जा (ME)**
Defined as digestible energy less energy lost from the body through gill and urinary wastes.	इसे पचनीय ऊर्जा घटा गिल एवं मूत्र व्यर्थ पदार्थों द्वारा शरीर से खोई हुई ऊर्जा। घटा- used in the sense of minus
Energy, net	**कुल ऊर्जा**
In feed analysis: metabolizable energy minus heat.	खाद्य पदार्थ विश्लेषण में : चयापचयनीय ऊर्जा घटा ताप। KVK & used in the sense of minus
Enhancement	**पदार्थ**
Any activity aimed at supplementing or sustaining the recruitment, or improving the survival and growth of one or more aquatic organisms, or at raising the total production or the production of selected elements of the fishery beyond a level that is sustainable by natural processes. It may involve stocking, habitat modification, elimination of unwanted species, fertilization or combinations of any of these practices.ncrement (or energy retained) per unit feed intake.	कोई भी क्रियाकलाप के अनुपूरक या नियुक्ति की दीर्घकालिकता, या जीवंतता और एक या अधिक जलजीवों की वृद्धि में सुधार करना या जो प्राकृतिक प्रक्रियाओं द्वारा बनाए रखे जानेवाले स्तर से अधिक मात्स्यिकी के चयनित घटकों के उत्पादन या कुल उत्पादन बढ़ाने की ओर लक्षित है। इसमें स्टॉकिंग, प्राकृतिक आवास रूपांतरण, अवांछित प्रजातियों को निकालना, ग्रहण किए गए खाद्य पदार्थ प्रति यूनिट प्रक्रियाओं का समावेश या निषेचन।
Enhancement, habitat	**प्राकृतिक आवास संवृद्धि**
A fishery management tool with the sole purpose of providing better environmental conditions for desired species of fish, e.g. the construction of brush parks as found in tropical Africa and Asia.	वांछित मत्स्य की प्रजातियों के लिए बेहतरीन पर्यावरण स्थिति प्रदान करना ही एक मत्स्य प्रबंधन तथ्य का मूल उद्देश्य है। उदाहरण के लिए ऊष्णकटिबंधीय अफ्रीका और ऐशिया में पाए जानेवाले ब्रश पार्क का निर्माण।

Enhancement, stock	**स्टॉक संवृद्धि**
Process by which the numbers of wild stocks of a particular species in a particular body of water are boosted by releasing large numbers of hatchery raised organisms.	वह प्रक्रिया जिसके माध्यम से किसी एक विशिष्ट पानी के वन्य स्टॉकों की संख्या संसाधित की जा सकती है, उन्हें हैचरी में पाले गए जीवों को मुक्त करने के माध्यम से बढ़ाया जाता है।
Ensiling	**गड्ढे में रखकर दबाना**
The preservation of fodder or fish farm wastes (including mortalities and fish offal), in an acidic environment, by the addition of acids or acidproducing bacteria.	अम्ल या अम्ल पैदा करनेवाली बैक्टीरिया लगाकर एक अम्लीय पर्यावरण में चारा या मत्स्य खेत व्यर्थ पदार्थों का परिरक्षण (जीवंतता एवं मत्स्य आफॅल)।
Entitlement(s)	**पात्रता**
The set of alternative bundles of commodities over which a person can establish command given the prevailing legal, political and economic arrangements. In a food security sense, in a market economy, entitlement refers to the terms of trade under which different income sources such as crop sales, wages and remittances can be exchanged for food.	वस्तुओं के वैकल्पिक समूहों की एक सेट जिसके साथ एक व्यक्ति प्रचलित कानूनी, राजनैतिक एवं आर्थिक परिस्थितियों में काबू पा सकता है। खाद्य पदार्थ सुरक्षा के संदर्भ में पात्रता का संदर्भ, खाद्य पदार्थों के लिए बदले जानेवाले फसल विक्रय, मज़दूरी एवं विप्रेषण जैसे स्रोतों से प्राप्त विभिन्न आय के अंतर्गत लिया जाता है।
Entitlement, food	**खाद्य पादार्थ पात्रता**
The ability of people to command food through the legal means available in that society (including the use of production possibilities, trade opportunities, entitlements vis-à-vis the state, etc.).	लोगों में उस समाज में उपलब्ध कानूनी माध्यमों से खाद्य पदार्थ प्राप्त करने की क्षमता (विपणन के मौके, पात्रता बनाम राज्य, आदि)।
Environment	**पर्यावरण**
All the external or internal factors or conditions supporting or influencing the existence or development of an organism or assemblages of organisms.	जीव या जीवों का समूह के अस्तित्त्व या विकास की स्थितियों को समर्थन देने या प्रभावित करनेवाले बाह्य या आंतरिक पहलू।
Environmental assessment, integrated	**समेकित पर्यावरणीय निर्धारण**
Applies the environmental impact assessment process across a range of activities for a specific region or area, with a view to identifying higher level (e.g. planning interventions) mitigation measures, and promoting a mix of activities, which will minimize environmental impact while maximizing socio-economic benefit.	उच्चस्तरीय लघुकरण उपायों (उदाहरण के लिए योजना हस्तक्षेप) की पहचान करने तथा किसी क्रियाकलापों के मिश्रण को प्रोत्साहन देने के लिए विशिष्ट क्षेत्र या स्थान हेतु क्रियाकलापों की श्रेणी पर पर्यावरणीय प्रभाव लागू करता है जो सामाजिक-आर्थिकी लाभों को बढ़ावा देते समय पर्यावरणीय प्रभाव कम किया जा सके।

Environmental assessment, sector	**क्षेत्र पर्यावरणीय निर्धारण**
Applies the environmental impact assessment process to a whole sector (such as aquaculture) with a view to identifying industry level mitigation measures, such as development zones andèor environmentally friendly technology and practices.	विकास क्षेत्र और/या पर्यावरणानुकूल प्रौद्योगिकी एवं पद्धतियों जैसे औद्योगिक स्तर लघुकरण उपायों की पहचान करने के लिए यह एक पूर्ण क्षेत्र में पर्यावरणीय प्रभाव निर्धारण लागू करता है।
Environmental capacity	**पर्यावरणीय क्षमता**
A property of the environment, defined as its ability to accommodate an activity or rate of activity without unacceptable impact.	पर्यावरण की संपत्ति। किसी भी प्रकार के अस्वीकृत प्रभाव के बिना किसी क्रियाकलाप या क्रियाकलाप के दर को स्थान देने की क्षमता इसकी परिभाषा है।
Environmental impact	**पर्यावरणीय प्रभाव**
The change in well-being of the ecosystems, that results from a process set in motion or accelerated by man's actions.	पारिस्थितिकी के स्वास्थ्य में परिवर्तन जो मानव द्वारा शुरू किए गए या द्रुत किए गए क्रियाकलापों की प्रक्रिया में परिणत होता है।
Environmental impact assessment(EIA)	**पर्यावरणीय प्रभाव निर्धारण**
A set of activities designed to identify and predict the impacts of a proposed action on the biogeophysical environment and on man's health and wellbeing, and to interpret and communicate information about the impacts, including mitigation measures that are likely to eliminate the risks. In many countries, organizations planning new projects are required by law to conduct EIA. Usually it is carried out by three parties, the developper, the public authorities and the planning authorities.	जैव-भूभौतिकी पर्यावरण एवं मानव के स्वास्थ्य एवं कल्याण पर प्रस्तावित क्रियाकलाप के प्रभाव को पहचानने एवं उसका पूर्वानुमान करने के लिए डिजाइन किए गए क्रियाकलापों की सेट तथा लघुकरण के साथ प्रभाव के बारे में प्राप्त होनेवाली सूचना की विवेचना करना और उसे संप्रेषित करना ताकि खतरों को दूर कर सकें। कई देशों में नई परियोजनाओं की योजना बनाने वाले संगठनों को कानून के अनुसार EIA करवाने की आवश्यकता है। आमतौर पर यह विकासक, सार्वजनिक एवं योजना बनाने वाले प्राधिकारी तीन पार्टियों द्वारा किया जाता है।
Environmental quality standards (EQS)	**पर्यावरणीय गुणवत्ता मानक (EQS)**
Agreed standards for environmental quality. Typically these standards are set in relation to water or air at national or international levels. However, it is desirable that they should also be set in relation to specific planning objectives and targets, and relating to specific natural resource systems. EQS are important for the determination of environmental capacity, and for measuring progress against planning objectives.	पर्यावरण गुणवत्ता स्वीकृत मानक। विशेष रूप से इन मानकों को राष्ट्रीय एवं अंतर्राष्ट्रीय स्तरों पर पानी या हवा के संदर्भ में निर्धारित किया जाता है। EQS पर्यावरणीय क्षमता निर्धारित करने की प्रक्रिया तथा योजना उद्देश्यों के आधार पर प्रगति मापने की प्रक्रिया में अत्यंत महत्त्वपूर्ण हैं।

Enzootie	**ऐन्जूटी**
An animal disease indigenous to or established in a certain locality.	पशुओं में एक प्रकार का स्वदेशी रोग या जिसे किसी विशिष्ट स्थान में स्थापित किया जाता है।
Epibiont	**ऐफिबयॉण्ट**
Organism, which lives on the surfaces of another living organism without benefit or detriment to the host.	वह जीव, जो पोषक लाभ या हानि के बिना किसी दूसरे जीव की सतह पर रहता है।
Epidemiology	**व्यापक रोग विज्ञान, महामारी विज्ञान**
The science concerned with the study of the factors determining and influencing the frequency and distribution of disease or other health related events and their causes in a defined population for the purpose of establishing programmes to prevent and control their development and spread.	वह विज्ञान जो रोग की आवृत्ति और उसके फैलाव को निश्चित और प्रभावित करनेवाले पहलुओं तथा स्वास्थ्य एवं उसकी घटनाओं के कारण से संबंधित है तथा किसी निश्चित जनसंख्या में रोगों के विकास और उनके फैलाव नियंत्रित करने के लिए कार्यक्रम स्थापित करना ही इसका उद्देश्य है।
Epilimnion	**एपिलिम्नियन**
In thermally stratified bodies of freshwater, the top layer or the warm layer above the thermocline.	ऊष्म स्तरीय स्वच्छ पानियों में ऊपरी पानी या थर्मोक्लाइन के ऊपर का गरम स्तर।
Epistasis	**एपिस्टेटिस**
A type of gene action where one gene suppresses or alters the qualitative phenotypes produced by a second gene. This interaction usually results in the production of new qualitative phenotypes.	जीन क्रिया का एक प्रकार जहां एक जीन, दूसरे जीन द्वारा पैदा किए जाने वाले गुणवत्तापरक फीनोटाइपों को दबाता है या उसे बदलता है। प्राय: यह अंत:क्रिया नवीन गुणवत्तापरक फीनोटाइपों के उत्पादन में परिणत होता है।
Epizootic	**ऐपिजूटिक**
Affecting many animals within a given area at the same time; widely diffused and rapidly spreading.	जो किसी क्षेत्र में कई पशुओं पर एक ही समय में प्रतिकूल प्रभाव डालता है य विस्तृत रूप से विसरित होता है या बहुत जल्द फैलता है।
Epizootie	**पशु महामारी**
Disease attacking a large number of animals, nearly simultaneously (as an epidemic).	वह रोग जो हजारों पशुओं पर आक्रमण करता है, आमतौर पर एक ही समय में (एक महामारी की तरह)।
Epizootiology	**ऐपिजूटियॉलोजी**
Study of the simultaneous outbreak of a disease among many members of a population.	किसी जनसंख्या के कई सदस्यों में एक ही समय में रोग के फैलाव का अध्ययन।

Equinox	**विषुव**
Time when the sun is closest to the equator, that is vertically above it (21-22 March and 22-23 September). The spring equi nox defines the end of boreal Winter (or of austral Summer); the autumnal equinox marks the end of boreal Summer (or of austral Winter). Where tides are semidiurnal, it is around the equinoxes that high spring tides take place (maximum tidal range).	वह समय जब सूर्य, भूमध्य रेखा के बहुत पास है, यानी उसके बिल्कुल ऊपर लंबवत पर (21-22 मार्च और 22-23 सितंबर)। वसंत विषुव, उत्तरी शरद ऋतु (या दक्षिणी ग्रीष्म ऋतु) का अंत निर्धारित करता है (पतझड़ विषुव, उत्तरी ग्रीष्म ऋतु का अंत का संकेत देता है (या दक्षिणी शरद ऋतु)। जब ज्वार, अर्द्ध-दैनिक होते हैं, तभी विषुवों के चारों ओर उच्च वसंत ज्वार होते हैं (अधिकतम ज्वारय श्रेणी)।
Erosion	**क्षरण**
Destruction of the surface of a tissue, material or structure. For soils: the removal of material from the surface of the land by weathering, running water, moving ice, wind and mass movement.	ऊतक, सामग्री या संरचना की सतह की हानि। मिट्टी के संदर्भ में: मौसम की वजह से, बहनेवाली पानी से, गतिशील बर्फ, पवन एवं पदार्थों की गति।
Erosion, gully	**नाली क्षरण**
In the presence of heavy runoff and uncontrolled rill erosion, larger flows of a water-soil mixture can gouge deeper and deeper channels or gullies. The steeper the ground slope, the faster such gullies develop.	अत्यधिक प्रवाह एवं अनियंत्रि नदिका क्षरण तथा पानी- मिट्टी के मिश्रण के अत्याधिक प्रवाह के दौरान बहुत ही गहरी नाली पैदा होती हैं। भूमि की ढाल जितनी गहरी होती है, उतनी ही तेजी से नालियां पैदा होती हैं।
Erosion, rill	**नदिका क्षरण**
When sheet erosion remains uncontrolled on sloping ground, surface runoff cuts into the topsoil layers forming small channels or rills.	जब परतों का क्षरण, ढाल की भूमि पर अनियंत्रि होता है तथा सतह पर तेज़ प्रवाह, मिट्टी की ऊपरी सतहों को काटते हुए छोटे नाले या नदिकाएं पैदा करता है।
Erosion, sheet	**परत क्षरण**
The gradual and uniform removal of the surface soil by water without forming any rills or gullies.	पानी से सतही मिट्टी, नदिका या नाली बनाए बिना नियमित एवं समान रूप से क्षरित होती है।
Erosion, splash	**अपरदन**
Slight erosion of the soil surface by raindrops breaking off soil particles and lifting them upwards.	बारिश के पानी की बँदों के गिरने से मिट्टी के कणों के अपरदन और इससे उनका थोड़ा सा उठना।

Escapee	निकास
In aquaculture: a term used to describe specimens of cultured species, which escape from the rearing system into the ambient environment. There are potential impacts through interbreeding with wild conspecifics and through disease transfer.	जलकृषि में : वह पारिभाषिक शब्दावली जिसे उन सवंर्द्धित प्रजातियों के लिए प्रयोग किया जाता है जो पालन व्यवस्था से निकलकर परिवेशी वातावरण में पहँच जाते हैं। खुले वातावरण में पाए जानेवाले समजातियों के साथ अंतर-प्रजनन तथा रोग हस्तांतरण के माध्यम से संभाव्य प्रभाव पड़ सकते हैं।
Esociculture	**एसोसी संवर्द्धन**
The culture of pikes, typical carnivorous finfish, for stock enhancement programmes. Concerns the Northern pike Esox lucius present in Europe, Asia and Northern America, and the muskellunge (E. masquinongy) in Canada and USA.	स्टॉक वृद्धि के कार्यक्रम के लिए स्टॉक पइकों का संवर्द्धन, विशिष्ट माँसाहारी परयुक्त मत्स्यों का संवर्द्धन। यह यूरोप, ऐशिया एवं उत्तरी अमरीका में उपस्थित ऐसॉक्स लूसियस उत्तरी बरछा तथा कनाडा एवं अमरीका में मस्कल्लेन्ज (ई. मैसक्विनॉन्गी) के संदर्भ में इसका प्रयोग किया जाता है।
Estrogen	**ईस्ट्रोजन**
Anabolic steroid hormone that causes the production of female traits.	महिला लक्षणों के उत्पादन करनेवाले ऐनाबॉलिक स्टीरॉईड हॉर्मोन।
Estuary	**खाड़ी**
Generally broad portion of a river or stream near its outlet that is influenced by the marine waterbody into which it flows. The demarcation line is generally the mean tidal level.	सामान्य रूप से नदी या झील का वह विस्तृत भाग जो उसके प्रवेश के पास है और जो समुद्री पानी से प्रभावित है जिसमें वह प्रवाहित होता है। आमतौर पर सीमांकन की रेखा औसत ज्वारीय स्तर है।
Ecosystem approach to aquaculture	**जलकृषि पारिस्थितिकी पद्धति**
An ecosystem approach to aquaculture (EAA) strives to balance diverse societal objectives, by taking account of the knowledge and uncertainties of biotic, abiotic and human components of ecosystems including their interactions, flows and processes and applying an integrated approach to the sector within ecologically and operationally meaningful boundaries.	जलकृषि में पारिस्थितिकी की पद्धति (EAA) जो पारिस्थितिकी के जैविक, अजैविक एवं मानवीय घटकों की अनिश्चितताओं एवं जानकारी को ध्यान में रखते हुए, उनकी अंत:क्रियाएं, प्रवाह एवं प्रक्रियाएं तथा पारिस्थितिकी एवं प्रचालनात्मक अर्थपूर्ण सीमाओं को लागू करते हुए वैविध्यपूर्ण उद्देश्यों को संतुलित बनाए रखने का अथक प्रयास करता है।
Ethology	**आचार विज्ञान**
Science of animal behaviour.	पशु के व्यवहार का विज्ञान।

Eukaryote	**युकारियोट**
An organism whose chromosomes are contained within a membrane-bound nucleus.	वह जीव जिसके गुणसूत्र झिल्ली-सीमा नाभिक के अंदर पाए जाते हैं।
Euryhaline	**यूरईहालीन**
Used of organisms that are capable of osmoregulating in a relatively wide range of salinities. The European eel (Anguilla anguilla) and Atlantic salmon (Salmo salar) are classified as euryhaline.	वे जीव जिनमें लवणताओं की विस्तृत श्रेणी में ऑस्मोरेग्युलेट होने की क्षमता है। यूरोपीय सर्पमीन (ऐंग्विल्ला ऐंग्विल्ला) तथा अंध महासागरीय सैल्मनों (सैल्मो सलार) को यूरईहैलीन के मान से वर्गीकृत किया जाता है।
Eurytherm	**यूरीथर्म**
Organism tolerating great temperature variations.	जीव जो अत्यधिक ताप की भिन्नताओं को सहते हैं।
Eutrophic	**यूट्रॉपिक**
Rich in dissolved nutrients, photosynthetically productive and often deficient in oxygen during warm weather.	विघटित पौष्टिकों की अधिकता, प्रकाशसंश्लेषीय रूप से उत्पादकता तथा गरम मौसम में प्राय: ऑक्सीजन की कमी।
Eutrophication	**यूट्रॉपिकेशन**
Natural or artificial nutrient enrichment in a body of water, associated with extensive plankton blooms and subsequent reduction of dissolved oxygen.	अत्यधिक प्लावकों के खिलने से पानी में प्राकृतिक एवं कृत्रिम पौष्टिकों की अधिकता, परिणामस्वरूप विघटित ऑक्सीजन में कमी।
Evaporation	**वाष्पीकरण**
The transition from a liquid to a vapour state; the process by which moisture is lost as vapour.	द्रव की सिथति से वाष्प स्थिति में अंतरण, वह प्रक्रिया जिससे आर्द्रता से वाष्प के रूप में खो जाता है।
Evaporation rate	**वाष्पीकरण दर**
Rate of evaporation generally measured and recorded at meteorological stations over many years; usually expressed as the water depth lost in millimetres over a period of time, e.g. mm day, mm week or mm month.	आमतौर पर वाष्पीकरण प्रक्रिया का दर जो कई वर्षों से मौसम-विज्ञान स्टेशन में मापा और रिकार्ड किया जाता है, आमतौर पर समय अंतराल पर मिल्लीमीटरों में पानी की गहराई में खो जाता है, उदाहरण के लिए mm प्रतिदिन, सप्ताह या प्रतिमाह में बताया जाता है।
Evapotranspiration, actual	**वास्तविक वाष्पन-उत्सर्जन**
Represents the actual rate of water uptake by the plant, which is determined by the level of available water in the soil. It is an average value. Evapo-transpiration comprises the simultaneous movement of water from the soil and vegetation into atmosphere through evaporation (E) and transpiration (T).	वाष्प उत्सर्जन पानी से मिट्टी और वातावरण से वनस्पति का वाष्पीकरण और उत्सर्जन द्वारा पानी की समकालि गति का प्रतिनिधित्त्व करता है।

Evapotranspiration	**वाष्पन-उत्सर्जन**
Loss of water vapour from soil surface and vegetation combined whole ground and well supplied with water. It thus includes evaporation from the soil and transpiration from the vegetation from a specific region at a given time interval.	पानी से भरे मृदा की सतह एवं वनस्पति युक्त संपूर्ण भुमि से पानी के वाष्प की कमी। किसी विशिष्ट क्षेत्र में निर्धारित समय में इसमें मृदा से होनवाला वाष्पन एवं वनस्पति से उत्सर्जन।
Exophthalmia	**ऐक्सोफ्थॉल्मिया**
Abnormal protrusion of the eyeballs.	आंख की पुतलियों का असामान्य बहिक्षेपण।
Exoskeleton	**बहि: कंकाल**
The chitin and calcified outer covering of crustaceans (and other arthropods), which protects the soft inner tissues.	क्रस्टीशियनों का कवरिंग एवं कैल्सीकृत बाह्य आवरण (तथा अन्य ऐन्थ्रोपॉड), जो आंतरिक नरम ऊतकों की रक्षा करता है।
Expanding	**विस्तारण**
In feed technology: subjecting to moisture, pressure, and temperature to gelatinize the starch portion. When extruded, its volume is increased, due to abrupt reduction in pressure.	फीड प्रौद्योगिकी में : स्टार्च के भाग को जिलेटिनीकृत करने के लिए नमी, दबाव एवं ताप के प्रभाव में लाना। जब वह प्रक्षेपित होता है तो दबाव के एकदम से कम हो जाने की स्थिति में उसका परिमाण बढ़ता है।
Extended aeration system	**विस्तारण वातन व्यवस्था**
A modification of the activated-sludge process in which the retention time is longer than in the conventional process.	सक्रिय-पंक प्रक्रिया में रूपांतरण जिसमें समय अवरोधन, परंपरागत प्रक्रिया से अधिक है।
Extensification	**विस्तारण**
An increase of production (e.g. of shrimps) in an aquacultural or agricultural system, which isthe result of expanding the size of facilities; e.g. adding new pond area in a shrimp farming facility.	जलकृषि या कृषि व्यवस्था में उत्पादन (उदाहरण के लिए झींगे) की वृद्धि, जो आकार में बढ़ोत्तरी का ही परिणाम है, उदाहरण के लिए नवीन तालाब क्षेत्र में झींगा खेती की सुविधा।
Extension	**विस्तार**
The conscious communication of information to help people form sound opinions and make good decisions.	अच्छे विचार पैदा करने तथा अच्छे निर्णय लेने में लोगों की मदद करने के लिए सूचना का चेतन संप्रेषण।

Extension approach, participatory	**विस्तार पद्धति प्रतिभागिता**
Recent extension strategy advocated as a remedy for low-impact of previous research extension approaches. Here, aquaculture packages are developed with the participation of involved stakeholders before being disseminated to interested farmers. Once the concept of fish farming has been accepted, an equitable relationship between farmers and extensionists possibly develops through the establishment of a dialogue.	पूर्व में अपनाई गई अनुसंधान/विस्तार पद्धतियों के बहुत कम प्रभाव के लिए उपाय हेतु बताई गई कार्य-नीति। यहां दिलचस्पी रखनेवाले किसानों में सूचना का प्रसार करने से पहले संबंधित पणधारियों के साथ विकसित जलकृषि पैकेज। जैसे ही मत्स्य खेती को स्वीकृति मिल जाती है, किसानों एवं विस्तारकों के बीच में सम-संबंध बातचीत के माध्यम से ही विकसित होती है। पणधारियों means stakeholders
Extension approach, target-group	**लक्षित-दल विस्तार पद्धति**
It specifically aims at one or several categories of farmers, rather than at the farming population as a whole. Usually, several types of aquaculture packages are developed, taking into account farmer's differential access to land, water, labour inputs, capital, markets, and information. The "right" farmers to whom these packages will be disseminated are then selected by extension workers.	यह खेती करनेवाली एक समुदाय तक लक्षित होने के बजाय एक या किसानों के कई वर्गों की ओर विशेष रूप से लक्षित है। आमतौर पर विभिन्न प्रकार की जलकृषि पैकेजों का विकास किया जाता है जिसमें भूमि, पानी, श्रम निवेश, पूँजी निवेश, मार्केट तथा सूचना पर किसान के ऐक्सेस शामिल हैं। इसके बाद विस्तार सेवा कार्मिकों द्वारा "सही" किसानों को ये पैकेज दिए जाएंगे।
Extension approach, transfer of technology	**प्रौद्योगिकी हस्तांतरण विस्तार पद्धति**
Essentially a top-down extension approach; scientists attempt to find solutions to what they perceive to be the farmers major technological problems; research is carried out, usually atresearch stations; any identified technical solution is developed into a recommendation for farmers to follow, which extension workers are then requested to disseminate.	इस पद्धति में ऊपर से नीचे तक के विस्तार कार्य शामिल हैं। आमतौर पर वैज्ञानिक अनुसंधान केंद्रो में, किसानों की प्रौद्योगिकीय समस्याओं का आभास करते हैं, उन समस्याओं के लिए समाधान निकालने का प्रयास करते हैं। किसानों के लिए विकसित तकनीकी समाधान को संस्तुतियों के रूप में किसानों के अनुसरण हेतु विस्तार कार्मिकों को प्रचार प्रसार हेतु देते हैं।
Extension service	**विस्तार सेवा**
Generally a public service organized and implemented by a governmental or nongovernmental agency aimed at providing development support to the production sector in general and to the farmers in particular.	सामान्य रूप से संगठित सार्वजनिक सेवा एक सरकारी या गैर-सरकारी एजेन्सी द्वारा आयोजित एवं संगठित किया जाता है जिसके माध्यम से सामान्य रूप से तथा विशेष रूप से किसानों को उत्पादन क्षेत्र में समर्थन प्रदान करते हैं।

Extension service, integrated	**समेकित विस्तार सेवा**
For aquaculture: recent trend (at least in some African countries) to unify extension services for agriculture, livestock and aquaculture to develop a more multidisciplinary extension approach.	जलकृषि हेतु : वर्तमान प्रवृत्तियों में कृषि, पशुपालन एवं जलकृषि के संदर्भ में विस्तार सेवाओं को एकीकृत किया जा रहा है जिसके अंतर्गत अधिक बहु-विषयक विस्तार पद्धतियों का विकास किया जा सके।
Extension system, training-and-visit-(TV sytem)	**प्रशिक्षण एवं भ्रमण विस्तार सेवा व्यवस्था (टीवी व्यवस्था)**
Typical transfer-of-technology extension approach, which has become the most significant agriculture extension system used in many countries. It aims at changing production technologies used by the majority of farmers through provision of advice from well-trained extension workers to individual farmers who are selected on the basis of the likelihood of adopting new technologies. The system relies on these "contact farmers" to spread the information to other farmers.	यह एक विशिष्ट प्रौद्योगिकी-हस्तांतरण विस्तार पद्धति है जो अत्यंत प्रमुख कृषि विस्तार सेवा पद्धति बन गई है और कई देशों में इसका उपयोग किया जा रहा है। नवीन प्रौद्योगिकी अपनाने की संभावना होनेवाले किसानों को चुनकर विस्तार सेवाओं में प्रशिक्षित कार्मिकों के सुझावों के माध्यम से प्रौद्योगिकी उत्पादन में परिवर्तन लाना ही इसका मुख्य उद्देश्य है। उक्त व्यवस्था अन्य किसानों में सूचना का प्रचार प्रसार करने के लिए ''संपर्क किसानों'' पर निर्भर है।
Extensionist	**विस्तारक**
Staff member of an extension service involved in the extension of selected technologies to farmers.	विस्तार सेवाएं प्रदान करनेवाले कर्मचारी जो किसानों को चयनित प्रौद्योगिकियों के प्रचार-प्रसार में शामिल हैं।
Externalities	**बाह्यता**
A cost or benefit from some activity, which affects those other than the agent who makes decisions relevant to that activity. Externalities represent a problem for decentralized, market-led resourceallocation, as companies and individuals are likely to neglect them without choosing how much or how to produce or consume. Classic examples are pollution and congestion.	किसी भी क्रियाकलाप की लागत या उससे होनेवाला लाभ जो संबंधित क्रियाकलाप के संदर्भ में निर्णय लेनेवाले एजेन्टों को छोड़कर दूसरों को प्रभावित करता है। बाह्यता एक विकेन्द्रीकृत, मार्केट-उन्मुख स्रोत आबंटन से संबंधित समस्याओं का प्रतिनिधित्व करता है क्योंकि कंपनियां और व्यक्तिगत लोग जो उत्पादन या उपभोग की मात्रा के बीच चुन नहीं पाते हैं। प्रदूषण एवं संकुचलन इसके अच्छे उदाहरण हैं।

Externalities, environmental	**पर्यावरणीय बाह्यता**
Economic concept of uncompensated environmental effects of production and consumption that affect consumer utility and enterprise cost outside the market mechanism. As a consequence of negative externalities, private costs of production tend to be lower than its social cost. It is the aim of the "pollutereuser-pays" principle to prompt households and enterprises to internalize externalities in their plans and budgets.	मार्केट व्यवस्था के बाहर ग्राहक उपयोग एवं उद्यमिता लागत को प्रभावित करनेवाले उत्पादन एवं उपभोग पर पर्यावरण के प्रभाव की आर्थिकी संकल्पना। नकारात्मक बाह्यताओं के परिणामस्वरूप, उत्पादन लागत के निजी पहलू उसके सामाजिक लागतों से कम होते हैं। घरेलू एवं उद्यमों को अपी योजना एवं बजट में बाह्यताओं को आंतरिक बनाने के लिए "श्प्रदूषक/उपभोक्ता-भुगतान" सिद्धांत का ही लक्ष्य है।
Externalities, internalizing	**बाह्यता को आंतरिक बनाना**
Methods of getting those producing external costs or benefits (externalities) to take account of them in their decision-making.	उनके निर्णय लेने की प्रक्रिया को शामिल करते हुए बाह्य लागत या लाभों (बाह्यताएं) को पैदा करनेवालों से प्राप्त करने की पद्धति।
Extinction coefficient	**शमन गुणांक**
The water depth at which light penetration is no longer sufficient for photosynthesis.	प्रकाश संश्लेषण के लिए जहां पानी की गहराई में प्रकाश का प्रवेश नहीं होता।
Extrusion	**निष्कासन**
The process by which feeds are prepared by passing the ingredients through a die under high pressure and temperature. When the feed leaves the die, it expands and the pellet that is formed will float.	वह प्रक्रिया जिसके माध्यम से उच्च दाब एवं ताप के अंतर्गत एक डाई द्वारा सामग्रियों से खाद्य पदार्थ बनाए जाते हैं। जब खाद्य पदार्थ डाई छोड़ते हैं तो वे विस्तारित होते हैं और उसके बाद बनने वाला पेलेट तैरने लगता है।
Exudate	**नि:स्रावण**
Material, such as fluid, cells, or cellular debris, which has escaped from blood vessels and has been deposited in tissues or on tissue surfaces, usually as a result of inflammation.	द्रव, कोशिका या कोशिका मलबा जैसी सामग्री जो रक्त वाहिकाओं से बाहर आ जाता है तथा ऊतकों या उनकी सतहों पर जम जाता है, आमतौर पर यह इसके परिणामस्वरूप जलन (शोथ) होता है।
EXW	
Ex-works (with named place). The seller minimizes his risk by making the goods available at his own premises. Carriage to be arranged by the buyer. Risks and costs are transferred from the seller to the buyer when the goods are at the disposal of the buyer.	अन्य काम (स्थान के नाम के साथ)। विक्रेता अपने ही परिसरों में सामान उपलब्ध कराकर खतरे कम करता है। क्रय करनेवाले व्यक्ति को खुद वाहन की व्यवस्था करनी पड़ती है। जब सामान क्रेता के निपटान पर होता है, खतरे एवं लागतों को विक्रेता से क्रेता तक हस्तांतरित किया जाता है।

Eye stalk ablation	अई-स्टॉक अब्लेशन
Refers to the process of unilateral cauterization of the eye stalk in penaeid shrimps. This reduces the level of gonad-inhibiting hormone, thereby increasing the rate of gonad development and causing induction of spawning.	पेनेईड झींगों में अई-स्टॉक के एकलपार्श्वी की प्रक्रिया का संदर्भ देता है। यह गोनेड-निरोध हॉर्मोन का स्तर कम करता है, जिससे गोनेड विकास की दर में वृद्धि करता है तथा बोयाना प्रेरित करता है। आई का प्रयोग करने से आने का अर्थ देता है। बोयाना शब्द स्पॉनिंग के लिए प्रयोग किया जाता है।

F

F	
The symbol for coefficient of inbreeding. It is a measure of the percent increase in homozygosity that has been created by inbreeding over the population average. For each gene, it is the probability that the two alleles are identical by descent.	यह अंत: प्रजनन के गुणांक प्रतीक है। संख्या की औसत के आधार पर अंत: प्रजनन द्वारा तैयार की गई समयुग्मजता में बढ़ते हुए प्रतिशत का माप है। संभाव्यता ये है किसी जीन के लिए दो युग्म-विकल्पी, वंशज से एक समान हैं।
F1 , F2 , etc.	
The names of the generations that are produced during a breeding programme. The F1 generation is the first generation of fish produced during a breeding programme; the F1 generation is produced by the P1 (parental) generation. The F2generation is produced by the F1 generation, etc.	प्रजनन कार्यक्रम के दौरान पैदा होनेवाले वंशों के नाम। F1 वंश, प्रजनन कार्यक्रम के दौरान पैदा होनेवाले पहले वंश के मत्स्य है, पैदा होनेवाला F1 वंश, F1 (माता-पिता) वंश द्वारा पैदा किया जाता है। F2 वंश, F2 वंश द्वारा पैदा किए जानेवाला वंश कहलाता है।
Fadama	**फदमा**
Common name in Nigeria, Africa, for an inland valley bottom.	एक अंतर्देशीय क्षेत्र में स्थित घाटी के निचले स्तर के लिए नाईजीरिया एवं अफ्रीका में प्रयुक्त सामान्य शब्द है।
Faeces	**मल**
Undigested food residue, together with residue of secretions, bacteria, etc., expelled from the alimentary canal through the anus.	हजम नहीं हुए खाद्य पदार्थ का शेष जिसमें स्रवण, बैक्टीरिया आदि भी शामिल हैं जो आहार नली में से गुदा से बाहर निकाले जाते हैं।
Fallowing	**बंजर**
In aquaculture: a process where sites normally used for production are left to recover for part or all of a growing season.	जलकृषि में : वह प्रक्रिया जहां स्थल सामान्य रूप से उत्पादन के लिए प्रयोग किए जाते हैं लेकिन किसी एक भाग या पूरे क्षेत्र को पैदावार मौसम में रिकवर के लिए छोड़ दिया जाता है।

Family — **परिवार**

(a) A group of individuals directly related by descent from a common ancestor. (b) Level of taxonomic classification of organisms. It lies between the less-specific order and the more-specific genus; i.e. an order will contain one or more families, and a family will contain one or more genera.

(a) व्यक्तियों का एक दल जो किसी एक ही पूर्वज के वंश से सीधे संबंधित हैं।

(b)जीवों के वर्गीकरण वर्ग का एक स्तर है। यह कम-विशिष्ट क्रम तथा अधिक-विशिष्ट प्रजाति के बीच में पाए जाते हैं अर्थात् एक क्रम में एक या अधिक परिवार होते हैं और एक परिवार में एक या एक से अधिक वंश होते हैं।

Farm — **खेत**

For economics purposes: a parcel of real estate incl. land, buildings, plants, animals, fish, and other activities.

आर्थिकी के दृष्टिकोण से : भूमि, भवन, पौधे, पशु, मत्स्य एवं अन्य क्रियाकलापों से सम्मिलित स्थावर संपत्ति का भाग।

Farm, subsistence — **खेत अस्तित्त्व**

A low-income farm where the emphasis ison production for use of the operator and the operator's family rather than for sale.

एक कम आमदनी युक्त खेत जहां प्रचालक या प्रचालक के परिवार के उपयोग के आधार पर उत्पादन पर ज़ोर दिया जाता है, विक्रय के लिए नहीं।

Integrated Farming — **समन्वित खेती**

Occurs when an output from one subsystem in an integrated farming system, which otherwise may have been wasted, becomes an input to another subsystem resulting in a greater efficiency ofoutput of desired products from the landèwater area under a farmer's control.

यह तभी संभव है जब एक समेकित खेती व्यवस्था में एक उप-व्यवस्था से आऊटपुट प्राप्त होता है, अन्यथा वह व्यर्थ चला जाता है, और एक किसान के नियंत्रण में किसी उप-व्यवस्था से भूमि/पानी क्षेत्र से वांछित उत्पाद के आऊटपुट की क्षमता प्राप्त होती है और यह दूसरे आऊटपुट के लिए इनपुट बन जाती है।

Fat, crude — **कच्चा वसा**

In chemical feed analysis: derived by extracting a finely ground sample with ether continuously for some hours in a suitable apparatus.

एक रासायनिक खाद्य पदार्थ विश्लेषण : किसी उचित उपस्कर में कूछ घंटों के लिए या लगातार रूप से ईथर के साथ अत्यंत महीन रूप से पीसे हुए सैम्पल के सार से प्राप्त किया जाता है।

Fatty acid — **वसा अम्ल**

Organic acid composed of carbon, hydrogen and oxygen that combines with glycerol to form fats.

कार्बन, हाईड्रोजन एवं ऑक्सीजन युक्त कार्बनिक अम्ल जो वसा बनने के लिए ग्लिसरॉल से मिलते हैं।

Fatty acid, essential- (FAE) — **अनिवार्य वसा अम्ल (FAE)**

Fatty acid, which cannot be synthesized by an organism and must be supplied in the diet to avoid a dietary deficiency.

वसा अम्ल, जिसे किसी जीव द्वारा संश्लेषित नहीं किया जा सकता तथा खाद्य पदार्थ की कमी से बचने के लिए खाद्य पदार्थ द्वारा दिया जाता है।

Fatty acid, highly unsaturated-(HUFA)	**उच्च असंतृप्त वसा अम्ल**
Fatty acid containing three or more double bonds between the carbon molecules. Fatty acids designated as HUFA are also PUFA but separate themselves from PUFA in that they contain three or more carbon double bonds.	वे वसा अम्ल जिसमें कार्बन अणुओं के बीच में तीन या अधिक डबल बॉण्ड होते हैं। HUFA के नाम से जाने जानेवाले वसा अम्ल भी PUFA होते हैं लेकिन वे PUFA से अलग हो जाते हैं और उसमें तीन या अधिक कार्बन डबल बॉण्ड होते हैं।
Fatty acid, polyunsaturated- (PUFA)	**बहु असंतृप्त वसा अम्ल**
Fatty acid containing two or more double bonds between the carbon molecules.	वह वसा अम्ल जिसमें कार्बन अणुओं के बीच में दो या दो से अधिक डबल बॉण्ड होते हैं।
Fecundity	**प्रचनन क्षमता**
The potential reproductive capacity of an organism or population expressed in the number of eggs (or offsprings) produced during each reproductive cycle.	जीवों या संख्या की वह प्रजनन क्षमता जो हर प्रजनन चक्र अवधि के दौरान पैदा किए गए अण्डों (या बच्चे) की संख्या द्वारा बताया जाता है।
Fecundity, absolute	**पूर्ण उर्वरता**
Total number of eggs in a female.	स्त्री मत्स्य में कुल अण्डों की संख्या।
Fecundity, relative	**सापेक्षिक उर्वरता**
The number of eggs per unit of body weight.	शारीरिक वजन के अण्डों की प्रति यूनिट संख्या।
Feed (pl.: feeds)	**खाद्य पदार्थ**
Edible materials, which are consumed by animals and contribute energy andèor nutrients to their diet(usually refers to animals rather than man).	खाने की सामग्री, जो पशु खाते हैं और अपने खाद्य पदार्थ को ऊर्जा और/या पौष्टिक तत्त्वों का योगदान देते हैं (प्रायः यह मनुष्यों के बजाय पशुओं के संदर्भ में लिया जाता है)।
Feed coefficient	**खाद्य पदार्थ गुणांक**
Feed consumption per unit weight increase.	प्रति यूनिट वज़न के हिसाब से खाद्य पदार्थ उपभोग में बढ़ोत्तरी।
Feed conversion (efficiency), absolute	**पूर्ण खाद्य पदार्थ (क्षमता) परिवर्तक**
In semi-intensive aquaculture: an index obtained by dividing the dry weight of feed distributed bythe extra growth believed to have been obtainedonly by that food, excluding the growth obtained by available natural food.	एक अर्द्ध-गहन जलकृषिः वह संसूचिका जो वितरित खाद्य पदार्थ के सूखे वज़न को उसी खाद्य पदार्थ द्वारा प्राप्त करने के बाद हुई अधिक वृद्धि से विभाजित करने पर प्राप्त किया जाता है। इसमें प्राकृतिक खाद्य पदार्थों से हुई वृद्धि शामिल नहीं है।
Feed conversion (efficiency), relative	**सापेक्षिक खाद्य पदार्थ (क्षमता) परिवर्तक**
In semi-intensive aquaculture: an index obtained by dividing the dry weight of feed distributed by total fish production, including that obtained fromavailable natural food.	**एक अर्द्ध-गहन जलकृषिः** वह संसूचिका जो वितरित खाद्य पदार्थ के सूखे वज़न को कुल मत्स्य उत्पादन से विभाजित करके प्राप्त होता है और इसमें प्राकृतिक खाद्य पदार्थों से हुई वृद्धि शामिल है।

Feed conversion (FC)	**खाद्य पदार्थ परिवर्तक (FC)**
In aquaculture, a term usually used in relation to defining the performance of fish diets. It is used toexpress, in kilos, the dry weight of a specific feedrequired to produce one kilogram of fish flesh, e.g. FC = 2.8.	**जलकृषि में:** प्रायः इस पारिभाषिक शब्दावली को मत्स्य खाद्य पदार्थों के कार्य-निष्पादन को निर्धारित करने के संदर्भ में प्रयोग किया जाता है। इसे मत्स्य मांस के एक किलोग्राम का उत्पादन करने के लिए आवश्यक किसी विशिष्ट खाद्य पदार्थ के सूखे वजन को किलो रूप में अभिव्यक्त करने के लिए इस्तेमाल किया जाता है। उदाहरण के लिए FC = 2.8.
Feed conversion efficiency (FCE)	**खाद्य पदार्थ क्षमता (FCE)**
Live weight gain over a defined period expressed as a percentage of food intake during that sameperiod; it is equal to: (WF) x 100, where W is the live weight gain and F the weight of the dry food fed over the period.	किसी निर्धारित अवधि में सजीव वज़न में बढ़ोत्तरी जिसे उसी अवधि में ही उपभोग किए गए खाद्य पदार्थ के प्रतिशत के रूप में अभिव्यक्त किया जाता है। यह (WèF) x 100 के समान है जहां सजीव वज़न में बढ़ोत्तरी का प्रतीक है तथा F उस अवधिा में दिए गए खाद्य पदार्थों के वज़न का प्रतीक है।
Feed conversion efficiency, specific- (FCEs)	**विशिष्ट खाद्य पदार्थ क्षमता (FCEs)**
Measurement of fish growth. Is equal (in percent) to GR x 100, where R is the food ration in percent weight of body weight per day and G is thespecific growth rate.	मत्स्य वृद्धि का माप। यह GR X 100 के समान है (प्रतिशत में), जहां R प्रतिदिन शारीरिक वज़न के वज़न प्रतिशत में खाद्य पदार्थ के भाग का प्रतीक है और G विशिष्ट वृद्धि दर का प्रतीक है।
Feed conversion ratio (FCR)	**खाद्य पदार्थ परिवर्तक अनुपात (FCR)**
Ratio between the dry weight of feed fed and the weight of yield gain. Measure of the efficiency ofconversion of feed to fish (e.g. FCR = 2.8 meansthat 2.8 kg of feed is needed to produce onekilogram of fish live weight).	दिए गए खाद्य पदार्थ के सूखे वज़न और प्रतिलाभ प्राप्ति के वज़न में अनुपात। मत्स्य को दिए गए खाद्य पदार्थ के रूपांतरण की क्षमता का माप (उदाहरण के लिए FCR = 2.8 का अर्थ है एक किलोग्राम सजीव मत्स्य वज़न का उत्पादन करने के लिए 2.8 किलोग्राम खाद्य पदार्थ की आवश्यकता होती है)।
Feed efficiency ratio (FER)	**खाद्य पदार्थ क्षमता अनुपात (FER)**
The inverse of the feed conversion ratio; the live weight gain per unit dry weight of feed; for example 0.35:1 if a gain of 0.35 kg live weight is produced by one kilogram of dry feed.	**खाद्य पदार्थ रूपांतरण अनुपात का प्रतिलोम:** खाद्य पदार्थ के प्रति यूनिट सूखे वज़न के आधार पर हुई सजीव वजन वृद्धिः उदाहरण के लिए 0.35: 1 जब एक किलोग्राम सूखे खाद्य पदार्थ से 0.35 किलोग्राम वज़न की वृद्धि होती है।

Feed formulation	**सूत्रीकरण आहार**
Feed formulation is a calculation to decide how much of each raw ingredient to use to prepare a feed. The general objective of feed formulation is to mix ingredients of differing nutritional quality so as to obtain a balanced diet whose biologically available nutrient profile approximates to the dietary needs of the animal in question. Many manufacturers use the "least cost" method, where the ingredients of a feed may change regularly according to the availability and price of different feedstuffs, but the final formulation of the feed (in terms of percentage and overall quality of protein, fats, etc.) will remain constant.	खाद्य पदार्थ संविरचन वह आकलन है जिसके हिसाब से खाद्य पदार्थ बनाने के लिए हर कच्ची सामग्री की मात्रा निर्धारित की जाती है। जिस पशु के लिए दिया जाना है उसके लिए आवश्यक खाद्य पदार्थ हेतु एक उपलब्ध अनुमानित पौष्टिकता प्रोफाइल के आधार पर संतुलित खाद्य पदार्थ प्राप्त करना ताकि भिन्न भिन्न पौष्टिक गुणवत्ता युक्त सामग्रियों को मिलाकर खाद्य पदार्थ संविरचन प्राप्त करना ही इसका लक्ष्य है। कई उत्पादक, "अत्यंत कम लागत" की पद्धति अपनाते हैं जहां खाद्य पदार्थ में उपलब्धता एवं उनकी कीमत के आधार पर मिलाई जानेवाली सामग्रियों में नियमित परिवर्तन होते रहते हैं, लेकिन खाद्य पदार्थों के अंतिम संविरचन (प्रोटीन, वसा, आदि की संपूर्ण गुणवत्ता एवं प्रतिशत के संदर्भ में) स्थिर रहेंगे।
Feed ingredient	**खाद्य पदार्थ सामग्री**
A component part or constituent of anycombinations or mixture making up a (commercial) feed.	किसी खाद्य पदार्थ (वाणिज्यिक) बनाने के लिए प्रयोग किए जानेवाले घटक का भाग या किसी भी सम्मिश्रण या मिश्रणों में एक तत्त्व।
Feed mill	**खाद्य पदार्थ मिल**
Devices for mincing, mixing and extruding ingredients for making aquafeeds.	वह उपकरण जिसे जलकृषि खाद्य पदार्थों को बनाने के लिए कीमा बनाने, मिलाने तथा सामग्री निकालने के लिए इस्तेमाल किया जाता है।
Feed rate	**खाद्य पदार्थ दर**
Quantity of feed given to animals on a daily basis, expressed as percent body weight per day or number of organisms consumed per hour.	दैनिक आधर पर पशुओं को दिए जानेवाले खाद्यय पदार्थ की मात्रा जिसे शारीरिक वज़न की प्रतिदिन प्रतिशत या उपभोग किए जानेवाले जीवों की प्रति घंटा संख्या के रूप में अभिव्यक्त किया जाता है।
Feed ration	**खाद्य पदार्थ राशन**
The amount of feed allowed for a given animal over a 24-hour period.	पशु को 24 घंटों की अवधि में दिए जानेवाले खाद्य पदार्थ की मात्रा।
Feed utilization	**खाद्य पदार्थ उपयोग**
The weight increase per unit of utilized feed.	उपभोग किए जानेवाले प्रति यूनिट खाद्य पदार्थ के आधार पर वज़न में वृद्धि।

Artificial Feed — **सूत्रीकरण आहार**

The use of the term "artificial feed" should be discouraged. Feeds cannot be produced artificially (synthetically) but are derived from natural ingredients (organic substances). The use of the term "processed feed" is therefore more appropriate.

''कृत्रिम खाद्य पदार्थ'' जैसे पारिभाषिक शब्दावलियों के प्रयोग को बंद कर देना चाहिए। खाद्य पदार्थों को कृत्रिम (संश्लिष्ट) रूप से तैयार नहीं किया जा सकता, लेकिन उन्हें प्राकृतिक सामग्रियों (कार्बनिक पदार्थों) से व्युत्पन्न किया जा सकता है। अत: ''संसाधित खाद्य पदार्थ'' की पारिभाषिक शब्दावली उचित सिद्ध होती है।

Feed, closed-formula — **बंद सूत्र आहार**

A diet for which the formula is known only to the Manufacturer.

किसी खाद्य पदार्थ के लिए उपयोग किए जानेवाला सूत्र उत्पादक को ही पता होता है।

Complete Feed — **सम्पूर्ण आहार या समर्पूक आहार**

A nutritionally adequate feed for animals other than man, compounded by specific formula to be fed as the sole ration and capable of maintaining life andèor promoting production without any additional substance being consumed except water.

मानवों को छोड़कर, पशुओं को दिए जानेवाले पौष्टिक रूप से पर्याप्त खाद्य पदार्थ, जिसे किसी विशिष्ट सूत्र के आधार पर तैयार किया जाता है। इसे पानी को छोड़कर अन्य किसी भी प्रकार के पदार्थ के उपयोग के बिना एकल भाग या हिस्से के रूप में दिया जाता है और यह जीवित रखने तथा/या प्रजनन प्रोत्साहित करने की क्षमता रखता है।

Feed, compound — **सम्मिश्र आहार**

A feed composed of several ingredients of vegetable or animal origin in their natural state, fresh or preserved, or products derived from the industrial processing thereof, or organic or inorganic substances, whether or not containing additives, for oral feeding in the form of a complete feed.

वह खाद्य पदार्थ जो मौखिक रूप से दिए जानेवाला एक संपूर्ण खाद्य पदार्थ है, जो प्राकृतिक स्थिति में वनस्पितिक या पशु मूल की कई सामग्रियां होती हैं, ताजा या संरक्षित, या औद्योगिक संसाधन से तैयार किए गए उत्पाद, या कार्बनिक या अकार्बनिक पदार्थ हो सकते हैं, उसमें योजक सामग्री हो सकती है या नहीं भी हो सकती है।

Feed, cooked — **पका हुआ आहार**

Feed heated in the presence of moisture to alter chemical andèor physical characteristics or to sterilize.

रासायनिक तथा/ या भौतिक गुणधर्मों को बदलने या वंध्यीकरण करने के लिए नमी की उपस्थिति में गरम किया गया खाद्य पदार्थ।

Feed, date of packaging — **पैकेजिंग की तारीख आहार**

The date on which the feed is placed in the immediate container in which it will be ultimately sold.

वह तारीख, जिसमें खाद्य पदार्थ को तुरंत डिब्बे में डाला जाता है और उसी में उसे बेचा जाता है।

Feed, dry	**सूखा हुआ आहार**
Feed with most of the water removed from the ingredients to improve storage qualities. Generally a pelleted feed, extruded andèor expanded.	खाद्य पदार्थ जिसकी सामग्री में से पानी को पूर्ण रूप से निकाला गया है ताकि भंडारण की गुणवत्ता में सुधार किया जा सके। आमतौर पर यह पेलेट रूप में तैयार किया गया खाद्य पदार्थ होता है जिसे निकाला तथा / या विस्तारित किया जाता है।
Feed, expanded	**विस्तारित आहार**
Type of hard, relatively low-density pelleted feed with a slow sinking rate. Can be used to produce high-oil diets.	एक प्रकार का कठोर, सापेक्ष रूप में निम्न-सघनता युक्त पेलेट खाद्य पदार्थ जिसकी डूबने की क्षमता कम होती है। इसे उच्च-तेल खाद्य पदार्थ बनाने के लिए उपयोग किया जा सकता है।
Feed, extruded	**निष्कासित आहार**
Processed feed that has been produced by extrusion.	वह संसाधित खाद्य पदार्थ जिसे निष्कासित पदार्थों से बनाया गया है।
Feed, finishing	**परिसज्जित आहार**
Special feed given in the period just before slaughter, so as to produce desirable flavour, texture or colour.	उसे मारने से पहले उस अवधि में दिया गया वह विशिष्ट खाद्य पदार्थ, ताकि उसमें वांछित स्वाद, बनावट या रंग पैदा किया जा सके।
Feed, floating	**प्लावक आहार**
Prepared feed pellets produced by the extrusion process under conditions that result in a density that will allow them to float at the water surface for extended periods.	उन स्थितियों में निष्कासन प्रक्रिया द्वारा तैयार किए गए पेलेट खाद्य पदार्थ, जिनके अंतर्गत ऐसी सघनता प्राप्त होती है जिससे वे लम्बे समय तक पानी की सतह पर तैर पाते हैं।
Feed, formula	**संविरचन आहार**
Two or more ingredients proportioned, mixed and processed according to specifications.	दो या उससे अधिक सामग्रियों का अनुपात, जिसे निर्धारित विशिष्टताओं के आधार पर मिलाएं और संसाधित किए जाते हैं।
Feed, gelatinized	**जिलेटिनीकृत आहार**
Having had the starch granules of the feed completely ruptured by a combination of moisture, heat and pressure, and in some instances, by mechanical shear.	नमी, ताप और दाब तथा कुछ स्थानों में यांत्रिकी घर्षण के मिश्रण से खाद्य पदार्थ के दानों के बिगड़ जाने की स्थिति।
Feed, ground	**पिसा हुआ आहार**
Feed reduced in particle size by impact, shearing or attrition.	प्रभाव, शीयरिंग या संघर्षण द्वारा खाद्य पदार्थों के कणों के आकार में कमी लाना।
Feed, heat-processed	**ताप संसाधित आहार**
Feed subjected to a method of preparation involving the use of elevated temperatures with or without pressure.	दाब की उपस्थिति में या उसकी अनुपस्थिति में बढ़े हुए ताप के असर में तैयार किया गया खाद्य पदार्थ।

Irradiated Feed	**किरणित आहार**
Feed treated, prepared, or altered by exposure to a specific radiation.	किसी विशिष्ट किरणन के प्रभाव में उपचारित, तैयार किए गए तथा परिवर्तित खाद्य पदार्थ।
Medicated Feed	**औषधयुक्त आहार**
Any feed which contains drug ingredients intended or presented for the cure, mitigation, treatment, or prevention of disease of animals other than man or, which contains drug ingredients intended to affect the structure or any function of the body of animals other than man.	कोई भी खाद्य पदार्थ जिसमें दवा की सामग्री है जो निदान करने, शमन करने, उपचार करने या मनुष्य को छोड़कर पशुओं को रोग से बचाने के लिए या पशुओं के शरीर में की संरचना या किसी प्रकार्य में नियत परिवर्तन करता है।
Microencapsulated Feed	**माइक्रोसंपुटित आहार**
A microdiet of appropriate size consisting of dietary ingredients such as yeast, encapsulated by a membrane, or binder. Used to facilitate the rearing of fish larvae on processed diets.	उचित साईज़ का माइक्रो खाद्य पदार्थ जिसमें किण्वन जैसे खाद्य पदार्थ की सामग्रियां होती हैं, जो झिल्ली द्वारा संपुटित या बंधे हैं। इसे संसाधित मत्स्य इल्लियों का पालन करने की सुविधा के लिए इस्तेमाल किया जाता है।
Moist Feed	**नमीयुक्त आहार**
Feed which contains from 18 to 45 percent water. A well-known feed for salmonids are for example the Oregon moist pellets.	वह खाद्य पदार्थ जिसमें 18 से 45 प्रतिशत पानी होता है। सैल्मोनॉइड्स के लिए प्रयुक्त प्रचलित खाद्य पदार्थ है, उदाहरण के लिए ऑरिगन मॉइस्ट पेलेट।
Open-Formula Feed	**खुला संविरचन आहार**
A diet in which all the ingredients and their proportions are public (non-proprietary). Agglomerated feed following compaction and forced extrusion through die openings by a mechanical process.	वह खाद्य पदार्थ जिसमें निहित सभी सामग्रियां और उनके अनुपात सार्वजनिक जनता (गैर-स्वामित्त्व) के लिए उपलब्ध है। एक यांत्रिकी प्रक्रिया के द्वारा समूहित खाद्य पदार्थ का खुले साँचों के द्वारा पहले संघनन और बाद में बलपूर्वक निष्कासन होता है।
Processed Feed	**संसाधित आहार**
Feed made of one or several ingredients produced either at the farm or commercially.	किसी खेत में या वाणिज्यिक स्तर पर एक या कई सामग्रियों द्वारा तैयार किया गया खाद्य पदार्थ।
Supplemental Feed	**पूरक आहार**
Feed given in addition to the food which occurs naturally.	वह खाद्य पदार्थ जिसे प्राकृतिक रूप से उपलब्ध खाने के साथ में दिया जाता है।
Wet- Feed	**गीला आहार**
Feed, which contains from 45 to 80 percent water. Generally made of trash fish, canteen refuses, undried grass.	वह खाद्य पदार्थ जिसमें 45 से 80 प्रतिशत पानी होता है। आमतौर पर इसे व्यर्थ मत्स्य, कैन्टीन व्यर्थ पदार्थ, ताज़े घास से बनाया जाता है।

Fish Feeder	**मत्स्य फीडर**
Device for delivering fish feed to the fish. Fish feeders are defined by their power source, and the method used to deliver the feed. Common power sources are electricity (including solar), clockwork, water, and fish powered (see demand feeder). The methods of feed delivery include vibrating plates, plates turning against a wiper arm, moving belts, rotation drums, water jets (where the food is introduced into the jet of water), air jets and augers.	वह उपस्कर जिससे मत्स्य को दिए जानेवाले खाद्य पदार्थ बनाया जाता है। मत्स्य फीडरों को उनके ऊर्जा स्रोत से परिभाषित किया जाता है और यह वह पद्धति है, जिसके माध्यम से खाद्य पदार्थ तैयार किया जाता है। सामान्य ऊर्जा स्रोत में इलेक्ट्रिसिटी (सौर पवर सहित), क्लॉकवर्क, पानी एवं मत्स्य ऊर्जित (डिमांड फीडर देखें) शामिल हैं। खाद्य पदार्थों की डिलीवरी में हिलता हुआ प्लेट जो वाइपर आर्म के विपरीत घुमा हुआ होता है, घूमनेवाले बेल्ट, घूमनेवाला ड्रम, वाटर जेट, वायु जेट और ऑगर शामिल हैं। (जहां खाना वाटर जेट में घुसता है)
Feeder, automatic	**स्वचालित फीडर**
Any automated apparatus for food distribution, dispensing feed particles at preselected times in measured amounts, used especially in intensive fish culture. Most automatic feeding devices are electrically operated and electronically controlled.	खाने के वितरण के लिए कोई भी स्वचालित उपस्कर जो पूर्व-चयनित समय में मापित मात्राओं में खाद्य पदार्थ के कणों को वितरित करते हैं। इसे विशेष रूप से गहन मत्स्य कृषि में प्रयोग किया जाता है। कई स्वचालित फीड करनेवाले उपस्करों को इलेक्ट्रिकली प्रचालित किया जाता है और उन्हें इलेक्ट्रॉनिकली नियंत्रित किया जाता है।
Feeder, bottom	**निचले स्तर फीडर**
Animal that prefers feeding in the bottom water layer, e.g. on benthos and vegetal debris.	पशु जो पानी के निचले स्तर की सतह में फीड करना पसंद करते हैं, उदाहरण के लिए बेन्थॉस और वेजिटल कूड़े पर।
Feeder, demand	**डिमांड फीडर**
A device, which dispenses feed pellets when activated through fish contact.	वह उपस्कर, जो खाद्य पदार्थों के पेलेटों को मत्स्य के संपर्क में आने पर सक्रिय होकर खाद्य पदार्थ निकालता है।
Feeder, filter	**फिल्टर फीडर**
A fish that strains water through its gill rakers to feed mostly on plankton (phyto- and zoo-). Many reared bivalve molluscs are filter feeders (mussels, oysters, etc.) as are certain larval stages of cultured crustaceans.	वह मत्स्य जो लगभग कई बार प्लवकों (फईटो और जू) को खाने के लिए अपने गलफड़ों के रेकरों में से पानी खींचता है। कई पाले जानेवाले द्वि-वॉल्व घोंघे फिल्टर फीडर (शंबुक, सीप आदि) होते हैं, जैसे कि संवर्द्धित क्रस्टीशियन के कुछ इल्ली स्तर पर।

Feeder, midwater	**मध्य पानी फीडर**
Fish used to feed in the middle water layer, e.g. on vegetal debris.	वह मत्स्य जो मध्य पानी में खाना पसंद करता है, उदाहरण के लिए वेजिटल कूड़ा।
Feeder, plankton	**प्लवक फीडर**
A fish that feeds on phyto- andèor zooplankton. Fish used to feed in the surface water layer, e.g. on plankton or vegetal debris.	वे मत्स्य जो पादपाणु और/या प्राणिमंदप्लावक खाते हैं। उक्त मत्स्य पानी के सतह पर फीड करते हैं, उदाहरण के लिए पादपाणु पर या वेजिटल कुड़े पर।
Feeder, swim-through	**तैरनेवाले फीडर**
Feeder designed so that small fish can swim in and out, but large fish must feed outside.	फीडरों की डिजाइन ऐसी बनाई गई है जिसमें छोटे मत्स्य अंदर और बाहर तैर सकते हैं, लेकिन बड़े मत्स्यों को बाहर ही फीड करना होता है।
Feeding ad libitum	**यथेष्ट फीडिंग**
Feeding at will, usually until satiation is reached.	स्वेच्छा पर फीडिंग, आमतौर पर तब तक फीड करते हैं, जब तक वे संतृप्त न हो जाएं।
Feeding rate	**फीडिंग दर**
The level at which food is offered to fish over a unit time (T), usually given as the percentage of fish body weight per time T.	वह स्तर जिसे मत्स्य को एक यूनिट समय (T) में दिया जाता है, आमतौर पर इसे मत्स्य के शारीरिक वजन प्रति समय T के प्रतिशत के रूप में अभिव्यक्त किया जाता है।
Feeding ring (a)	**फीडिंग रिंग (a)**
A floating or supported ring or frame on the water surface into which a floating diet is delivered. The ring prevents the feed from floating away. Primarily used in cages, where it prevents feed floating out through the cage, although it is also used in ponds, especially where there is a fringe of emergent vegetation where the feed could get blown into and become unavailable for the fish.	पानी की सतह पर तैरनेवाला या समर्थित रिंग या फ्रेम जिसमें प्लवक खाद्य पदार्थ डिलीवर किया जाता है। यह रिंग फीड को तैरकर निकल जाने से रोकता है। इसे मुख्य रूप से घेरों में प्रयोग किया जाता है जहां यह फीड को केज से तैरकर बाहर निकलने से रोकता है, विशेष रूप से जहां एकदम से पौधे बगैरह होते हैं और उसमें खाद्यय पदार्थ प्रवाहित होकर मत्स्य के लिए अनुपलब्ध हो सकता हैं।
Feeding ring (b)	**फीडिंग रिंग (b)**
A band of fine mesh fastened around the inside of a fish cage near the waterline to prevent floating feed from being carried out of the cage.	मत्स्य घेरे के अंदर चारों ओर बंधे महीन मेश की एक बैण्ड ताकि खाद्य पदार्थ को घेरे से तैरकर बाहर निकलने से रोकता है।

Feeding value	**फीडिंग मूल्य**
A term referring to the nutritive value of differentfeeds, i.e. expressing the amount of nutrients furnished by each feed and the degree of their digestibility.	वह पारिभाषिक शब्दावली जो विभिन्न खाद्य पदार्थों के पौष्टिक मूल्य अभिव्यक्त करता है, अर्थात् हर खाद्य पदार्थ द्वारा प्रदान की जानेवाली पौष्टिकता तथा उनकी पचनीयता की मात्रा अभिव्यक्त करता है।
Feeding, selective	**चयनित फीडिंग**
Way of feeding consisting of choosing a given kind of food andèor food organisms.	खाने की पद्धति जिसमें दिए गए खाद्य पदार्थ तथा/या खाद्य जीवों में से चुनने की सुविधा प्रदान करता है।
Feeding, station	**फीडिंग स्टेशन**
Practice of feeding at a single spot, so that fish are concentrated.	एक ही जगह पर फीड प्रदान करने की प्रथा ताकि मत्स्य एक ही जगह पर इकत्रित रहे।
Feedstuff	**खाद्य पदार्थ**
Any substance suitable for animal feed.	कोई भी पदार्थ जो पशु खाद्य पदार्थ के रूप में उचित है।
Fees, non-compliance	**अनुवर्ती शुल्क**
Additional prices to be paid for not complying with environmental requirements to meet the social costs arising from environmental damages.	पर्यावरणीय आवश्यकताओं को पूरा न कर पाने पर अतिरिक्त दर का भुगतान करना चाहिए, ताकि पर्यावरणीय हानियों के सामाजिक लागतों को पूरा कर सकें।
Female, berried	**स्त्री-बेरींड**
In larger crustaceans (e.g. lobsters, crabs), a term,which is used to describe those females with large egg masses attached under the abdomen during the period of incubation.	बड़े क्रस्टीशियनों के लिए प्रयुक्त पारिभाषिक शब्दावली (उदाहरण के लिए समुद्री झींगा, केंकड़े) को उन मादा मत्स्यों के लिए प्रयोग किया जाता है, जिसकी इंक्युबेशन अवधि के दौरान उनके पेट के नीचे के भाग के साथ बड़े बड़े अण्डों के समूह संलग्न रहते हैं।
Feminization	**स्त्रीकरण**
Method of direct sex reversal by the treatment of animals with doses of female hormones in the feed during the early stages of development (typically at first feeding). Although the development of female fish is undesirable for species such as tilapia and catfish, it is of benefit to salmonid and flatfish farmers where the females are the more desirable gender due to the later onset of maturity.	विकास के पहले स्तरों में (पहली फीड के दौरान) खाद्य पदार्थों में मादा हॉर्मोन की सही मात्रा के साथ पशुओं के उपचार से सीधा लिंग परीवर्तन किया जा सकता है। यद्यपि, स्त्री मत्स्य का विकास, तिलापिया एवं कैटफिश जैसे प्रजातियों के लिए अनावश्यक है, तथापि सॉल्मोनिड एवं "लैटफिश जैसे मत्स्यों के लाभदायक है जहां महिला मत्स्य का लिंग परिपक्वता में होनेवाले विलम्ब के कारण अधिक वांछनीय माने जाते हैं।

Fen	**दलदल**
Type of wetland that accumulates peat deposits. Less acidic than bogs, fens derive most of their water from the underground, so that they are rich in calcium and magnesium.	एक प्रकार का गीला क्षेत्र जो पीट को जमा करता है। यह पंक से कम अम्लीय है। दलदल, पानी की अधिकाधिक मात्रा को भूतल से प्राप्त करते हैं और इस वजह से उनमें कैल्शियम और मेग्नीशियम की मात्रा अधिक होती है।
Fermentation	**किण्वन**
The enzymatically controlled anaerobic breakdown of organic substrates	कार्बनिक पदार्थों का ऐन्ज़ाइमी पद्धति से अवायवीय विश्लेषण।
Fertilization (a)	**उर्वरण (a)**
If sexual: the union of two gametes to form a zygote	**यदि लैंगिक हो:** युग्मज बनने के लिए दो युग्मकों का संगम।
Fertilization (b)	**उर्वरण (b)**
Of water or soil: the addition of nutrients (fertilizers) to a water body or to soil for the purpose of artificial enrichment in order to stimulate primary production as the base of the food chain.	**पानी या मृदा:** खाद्य पदार्थ श्रृंखला के मूल में प्राथमिक उत्पादन बढ़ाने के लिए कृत्रिम उर्वरता के उद्देश्य से पानी या मृदा में पौष्टिक तत्त्वों (उर्वरक) को डालना।
Fertilization, artificial	**कृत्रिम उर्वरण**
In fish propagation: fertilization usually carried out by stripping broodstock organisms and mixing together sperm and eggs.	मत्स्य प्रचार में : उर्वरण को आमतौर पर ब्रूडस्टॉक जीवों को स्ट्रिप करके कराया जाता है और उसे शुक्राणु एवं अण्डों के साथ मिलाया जाता है।
Fertilizer	**उर्वरक**
A natural or man-made material that is added to soil or water to increase the production of desirable plants.	वांछित पौधों का उत्पादन बढ़ाने के लिए प्राकृतिक या मनुष्य द्वारा बनाई गई सामग्री को मृदा या पानी में मिलाया जाता है।
Fertilizer filler	**उर्वरक पूरक**
An inert material or limestone mixed with fertilizer materials to bring the total ingredients of a complete fertilizer up to a specific weight.	पूर्ण उर्वरक के कुल सामग्रियों को विशिष्ट वज़न तक लाने के लिए एक निष्क्रिय सामग्री या चूना पत्थर को उर्वरक सामग्रियों से मिलाया जाता है।
Fertilizer, complete	**पूर्ण उर्वरक**
A fertilizer containing the primary nutrients nitrogen (N), phosphorus (P), and potassium (K).	वह उर्वरक जिसमें नाइट्रोजन (N), फॉस्फोरस (P) एवं पोटेशियम (K) जैसे प्राथमिक पौष्टिक पदार्थ होते हैं।
Fertilizer, inorganic	**अकार्बनिक उर्वरक**
Natural or man-made substances lacking carbon, used to increase the ability of soil or water to produce plant life.	प्राकृतिक या कृत्रिम पदार्थ जिसमें कार्बन की कमी होती है, जिसे पौधें की जीवंतता बढ़ाने के लिए मृदा या पानी की क्षमता बढ़ाने के लिए प्रयोग किया जाता है।

Fertilizer, organic	**कार्बनिक उर्वरक**
Materials derived from animal waste products or dead animals or plants, which are used to supply nutrients to soil and water to increase plant growth.	सजीव या मृत, पशु या पौधों से या पशुओं के व्यर्थ पदार्थों से व्युत्पन्न सामग्री, जिन्हें पौधों की वृद्धि करने के लिए मृदा और पानी को पौष्टिक पदार्थ की आपूर्ति करने के लिए इस्तेमाल किया जाता है।
Fertilizer, synthetic	**संश्लिष्टि उर्वरक**
Fertilizer produced by a controlled chemical reaction resulting in substances not normally found in nature.	आमतौर पर प्रकृति में नहीं पाए जानेवाले पदार्थों से नियंत्रि रासायनिक अभिक्रियाओं द्वारा उत्पादित उर्वरक।
Fetch (length)	
The open water distance to nearest land in the direction of the prevailing winds e.g. in a lake, in a reservoir or in a marine coastal area. Wave height can be related to fetch as hw = 0.014 F0.5 where F= fetch (in m) and hw = wave height (in m).	वर्तमान में चालू पवन की दिशा में भूमि के बहुत पास तक खुले पानी की दूरी, उदाहरण के लिए तालाब, जलाशय या समुद्री तटवर्ती क्षेत्र। तरंगों की ऊँचाई को फेच hw = 0.014 F0.5 के रूप में बताया जा सकता है, जहां F फेच m में) और hw = तरंग की ऊँचाई (m में) है।
Fibre (crude)	**रेशे (कच्चे)**
In chemical analysis: the insoluble carbohydrates remaining in a feed after boiling in weak acids and alkalis, corrected for ash content of the residue. Represents the portion of the feed considered to be indigestible.	रासायनिक विश्लेषण में : कमज़ोर अम्ल एवं क्षार में उबालने के बाद, खाद्य पदार्थ में शेष अविघटित कार्बोहाइड्रेट जिन्हें शेष में भस्म की उपस्थिति के लिए करेक्ट किया जाता है। यह खाद्य पदार्थ के उस भाग का प्रतीक है जिसे अपचनीय माना जाता है।
Fill	**पूरक**
(a) In engineering: area where it is needed to raise the land to a required elevation by bringing soil in. [RT: cut] (b) Man-made deposits of natural soils and waste materials.	**(a) अभियांत्रिकी में:** वह क्षेत्र जिसे भूमि का स्तर बढ़ाने के लिए मृदा की सहायता से भरने के लिए आवश्यक होता है RT : कट, (b) मनुष्य द्वारा बनाए गए प्राकृतिक मृदा एवं व्यर्थ सामग्रियों का भरण।
Fillet	**तंतुबंध**
A slice of meat without bones, cut out for human consumption	हड्डी के बिना मांस का एक टुकड़ा जिसे मानवीय खाद्य पदार्थ के लिए काटा गया है।
Filter	**फिल्टर**
A porous device for removing impurities or particulate matter from a fluid.	एक द्रव से दूषित पदार्थ या कणों को निकालने के लिए छिद्रदार उपस्कर।

Filter medium	फिल्टर माध्यम
A substrate in a mechanical or biological filter that helps in water treatment, either by trapping suspended particles or by providing a surface for the attachment of beneficial microorganisms, e.g. in a biological filter.	यांत्रिकीय एवं जैविक फिल्टर में वह सब्स्ट्रेट जो पानी उपचार में निलंबित कणों को फसाकर या चिपकने के लिए लाभदायक जीवों की सतह प्रदान करने के माध्यम से मदद करता है, उदाहरण के लिए जैविक फिल्टर में होता है।
Filter medium, biological	**जैविक फिल्टर माध्यम**
A substrate for the attachment of the microflora that degrade organics and oxidize soluble metabolic end products such as ammonia.	सूक्ष्म-वनस्पति के संलग्न होने के लिए वह सब्स्ट्रेट जो कार्बनिकों को अपघटित करता है तथा अमोनिया जैये विघटित होनेवाले अंतिम चयापचयी उत्पादों को ऑक्सीकृत करते हैं।
Filter, barrage	**बैरेज फिल्टर**
Fixed structure built on the feeder canal, generally at its beginning. It uses stones, gravel and stone chips as filtering material.	सूक्ष्म-वनस्पति के संलग्न होने के लिए वह सब्स्ट्रेट जो कार्बनिकों को अपघटित करता है तथा अमोनिया जैये विघटित होनेवाले अंतिम चयापचयी उत्पादों को ऑक्सीकृत करते हैं।
Filter, box basket	**डिब्बा/टोकरी फिल्टर**
Consists of a filtering container, which is placed under the inlet. Debris and undesirable fish fall with the inflowing water into the container, where they remain trapped while the water filters through.	इसमें एक फिल्टर करनेवाला कंटेनर होता है जो इन्लेट के नीचे रखा जाता है। कूड़ा और अवांछित मत्स्य कंटेनर में प्रवाहित होनेवाले पानी में गिर जाते हैं और वे पानी के फिल्टर होने तक इसमें फंस जाते हैं।
Filter, gravity sand	**गुरुत्त्वाकर्षण रेत फिल्टर**
A sand filter in which water containing particulate material enters at the top and passes down through the filter bed. Gravity provides the necessary energy to induce flow through the filter.	वह रेत फिल्टर जिसमें पानी युक्त कण सामग्री ऊपर से प्रवेश करता है और वे फिल्टर बेड के माध्यम से नीचे की ओर प्रवाहित होते हैं। गुरुत्त्वाकर्षण, फिल्टर में से प्रवाह को प्रवृत्त करने के लिए आवश्यक ऊर्जा प्रदान करता है।
Filter, mechanical	**यांत्रिकी फिल्टर**
A filter using mechanical filtration.	एक फिल्टर जिसमें यांत्रिकीय फिल्ट्रेशन का प्रयोग किया जाता है।
Filter, pressure sand	**दबाव रेत फिल्टर**
Similar to a gravity sand filter except that the filter is enclosed in a pressure vessel and the head is applied to the filter by a pump.	एक गुरुत्त्वाकर्षण रेत फिल्टर की तरह, यह फिल्टर एक दबाव बर्तन में घिरा हुआ होता है और उसके हेड को पंप द्वारा फिल्टर से लगाया जाता है।

Filter, sand	**रेत फिल्टर**
A mechanical filter frequently made up of sand arranged in layers of increasing grain size from top to bottom. Sand filters are widely used for treating water to yield a high degree of purification, not only for removing suspended solids, but also for degrading dissolved organics.	एक यांत्रिकीय फिल्टर जो आमतौर पर परतों में व्यवस्थित रेत से बनाया जाता है और इन परतों में ऊपर से नीचे तक की दिशा में ग्रेन की साइज में बढ़ोत्तरी होती है। निलंबित ठोस पदार्थों को निकालने के लिए ही नहीं, विघटित कार्बनिकों को अपघटित करने के लिए शुद्धीकरण का उच्च स्तर प्राप्त करने के लिए रेत फिल्टरों को पानी का उपचार करने के लिए प्रयोग किया जाता है।
Filter, sleeve	**स्लीव फिल्टर**
Consists of a cylindrical mesh tube, securely fastened around the inlet pipe at one end and tightly closed with a string at the lower end.	इसमें एक बेलनाकार मेश टड्‌ब होता है जो एक तरफ से इन्लेट पाइप के चारों ओर अच्छी तरह से बंधा हुआ है और निचले तरफ की ओर छोर से अच्छी तरह बंधा हुआ होता है।
Filter, trickling	**टपकनेवाला फिल्टर**
Coarse biological treatment system in which wastewater is trickled over a bed of stones or other material covered with bacterial growth. The bacteria break down the organic waste in sewage and produce clean water.	यह पत्थरों की एक बेड पर फैलाए गए दानेदार जैविक उपचार व्यवस्था या बैक्टीरियल संवर्द्धन युक्त अन्य सामग्री है, जिसपर से व्यर्थ पानी को टपकाया जाता है। बैक्टीरिया सीवेज में कार्बनिक व्यर्थ पदार्थ को विश्लेषित करता और साफ पानी पैदा करता है।
Filtration, mechanical	**यांत्रिकीय फिल्ट्रेशन**
A widely used solid-liquid separation process, utilizing gravity, or applying pressure to force the fluid medium to pass through membranes, meshes of various grid sizes or screens.	विस्तृत रूप से प्रयुक्त एक ठोस-द्रव पृथ्थक्कीकरण प्रक्रिया जिसमें गुरुत्वाकर्षण का प्रयोग किया जाता है या विभिन्न साइज़ों या स्क्रीनों ग्रिड की झिल्ली, मेश में से द्रव माध्यम को मज़बूरन भेजने के लिए दबाव डाला जाता है।
Fine earth	**महीन मृदा**
In a mineral soil: the mixture of mineral particles (sand, silt and clay) smaller than 2 mm in diameter.	धात्विक मृदा में : 2 mm व्यास से भी छोटे धात्विक कणों (रेत, कीचड़ एवं काली मिट्टी) का मिश्रण

Fines	
(a) For feeds: any materials which will pass through a screen whose openings are smaller than the specified minimum pellet or crumble size. Or: small particles of feed, which are a result of poor pellet binding, erosion of pellets during storage and handling. **(b) In a mineral soil:** the mixture of mineral particles (silt and clay) smaller than 0.075 mm in diameter, commonly used for example in the Unified Soil Classification and by the US Corps of Engineers.	**(a) खाद्य पदार्थों के लिए:** कोई भी सामग्री जो एक स्क्रीन से होकर गुज़रता है जिसके द्वार पेलेट या कण की निर्धारित छोटे साईज़ से भी छोटा है। या खाद्य पदार्थों के छोटे कण जो कमजोर पेलेट बाइंडिंग के परिणाम से प्राप्त होते हैं, पेलेटों के भंडारण एवं संभालने के समय उनका क्षरण या घिसाव। **(b) धात्विक मृदा में:** 0.075 mm व्यास से भी छोटे धात्विक कणों (कीचड़ या काली मिट्टी) का मिश्रण, जिसे एकीकृत मृदा वर्गीकरण में उदाहरण के रूप में प्रयोग किया जाता है और यह यू.एस. कॉर्प ऑफ इंजीनियरों द्वारा प्रयोग किया जाता है।
Fingerling	**मत्स्य की उँगलिकाएँ**
Related to any fish from advanced fry to the age of one year from date of hatching.	यह किसी भी मत्स्य से संबंधित है जो एक फ्राई के पश्चात् आता है, प्रस्फुटन के समय से एक साल के लिए उपयोग किया जाता है।
Fish	**मत्स्य**
Literally, a cold-blooded lower vertebrate that has fins, gills and scales (usually), and lives in water. Used as a collective term it includes fish, molluscs, crustaceans and any aquatic animal which is harvested.	वस्तुत: एक शीतल-रक्तयुक्त निम्न पृष्ठवंशी जिसके पंख, गलफड़े और स्केल्स होते हैं जो आमतौर पर पानी में रहते हैं। इन्हें सामूहिक रूप से मत्स्य, घोंघा, क्रस्टीशियन और कोई भी जलीय पशु मत्स्य के रूप में जाना जाता है जिनका पालन किया जाता है।
Fish culturist	**मत्स्य संवर्द्धक**
A person engaged in (fin)fish culture.	वह व्यक्ति जो (परयुक्त) मत्स्य संवर्द्धन का काम करता है।
Fish farm	**मत्स्य खेत**
An enterprise where (fin)fish culture is carried on: an aquaculture production unit either land or water-based, usually consisting of holding facilities (tanks, ponds, raceways, cages), plant (buildings, storage, processing), service equipment and stock.	वह उद्यम जहां (परयुक्त) मत्स्य संवर्द्धन का काम होता है। एक जलकृषि उत्पादन इकाई जो भूमि या पानी पर आधारित है। आमतौर पर इसमें सुविधाएं (टंकी, तालाब, रेसवे, घेरे) संयंत्र (भवन, भंडारण, प्रक्रिया) सर्विस उपस्कर और स्टॉक होते हैं।

Fish kill:	**मत्स्य मरण:**
A sudden, large-scale fish mortality caused by factors such as oxygen deficit, inflow of toxicant, etc.	ऑक्सीजन की कमी, विषैले पदार्थों के प्रवेश आदि जैसे पहलुओं से एकदम से अत्यधिक मत्स्य मर जाते हैं।
Fish poison:	**मत्स्य विष:**
A substance or material applied to ponds, which kills fish or insects.	मत्स्य या कीड़ों को मारने के लिए तालाबों में डाली जानेवाली सामग्री या पदार्थ।
Fish, associated:	**संबंधित मत्स्य**
Fish species as a rule occurring jointly with themain species characteristic for given conditions.	मत्स्यों की वह प्रजाति जो किसी दी हुई परिस्थितियों में एक नियम के रूप में मुख्य प्रजाति लक्षणों से युक्त मत्स्यों के साथ रहते है।
Fish, bait:	**मत्स्य फंदारू**
-Live fish (minnows) produced commercially in aquaculture to be used as bait.	सजीव मत्स्य, जिन्हें जलकृषि में मत्स्यों को पकड़ने के लिए फंदे के रूप में प्रयोग हेतु वाणिज्यिक रूप से पाले जाते हैं।
brood Fish	**मत्स्य प्रजनन**
Sexually mature fish, especially for propagation in fish farms.	लैंगिक रूप से परिपक्व मत्स्य जो विशेष रूप से मत्स्य खेतों में प्रजनन के लिए पाले जाते हैं।
Fish, coarse:	**मीठे पानी का मत्स्य**
-This refers in Europe to non-salmonid species that offer sporting value and includes bream, carp,perch, pike, roach, rudd and tench.	यह यूरोप में गैर-सॉल्मोनिड प्रजातियों के लिए प्रयोग जाता है। जो स्पोर्टिंग मूल्य प्रदान करते हैं और इसमें ब्रीम, कार्प, पेर्च, पाइक रोच, रड्ड एवं टेन्च भी शामिल हैं।
Fish, coldwater	**ठंडा पानी मत्स्य**
Generally, fish that spawn in water temperatures below 12°C, grow best at temperatures below18°C and rarely survive long at temperatures above 25 °C. The main cultured cold-water species are trout and salmon.	आमतौर पर वह मत्स्य जो 12°C से निचले तापमानों में बोयाना होते हैं तथा 18°C तापमान से कम तापमान पर बहुत अच्छी तरह बढ़ते हैं तथा 25°C से ऊपर के तापमानों में बहुत कम जीवित रहते हैं। ट्राउट और सॉल्मन ही मुख्य रूप से ठंडे पानी में संवर्द्धित प्रजातियां हैं।
Fish, feral	**वन्य मत्स्य**
A once farmed fish (or the progeny of a farmed-fish), which is living (not necessarily breeding) in a wild state such as for example the common carpin Australia and USA.	एक समय में पालन किए गए मत्स्य (या खेत में संवर्द्धित मत्स्य के बच्चे) जो वन्य या खुले स्थिति में रहते (जो अनिवार्य रूप से प्रजनित नहीं होते हैं) हैं, उदाहरण के लिए ऑस्ट्रेलिया और यू.एस. ए. के सामान्य कार्पिन।

Fish, first feeding-	**प्रथम फीडिंग मत्स्य**
Term given to describe the period of transition between sac fry and fry, when the fish begin to look for food after having exhausted most of their yolk sac.	सैक फ्राई एवं फ्राई संक्रमण अवधि के लिए प्रयोग किया जाता है, जब मत्स्य अपने योक सैक से अत्यधिक भाग खत्म करने पर खाद्य पदार्थ ढूँढ़ना शुरू कर देते हैं।
Fish, fodder-	**मत्स्य चार**
Cheap fish used directly to feed other animals, for example, herring as salmon feed or indirectly as fish meal in animal husbandry to feed pigs, poultry, cattle, etc.	बहुत ही सस्ता मत्स्य जिसे अन्य पशुओं के लिए सीधे खाद्य पदार्थ के रूप में प्रयोग किया जाता है, हेरिंग को सॉल्मन हेतु खाद्य पदार्थ के रूप में या पशुपालन उद्योग में सुअर, मुर्गी पालन, मवेशी आदि हेतु खाद्य पदार्थ के रूप में मत्स्य मील।
Fish, food-	**खाद्य पदार्थ मत्स्य**
Fish destined to direct human consumption.	सीधे मानवीय उपभोग हेतु मत्स्य।
Fish, fresh-	**ताज़ा मत्स्य**
Freshly caught fish, which have received nopreservative treatment or, which have been preserved only by chilling.	अभी अभी पकड़े मत्स्य जिन्हें कोई परिरक्षण उपचार नहीं दिया गया है या उन्हें केवल ठंड़ा किया गया है।
Fish, grower-	**ग्रोअर मत्स्य**
Fish past the fingerling stage, growing up to marketable size.	बच्चे के स्तर से आगे बढ़े मत्स्य जो मार्केट करने या बेचने योग्य साईज़ के हो जाते हैं।
Fish, half-spent:	**हॉफ-स्पेण्ट मत्स्य**
- A partially spawned fish.	वह मत्स्य जिसे आंशिक रूप से बोयाना किया गया।
Harvestable Fish	**मत्स्यफल, मत्स्य उतपत्ति**
Fish of size desired for harvest.	पकड़ने योग्य साईज़ के मत्स्य।
Fish Ornamental	**अलंकारी मछली, सजावटी मछली**
- Fish kept for the purpose of display, decoration, or as a pet.	मत्स्य जिन्हें केवल प्रदर्शनी, शोभा या पसंद के लिए रखा जाता है।
Fish, pan-	**पैन मत्स्य**
Any of a number of fishes commonly harvested at a size, which will fit into an ordinary frying pan.	मत्स्यों की कोई भी संख्या जिन्हें आमतौर पर एक निर्धारित साईज़ में पालन किया जाता है जो किसी भी सामान्य कड़ाही में फिट हो जाते हैं।
Fish, pan-size-	**पैन साईज़ के मत्स्य**
Any type of small fish that can be fried whole.	किसी भी प्रकार के छोटे मत्स्य जो पूर्ण रूप से तले जा सकते हैं।
Fish, plate-size:	**प्लेट साईज़ के मत्स्य**
- Any fish that can be served whole on a dining plate.	किसी भी प्रकार के मत्स्य जिन्हें खाना खाने की ट्रे में रखा जा सकता है।

Fish, spent:	**स्पेण्ट मत्स्य**
- A fish that has recently completed spawning.	वह मत्स्य जिसने अभी अभी बोयाना की अवधि पार किया है।
Fish, test-	**परीक्षण मत्स्य**
For breeding programmes: a fish whose genotype is known. Test fish are mated to fish whose genotypes are to be deciphered during a progeny test. Test fish are usually homozygous recessive.	**प्रजनन कार्यक्रमों के लिए:** वह मत्स्य जिसके जीनोटाइप की जानकारी उपलब्ध है। परीक्षण मत्स्यों को उन मत्स्यों के साथ मिलने दिया जाता है जिनकी जीनोटाइपों को संतति परीक्षण के दौरान निर्धारित किया जाना है। आमतौर पर परीक्षण मत्स्य समयुग्मजता की दृष्टि से अप्रभावी हैं।
Fish, trash-	**ट्रैश मत्स्य**
Small fish species, damaged catch and juvenile fish are sometimes referred to as 'trash fish because of its low market value. Usually part of a (shrimp) trawler's by catch. Often it is discarded at sea although an increasing proportion is used as human food or as feed in aquaculture and livestock feed.	छोटे मत्स्य प्रजाति, जो पकड़ते समय खराब हो जाते हें तथा कभी-कभी उनकी बहुत कम मार्केट मूल्य के कारण किशोर मत्स्य को भी ''ट्रैश मत्स्य'' कहा जाता है। आमतौर पर ट्रॉलर बईकैच (झींगा) का एक भाग होते हैं। यद्यपि मानव खाद्य पदार्थ उपभोग में जलकृषि एवं पशुधन खाद्य पदार्थ का अनुपात बढ़ता जा रहा है, प्राय: इसे समुद्र में फेंका जाता है।
Fish, warm water-	**गरम पानी मत्स्य**
Fish, which need water temperatures above 15°C to breed, grow best at temperatures over 20°C and can survive very high temperatures above 30 to 35°C. Tilapia and catfish are warm water species.	मत्स्य जिन्हें प्रजनन के लिए 15°C से अधिक तापमान युक्त पानी की आवश्यकता होती है, उनकी बढ़ोत्तरी 20°C से भी अधिक तापमान युक्त पानी में बहुत अच्छी होती है और वे 30 से 35°C से भी अधिक उच्च तापमानों में भी जीवित रहते हैं। तिलपिया एवं कैटफिश गरम पानी मत्स्य कहलाते हैं।
Fish, weed-	**व्यर्थ मत्स्य**
An unwanted fish species.	एक व्यर्थ एवं अनचाहा मत्स्य प्रजाति।

Fisheries, culture-based- **संवर्द्धन आधारित मात्स्यिकी:**

Activities aimed at supplementing or sustaining the recruitment of one or more aquatic species and raising the total production or the production of selected elements of a fishery beyond a level, which is sustainable through natural processes. In this sense culture-based fisheries include enhancement measures, which may take the form of: introduction of new species; stocking natural and artificial waterbodies, including with material originating from aquaculture installations; fertilization; environmental engineering including habitat improvements and modification of waterbodies; altering species composition including elimination of undesirable species or constituting an artificial fauna of selected species; genetic modification of introduced species.

वे क्रियाकलाप जो एक या अधिक जलीय प्रजातियों की नियुक्ति पूरा करने या उसे बनाए रखने तथा कुल उत्पादन या कुछ चयनित मात्स्यिकी के घटकों के उत्पादन को वर्तमान स्तर से बढ़ाने की ओर लक्षित हैं, जो प्राकृतिक प्रक्रियाओं के माध्यम से दीर्घकालिक हैं। इस अर्थ में संवर्द्धन आधारित मात्स्यिकी में कई वृद्धिपरक उपाय शमिल हैं, जो नवीन प्रजातियों के प्रारंभ का रूप ले सकते हैं (प्राकृतिक एवं कृत्रिम जलाशयों के साथ जलकृषि संस्थापनों से प्राप्त सामग्री स्टॉक करना, उर्वरण, पर्यावरणीय अभियांत्रिकी जिसमें पानी में आवासों में सुधार एवं रूपांतरण कार्य आदि शामिल हैं (अवांछित प्रजातियों को निकालकर अवांछित प्रजातियों में परिवर्तन करना या चयनित प्रजातियों के लिए कृत्रिम वातावरण तैयार करना य प्रारंभित प्रजातियों में आनुवंशिक परिवर्तन कार्य शामिल हैं।

Fisheries, responsible- **जिम्मेदार मात्स्यिकी:**

The concept of "Responsible Fisheries" encompasses the sustainable utilization of fishery resources in harmony with the environment; the use of capture and aquaculture practices, which are not harmful to ecosystems, resources and their quality; the incorporation of added value to such products through transformation processes meetingthe required sanitary standards; the conduct of commercial practices so as to provide consumers access to good quality products.

''जिम्मेदार मात्स्यिकी'' की संकल्पना, वातावरण में मात्स्यिकी स्रोतों के दीर्घकालिक उपयोग की ओर लक्षित है य पकड़ने की प्रक्रिया एवं जलकृषि पद्धतियों का उपयोग, जो पारिस्थितिकी के लिए हानिकारक नहीं हैं, स्रोत और उनकी गुणवत्ता (अनिवार्य स्वच्छता मानकों को पूरा करते हुए प्रक्रिया रूपांतरण के माध्यम से ऐसे उत्पादों को मूल्य योजित करते हैं और इस प्रकार के वाणिज्यिक पद्धतियों को अपनाते हुए उपभोक्ताओं को गुणवत्तापूर्ण उत्पादों की सुविधा प्रदान करते हैं।

Fishery technology: **मात्स्यिकी प्रौद्योगिकी:**

The equipment and practices used for finding, harvesting, handling, processing and distributing aquatic resources and their products.

जलकृषि स्रोत और उनके उत्पादों को जानने, उनका पालन करने, संभालने, उनकी प्रक्रिया तथा उनका वितरण करने में प्रयुक्त उपस्कर तथा अपनाई गई पद्धतियां।

Fishery, culture-enhanced-	**संवर्द्धन वृद्धिपरक मात्स्यिकी:**
Fishery in which the use of aquaculture is involved in at least part of the life-cycle of a conventionally fished resource, usually the initial hatchery phase.	वह मात्स्यिकी जिसमें जलकृषि का प्रयोग किया जाता है या पारंपरिक पद्धति से पकड़ी मछली के जीवन चक्र के कम से कम भाग शामिल है, यह आमतौर पर प्रारंभिक हैचरी फेज़ है।
Fishery, enhanced-	**वृद्धिपरक मात्स्यिकी:**
Activities aimed at supplementing or sustaining the recruitment of one or more aquatic organisms and raising the total production or the production of selected elements of a fishery beyond a level, which is sustainable by natural processes.	वे क्रियाकलाप जो एक या अधिक जलजीवों की नियुद्रि पूरा करने या उसे बनाए रखने तथा कुल उत्पादन या कुछ चयनित मात्स्यिकी के घटकों के उत्पादन को वर्तमान स्तर से बढ़ाने की ओर लक्षित हैं, जो प्राकृतिक प्रक्रियाओं के माध्यम से दीर्घकालिक हैं।
Fishery, inland capture-	**अंतर्देशीय पकड़ी मात्स्यिकी:**
The removal of aquatic organisms from natural or enhanced inland waters.	प्राकृतिक या बढ़ाए हुए अंतर्देशीय पानी से जलजीवों को निकालना।
Fishing fence:	**मत्स्य पकड़ने का घेरा:**
Movable barrier made for example of a woven fibre mesh or split bamboo screen; used in shallow ponds for concentrating fish in a restricted area where they can be easily harvested e.g. with dip nets or a lift net.	एक गतिशील अवरोध जो बुने हुए रेशे मेश से या स्प्लिट खस की स्क्रीन होती है। इसे मत्स्य को एक निर्धारित क्षेत्र में सीमित रखने के लिए उथले तालाबों में प्रयोग किया जाता है जहां आसानी से उनका पालन किया जा सकता है उदाहरण के लिए डिप नेट या लिफ्ट नेट।
Fishing, electrical:	**इलेक्ट्रिकल मात्स्यिकी:**
Finfish and crustaceans respond to electric current by orienting themselves to face the anode and swimming toward that pole in a forced manner. By this means, the organisms may be led into nets, traps or pumps and the method is termed electrical fishing. In crustacean culture, electrical fishing has been employed in tanks and ponds, which are covered at the bottom by a layer of sand and or gravel, in order to harvest the stock, which tend to bury themselves in the bottom layer.	परयुक्त मत्स्य एवं क्रस्टीशियन ऐनोड की तरफ मुख करते हुए इलेक्ट्रिक करेंट के प्रति प्रतिक्रिया व्यक्त करते हैं और वे मज़बूरन पोल की ओर तैरने लगते हैं। इसका अर्थ है, जीव नेट, फंदे या पंपों की ओर जा सकते हैं तथा इस पद्धति को इलेक्ट्रिकल पद्धति से मत्स्य पकड़ने की प्रक्रिया कहते हैं। क्रस्टीशियन संवर्द्धन में इलेक्ट्रिकल पद्धति से मत्स्य पकड़ने की प्रक्रिया को टंकियों और तालाबों में प्रयोग किया जाता है और इसके निचले स्तर में रेत और/या बजरी होती है ताकि निचले स्तर में दफना जानेवाले स्टॉक की फसल की जा सके।

Fishing, fee-	**मात्स्यिकी शुल्क:**
An enterprise in which catchable organisms are stocked into a pond or lake and customers pay for the privilege of fishing. Payment may be calculated in terms of animal caught, hourly, or weight of catch.	वह उद्यम जहां पकड़े जानेवाले जीवों को तालाब या झील में स्टॉक किया जाता है तथा ग्राहक मत्स्य पकड़ने विशेष लाभ के लिए शुल्क का भुगतान करते हैं। भुगतान को पकड़े गए पशु, घंटेवार या उसका वज़न के आधार पर आकलित किया जाता है।
Fishing, intermediate-	**मत्स्य पकड़ने की मध्यवर्ती प्रक्रिया:**
Fishing carried out in a fish pond during the growing season to decrease the density of a stock or to obtain marketable fish.	तालाब में वृद्धि के मौसम में स्टॉक की सघनता को कम करने या बेचने योग्य मत्स्य प्राप्त करने के लिए मत्स्य पकड़ने की प्रक्रिया।
Fishing, put-and-take-	**मत्स्य पकड़ने की प्रक्रिया, लेना और देना:**
An operation in which fish are placed in rivers, ponds or lakes (often abandoned gravel pits) which are provided for angling purposes. The waters are restocked when necessary with cultivated fish of a size appropriate for angling, usually from nearby fish farms.	वह प्रचालन जिसमें मत्स्यों को नदी, तालाब या झीलों में लगाया जाता है (प्राय: बजरी में छोड़ा जाता है) जिन्हें ऐंग्लिंग उद्देश्य से प्रस्तुत किया जाता है। पानी को पुन: स्टॉक किया जाता है जब पाले गए मत्स्यों का आकार ऐंग्लिंग के लिए उचित होते हैं और प्राय: वे आसपास के खेतों से होते हैं। पानियों को आवश्यकता के अनुसार ऐंग्लिंग के लिए उचित साईज़ के मत्स्यों से पुन: स्टॉक किया जाता है और यह प्राय: आसपास के मत्स्य खेतों से होता है। प्रचलन का अर्थ है जो प्रचलित है, ऑपरेशन के लिए प्रचालन शब्द का प्रयोग किया जाता है।
Fix (to):	**निर्धारण:**
To make the frequency 100 percent. The goal of a selective breeding programme that works with qualitative phenotypes is to fix the desired phenotype by fixing the allele that produces it. This will produce a true-breeding population.	बारंबारता को 100 प्रतिशत बनाना। वांछित फीनोटाइपों द्वारा पैदा किए जानेवाले विकल्पी को निर्धारित करते हुए वांछित गुणात्मक फीनोटाइपों के साथ काम करना ही चयनित प्रजनन कार्यक्रमों का लक्ष्य है। यह एक सही-प्रजनन संख्या पैदा करता है।
Fixative:	**स्थायीकर:**
A fluid (e.g. aldehyde or ethanol-based solutions) that prevents denaturation or autolysis by crosslinking of proteins.	वह द्रव (उदाहरण के लिए अल्डीहाइड या एथेनॉल आधारित विलेय) जो प्रोटीन के क्रॉसलिंकिंग द्वारा विप्रकृतीकरण या ऑटोलाईसिस की प्रक्रिया रोकता है।
Flashing:	**क्षणदीप्ति:**
The action often exhibited by ecto-parasitized fishes when they swim erratically and expose the sides or abdomen to the surface, causing a flash of reflected light.	बाह्य-परजीवीकृत मत्स्यों द्वारा अभिव्यक्त कार्यकलाप। जब उक्त मत्स्य अनिश्चितता से तैरते हैं तथा अपने शरीर के एक तरफ या पेट के भाग को सतह की ओर करते हैं, इससे आनेवाले प्रकाश का परावर्तन होता है।

Float line:	**तैराक लाइन:**
The top line of a seine, gillnet or trammel net, supported by floats.	साइन, गिल्नेट या ट्रेम्मेल नेट की ऊपरी रेखा जो प्लवकों द्वारा समर्थित है।
Flow index:	**प्रवाह संसूचिका:**
The relationship of fish size to water inflow (flow rate) of a hatchery rearing unit; calculated by the formula: Flow index = (fish weight) è (fish length x water inflow).	पानी की मात्रा जो समय के एक इकाई में प्रवाहित होता है, आमतौर पर इसे क्यूबिक मीटर प्रति सेकेण्ड या लीटर प्रति सेकेण्ड (उदाहरण के लिए तालाब में अंतर्वाह)।
Flow rate:	**प्रवाह दर:**
The volume of water moving past a given point in a unit of time, usually expressed as cubic metres per second (e.g. in a river, canal) or litres per second (e.g. for pond inflow).	पानी की मात्रा जो समय के एक यूनिट में प्रवाहित होता है, आमतौर पर इसे क्यूबिक मीटर प्रति सेकेण्ड या लीटर प्रति सेकेण्ड (उदाहरण के लिए तालाब में अंतर्वाह)।
Flushing:	**बहा देना:**
A process which gives rise to a sudden rush of water out of a tank or pond. Many farmers "flush" their tanks or ponds by removing a pipe or board in order to remove solids particles, which have settled on the bottom near to the outlet.	वह प्रक्रिया जिसके माध्यम से पानी टंकी या तालाब के अंदर या बाहर एकदम से पानी प्रवाहित होता है। कई किसान आऊटलेट के पास निचले स्तर पर इकत्रि ठोस पदार्थों को निकालने के लिए अपने तालाबों या टंकियों में से पाइप या बोर्ड लगाकर पानी ''बहा देते'' हैं।
Flushing rate:	**बहा देने की दर**
The rate at which a quantity of water from a lake, bay, tank or container passes through its outlet.	झील, खाड़ी, टंकी या कन्टेयनर की आऊटलेट में से पानी प्रवाहित होने की दर।
Flushing time	**बहा देने का समय**
The time required to replace the water in a basin such as an estuary or harbour.	किसी खाड़ी या बंदरगाह जैसे बेसिन से पानी प्रतिस्थापित करने के लिए आवश्यक समय।
Fodder	**चारा:**
Food with relatively low feeding value.	बहुत ही निम्न फीडिंग मूल्य का खाद्य पदार्थ।
Food (b) (pl.: foods)	**खाद्य पदार्थ (b):**
In aquaculture (wide sense): a source of energy providing nutrients (carbohydrates, proteins, fats), vitamins and minerals, necessary in order for metabolism to function.	**जलकृषि में (विस्तृत अर्थ में):** चयापचयन के प्रकार्यों के लिए आवश्यक पौष्टिकता (कार्बोहाइड्रेट, प्रोटीन, वसा), विटामिन एवं धातु प्रदान करने वाले ऊर्जा के स्रोत।
Food (b) (pl.: foods)	**खाद्य पदार्थ (b):**
In aquaculture (wide sense): a source of energyproviding nutrients (carbohydrates, proteins, fats), vitamins and minerals, necessary in order for metabolism to function.	**जलकृषि में (विस्तृत अर्थ में):** चयापचयन के प्रकार्यों के लिए आवश्यक पौष्टिकता (कार्बोहाइड्रेट, प्रोटीन, वसा), विटामिन एवं धातु प्रदान करने वाले ऊर्जा के स्रोत।

Fouling plates	**फॉऊलिंग प्लेट:**
Plates submerged to allow attachment of the fouling organisms, which are analyzed on a monthly or seasonal schedule. Determination of species, growth rate and growth pattern, as influenced by environmental conditions and time, are the aims of these programmes.	प्लेट जो डूबे हुए हैं और जो फाऊलिंग जीवों से संलग्नित होने की अनुमति देते हैं, जिन्हें प्रतिमाह के आधार पर या मौसमी शेडयूलों के आधार पर विश्लेषित किए जाते हैं। प्रजातियों का निर्धारण, वृद्धि दर एवं वृद्धि पद्धति, पर्यावरणीय स्थिति एवं समय का प्रभाव आदि ही इस कार्यक्रम के लक्ष्य हैं।
Freeze drying	**हिम द्वारा सुखाना:**
A method of drying and preserving substances, including biological material, through freezing under high vacuum: under this process, the volatile solvents are removed and the solids remain, e.g. Artemia as larval food.	उच्च वैक्यूम के अंतर्गत ठंड़क के माध्यम से पदार्थों के परिरक्षण एवं सुखाने की पद्धति जिसमें जैविक सामग्री शामिल हैं। इस प्रक्रिया के अंतर्गत वाष्पशील विलेयों को निकाला जाता है और ठोस पदार्थ रह जाते हैं उदाहरण के लिए इल्ली खाद्य पदार्थ हेतु अर्टेमिया।
Fry (pl. fry)	**धानी पोना**
A term used to describe a fish at the post-larval stage. All stages from hatchling to fingerling stage can potentially be covered by "fry".	वह शब्दावली जिसे उस मत्स्य के लिए प्रयोग किया जाता है जो इल्ली-पश्चात् स्तर में होते हें। हैचलिंग से उंगलिकाओं स्तर तक सभी स्तरों को "फाई" कहा जा सकता है।
Fry, advanced-	**उन्नत फ्राई:**
Any young fish from the start of exogenous feeding (after the yolk is absorbed). For salmon and migratory trout, see Parr.	कोई भी किशोर मत्स्य जो बाहर से फीडिंग करते हैं (ज़रदी अवशोषित करने के बाद)। सॉल्मन और प्रवासी ट्राऊट के लिए पार्र देखें।
Fry, swim-up-	**स्विम-अप फ्राई**
Term usually used in relation to salmonid culture referring to fish fry, which have just absorbed almost all of their yolk, becoming buoyant and ready to consume food. Swimbladder inflation occurs at this point.	इस शब्दावली को प्राय: सॉल्मोनिड संवर्द्धन के संदर्भ में प्रयोग किया जाता है, जो अपने अण्डों के ज़रदी के लगभग पूरे भाग को अवशोषित कर चुके हैं, वे उत्प्लावक होते जाते हैं तथा खाद्य पदार्थ खाने के लिए तैयार हैं। उनका स्विम-ब्लैडर फुलाव इसी समय पर होता है।

G

Gaping:

(a) In molluscs: weakened animal that cannot close its shells when removed from water; this rapidly leads to desiccation or predation of the soft-tissues and is indicative of a mollusc in poor condition (including possible infection). (b) In fillets: when fish are filleted, the cut surface is normally smooth and glossy. Sometimes, however, the flakes separate from one another so that slits or holes appear in the fillet and, in bad cases, it may even drop to pieces when it is skinned; fillets like this are said to gape.

(a) घोंघा में: कमज़ोर हुए पशु जिन्हें पानी से निकालने पर अपने सीप को बंद नहीं कर पाते हैं। यह स्थिति बहुत जल्द नरम-ऊतकों के सूख जाने या परभक्षण की स्थिति पैदा करता है और यह कमज़ोर स्थिति में होनेवाले घोंघे का संकेत है (संभाव्य दूषण भी शामिल है)। **(b) फिल्लेट में:** जब मत्स्यों का फिल्लेट किया जाता है, सामान्य रूप से कटी हुई सतह समतल एवं चमकीली होती है। कभी कभी "लेक एक दूसरे से अलग हो जाते हैं ताकि फिल्लेट में काट या छिद्र पैदा होते हैं और कुछ खराब मामलों में छीलने पर टुकड़ों में गिर जाते हैं, इस प्रकार के फिल्लेट को गेप कहते हैं।

Gastropods: गैसट्रोपॉड:

A member of the largest class of phylum Mollusca. Characteristics generally include: a foot upon which the rest of the body (called the "visceral mass") sits, a well-developed head, a protective one-piece shell, and body "torsion" – where most of the visceral mass is normally twisted anticlockwise 180 degrees so that the back end of the animal is positioned over its head. The class includes the snails, slugs, sea hares, sea slugs, limpets, conches and abalone.

फाईलम मोलस्का के सबसे बड़े वर्ग का सदस्य। इसके लक्षणों में आमतौर पर: एक पैर जिस पर शरीर ("अंतरंग ढेर" कहा जाता है) का पूरा भाग बैठता है, इसका सिर अच्छी तरह से विकसित होता है, इसकी एक-टुकड़ा सुरक्षा सीप होता है तथा इसके शरीर में "धड़" होता है-जहां सामान्य रूप से संपूर्ण अंतरंग ढेर वामावर्त की तरफ 180 डिग्री में घुमाया हुआ होता है ताकि पशु का पिछला भाग उसके सिर पर स्थित रहता है। इस वर्ग में घोंघा, शंबुक, समुद्री अश्वमीन, समुद्री शंबुक, लिम्पेट, कोंच एवं अबलोन शामिल हैं।

Gastrula: गैसट्रूला:

The embryonic stage of development consisting of two layers of cells enclosing a sac-like central cavity with a pore at one end.

विकास की वह भरूण स्थिति जिसमें कोशिकाओं की दो सतहें होती हैं जो एक तरफ के छिद्र के साथ सैक-जैसे केन्द्रीय गुहा को घेरता है।

Generation:	उत्पत्ति:
The length of time it takes to replace broodfish with their offspring.	समय की वह अवधि जिसमें ब्रूड-मत्स्य, उनके बच्चों द्वारा प्रतिस्थापित होते हैं।
Genetic drift:	**आनुवंशिक झुकाव:**
Random changes in gene frequency caused by small effective population size, e.g. sampling error (shipment of fish from one station to another; broodstock selection). The ultimate effect of genetic drift is the loss of genetic variance. Genetic drift is inversely related to effective breeding number.	एक छोटी प्रभावशाली संख्या द्वारा जीन की बारंबारता में किए गए अंततः परिवर्तन, उदाहरण के लिए सैम्पलिंग ऐरर (एक स्टेशन से दूसरे स्टेशन में मत्स्य का परिवहन)। इस आनुवंशिक झुकाव से आनुवंशिक भिन्नता की हानि है।
Genetics:	**आनुवंशिकी:**
A branch of biology that deals with the heredity and variation of organisms, and with the mechanisms by which these are effected.	जैविकी की वह शाखा जो जीवों में आनुवंशिकता एवं भिन्नता का अध्ययन किया जाता है तथा कुछ यांत्रिकी की सहायता से इन्हें प्रभावित भी किया जाता है।
Genome:	**जीनोम:**
An organism's entire genetic make-up.	जीव का पूरा आनुवंशिक संघटन।
Genotype:	**जीनोटाइप:**
The genetic make-up of an organism at the locus (or loci) that produces a specific phenotype. The organism is either homozygous or heterozygous at each locus.	बिन्दु पर जीव का वह आनुवंशिक संघटन (या केन्द्र) जो एक विशिष्ट फीनोटाइप पैदा करता है। यह जीव हर केन्द्र या बिन्दु पर या तो समयुग्मज है या विषमयुग्मज है।
Genus:	**जीनस:**
A category in biological classification comprising one or more phylogenetically related and morphologically similar species; a rank in the hierarchy of taxonomic classification forming the principal category between family and species. The scientific name for each organism includes designation for genus and species (e.g. Oreochromis niloticus, Artemia salina).	जैविक वर्गीकरण में वह वर्ग जिसमें एक या अधिक फाइलो-आनुवंशिकी संबंधी तथा आकृति-वैज्ञानिक दृष्टि से समान प्रजातियां होती हैं। वर्गिकीय समूह वर्गीकरण के पदानुक्रम की श्रेणी में यह परिवार एवं प्रजाति के बीच में एक प्रधानवर्ग बनता है। हर जीव के लिए अभिभूत वैज्ञानिक नाम में जीनस के लिए पदनाम और प्रजाति शामिल हैं (उदाहरण के लिए ऑरियोक्रोमिस निलोटिकस, ऑर्टेमिया सेलिना)।

Geographical Information Systems (GIS):	भौगोलिक सूचना व्यवस्था:
A computer system for capturing, storing, checking, integrating, manipulating, analysing and displaying data related to positions on the Earth's surface. Typically, a Geographical Information System (or Spatial Information System) is used for handling maps of one kind or another. These might be represented as several different layers where each layer holds data about a particular kind of feature. Each feature is linked to a position on the graphical image of a map. In aquaculture, it has been used to assess the suitability of geographical sectors, and also to investigate the suitability of a species to an area.	पृथ्वी की सतह पर स्थानों से संबंधित डेटा प्राप्त करना, जांच, समेकित, नियंत्रित, विश्लेषित एवं प्रदर्शित करने के लिए एक कंप्यूटर व्यवस्था। विशेष रूप से यह भौगोलिक सूचना व्यवस्था (या स्थानिक सूचना व्यवस्था) एक प्रकार या किसी अन्य प्रकार के मानचित्रों को संभालने के लिए प्रयोग किया जाता है। शायद ये विभिन्न स्तरों में प्रस्तुत किए जाते हैं जहां हर सतह किसी विशिष्ट पहलू के प्रकार संबंधी डेटा संभालता है। हर पहलू मानचित्र के ग्राफिकल चित्र के स्थान से संबंधित है। जलकृषि में इसे भौगोलिक क्षेत्रें के औचित्य निर्धारित करने के लिए प्रयोग किया गया है तथा इसे किसी क्षेत्र में प्रजातियों के औचित्य की जांच करने के लिए भी प्रयोग किया गया है।
Gill:	**गलफडे:**
The highly vascular, fleshy and filamentous respiratory organs of many aquatic organisms. In fishes and crustaceans, these organs are also important in excretion, osmoregulation and mineral balance. In bivalves, they play a major role in feeding.	यह कई जलजीवों के लिए एक अत्यंत वाहिकामय, मांसल एवं तंतुशील श्वास संबंधी अंग हैं। मत्स्यों और क्रस्टीशियनों में ये अंग गलोत्सर्जन, परासरणी-नियंत्रण एवं धात्विक संतुलन बनाए रखने में अत्यंत महत्त्वपूर्ण सिद्ध होता है। द्वि-वॉल्वों में ये फीडिंग में एक महत्त्वपूर्ण भूमिका निभाते हैं।
Gill arch:	**गलफडे आर्च:**
The U-shaped cartilaginous or bony structures that support the gill filaments.	एक U-आकार के उपास्थि या हड्डीदार संरचना जो गलफड़े के तंतुओं को समर्थन प्रदान करता है।
Gill filament:	**गलफडे रेशे:**
The slender, delicate, fringe-like structure composing the gill.	गलफड़े की एक बहुत ही पतले, नाजुक, फ्रिंज जैसी संरचना।
Gill lamellae:	**गलफड़े लैमेल्ल:**
The subdivisions of a gill filament where most gas and some mineral exchanges occur between blood and the outside water.	गलफड़े तंतुओं के उप-विभाग जहां रक्त और बाह्य पानी के बीच में ज़्यादा गैस और कुछ धात्विक विनिमय होते हैं।

Gill rakers: **गलफड़े रेकर:**

Bony, finger-like projections variously arranged along the anterior and often the posterior edges ofthe gill arches. They vary in number and shape, and are useful taxonomic characteristics.

हड्डीदार, उंगली जैसे प्रक्षेपण जो अग्र भाग की ओर हैं तथा प्राय: ये गलफड़े के ऑर्चों के पिछले भाग में होते हैं। इनकी संख्या और आकार में भिन्नता होती है और ये वर्गिकीय समूह के लक्षणों के लिए अत्यंत उपयोगी हैं।

GINI coefficient: **जिनी गुणांक:**

The most commonly used indicator of gender inequality. In a given society, if income is distributed completely equally, the GINI coefficient is zero; if only one individual owns all income, it is one.

लैंगिक असमानता को सूचित करने के लिए सामान्य रूप से प्रयुक्त संसूचक। एक निश्चित समाज में यदि आमदनी पूर्ण रूप से समानता से वितरित होती है, तो जिनी गुणांक शून्य होता है, यदि एक ही व्यक्ति संपूर्ण आमदनी का स्वामी बन जाता है तो यह एक है।

Gley: **ग्ले:**

In aquaculture: impervious biological plastic layer created in a pond to reduce excessive seepage, using animal manure and vegetal material.

जलकृषि में: अत्यधिक रिसाव को कम करने के लिए तालाब में पशु खाद एवं वेजिटल सामग्री का प्रयोग करते हुए बनाए गए अप्रवेशीय प्लास्टिक सतह।

Gleyization: **ग्लेइज़ेशन:**

Process by which a gley is artificially created on the bottom and sides of a pond, when its soil is too permeable.

जब मृदा बहुत ही प्रवेशीय होती है तो इस प्रक्रिया जिसके माध्यम से तालाब के नीचे और दोनों तरफों पर कृत्रिम ग्ले बनाया जाता है।

Global positioning system (GPS): **ग्लोबल पोजिशनिंग व्यवस्था (GPS):**

A satellite based navigational system allowing the determination of any point on the earth's surface with a high degree of accuracy given a suitable GPS receiver. The network of satellites is owned by the US Department of Defence, and as such, the accuracy of the signal is intentionally degraded for non-US military users. The error introduced into the signal is known as selective availability. Error in the accuracy of GPS derived positions can also be introduced through the nature of local conditions, for example multipath. These errors can be greatly reduced using a technique known as differential GPS.

एक उपग्रह आधारित मार्गनिर्देशन व्यवस्था जो एक उचित GPS रिसीवर के माध्यम से उच्चस्तरीय शुद्धता के साथ पृथ्वी की सतह पर किसी भी बिन्दु को निर्धारित करने की अनुमति देता है। उपग्रहों की नेटवर्क यू.एस. रक्षा विभाग के अंतर्गत है तथा इसकी परिशुद्धता का सिग्नल गैर-यू.एस. मिलिटरी प्रयोक्ताओं के लिए जानबूझकर खराब किया जाता है। सिग्नल में गलती शामिल की जाती है और इसे चयनित उपलब्धता कहते हैं। GPS व्युत्पन्न अवस्था की परिशुद्धता में गलती को स्थानीय परिस्थितियों की प्रवृत्ति के आधार पर भी शामिल किया जा सकता है, उदाहरण के लिए बहु-पथ। उक्त गलतियों को डिरेण्शियल GPS नामक तकनीक के प्रयोग से कम किया जा सकता है।

Gonad:	**जननग्रंथिरू**
The primary sexual organ: testis producing sperm or ovary producing eggs.	मूल लैंगिक अंग : शुक्राणु पैदा करनेवाली वीर्यकोष या अण्डे पैदा करनेवाली अण्डाशय।
Gonadosomatic index (GSI):	**जननग्रंथि संसूचिका**
The relationship of gonad weight to total body weight, or total body weight to gonad weight, usually expressed in percent.	कुल शरीर वज़न और जननग्रन्थि वज़न का संबंध या जननग्रन्थि वज़न और कुल शरीर वज़न, आमतौर पर इसे प्रतिशत में अभिव्यक्त किया जाता है।
Gonadotropin, human chorionic- (HCG):	**जननग्रंथिट्रोपिन मानव जरायु** (HCG):
Substance derived from urine of pregnant women or other animals; used as a source of pituitary hormones to stimulate maturation of eggs or sperm in induced breeding of fish. Today, synthetic gonadotropic hormones are preferably used.	वह पदार्थ जिसे गर्भास्थ महिला या अन्य पशु के मूत्र से व्युत्पन्न किया जाता है, मत्स्यों के प्रेरित प्रजनन में अण्डे या शुक्राणुओं के परिपक्वन को उकसाने के लिए इसे पीयूष हॉर्मोन के स्रोत के रूप में प्रयोग किया जाता है। आज संश्लेष्टिक जननग्रन्थि-ट्रॉपिक हॉर्मोन का प्रयोग बेहतर माना जाता है।
Gonads:	**जननग्रंथिः**
A general term including both ovaries and testes.	अण्डाशय एवं वीर्यकोष, दोनों के लिए प्रयुक्त शब्दावली।
Grader:	**ग्रेडरः**
In aquaculture: specially-designed device for grading fish, manually (e.g. sieve, netting) or mechanically.	जलकृषि में : मत्स्यों को ग्रेड करने के लिए विशिष्ट रूप से डिज़ाइन किया गया उपस्कर, हस्तचालित (उदाहरण के लिए छलनी, नेटिंग आदि) या यांत्रिक तौर पर।
Gradient:	**ढलानः**
The degree of inclination, or the rate of ascent or descent, in a road, river, canal, etc., expressed either as a percentage (m 100 m), in angle degrees, or as a ratio (e g., 2:1, 3 cm m or 1 in 300).	झुकाव की डिग्री या सड़क, नदी, नाली, आदि में आरोहण या अवरोहण की दर जिसे कोण डिग्री में या तो प्रतिशत (m 100 m) के रूप में अभिव्यक्त किया जाता है या अनुपात में (उदाहरण के लिए 2:1, 3 cm m or 1 in 300)।
Grading:	**श्रेणीकरणः**
A means of separating larger fish from smaller ones.	इसका अर्थ है बड़े मत्स्यों को छोटे मत्स्यों से अलग करना।

Grading, passive-	**पैसिव श्रेणीकरण:**
Method of grading in which an empty holding unit is temporarily linked to one containing fish by a graded connector through which only fish below a certain size can pass.	श्रेणीकरण करने की वह पद्धति जिसमें एक खाली होल्डिंग यूनिट को अस्थायी रूप से ग्रेड कनेक्टर द्वारा मत्स्य कन्टेयनर से जोड़ा गया है जिसमें से नियत साईज़ से छोटे मत्स्य ही जा सकते हैं।
Gravid:	**गर्भवती मत्स्य**
Female fish carrying eggs or young, ready to spawn.	महिला मत्स्य जो अण्डे या किशोर मत्स्यों का वहन कर रहा है, यह बोयाना के लिए तैयार है।
Gregarious:	**संघचारी:**
Animal living in groups, such as certain schooling fish (e.g. migrating glass eels and elvers).	जन्तु जो समूह में रहते हैं, जैसे स्कूलिंग मत्स्य (जैसे: कुछ प्रवासी ग्लास ठल और एल्वर्स)।
Grilse:	**ग्रिसल:**
Upstream migrating precocious salmon or anadromous trout that has matured in the sea at a much smaller size (and usually younger age) than that of a fully grown adult fish.	पशु जो दलों में रहते हैं, जैसे कुछ स्कूलिंग मत्स्य (उदाहरण के लिए प्रवासी ग्लास सर्पमीन और ऐल्वर्स)।
Grinding:	**पीसना:**
Feed technology: process in which particle size is reduced by impact, shearing or attrition.	**खाद्य पदार्थ प्रौद्योगिकी :** वह प्रक्रिया जिसमें कण के आकार के प्रभाव, शीयरिंग या घिसाव से कम किया जाता है।
Growth rate, absolute-	**शुद्ध वृद्धि दर:**
The actual increase in size of an individual or stock per unit time under known or specific conditions, expressed e.g. in g/day or kg/month.	जानकार या विशिष्ट परिस्थितियों में प्रति इकाई समय में किसी व्यक्तिगत या स्टॉक की साईज़ में वास्तविक बढ़ोत्तरी। उदाहरण के लिए इसे ग्राम /प्रतिदिन या किलोग्राम /प्रतिमाह के रूप में अभिव्यक्त किया जाता है।
Growth rate, instantaneous- (g):	**तात्कालिक वृद्धि दर (g):**
A measure of the daily weight increase determined from a sample of fish over a short period of time and calculated by the following equation: g =k (ln Wt - ln W0)è(t1 - t0) where Wt is the weight of the fish after t1 days, W0 is the initial weight and ln is the natural logarithm.	अल्पकालिक अवधि के दौरान सैम्पल मत्स्य में निर्धारित की गई वजन में दैनिक वृद्धि का माप और इसे निम्नांकित समीकरण की सहायता से आकलित किया जाता है : g =k (ln Wt - ln W0) (t1 - t0) ए जहां Wt, t1 दिनों के बाद मत्स्य का वज़न है, W0 प्रारंभिक भार है तथा 1n नैच्युरल लॉगरिथम है।

Growth rate, relative- (GRR):	**सापेक्षिक वृद्धि दर (GRR):**
The increase in size (length or weight) of an individual or stock per unit of time in proportion to its initial size; often expressed as equal to [(St - S0) èS0] x 100 where S0 is the initial size and St the size at the end of the period.	उसके प्रारंभिक साईज़ के अनुपात में प्रति इकाई समय स्टॉक या व्यक्तिगत साईज़ (लंबाई या वज़न में) में बढ़ोत्तरी य जिसे प्राय: [(St - S0)S0] x 100 के समान अभिव्यक्त किया जाता है जहां ँ0 उसकी प्रारंभिक साईज है और ँज अवधा के अंत में हुई साईज़ है।
Growth rate, specific- (G):	**विशिष्ट वृद्धि दर(G):**
An expression of daily increase in weight defined as G=kgx100 where g is the instantaneous growth rate.	वज़न में दैनिक वृद्धि के लिए प्रयुक्त अभिव्यद्र, जो ळत्रहग100 जहां g उसका एकदम से हुई वृद्धि दर का प्रतीक है।
Guano:	**गुआनो:**
Natural fertilizer from the excrements of sea fowl. Also used for artificial manure made from animal debris and wastes, especially that made from fish.	समुद्री मुर्ग के मल से बना प्राकृतिक उर्वरक है। इसे पशु कूड़े और व्यर्थ पदार्थों से, विशेष रूप से मत्स्यों से तैयार किए गए कृत्रिम खाद के लिए भी प्रयोग किया जाता है।
Gully (pl. gullies):	**नाली:**
A channel cut by running water through which water commonly flows only during and immediately after heavy rains. The depth ranges from 30 cm to as much as 10 meters or more.	वह नाली जो प्रवाहित पानी से कट कर बनी नाली होती है जिसमें से सामान्य रूप से पानी घनघोर वर्षा के दौरान या उसके तुरंत बाद ही होता है। इसकी गहराई 30 cm से 10 Meter की श्रेणी में या उससे अधिक होती है।
Gully, classical-	**शुद्ध नाली:**
An advanced stage of channel erosion. They disfigure landscape and make land unfit for growing crops.	नाली क्षरण का एक उन्नत स्तर है। वे एक विकृत हुई भूमि के प्रारूप हैं और वे फसल उगाने के लिए अयोग्य माने जाते हैं।
Gully, ephemeral-	**अल्पकालिक नाली:**
Can be ploughed in and tilled across depending upon their depth and width. Transitory rather than permanent like classical gullies.	इन्हें जोत सकते हैं और उनकी गहराई एवं चौड़ाई के आधार पर खोदा जा सकते हैं। ये शुद्ध नालियों की तरह स्थायी होने की जगह अस्थायी होते हैं।
Gynogen:	**गईनोजन:**
A fish that has only a female parent; all genes in a gynogen come from the mother.	वह मत्स्य जिसके माता-पिता मादा ही हैं, उनमें सभी जीनों में गईनोजेन मादा से ही प्राप्त होती है।

Gynogen, meiotic-	अर्द्धसूत्री गईनोजनः
A gynogen that is created by chromosomal manipulation by: (i) fertilizing an egg with irradiated sperm; and (ii) shocking the egg to prevent the second polar body from leaving. The haploid second polar body and haploid egg nucleus fuse to form a diploid gynogen; consequently, all genes come from the mother.	वह गाइनोजन जो (i) विकिरणित शुक्राणु के साथ एक अण्डे का उर्वरण तथा (ii) अण्डे को शॉक करके दूसरे पोलार बॉडी को छोड़ने से रोकने के माध्यम से क्रोमोज़ोनल परिचालन द्वारा पैदा किया जाता है। हैप्लॉइड दूसरे पोलॉर बॉडी एवं हैप्लॉइड अण्डा नाभिक फ्यूज होकर डाइप्लॉइड गाइनोजन बनते हैं। इसके अनुक्रम में सभी जीन मादा से ही आते हैं।
Gynogen, mitotic-	**सूत्री गईनोजनः**
A gynogen that is created by chromosomal manipulation by: (i) fertilizing eggs with irradiated sperm; and (ii) shocking the haploid zygote during first cleavage to prevent nuclear and cell division. Mitotic gynogens are 100 percent homozygous and 100 percent inbred; additionally, all genes come from the mother.	वह गाइनोजन जिसे नाभिक एवं कोशिका विभाजन को होने रोकने के लिए (i) विकिरणित शुक्राणु के साथ एक अण्डे का उर्वरण तथा (ii) प्रथम क्लीवेज के दौरान हैप्लॉइड युग्मज के माध्यम से क्रोमोज़ोनल परिचालन द्वारा पैदा किया जाता है। सूत्री गाइनोजन 100 प्रतिशत इसके अनुक्रम में सभी जीन मादा से ही आते हैं।
Gynogenesis:	**गईनोजेनेसिसः**
The development of ova without paternal genetic contribution.	बिना किसी माता-पिता के आनुवंशिक योगदान के अण्डाशय का विकास।

H

Habitat:	प्राकृतिक आवास
A specific place with its environmental conditions occupied by and covering the requirements of an organism, a population or a community.	एक विशिष्ट स्थान जो जीव के पर्यावरणीय स्थिति एवं उसकी आवश्यकताओं से घिरा है, जो उसकी संख्या एवं एक समुदाय का प्रतीक कहलाता है।
Haematocytometer:	**हीमेटोसाईटोमीटर**
Awhich can also be used for counting live-food cells (microalgae, yeast).	**सजीव-खाद्य उत्पादन हेतुः** संख्या चेम्बरों का आमतौर पर रक्त कोशिका संख्या हेतु प्रयोग किया जाता है जिन्हें सजीव-खाद्य पदार्थ कोशिकाओं को गिनने के लिए भी प्रयोग किया जाता है (सूक्ष्म-शैवाल, खमीर)।
Haematopoietic (hematopoietic):	**हीमेटोपोईयेटिक**
Pertaining to or effecting the formation of blood cells.	रक्त कोशिकाओं के संविरचन से संबंधित या उसे प्रभावित करनेवाले। संविरचन में न ही होता है क्योंकि च के बाद न व्यंजन का ही प्रयोग किया जाता है, अपवादों को छोड़कर (अन्य भाषाओं से अपनाए गए शब्द)
Haemmorhage (hemmorhage):	**रक्तस्राव**
In vertebrate: escape of blood from the vessels; bleeding; uncontrolled loss of haemocytes dueto tissue trauma, epithelial rupture, chronic diapedesis.	रीढ़ीदारों में: वाहिकाओं से रक्त का स्राव य रक्त का निकलना य ऊतक हानि, उपकला का फटना, चिरकालिक डयापेडेसिस के कारण हीमोसईटों का अनियंत्रित हानि।
Haemocytes (hemocytes):	**हीमोसाईट**
Blood cells	रक्त कोशिकाएं।
Haemolymph (hemolymph):	**हीमोलिम्फ**
Cell-free fraction of the blood containing a solution of protein and non-proteinaceous defensive molecules.	प्रोटीन एवं गैर-प्रोटीन रक्षात्मक अणु विलय युक्त रक्त का कोशिका-मुक्त फैक्शन।
Halocline:	**हेलोक्लाईन**
A water layer characterized by a sharp increase in salinity with depth.	पानी की एक सतह जिसे गहराई के साथ में लवणता में होनेवाली बढ़ोत्तरी द्वारा लक्षणित।

Hanging ratio (E):	**लंबित अनुपात (E):**
Defines the way netting is mounted on a support as the ratio of the length of the support to the length of stretched netting that hangs from it; expressed as a decimal number or as a percentage, e.g. E =k 0.5 or 50 percent.	यह समर्थन से टंगी हुई खींचे हुए जाल की लंबाई के अनुपात के अनुसार समर्थन पर लगाए गए जाल लगाने की पद्धति बताता है य इसे एक दशमलव संख्या या प्रतिशत के रूप में अभिव्यक्त किया जाता है, उदाहरण E =k 0.5 या 50:
Hapa:	**हापा**
Originally from India, where it refers to a small, fine-mesh net enclosure set up in a shallow pond to raise Indian carp larvae. Today, hapas between 1 and 40 m2 are commonly used in many countries not only to raise fish larvae of various species but also as spawning enclosures. Usually, they do not have a frame; the fine mesh is normally suspended by stakes at its four corners in open waterbodies or in ponds.	यह मूल रूप से भारत का है जहां इसे भारतीय कार्प इल्लियों को बढ़ाने के लिए एक छोटे, एक छिछले तालाब में सेट किए घेरे में लगाए गए महीन-मेश जाल के संदर्भ में लिया जाता है। आज 1 से 40 m2 के बीच में हापाओं को आमतौर पर न केवल मत्स्य इल्लियों के विभिन्न प्रजातियों को बढ़ाने के लिए कई देशों में प्रयोग किया जाता है बल्कि इसे बोयाना घेरों के लिए भी प्रयोग किया जाता है। सामान्यतया उनमें फ्रेम नहीं होता, महीन-मेश को खुले पानी में या तालाबों में चार कोनों में लगाए गए स्टेकों पर टांगा जाता है।
Haploid:	**हैप्लॉईड**
A fish or cell that contains only one chromosome (homologue) from each chromosome pair. Gametes are haploid.	मत्स्य या कोशिका जिसमें हर क्रोमोज़ोम जोड़े से एक ही क्रोमोज़ोम (होमोलॉग) रहता है। युग्मक हैप्लॉइड होते हैं।
Hardness (total-):	**कठोरता (कुल)**
The ability of water to neutralize soap, due to the presence of cations such as calcium and magnesium; usually expressed as parts per million equivalents of calcium carbonate. Refers to the calcium and magnesium ion concentration in water on a scale of very soft (0-20 ppm as CaCO3), soft (20-50 ppm), hard (50-500 ppm) and very hard (500+ ppm). Expressed also in French (F), German (G) or English (E) degrees, with 1°F =k 0,56°G =k 0,7°E =k 10 mgèl CaCO3.	पानी में कैल्शियम एवं मेग्नीशियम की उपस्थिति से उसकी वह क्षमता जिससे वह साबुन को निष्क्रिय बनाता है य आमतौर पर इसे कैल्शियम कार्बोनेट के समतुल्य भाग प्रति मिलियन के रूप में अभिव्यक्त किया जाता है। अति-मृदुजल (0.20 ppm जैसे CaCO3), मृदुजल (20-50 ppm) एवं अत्यंत कठोर जल (50-500 ppm) के स्केल पर पानी में कैल्शियम एवं मेग्नीशियम आयन की सान्द्रता का संदर्भ बताता है। 1°F =k 0,56°G =k 0,7°E =k 10 mgèl CaCO3 के साथ फ्रेंच में (F), जर्मन में (G) या अंग्रेजी (E) डिग्रियों में अभिव्यक्त किया जाता है।

Hardness, permanent-	**कठोरता (स्थायी)**
Hardness expressing the concentration of calciumèmagnesium chlorides, nitrates, sulphates, hosphates and silicates present in water.	पानी में उपस्थित कैल्शियम /मेग्नीशियम क्लोराइड, नाइट्रेट, सल्फेट, फॉस्फेट एवं सिलिकेट की सान्द्रता में अभिव्यक्त कठोरता।
Hardness, temporary-	**कठोरता (अस्थायी)**
Hardness expressing the concentration of calciumè magnesium carbonates and bicarbonates present in water. Expressed either in mgèl equivalent CaCO3, or in French (TH), German (dh) or English degrees. Equivalences of these with methyl-orange alkalinity are: 1 TH =k 5.0 SBV and 1 dh =k 2.8 SBV.	पानी में कैल्शियम/मेग्नीशियम कार्बोनेट एवं बाईकार्बोनेटों की सान्द्रता में कठोरता अभिव्यक्त की जाती है। इसे mgèl के समतुल्य CaCO3, में या फ्रेंच में (TH), जर्मन में (dh) या अंग्रेजी डिग्रियों में अभिव्यक्त किया जाता है। मीथाइल ऑरेंज की क्षारीयता के समतुल्य हैं 1 TH =k 5.0 SBV and 1 dh =k 2.8 SBV.
Harrowing:	**हैरोईंग**
In aquaculture, a technique for reworking the sediments under cages in fish farms. In this process, the sediments are raked repeatedly with a mechanical implement, either powered by a diver or towed by a boat.	जलकृषि में इस शब्दावली को मत्स्य खेतों में घेरों के नीचे जमा हुए अवसाद को पुनः व्यवस्थित करने के लिए प्रयुक्त तकनीक के लिए प्रयोग किया जाता है। इस प्रक्रिया में अवसादों को पुनः यांत्रिकी अपकरणों से खरोंचा जाता है, इसे गोताखोर द्वारा पावर दिया जाता है या नाव द्वारा चलाया जाता है।
Harvesting, cull-	**न्यूनीकरण फसल प्रक्रिया**
Partial harvesting, usually by seining, of marketsized animals at intervals; it removes the faster growing individuals.	आंशिक रूप से फसल करने की प्रक्रिया जो आमतौर पर अंतरालों में खरीद-बिक्री करने योग्य पशुओं का पालन महाजाल द्वारा किया जाता है य इससे उन अकेले मत्स्यों को निकाला जाता है जो बहुत तेज़ी से बढ़ते हैं।
Harvesting, drain-	**ड्रेन फसल प्रक्रिया**
Final, total harvest of farmed animals by draining all the water out of the rearing unit, either by gravity (totally drainable units) andèor pumping (partially drainable or undrainable units).	खेत के पशुओं का पालन यूनिट में से पूरा पानी निकालकर कुल पालन करना, इसे गुरुत्वाकर्षण (कुल ड्रेन करने योग्य यूनिट) और/या पंपिंग (आंशिक रूप से ड्रेन करने योग्य या बिल्कुल ड्रेन नहीं कर पानेवाले यूनिट) द्वारा किया जाता है।
Harvesting, partial-	**आंशिक फसल प्रक्रिया**
Periodic harvesting of a portion of the animals from a culture facility during a culture cycle.	संवर्द्धन चक्र के दौरान संवर्द्धन सुविधा से जलजीवों के एक भाग का आवधिक रूप से फसल करने की प्रक्रिया।

Hatch (to):	**अंडों का फूटना**
A process by which an embryo leaves the egg envelope(s).	वह प्रक्रिया जिसके द्वारा भ्रूण अंडे के घेरे को छोड़कर बाहर निकलता है।
Hatchery:	**हैचरी**
Place for artificial breeding, hatching and rearing through the early life stages of animals, finfish and shellfish in particular. Generally, in pisciculture, hatchery and nursery are closely associated. On the contrary, in conchyliculture, specific nurseries are common, where larvae produced in hatcheries are grown until ready for stocking in fattening areas.	वह स्थान जहां पर जलजीवों, विशेष रूप से परयुक्त मत्स्य एवं कृत्रिम प्रजनन, अंडों के फूटने की प्रक्रिया तथा पालन किया जाता है। सामान्य रूप से मात्स्यिकी में हैचरी और नर्सरी बहुत ही निकट रूप से संबंधित होते हैं। इसके बिल्कुल विपरीत, शंख विज्ञान में विशिष्ट रूप से नर्सरी काफी आम बात हैं, जहां हैचरियों में पैदा किए गए इल्लियों को मोटा करनेवाले क्षेत्रें में स्टॉक करने तक बढ़ाया जाता है।
Hatchery constant:	**हैचरी स्थिरांक**
A single value derived by combining the factors in the numerator of the feeding rate formula. Hatchery constant =k (3 x feed conversion x daily length increase x 100) è length of fish. This value may be used in fish hatcheries to estimate feeding rates (in percent body weightèday) when water temperature, feed conversion and growth rate remain constant.	वह एकल मूल्य जिसे फीडिंग दर सूत्र के न्यूमरेटर में गुणकों को जोड़ने से प्राप्त किया जाता है। हैचरी स्थिरांक = (3 x फीड परिवर्तक x लंबाई में दैनिक बढ़ोत्तरी x 100) / मत्स्य की लंबाई है। इस मूल्य को पानी के ताप, फीड परिवर्तक एवं वृद्धि दर स्थिर होने पर फीडिंग दर (शारीरिक वज़न/ प्रतिदिन प्रतिशत में) का आकलन करने के लिए मत्स्य हैचरियों में प्रयोग किया जा सकता है।
Hatchery trough:	**हैचरी ट्रफ**
Elongated trough used for hatching fish eggs especially of relatively big size, such as salmonideggs, and for the rearing of the hatched larvae until reaching fry size.	बड़े साईज़ के अंडे, विशेष रूप से सैल्मोनिड के अंडों जैसे मत्स्य अंडों के प्रस्फुटन तथा फ्राई साईज़ तक पहुँचने तक इल्लियों के पालन के लिए प्रयुक्त लंबा किया गया ट्रफ।
Hatching:	**प्रस्फुटन**
Producing young from eggs both artificially or naturally.	कृत्रिम एवं प्राकृतिक रूप से पैदा किए गए अण्डों से प्राप्त किशोर मत्स्य।
Hatching jar:	**प्रस्फुटन जार**
A bottle-like container often conical in shape, made of glass, plastic or fabric used to incubate fish eggs. Usually a current of water is passed through the jar to maintain the dissolved oxygen level and carry away metabolites.	बोतल जैसा कन्टेयनर जो प्राय: कोण आकार होता है और यह ग्लास, प्लास्टिक या फैब्रिक का बना होता है, जिसमें मत्स्य के अंडों को सेने के लिए प्रयोग किया जाता है। आमतौर पर पानी को जार में से प्रवाहित किया जाता है ताकि उसमें विघटित ऑक्सीजन स्तर बनाए रख सकें और चयापचयों को निकाल सकें।

Hatching stage:	**प्रस्फुटन स्तर**
For brine shrimp: last developmental stage of the brine shrimp embryo, when the fully developed nauplius ruptures the hatching membran and hatches, becoming a free-swimming larva.	**लवण पानी झींगा हेतु:** लवण पानी झींगा भ्रूण का अंतिम विकासात्मक स्तर, जब पूर्ण रूप से विकसित नॉप्लियस, प्रस्फुटन झिल्ली को फाड़ता है और वह बाहर आ जाता है, यह मुक्त तैरनेवाला इल्ली बन जाता है।
Hatching system, Californian-	**कैलिफोर्निया प्रस्फुटन व्यवस्था**
Consists of a number of stacked hatching troughs or trays, with grids or baskets to support the eggs. The troughs then flow from one onto another, often with water cascading to aerate between thetroughs. Used extensively for salmonids and other species with large (more than 4 mm diameter) eggs.	इसमें अण्डों को समर्थन देने के लिए ग्रिड या टोकरियों से युक्त कई प्रस्फुटन ट्रफ या ट्रे होते हैं। इसमें ट्रफ एक के ऊपर एक प्रवाहित होते हैं। प्राय: पानी, ट्रफों के बीच में हवा देने के लिए प्रपात की तरह प्रवाहित होता है। इसे सॉल्मोनिडों तथा बड़ें अण्डे (4 mm से भी अधिक व्यास के) देनेवाली प्रजाति के लिए प्रयोग किया जाता है।
Hatching tray:	**प्रस्फुटन ट्रे**
A shallow, usually rectangular vessel used in incubators for the artificial hatching of fish eggs.	एक छिछले आमतौर पर आयताकार बर्तन जिसे मत्स्य अंडों को कृत्रिम रूप से सेने के लिए अड़े सेने के मशीन में उपयोग किया जाता है।
Hazard:	**खतरा**
A biological, chemical or physical agent in, or condition of, human food with the potential to cause an adverse health effect.	मानवीय खाद्य पदार्थ में एक जैविक, रासायनिक या भौतिक एजेन्ट के रूप में या एक ऐसी स्थिति में जिसमें प्रतिकूल स्वास्थ्य प्रभाव लाने की क्षमता होती है।
Hazard Analysis (and) Critical Control Points (HACCP):	**खतरा विश्लेषण एवं महत्त्वपूर्ण नियंत्रण बिन्दु**
A system which identifies, evaluates and controls hazards that are significant for food safety. It covers all stages of the food production process from raw material production to end products.	वह पद्धति जो खाद्य पदार्थों की सुरक्षा के लिए खतरों को पहचानता है,उन्हें मूल्यांकित और नियंत्रित करता है। उसके अंदर खाद्य पदार्थ के उत्पादन में कच्ची सामग्री से अंतिम उत्पादों तक सभी प्रक्रियाएं शामिल हैं।
Head:	**हेड**
In hydraulics: the level at which water is held or can rise to, allowing it to flow to lower levels, push through pipes, etc.	**द्विचालित पद्धति में:** वह स्तर जिसमें पानी को पकड़ा जाता है या वह उस स्तर तक बढ़ सकता है, उसे निम्न स्तरों तक पाइपों से धकेलकर प्रवाहित होने देता है।

Head loss:	**हेड लॉस**
In hydraulics: the loss of head, such as that occurring through friction or change of speed, as water is pushed through a pipe or other hydraulicstructure.	**द्विचालित पद्धति में:** हेड की हानि, जब पानी को पाइप में से धकेला जाता है या अन्य कोई द्विजालित संरचना के माध्यम से गुजरते समय गति में होनेवाले परिवर्तन एवं घर्षण से होता है।
Head losses, hydraulic-	**द्विचालित हेड लॉस**
Losses due to pipe wall friction, elbow design, joints, gate valves, sudden reduction or enlargement of pipe size, expressed in its equivalent height or head of water loss.	पाइप के वॉल में घर्षण, ऐल्बो डिज़ाइन, ज्वाइंट, गेट वैल्व, पाइप साईज़ में आकस्मिक कमी या बढ़ावा, जिसे उसके समतुल्य ऊँचाई या पानी लॉस की हानि में अभिव्यक्त किया जाता है।
Head, discharge-	**हेड निस्सारण**
The vertical distance from the centreline of the pump impeller to point of discharge of the pump.	पंप इम्पेल्लर के केन्द्रीय लाइन के लम्बवत दूरी से पंप के निस्सारण पाइंट तक।
Head, pumping-	**पंपिंग हेड**
The level at which a pump can push water.	वह स्तर जहां पंप पानी को धकेल सकता है।
Head, suction-	**खिंचाव हेड**
The vertical distance from the water surface (including drawdown if any) to centreline of the pump impeller.	पानी की सतह (यदि कोई ड्रॉडाऊन भी हो तो) के लम्बवत दूरी से पंप इम्पेल्लर के केन्द्रीय लाइन तक।
Head, total dynamic- (TDH):	**कुल गतिकीय हेड (TDH):**
The sum of the suction head, discharge head, hydraulic head losses and velocity head	खिंचाव हेड, निस्सारण हेड, द्विचालित हेड हानि एवं चलन वेग हेड का कुल।
Head, velocity-	**चलन वेग हेड**
Theoretical height to which a liquid particle could be elevated by its kinetic energy.	वह सैद्धांतिक ऊँचाई जहां तक द्रव कण को उसकी गतिकीय ऊर्जा के माध्यम से उन्नत बनाया जा सकता है।
Headline:	**हेडलाइन**
The rope on which floats are fastened, attached to the upper lip or top edge of a net, such as a gillnet.	वह रस्सी जिसपर प्लवकों को बांधा जाता है, जाल के ऊपरी लिप या ऊपरी किनारे से जोड़ा जा सकता है, जैसे कि गिलनेट में।

Health management process:	**स्वास्थ्य प्रबंधन प्रक्रिया**
Aquatic animal health management in its broadest sense, encompassing pre-border (exporter), border and post-border (importer) activities, as well as relevant national and regional capacity-building requirements (infrastructure and specialized expertise) for addressing health management activities, and implementation of effective national and regional policies and regulatory frameworks required to reduce the risk of disease spread through movement (intra- and international) of liveaquatic animals.	जलजीव स्वास्थ्य प्रबंधन के विस्तारित संदर्भ में सीमा के अंदर ‌‌द्धनिर्यातकत्र्क, सीमा एवं सीमा के बाहर ‌‌द्धआयातकत्र्क क्रियाकलापों को शामिल करने के साथ साथ संबंधित राष्ट्रीय एवं क्षेत्रीय क्षमता निर्माण की आवश्यकताओं ‌‌द्धसंरचनात्मक एवं विशिष्ट विशेषज्ञतात्र्क के लिए सजीव जलजीवों की गतिशीलता से रोगों के ैलने के खतरों को कम करने के लिए स्वास्थ्य प्रबंधन क्रियाकलापों को संबोधित करने के लिए तथा राष्ट्रीय एवं क्षेत्रीय नीति एवं विनियामक फ्रेमवर्क।
Height, construction-	**निर्माण ऊँचाई**
The height an earthen dike should have when newly built and before any settlement takes place. It is equal to the design height plus the settlement height.	मृदा डाइक में वह ऊँचाई जिसे नए निर्माण के दौरान तथा किसी भी प्रकार के जमा होने से पहले होना चाहिए। यह डिज़ाइन की ऊँचाई और जमा होने की ऊँचाई का योग होता है।
Height, design-	**डिज़ाइन ऊँचाई**
The height an earthen dike should have after settling down to safely provide the necessary water depth in a pond.	मृदा डाइक की वह ऊँचाई जिसे जमा होने के बाद होना चाहिए ताकि तालाब में पानी की आवश्यक गहराई सुरक्षित रूप से प्रदान की जा सके।
Hepatopancreas:	**हैपेटेटोपैन्क्रियास**
Digestive organ composed of ciliated ducts and blind-ending tubules, which secrete digestive enzymes for uptake across the digestive tubule epithelium; also responsible for release of metabolic by-products and other molecular or microbial wastes.	रोमनी धमनियां एवं सीधा अंत होने वाले टड्बूलों से रचित पाचन अंगों का संगठन, जो पाचन टड्बूल उपकला में अवशोषण हेतु पाचन ऐन्ज़ाइम पैदा करते हैं य वे चयापचयन उपोत्पादों तथा अन्य आण्विक या सूक्ष्मजैविक व्यर्थ पदार्थों को पैदा करने के लिए भी जिम्मेदार है।
Herbicide:	**खरपतवार नाशी**
Any agent, either organic or inorganic, used to destroy unwanted vegetation.	कोई भी एजेन्ट, कार्बनिक या अकार्बनिक जिसे अनावश्यक वनस्पति का नाश करने के लिए प्रयोग किया जा सकता है।
Herbivore:	**शाकाहारी**
An animal that feeds mainly on plant material.	वह पशु जो मुख्य रूप से पौधे सामग्रियों का भक्षण करता है।

Herd bull:	**झुण्ड नर**
The only male in a population. A herd bull is mated with all females.	किसी आबादी में एक ही नर। एक झुण्ड नर, सभी मादाओं से मिलता है।
Heredity:	**आनुवंशिकता**
The mechanism of transmission of specific characters or traits from parent to offspring.	माता-पिता से बच्चे तक विशिष्ट लक्षण या गुणों को हस्तांतरित करने की पद्धति।
Heritable:	**वंशानुगत योग्य**
Something that is transmitted from a parent to its offspring.	वह चीज़ जो किसी जीव के माता-पिता से उसके बच्चे तक हस्तांतरित होता है।
Hermaphrodite:	**उभयलिंगी**
Having both male and female reproductive organs in the same individual (animal) or the same flower (plant).	एक ही जीव या एक ही फूल (पौधे) में जिसमें दोनों नर और मादा प्रजनन अंग होते हैं।
Hermaphrodite, sequential-	**आनुक्रमिक उभयलिंगी**
Hermaphrodite where the sex change occurs at some point in the life of the individual.	वह उभयलिंगी जिसके जीवन में किसी समय या बिन्दु पर लिंग परिवर्तन होता है।
Hermaphrodite, synchronous-	**समकालिक उभयलिंगी**
Hermaphrodite where the male and female organs are functional at the same time.	वह उभयलिंगी जहां नर और मादा अंगों के प्रकार्य एक ही समय में होते हैं।
Heterotroph:	**विषमपोशी**
An organism that is dependent on organic matter for food.	वह जीव जो अपने खाद्य पदार्थ के लिए कार्बनिक पदार्थ पर निर्भर है।
Heterozygote:	**विषमयुग्मजी**
An organism with two different alleles at a locus.	वह समजीनी जिसके केन्द्र में होनेवाले विकल्पी एक समान नहीं होते हैं।
Heterozygous:	**विषमयुग्मजी**
The genotype that occurs when the pair of alleles at a locus are not identical.	वह समजीनी जिसके केन्द्र में होनेवाले विकल्पी एक समान नहीं होते हैं।
High density polyethylene (HDPE):	**उच्च सघनता पालीथीलीन (HDPE)**
Plastic, often used for items such as tanks, floats, etc. Has a high degree of resistance to chemicals and is easy to keep clean.	टंकी, प्लावक आदि जैसे चीज़ों के लिए प्राय: प्लास्टिक का प्रयोग किया जाता है। इसमें रासायनिक पदार्थों के प्रति प्रतिरोध की अत्यधिक मात्रा है और इसे साफ रखना आसान है।
Histology:	**ऊतक विज्ञान**
The study that deals with the minute structure, composition and function of tissues.	विज्ञान का वह क्षेत्र जिसमें ऊतकों की सूक्ष्म संरचनाएं, गठन और प्रकार्यों का अध्ययन होता है।

Histopathology: — **ऊतक रोग विज्ञान**

Structural and functional changes in tissues and organs of the body, which cause or are caused by a disease seen in samples processed by histology.

शरीर के ऊतकों एवं अंगों में होनेवाले संरचनात्मक एवं प्रकार्यात्मक परिवर्तन, जिसकी वजह से ऊतक विज्ञान द्वारा प्रसंस्कृत सैम्पलों में देखे गए हैं।

History line: — **वृत्त रेखा**

A communication and synthesis tool sometimes used in participatory rural appraisal. During discussions between researchers and stakeholders (especially resource users), a line is drawn, against which key events of the past are indicated. In this way the sequence of events and their possible causal relations can be analysed.

वह संप्रेषण और विश्लेषण उपकरण जिन्हें कभी कभी प्रतिभागिता ग्रामीण मूल्यांकन में भी उपयोग किया जाता है। अनुसंधाताओं एवं पणधारियों के बीच हुई चर्चा के दौरान (विशेष रूप से स्रोत का उपयोग करनेवाले) एक रेखा खींची गई है जिसके समक्ष पूर्व घटनाओं के मुख्य बिन्दुओं का संकेत दिया गया है। इस तरह से घटनाओं के क्रम और उनके संभाव्य संबंधों के कारणों का विश्लेषण किया जा सकता है।

Holding, agri-aqua- — **जलकृषि क्षेत्र**

For statistical purposes: an agricultural holding engaged in traditional agriculture as well as aquaculture. This last activity may be physically conducted alongside traditional farming and integrated with agriculture such as fish combined with rice, aquatic plants, livestock. Aquaculture may also be practised as an activity on a separate site belonging to the same economic unit utilizing the same labour, buildings, machinery and draught animals. It includes also those economic units, which extend their activities to culturing aquatic organisms in natural and artificial waterbodies using the same means of production.

सांख्यकीय उद्देश्यों के लिए: वह कृषि क्षेत्र जिसमें परंपरागत कृषि के साथ जलकृषि भी की जाती है। इस अंतिम क्रियाकलाप को परंपरागत खेती एवं समेकित परंपरागत खेती के साथ में किया जा सकता है, जैसे धान, जलीय पौधे, मवेशी पालन के साथ मात्स्यिकी भी की जा सकती है। जलकृषि को उसी आर्थिक यूनिट में जहां वही श्रम, भवन, मशीनरी एवं सूखे पशुओं का उपयोग किया जाता है और वहां एक अलग स्थल में भी किया जा सकता है। कसे हुए प्राकृतिक एवं कृत्रिम जलाशयों के क्रियाकलापों को बढ़ाते हैं। इसमें वे सभी आर्थिक यूनिट भी शामिल हैं जो उत्पादन के उन्हीं सुविधाओं का प्रयोग करते हुए अपने क्रियाकलापों को प्राकृतिक एवं कृत्रिम पानियों में जलजीवों के क्रियाकलापों में अपनी सेवाएं प्रदान करते हैं।

Holding, agricultural- — **कृषि प्रभाव**

For statistical purposes: an economic unit of agricultural production under single management comprising all livestock kept and all land used wholly or partly for agricultural production.

सांख्यकीय उद्देश्यों के लिए: एकल प्रबंधन के अंतर्गत कृषि उत्पादन एक आर्थिक इकाई हैं जिसमें रखे गए सभी मवेशी और भूमि को कृषि उत्पादन के लिए प्रयोग किया जाता है।

Holding, aquaculture-	**जलकृषि प्रभाव**
For statistical purposes: an economic unit which is predominantely or solely engaged in aquafarming in which the means of production are the same. Such holdings can be "landless", for example houseboats in which cages are suspended below the floor boards may be an integral part of the dwelling and aquafarming on waterbodies such as the sea, estuaries, lagoons, lakes, reservoirs, rivers,etc.	**सांख्यकीय उद्देश्यों के लिए:** वह आर्थिक एकक जो प्रमुख रूप से या मूल रूप से जलकृषि का कार्य करता है, इसका अर्थ है कि उनके उत्पादन एक ही प्रकार के होते हैं। ऐसे होल्डिंग ''भूमि रहित'' हो सकते हैं उदाहरण के लिए हाऊसबोट जिसमें घेरों को तल बोर्ड के नीचे टांगा जाता है जो किसी आवास तथा समुद्र, खाड़ी, लगून, झील, नदी आदि जैसे जलाशयों में जलकृषि का मुख्य भाग हो सकता है।
Holotype:	**मूलप्ररूप**
Single designated plant or animal specimen that serves as the basis for the original name and description of any taxon.	एकल निर्दिष्ट पौधा या जलजीव प्रजाति जो किसी भी टैक्सन के मूल नाम और विवरण का आधार बनता है।
Homing (behaviour):	**होमिंग (व्यवहार)**
The regular return of migrating fish species to their native spawning grounds; or the return of fish to their last juvenile home waters after being transferred from their native river to another and having become well acclimatized to the latter.	मूल बोयाना क्षेत्र में प्रवासी मत्स्य प्रजातियों की नियमित वापसी, या मत्स्यों की अपनी मूल नदी से दूसरी में स्थानांतरित किए जाने पर उनके अंतिम किशोरावस्था मूल पानियों में वापसी तथा उत्तरावर्ती स्थान में अच्छी तरह से पर्यनुकूलित होने की प्रक्रिया।
Homologues:	**समजातीय**
The two chromosomes that combine to form a chromosome pair. One of the homologues comes from the father, while the other comes from the mother.	दो क्रोमोज़ोम जो मिलकर एक क्रोमोज़ोम जोड़ा बनाते हैं। इनमें से एक समजातीय पिता से प्राप्त होता है, जबकि दूसरा मादा से प्राप्त होता है।
Homozygote:	**समयुग्मज**
A fish with an identical pair of alleles at a locus.	वह मत्स्य जिसके केन्द्र में विकल्पियों का समरूपी जोड़ा होता है।
Homozygous:	**समयुग्मजी**
The genotype that occurs when the pair of alleles at a locus are identical. Inbreeding increases the percentage of homozygous loci. The co-efficient of variation (F) is a measure of the increase in homozygosity that has occurred because relatives mated.	जब केन्द्र में स्थित समरूपी विकल्पी जोड़े से पैदा होनेवाले समजीनी। अंत:प्रजनन से समयुग्मजी केन्द्रों के प्रतिशत में बढ़ोत्तरी होती है। भिन्नता गुणांक (F) रिश्तेदारों में मेल जोल होने के कारण समयुग्मजता में बढ़ोत्तरी का माप है।

Horizon, soil-	**वैविध्य मृदा**
In soil science: relatively uniform materials that extend laterally, continuously or discontinuously, throughout the pedounit; it runs approximately parallel to the surface of the ground and differs from the related horizons in many chemical, physical and biological properties.	**मृदा विज्ञान में:** अपेक्षाकृत रूप से समान सामग्री जो पीडोयूनिट में पूर्णतया पार्श्व की तरफ से, लगातार और अंतरालों में विस्तारित होते हैं, यह भूमि की सतह के लगभग समानांतर रूप से चलती है तथा कई रासायनिक, भौतिक एवं जैविक गुणधर्मों से संबंधित क्षेत्रें में भिन्न होता है।
Hormone:	**हॉर्मोन**
A chemical substance secreted in a ductless gland and discharged into the blood stream, which affects the functioning of another organ.	रासायनिक पदार्थ जो वाहिनीहीन ग्रंथि से पैदा होता है तथा रक्त प्रवाह में निष्कासित होता है जो दूसरे अंग के प्रकार्यों को प्रभावित करता है।
Hormone analogue, gonadotropinreleasing- (GnRHa):	**गोनेडोट्रोपिनरिलीज़िंग हॉर्मोन एनलॉग -(GnRHa):**
Synthetic copy of the gonadotropin-releasing hormone.	लियुटनाईजिंग हार्मोन मुक्त करनेवाले हॉर्मोन की संश्लिष्टिक प्रति।
Hormone analogue, luteinizing hormone-releasing- (LH-RHa):	**लियुटनाईजिंग हार्मोन मुक्त करनेवाले हॉर्मोन एनलॉग (LH-RHa):**
Synthetic copy of the luteinizing hormonereleasing hormone.	लियुटनाईजिंग हार्मोन मुक्त करनेवाले हॉर्मोन की संश्लिष्टिक प्रति।
Hormone, gonadotropin- (GtH):	**हॉर्मोन गोनेडोट्रोपिन (GtH):**
Hormone produced by the pituitary gland. Stimulates sexual maturation. Produced as a response to other hormones (see Gonadotropin releasing hormone).	पियूषिका ग्रन्थि द्वारा पैदा किए जानेवाला हॉर्मोन। यह लैंगिक परिपक्वता को उम्प्रेरित करता है। यह अन्य हॉर्मोनों की प्रतिक्रिया में पैदा किया जाता है (गोनेडोट्रॉपिन मुक्त करनेवाले हॉर्मोन देखें)।
Hormone, gonadotropin- releasing- (GnRH):	**गोनेडोट्रोपिन मुक्त करने वाला हार्मोन (GnRH):**
A peptide hormone used in the hypophyzation. Synthesized in the hypothalamus it induces the release of gonadotropin from the pituitary gland and the subsequent onset of maturation of the ovaries.	हाइपोफाईजेशन में प्रयुक्त पेप्टाइड हॉर्मोन। इसे हईपोथेलमस में संश्लेशित किया जाता है और यह पियूषिका ग्रन्थि से गोनेडोट्रॉपिन मुक्त करवाता है तथा समय पर डिंबग्रन्थि की परिपक्वता निश्चित करता है।
Hormone, luteinizing- (LH):	**लियुटनाईजिंग हार्मोन (LH):**
A gonadotropic hormone, produced by the pituitary gland. In males it stimulates the production of testosterone. In females, it brings about ovulation.	एक गोनेडोट्रॉपिन हॉर्मोन जो पियूषिका ग्रिन्थि द्वारा पैदा किया जाता है। पुरुषों में यह वृषणियों के उत्पादन को उत्प्रेरित करता है। मादा में यह अण्डोत्सर्ग पैदा करता है।

Hormone, releasing-

A substance that is produced by the hypothalamus and acts on the anterior pituitary gland to stimulate the release of a specific hormone. These are commercially available and employed in aquaculture broodstock rearing in order to promote maturation development.

यह हाईपोथेलमस द्वारा पैदा किए जानेवाला पदार्थ है और यह किसी विशिष्ट हॉर्मोन को मुक्त करने के लिए पियूशिका ग्रन्थि के अग्र भाग में प्रभाव करता है। ये वाणिज्यिक स्तर पर उपलब्ध हैं तथा परिपक्वता विकास प्रोत्साहित करने के लिए इन्हें जलकृषि में ब्रूडस्टॉक पालन में इस्तेमाल किया जाता है।

Hormone, sex- | **यौन हॉर्मोन**

Any hormone having a morphological or physiological effect upon the reproductive organs, secondary sex characters or sexual behaviour.

प्रजनन अंगों, द्वितीयक यौन लक्षण या यौन व्यवहार पर आकृतिक या शारीरिक प्रभाव करनेवाला कोई भी हॉर्मोन।

Host: | **पोषक**

Organism on or in which a parasite lives, and from which it receives required metabolic products and, occasionally, other biological needs, such as protection from predators.

वह जीव जिस पर एक परजीवी रहता है और जिससे परजीवी चयापचयक उत्पाद प्राप्त करता है तथा कभी कभी परभक्षियों से सुरक्षा जैसे अन्य जैविक आवश्यकताओं को भी प्राप्त करता है।

Household, nuclear- | **एकल नाभिक परिवार**

A household consisting entirely of a single family nucleus.

वह परिवार जिसमें एक पारिवारिक नाभिक होता है।

Human Development Index (HDI) | **मानव विकास संसूचिका (HDI)**

Measure based on three indicators: (i) longevity, as measured by life expectancy at birth; (ii) educational attainment, as measured by a combination of adult literacy (two-thirds weight) and combined primary, secondary and tertiary enrolment ratios (one third weight); and (iii) standard of living, as measured by real gross domestic product (GDP) per capita (in purchasing power parity US $).

माप जो तीन संसूचिकाओं पर आधारित है (i)जन्म पर जीवन की प्रत्याशा के माप के रूप में जीवंतता (ii) शैक्षणिक प्राप्ति, जिसमें प्रौढ़ साक्षरता माप शामिल है (दो-तिहाई वज़न) तथा प्राथमिक, द्वितीयक एवं तृतीयक प्रवेश अनुपात युक्त है (एक-तिहाई वज़न) तथा (iii) जीवन स्तर, जो प्रति व्यक्ति (क्रय-शक्ति समता US $ में) वास्तविक सकल घरेलू उत्पाद (GDP) द्वारा मापा जाता है।

Human Poverty Index for Developing Countries (HPI-1):	**विकासशील देशों के लिए मानवीय गरीबी सूचिका (HPI-1):**
It measures deprivation in the three basic dimensions of human development captured in the Human Development Index: (i) a long and healthy life - vulnerability to death at a relatively early age, as measured by the probability at birth of not surviving to age 40; (ii) knowledge– exclusion from the world of reading and communications, as measured by the adult illiteracy rate; (iii) a decent standard of living - lack of access to overall economic provisioning, as measured by the unweighted average of two indicators, the percentage of the population without sustainable access to an improved water source and the percentage of children under weight for age.	यह मानवीय विकास सूचिका से प्राप्त अभाव के तीन आधारभूत आयामों को मापता है (i) एक स्वस्थ लंबा जीवन – जीवन के बहुत ही कम उम्र में मृत्यु का शिकार होने की संभावना, इसे 40 के उम्र में मृत्यु प्राप्त होने के जन्म की संभावना से मापा जाती है। (ii) ज्ञान – पढ़ने और संप्रेषण की दुनिया से दूर, जो प्रौढ़ साक्षरता दर से मापा जाता है। (iii)जीवन यापन का एक उपयुक्त स्तर – संपूर्ण आर्थिक प्रावधानों को नहीं प्राप्त कर पाने की स्थिति, इसे दो गैर-भारित सूचिकाओं के औसत, सुधार किए गए पानी स्रोत की दीर्घकालिक प्राप्ति के बिना जनसंख्या का प्रतिशत तथा उम्र के हिसाब से कम वजन के बच्चे द्वारा मापा जाता है।
Hybrid:	**संकर**
Offspring of two plants or animals from different species or varieties.	दो पौधे या पशुओं के भिन्न-भिन्न प्रजाति या प्रकार के बच्चे से उत्पन्न संतान।
Hybrid introgression:	**संकर इंट्रॉग्रेशन**
The infiltration of alleles or genes from one species into another via hybridization. First generation hybrids (F1 hybrids) have equal genetic contribution from both parents but genes from the two species begin to segregate differentially in subsequent generations.	संकरण के माध्यम से एक प्रजाति से दूसरी प्रजाति में विकल्पी या जीनों का रिसाव। पहले संकर वंश में दोनों प्रजाति के माता-पिता से समान आनुवांशिक योगदान प्राप्त होता है, लेकिन आगामी वंशों में दोनों प्रजातियों के जीन अलग अलग होने लगते हैं।
Hybrid, monosex-	**एकल लिंग संकर**
Offspring of a cross, which produces 100 percent or nearly 100 percent of one sex.	क्रॉस के बच्चे जो एक ही लिंग के 100 प्रतिळात या 100 प्रतिशत के लगभग पैदा करता है।

Hydraulic gradient: **द्रवचालित ढलान**

The slope of the profile of the static levels for a hydraulic system. In open channel flow, the hydraulic gradient is the slope of the water surface taken parallel to the flow; in unconfined groundwater flow it is the slope of the water table taken normal to its contours; and for artesian groundwater, it is the slope of the surface taken normal to its contours. In engineering it is the slope of the saturation line in a wetted earthen dike; usually ranges.

द्रवचालित व्यवस्था के लिए स्थिर स्तरों के प्रोफ़ाइल का ढलान। एक खुले नाले के प्रवाह में द्रवचालित ढलान, पानी की सतह के ढलान जिसे प्रवाह के समांतर में लिया गया है य एक अनिश्चित भूतल पानी के प्रवाह में पानी का स्तर उसके सामान्य ढ़ांचे में ढल जाता है। अभियांत्रिकी में यह संतृप्ति रेखा का ढलान होता है जो मृदा डाईक में भीगा हुआ होता है।

Hydraulic load: **द्रवचालित लोड**

A term which describes the relationship between soilèland and water. This takes into account the water movement both laterally through the soil and directly over the soil to watercourses. In water treatment and in aquaculture (recycling system, biofilter loading), hydraulic load is defined as the water volume (m3) per filter volume (m3) per filter surface area (m2) per unit time.

वह शब्दावली जो मृदा/भूमि एवं पानी के बीच निहित संबंध की परिभाषा प्रदान करता है। इसमें पानी स्रोत की तरफ प्रवाहित होनेवाले मृदा के नीचे के प्रवाह और मृदा के ऊपर पानी प्रवाह की गति ली जाती है। पानी के उपचार तथा जलकृषि में द्रवचालित लोड को पानी के परिमाण (m^3) प्रति फिल्टर परिमाण (m^3) प्रति फिल्टर सतह क्षेत्र (m^3) प्रति यूनिट समय से निर्धारित किया जाता है।

Hydraulic radius, canal- **द्रवचालित अर्द्ध-व्यास नाली**

The ratio (in m) of the wet cross-section area of a canal (in m2) to the wet perimeter (in m). It is often used to define the shape of a canal.

गीले क्षेत्र की परिधि (m में) और नाले के गीले क्रॉस-सेक्शन क्षेत्र (m2 में) का अनुपात (m में)। इसे प्रायः नाली के आकार को परिभाषित करने के लिए इस्तेमाल किया जाता है।

Hydraulics: **द्रवचालन**

Branch of science, which deals with the study of liquid pressure, buoyancy, flow of liquid and hydraulic machinery such as pumps. In engineering, applied for example for the design of canals, dams, sluices, spillways, and irrigation and sewage-disposal works.

विज्ञान का वह क्षेत्र जो द्रव दाब, उत्प्लावकता, द्रव का प्रवाह एवं पंप जैसे द्रवचालित मशीनरी का अध्ययन करता है। अभियांत्रिकी में उदाहरण के लिए अनुप्रयुक्त में नाली, बाँध, तेज़ धार जलमार्ग, अधिप्लव मार्ग एवं सिंचाई तथा सीवेज-निपटान कार्य आदि सम्मिलित हैं।

Hydrobiology: **जलजीव विज्ञान**

The study of life in water (aquatic biology).

पानी में जीवों का अध्ययन (जल जीव विज्ञान)।

Hydroclone:	**जल-क्लोन**
An induced-gravity settling system. Liquid is introduced tangentially (generally pumped) and rotates within a tubular compartment. Suspended particles are subjected to centrifugal acceleration and move radially out to the sides of the vessel where they are carried down in a vortex and concentrate at the base. Concentrated large particles are constantly removed in a small underflow while remaining fine particles and the bulk of water exit at the top of the vessel.	गुरुत्वाकर्षण युक्त जमा व्यवस्था। द्रव को ऊपर से भेजा जाता है (आमतौर पंप किया जाता है) और यह एक नलीदार खंड़ों में घूमता है। लंबित कणों को अपकेन्द्री त्वरण के प्रभाव में लाया जाता है और वे कन्टेयनर के किनारों में चले जाते हैं जहां उन्हें एक भंवर में चलाया जाता है और वे नीचे जम जाते हैं। गाढ़े बड़े कणों को छोटे प्रवाह में लगातार निकाला जाता है जबकि बहुत ही महीन कण और पानी का बहुत बड़ा भाग कन्टेयनर के ऊपर पहँच जाते हैं।
Hydrology:	**जल विज्ञान**
The scientific study of the waters of the earth, especially with relation to the effects of precipitation and evaporation upon the occurrence and character of water in streams, lakes and on or below the land surface.	झील, प्रवाहित पानी तथा भूमि के ऊपर एवं नीचे प्रवाहित पानियों के अस्तित्त्व एवं उनके लक्षणों के आधार पर विशेष रूप से अवक्षेपण एवं वाष्पन के प्रभावों के संबंध में पृथ्वी के पानियों का वैज्ञानिक अध्ययन।
Hydrometer:	**हाईड्रोमीटर**
Device for measuring the density of fluids. Available pre-calibrated for salinity measurements.	वह उपकरण जिससे द्रवों की सघनता मापी जाती है। यह लवणता मापने के लिए भी पूर्व अंशांकित रूप में उपलब्ध है।
Hydroponics:	
A system of plant culture in which the growing plants have their roots immersed in a nutrient-rich solution or in an inert substrate which is irrigated with nutrients. In aquaculture, this technology is often employed as a treatment method in recycling systems to eliminate in part the nitrogen and phosphorus produced by fish metabolism. Some fish farms grow plants as a secondary crop in their wastewater. The nutrients from the fish waste feed the plants. The marketable by-products most commonly obtained are lettuce and tomatoes.	पौधा संवर्द्धन की वह व्यवस्था जिसमें उगनेवाले पौधों के जड़ एक उच्च पौष्टिकता युक्त विलय में या पौष्टिक तत्त्वों से सिंचित निष्क्रिय पदार्थ में डूबे रहते हैं। जलकृषि में इस प्रौद्योगिकी को प्राय: मत्स्यों के चयापचयन द्वारा पैदा होनेवाले नाइट्रोजन और फॉस्फोरस को निकालने के लिए इस्तेमाल किए जानेवाले पुनश्चक्रण व्यवस्थाओं में उपचार पद्धति के रूप में प्रयोग किया जाता है। कुछ मत्स्य खेतों के व्यर्थ पानी में द्वितीयक फसल के रूप में पौधे उगाते हैं। मत्स्य द्वारा निष्कासित पौष्टिक तत्त्व पौधों के लिए उपयोगी होते हैं। उक्त पद्धति से सलाद पत्ती और टमाटर प्राप्त होते हैं।

Hydrostatic pressure:	द्रव स्थैतिक दाब
The pressure exerted by a column of water; pressure increases by about 1 atmosphere per 10 m of depth down a water column.	पानी के एक कॉलम द्वारा लगाए गए दाब जो पानी कॉलम की प्रति 10m की गहराई पर प्रति 1 atmosphere से बढ़ता है।
Hyphae:	**हाईफे**
In fungi: tubular cells of filamentous fungi; may be divided by cross-walls (septae) into multicellular hyphae; may be branched.	कवक में : रोमदार कवकों के नलीदार कोशिकाएं य इन्हें क्रॉस-वॉल (सेप्टे) द्वारा बहु-कोशिकीय हाईफे में विभाजित किया जा सकता है और ये शाखित भी हो सकते हैं।
Hypolimnion:	**हाईपॉलिम्नियन**
The cold water layer below the thermocline (inclusive of the bottom-near water) in freshwater lakes or ponds, which is not directly influenced by surface events.	शुद्ध तालाब या झील पानी के थर्मोक्लाइन के नीचे निहित ठंड़ा पानी (निचले स्तर के पास वाले पानी भी शामिल है) जो सीधे सतही घटनाओं से प्रभावित नहीं होते हैं।
Hypophyzation:	**हाईपफेईज़ेशन**
Injection of a water soluble extract of a pituitary gland (mostly of cyprinid or salmonid origin) into a fish to induce ovulation or spermination. Such hormones are especially used for cyprinids.	डिंबकक्षरण या शुक्राणु मूक्त करवाने के लिए मत्स्य में पियूषिका ग्रन्थि (आमतौर पर साइप्रिनिड या सॉल्मोनिड मूल के) का पानी में घुलनशील सार का इनजेक्शन ऐसे हॉर्मोनों को विशेष रूप से साईप्रिनिडों के लिए इस्तेमाल किया जाता है।
Hypothalamus:	**हईपोथैलमस**
Central portion of the forebrain in vertebrates (e.g. fish).	रीढ़दार जीवों में मस्तिष्क के अग्रभाग का केन्द्रीय भाग (उदाहरण के लिए मत्स्य)।
Hypothesis:	**परिकल्पना**
A proposition set forth to be tested for validity by experiment or logical consistency with known facts.	प्रचलित तथ्यों के साथ प्रयोग या तर्कसंगत संगतता द्वारा वैधता हेतु परीक्षण के लिए प्रस्तुत प्रस्ताव।

I

Ichthyology:	**मत्स्य विज्ञान**
The study of (fin) fishes.	(परयुक्त) मत्स्यों का अध्ययन।
Ichthyophagous	**मत्स्य ग्रासनली**
Animal essentially eating fish	वे पशु जो अनिवार्य रूप से मत्स्य खाते हैं।
Ichthyotoxins	**मत्स्य विष**
Endogenous toxins contained in planctonic dinoflagellates (Protozoa, e.g. Gymnodinium spp.). When the latter develop into a bloom (red tide), these alkaloid toxins, which act on the synaptic regions of the nervous systems of aquatic organisms become responsible for a massive death of fish.	प्लैंकटॉनिक डाईनोफ्लेहेल्लेट्स में उपस्थित अंर्तजात विष (प्रोटोज़ोआ, उदाहरण के लिए जिम्मनोडिनियम प्रजाति)। जब प्लैंकटॉनिक डाईनोफ्लेहेल्लेट्स एक ब्लूम (लाल टाईड) में विकसित होते हैं, ये क्षारीय विष जो जलजीवों के नाड़ी मण्डल के अंतर्ग्रन्थिन क्षेत्र पर प्रभाव करते हैं, ये बृहत् स्तर पर मत्स्यों की मृत्यु के लिए जिम्मेदार हो जाते हैं।
Immunity:	**प्रतिरक्षा**
Protection against infectious disease conferred either by the immune response generated by immunization or previous infection or by other non-immunologic factors.	संक्रामक रोगों से रक्षा जो प्रतिरक्षा द्वारा पैदा किए गए प्रतिरक्षण द्वारा या पूर्व के दूषण द्वारा या अन्य गैर-प्रतिरक्षा घटकों द्वारा पैदा किए जाते हैं।
Immunity, acquired-	**उपार्जित प्रतिरक्षा**
Defence response developed following recovery from an infection (or vaccination) to a specific infectious agent (or group of agents).	उस प्रतिक्रिया का विकास जो किसी विशिष्ट दूषित एजेन्ट (या एजेन्टों के दल) के दूषण (या टीके से) से निम्नांकित वापसी से होता है।
Immunity, innate-	**अंतर्जात प्रतिरक्षा**
Host defence mechanism that does not require prior exposure to the pathogen.	पोषक रक्षा पद्धति जिन्हें रोगजनकों के पूर्व प्रभावों की आवश्यकता नहीं होती।

Immunization:	**प्रतिरक्षीकरण**
Induction of immunity protection against disease by deliberate exposure to pathogen antigens or to immunogens to induce defence system recognition and enhance subsequent responses to exposure to the same antigens/immunogens.	शरीर में रक्षा व्यवस्था बढ़ाने तथा उन्हीं ऐन्टीजनों/प्रतिजनों के प्रभाव के प्रति प्रतिक्रिया बढ़ाने के लिए जानबूझकर रोगजनक ऐन्टीजनों या प्रतिजनों के प्रभाव में रोग से प्रतिरक्षा सुरक्षा पैदा करना।
Immunoassay:	**प्रतिजन ऐस्से**
Any technique using the antigen-antibody reaction to detect and quantify the antigens, antibodies or related substances.	ऐन्टीजन, ऐन्टीबॉडी या संबंधित पदार्थों को पहचानने या उन्हें परिमाणित करने के लिए ऐन्टीजन-ऐन्टीबॉडी प्रतिक्रिया प्रयोग करनेवाला कोई भी तकनीक।
Immunology:	**रोगक्षमता विज्ञान**
Branch of the biomedical science concerned with the response of the organisms to antigenic challenge, the recognition of self and not self, and all the biological (in vivo), serological (in vitro), and physico-chemical aspects of immune phenomena.	जैव-चिकित्सा विज्ञान की वह शाखा जो ऐन्टीजेनिक चुनौती के प्रति जीवों की प्रतिक्रिया से संबंधित है, स्वयं या जो स्वयं नहीं है, उसकी पहचान तथा प्रतिरक्षा प्रक्रिया के सभी जैविक (अंत:जीव में), सीरमवैज्ञानिक (अंत:पात्रिय) एवं भौतिकी-रासायनिक पहलुओं से संबंधित है।
Immunostimulation:	**प्रतिरक्षा उत्प्रेरण**
Enhancement of defence responses, e.g. with vaccination.	रक्षा प्रतिक्रियाओं की बढ़ोत्तरी, उदाहरण के लिए टीका के साथ।
Impeller:	**इम्पेलर**
The device in a pump, which provides the pumping action. Impellers are classified as either radial, axial or mixed flow.	पंप में वह उपस्कर जो पंपिंग क्रिया प्रदान करता है। इम्पेल्लरों को या बिखेरनेवाले, अक्षीय या मिश्रित प्रवाह में वर्गीकृत किया जाता है।
Impervious:	**अप्रवेश्य**
In soil: not easily penetrated by roots or water. 1282	मृदा में : जो इतनी सरलता से जड़ों द्वारा या पानी द्वारा प्रवेश्य नहीं है। 1282

Import Risk Analysis (IRA):	**आयात खतरा वियलेषण (प्त)**
The process by which hazards associated with the movement of a particular commodity are identified and mitigative options are assessed. The results of these analyses are communicated to the authorities responsible for approving or rejecting the import. In aquaculture it refers to the methodical, iterative, science-based process of assessing disease risks associated with the importation of aquatic animals and their products (e.g. genetic material, feed stuff, biological products, pathological material).	वह प्रक्रिया जिससे किसी विशिष्ट चीज की गति से संबंधित खतरों को पहचाना जाता है और उनके शमन करने के उपायों को निर्धारित किया जाता है। इन परिणामों के विश्लेषण के बाद उन्हें आयात करनेवाले प्राधिकारियों की स्वीकृति या अस्वीकृति के लिए भेजा जाता है। जलकृषि में यह जलजीवों के आयात से संबंधित रोग के खतरों और उनके उत्पादों द्धउदाहरण के लिए आनुवंशिक सामग्री, खाद्य पदार्थ सामग्री, जैविक उत्पाद, रोगजनक सामग्रीऋ को निर्धारित करने के लिए पद्धति अनुक्रम, पुनरावर्तन, विज्ञान-आधारित प्रक्रियाओं से संबंधित है।
Impoundment:	**घेराव**
An artificially enclosed body of water confined by dam, dike, floodgate or other barrier, typically with fluctuating water levels and high turbidity.	कृत्रिम रूप से घिरा हुआ पानी जो विशेष रूप से पानी के अस्थिर स्तर और उच्च गंदलापन के साथ बाँध, डईक, बाढ़ गेट या अन्य कोई बाधा हो।
Inbreeding:	**अंत: प्रजनन**
Mating or crossing of individuals more closely related than average pairs in the population.	संख्या में औसत जोड़ों की तुलना में बहुत ही निकट संबंधों के मेल से या क्रॉसिंग से होता है।
Inbreeding depression:	**अंत: प्रजनन मंदी**
Declines in growth rate, fecundity, etc. and an increase in the percentage of deformed/ abnormal fish that occur when inbreeding reaches certain levels.	जनन शक्ति, वृद्धि दर आदि में कमी तथा विकृत/असामान्य मत्स्यों के प्रतिशत में बढ़ोत्तरी। यह तब होता है जब अंत: प्रजनन का स्तर कुछ निर्धारित सीमाओं को पार करता है।
Inbreeding, coefficient of- (F):	**अंत: प्रजनन गुणांक**
The measure of inbreeding. It is the probability that two alleles at a locus are identified by descent.	अंत:प्रजनन का माप। यह केन्द्र में स्थित उन दो विकल्पियों की संभाव्यता है जिन्हें उनके उतार द्वारा पहचाना जाता है।

Incidence:	**आघटन**
Number of cases developing per unit of population per unit of time. The incidence is only applicable to non-infected individuals in the host population, without concern for the number of infected hosts.	प्रति यूनिट समय की प्रति यूनिट जनसंख्या में विकसित होनेवाले केसों की संख्या। आघटन, पोषक संख्या में गैर-दूषित व्यक्तियों पर ही लागू होता है और इसमें दूषित व्यक्तियों की संख्या की कोई भूमिका नहीं होती है।
Income, farm-	**खेत आमदनी**
Gross value of all goods produced on the farm - whether sold, consumed on the farm, ormaintained as farm stock.	खेत पर पैदा किए गए सभी उत्पादों का कुल मूल्य - चाहे वह बेचा गया, या खेत में उसका उपभोग किया गया, या उसे खेत स्टॉक के रूप में रखा गया हो।
Incubate (to):	**अंडे सेना**
To hold eggs during development.	विकास के दौरान अंडों को सेने की प्रक्रिया।
o`f¼	**उद्भवन**
(a) In aquaculture: the holding of eggs from fertilization to hatching. (b) In pathology: the period between the time of entry of an infecting agent and the onset of symptoms of the disease. (c) In microbiology: culture of bacteria on specificmedia under controlled conditions.	**(a) जलकृषि में :** उर्वरण से प्रस्फुटन तक अंडों को रखने की प्रक्रिया **(b) रोगजनक विज्ञान में:** किसी दूषण एजेन्ट के प्रवेश समय एवं रोग लक्षणों के प्रकट होने के प्रारंभिक समय के बीच की अवधि। **(c) सूक्ष्मजीव विज्ञान में:** नियंत्रि स्थितियों में किसी विशिष्ट माध्यम पर बैक्टीरिया का संवर्द्धन
Incubation period:	**उद्भवन अवधि**
The time during which eggs (embryos) develop, for example, in a hatchery. Usually the period between fertilization and hatching of the last embryo of a given egg population.	वह समय जिसमें अण्डों (भ्रूण) का विकास होता है, उदाहरण के लिए हैचरी में। आमतौर पर किसी दी हुई अण्डों की संख्या में उर्वरण से लेकर अंतिम भ्रूण के प्रस्फुटन तक की अवधि होती है।
Incubation time:	**उद्भवन समय**
A period during which embryos develop inside the eggs; usually given in days or hours from fertilization until 50 percent of the embryos have hatched.	वह समय जिसमें अण्डों में भ्रूण का विकास होता है। आमतौर पर उक्त समय, उर्वरण से निर्धारित दिनों की संख्या या समय से 50 प्रतिशत भ्रूणों के प्रस्फुटन समय तक की अवधि होती है।

Incubation, buccal-	**मुंह में उद्भवन**
Incubation of eggs in the mouth.	मुँह में अण्डों का उद्भवन
Incubator:	**उद्भवन यंत्र**
Receptacles of various sizes, usually conical in shape, made from fine meshed cotton, nylon, glass, fibreglass, or metal used for hatching and nurturing hatchlings prior to first feeding. They may be free-standing or suspended in tanks. Long, shallow (usually 5-30 cm deep) troughs and trays made of fibreglass, asbestos, aluminium, metal, wood are also used to hatch eggs such as salmonids, catfishes, etc.	विभिन्न आकारों के पात्र धारक, जो आमतौर पर कोणाकार होता है, यह महीन मेश किए गए सूत, नाइलॉन, ग्लास, फाइबर ग्लास या धातु से बना होता है जो पहले फीडिंग से पूर्व प्रस्फुटन एवं प्रस्फुटितों की देखभाल के लिए प्रयोग किया जाता है। वे टंकियों में मुक्त रूप से खड़े या टंगे होते हैं। सॉल्मोनिड, कैटफिश आदि जैसों के अण्डों के प्रस्फुटन के लिए लंबे छिछले (आमतौर पर 5-30cm की गहराई में) पानी में डुबोए गए फाइबर ग्लास, ऐस्बेस्टॉस, ऐल्युमिनियम, धातु, लकड़ी से बने टफ़ या ट्रे होते हैं।
Incubator, Californian-	**कैलिफोर्नियन उद्भवन यंत्र**
Horizontal, box-like apparatus (trough or tray) for hatching fish eggs, especially salmonids.	मत्स्य अण्डों को प्रस्फुटित करने के लिए विशेष रूप से सॉल्मोनिडों के अण्डों के प्रस्फुटन के लिए क्षैतिज, डिब्बे जैसे उपस्कर।
Incubator, horizontal-	**क्षैतिज उद्भवन यंत्र**
A trough equipped with a series of horizontal trays used for hatching relatively big fish eggs, especially salmonids, in which water flows horizontally.	बड़े मत्स्य के अण्डों को प्रस्फुटित करने के लिए विशेष रूप से सॉल्मोनिडों के अण्डों के प्रस्फुटन के लिए एक ट्रफ जिसमें क्रम में रखे गए कई क्षैतिज ट्रे जिनमें से पानी क्षैतिज स्तर पर प्रवाहित होता है।
Incubator, vertical-	**लंबवत् उद्भवन यंत्र**
Jar-shaped apparatus for hatching fish eggs especially small-sized, in which water flows vertically; upwelling is used to enable an optimal distribution of nutrients thus allowing very high densities of eggs/larvae to be raised in a small area.	मत्स्य अण्डों को विशेष रूप से छोटे आकार के अण्डों के प्रस्फुटन के लिए जार के आकार का उपस्कर जिसमें से पानी लंबवत स्तर पर प्रवाहित होता है य पौष्टिक तत्त्वों के समान फैलाव के लिए अपवेल्लिंग का प्रयोग किया जाता है जिससे कि एक छोटे क्षेत्र में भी अण्डों/इल्लियों के की उच्च सघनता बढ़ा सकता है।

Infection:	**दूषण**
Invasion and multiplication of an infectious organism within host tissues. May be clinically benign (see subclinical or 'carrier') or result in cell or tissue damage. The infection may remain localized, subclinical, and temporary if the host defensive mechanisms are effective or it may spread an acute, subacute or chronic clinical infection (disease).	पोषक ऊतकों में एक संक्रामक जीव का प्रवेश और उनका प्रजनन। शायद यह चिकित्सा क तौर पर घातक (उप-रोगलक्षणिक या (कैरियर) देखें नहीं है या वह ऊतक या कोशिकाओं को हानि भी नहीं पहुँचाता हो। दूषण स्थानीय, उप-रोगलक्षणिक या अस्थायी रह सकता है यदि पोषक रक्षा पद्धतियां प्रभावशाली होती हैं या वे तीव्रता से, उप-तीव्रता से या चिरकालिक रोग दूषण के रूप में फैल सकते हैं।
Infection, intensity of-	**दूषण की तीव्रता**
The number of infectious agents in an individual organism or specimen; "mean" intensity is the average number of infectious agents present in all infected individuals in a sample.	किसी जीव या सैम्पल में दूषित संक्रामक एजेन्टों की संख्या य ''मध्यमान'' की तीव्रता वह संख्या है जो एक सैम्पल में सभी दूषित एजेन्टों में उपस्थित दूषित एजेन्टों की औसत संख्या है।
Infection, secondary-	**द्वितीयक दूषण**
Infection resulting from a reduction in the host's resistance as a consequence of an earlier infection.	पूर्व निहित दूषण के परिणामस्वरूप दूषण जो पोषक प्रतिरोध में कमी से पैदा होता है।
Infection, systemic-	**सर्वांगीण दूषण**
An infection involving the whole body.	संपूर्ण शरीर में निहित दूषण।
Infectious:	**संक्रामक**
Capable of being transmitted or of causing infection.	दूषण फैलने या दूषण के कारण बनने की क्षमता रखनेवाला।
Infiltration:	**अंतः संचरण**
(a) In soil: the process whereby water enters the soil through the surface and seeps downward into it.	**(a) मृदा में:** वह प्रक्रिया जिसके माध्यम से पानी मृदा सतह में से प्रवेश करता है और उसके अंदर फैलता है।
(b) In invertebrates: haemocyte migration to a site of tissue damage or infection by a foreign body/organism ('inflammation'). Infiltration may also occur for routine absorption and transport of nutrients and disposal of waste products.	**(b) रीढ़ रहित जीवों में:** ऊतक हानि के स्थान में हीमोसईटों का प्रवास या विदेशी कण/जीव द्वारा दूषण (''शोथ'')। अंत:संचरण रोज़ाना अवशोषण से तथा पौष्टिक तत्त्वों के परिवहन से तथा व्यर्थ पदार्थों के निपटान के माध्यम से भी हो सकता है।

Inflammation:	**सूज़न**
(a) In vertebrates: initial response to tissue injury characterized by the release of amines, which cause vasodilatation, infiltration of blood cells, proteins and redness that may be associated with heat generation.	**(a) रीढ़दार जीवों में :** अमीन्स के मुक्त होने के माध्यम से विशिष्ट ऊतक ज़ख्म के प्रारंभिक प्रतिक्रिया, जो वाहिका विस्तार, रक्त कोशिकाओं के अंत:संचरण, प्रोटीन एवं ताप के उत्पादन से होनेवाली लाली पैदा करते हैं।
(b) In invertebrates: infiltration response to tissue damage or a foreign body. The infiltration may be focal, diffuse or systemic.	**(b) रीढ़दार जीवों में :** अमीन्स के मुक्त होने के माध्यम से विशिष्ट ऊतक ज़ख्म के प्रारंभिक प्रतिक्रिया, जो वाहिका विस्तार, रक्त कोशिकाओं के अंत:संचरण, प्रोटीन एवं ताप के उत्पादन से होनेवाली लाली पैदा करते हैं।
Ingredient, active-	**सक्रिय घटक**
In disease organisms and pest control: specific chemical that kills or controls target organisms. Its concentration in the chemical used for treatment is usually expressed in percent of the total weight or volume of this chemical.	**रोग जीव एवं कीटनाशकों में:** विशिष्ट रासायनिक पदार्थ जो लक्षित जीवों को मारता है या उन्हें नियंत्रि करता है। उपचार में रासायनिक पदार्थ में उसकी सान्द्रता का प्रयोग किया जाता है और उसे प्राय: इस रासायनिक पदार्थ के कुल वजन या परिमाण के प्रतिशत में अभिव्यक्त किया जाता है।
Injection, intramuscular-	**इनजेक्शन अंत: पेशी**
Injection given into muscles, e.g. for scaleless leather carps, at a 45° angle in the muscles below the tip of the dorsal fin or in the caudal peduncle below the lateral line.	मांस-पेशियों में दिए गए इनजेक्शन। उदाहरण के लिए स्केल रहित लेदर कार्प के लिए पृष्ठीय-पर के टिप के नीचे मांस-पेशियों में 45° कोण पर या पार्श्व रेखा के नीचे कौडल पेडंकल में दिया जाता है।
Injection, intraperitoneal-	**उदरावरण के अंदर इनजेक्शन**
Administration by injection of a substance into the body cavity, known as the peritoneum, usually from behind the base of the abdominal fin.	शारीरिक कैविटी में किसी पदार्थ के इनजेक्शन देना जिसे उदरावरण कहते हैं, आमतौर पर उदरीय पंखों के आधार के पीछे से दिया जाता है।
Injection, subcutaneous-	**अधस्तवचीय इनजेक्शन**
Administration by injection of a substance below the skin but not into the muscle.	किसी पदार्थ को इनजेक्शन मांस-पेशी नहीं, चर्म के नीचे देने की पद्धति।
Inlet (a):	**इनलेट (a):**

Short narrow waterway connecting a bay, lagoon, or similar body of water with a large parent body of water.	एक बहुत ही छोटा संकीर्ण पानी मार्ग जो खाड़ी, लगून या ऐसे ही किसी प्रकार के पानी को किसी बहुत बड़े जलाशय के साथ जोड़ता है।
Inlet (b):	**इनलेट (b):**
Arm of the sea (or other body of water), which is long compared to its width, and which may extend for a considerable distance.	समुद्र की खाड़ी (या अन्य पानी स्रोत) जिसकी चौड़ाई की तुलना में लंबाई अधिक है और इसे काफी दूर तक विस्तारित किया जा सकता है।
Inlet (c):	**इनलेट (c):**
An entrance of water, for example in a pond, a tank, a raceway.	पानी का प्रवेश उदाहरण के लिए तालाब, टंकी और रेसवे में होता है।
Inlet (d):	**इनलेट (d):**
In aquaculture: a structure built to control the amount of water flowing into a rearing unit at all times.	**जलकृषि में:** वह संरचना जो पालन यूनिट में सदा प्रवाहित होनेवाली पानी की मात्रा को नियंत्रित करने के लिए बनाई जाती है।
Inoculum:	**संरोप**
Culture of an organism (alga, rotifer), which is used as a starting point for another culture.	जीव का संवर्द्धन (शैवाल, रोटीफर), जिसे किसी दूसरे संवर्द्धन के लिए प्रारंभिक बिन्दु के रूप में प्रयोग किया जाता है।
Inorganic:	**अकार्बनिक**
Chemical compounds not containing carbon as the principal element, with the exception of carbonates, cyanides and cyanates.	कार्बोनेट, साईनाईड एवं सायनेटों को छोड़कर वे रासायनिक पदार्थ जिनमें कार्बन प्रमुख तत्त्व नहीं होता है।
Instar (a):	**इनस्टार** (a):
Stage between moults.	निर्मोकों के बीच का स्तर
Instar (b):	**इनस्टार** (b):
The early period of growth for a juvenile crustacean.	किशोर क्रस्टीशियन की वृद्धि की प्रारंभिक अवधि।

Institution(s): **संस्थान**

(a) Organizations or agencies that operate within both the public and private sector.

(a) संगठन या एजेन्सी जो सार्वजनिक एवं निजी, दोनों क्षेत्रें में प्रचालित होता है।

(b) The mechanisms, rules and customs by which people and organizations interact with each other (i.e. the "rules of the game"). Examples are laws (e.g. criminal law), land tenure arrangements (property rights) and the way markets work in practice (the "market" as an institution). The role of institutions is to reduce uncertaintyby establishing a stable structure for human interactions. Institutions can be formal (e.g. a government agency) or informal (e.g. socially transmitted conventions and codes of behaviour).

(b) वे पद्धतियां, नियम एवं सीमाशुल्क जिसके माध्यम से लोग और संगठन एक दूसरे से संपर्क करते हैं (अर्थात् ''खेल के नियम'')। उदाहरण के लिए भूमि कार्यकाल व्यवस्था ὒसंपत्ति अधिकारऋ के कानून (उदाहरण के लिए आपराधिक कानून) तथा व्यावहारिक तौर पर जिस तरह से मार्केट (''मार्केट'' एक संस्थान के रूप में) काम करते हैं। मानवीय संपर्क के लिए एक स्थिर संरचना स्थापित करने के माध्यम से अनिश्चितता कम करना ही संस्थानों की भूमिका है। संस्थान औपचारिक (उदाहरण के लिए सरकारी एजेन्सी) या अनौपचारिक (उदाहरण के लिए सामाजिक स्तर पर प्रचलित परंपराएं और व्यवहार के कोड) एवं हो सकते हैं

Integrated agriculture-aquaculture (IAA): **समेकित कृषि-जलकृषि**

Semi-intensive aquaculture systems in synergy with agriculture (including animal husbandry).

अर्द्ध-गहन जलकृषि व्यवस्थाएं जो कृषि के साथ सहक्रिय हैं ὒपशुपालन को शामिल करते हुएऋ।

Integrated irrigation-aquaculture (IIA): **समेकित सिंचाई-जलकृषि**

The use of irrigation water both for agriculture crops production and for aquaculture production. The latter can take place upstream or downstream from the agriculture fields, or within these fields. Aquaculture production can be obtained concurrently with agriculture or in rotation.

कृषि ϖसल एवं जलकृषि उत्पादन हेतु दोनों की सिंचाई के लिए पानी का प्रयोग। कृषि खेतों से धारा प्रवाह के प्रतिकूल या अनुप्रवाह में जलकृषि की जा सकती है या यह खेतों में भी की जा सकती है। जलकृषि उत्पादन को कृषि के साथ में या आवर्तन में प्राप्त किए जा सकते हैं।

Integration: **समेकीकरण**

The process of bringing together separate components as a functional whole that involves coordination of interventions.

वह प्रक्रिया जिसके माध्यम से विभिन्न घटकों को एक साथ एक प्रकार्यात्मक रूप में लाना जिसमें समन्वय हस्तक्षेप शामिल हैं।

Integration, designed-	**डिज़ाइन किया गया समेकीकरण**
For aquaculture: it is specifically incorporated at the planning/design stage of a larger scale system.	**जलकृषि में:** इसे विशेष रूप से एक बृहत् स्केल व्यवस्था की योजना/ डिज़ाइन स्तर में सम्मिलित किया गया है।
Integration, functional-	**प्रकार्यात्मक समेकीकरण**
In Integrated Coastal Management ensures that programmes and projects are consistent with ICM goals and objectives.	समेकित तटवर्ती प्रबंधन, कार्यक्रम एवं परियोजनाएं ICM लक्ष्यों एवं उद्देश्यों के संदर्भ में सुसंगतता निश्चित करते हैं।
Integration, horizontal-	**क्षैतिज समेकीकरण**
(a) The process through which firms grow laterally by gaining control over other firms performing similar activities at the same level in the marketing sequence. One form of horizontal integration is the consolidation of several small producers under a single management. [RT: horizontally integrated aquaculture] [Syn: integrated marketing system]	(a) वह प्रक्रिया जिसके माध्यम से फर्म, अन्य फर्मों के मार्केटिंग क्रममें उसी स्तर पर वही कियाकलाप करते हुए उनपर काबू कर लेते हैं। एकल प्रबंधन के अंतर्गत कई छोटे उत्पादकों को क्षैतिज स्तर पर एक रूप समेकित किया जाता है। [RT : क्षैतिज समेकित जलकृषि, ख्लिद रू समेकित मार्केटिंग व्यवस्था,
(b) In policy and planning it refers to integration between different sectors (such as fisheries and forestry).	(a) नीति एवं योजना में यह विभिन्न क्षेत्रों के समेकीकरण में लिया जाता है (जैसे मात्स्यिकी एवं वन)।
Integration, policy-	**समेकीकरण नीति**
In Integrated Coastal Management: ensures that management actions are consistent with other development and policy initiatives.	**समेकित तटवर्ती प्रबंधन में:** अन्य विकास एवं नीतियों के संदर्भ में प्रबंधत क्रियाकलापों की सुसंगतता निश्चित करता है।
Integration, specific-	**विशिष्ट समेकीकरण**
Aquaculture integrated at the household and small farm level; typically small-scale, food or profit outputs.	घरेलू एवं छोटे खेत स्तर पर समेकित जलकृषि। विशिष्ट छोटे स्तर पर खाद्य पदार्थ या लाभ आऊटपुट।
Integration, strategic-	**कार्यनीति समेकीकरण**
Where aquaculture is integrated at a broad level, usually as part of a larger management unit; normally commercial.	जहां जलकृषि एक बृहत् स्तर पर समेकित किया जाता है, आमतौर पर यह एक बृहत् प्रबंधन यूनिट के एक भाग के रूप में प्रयोग किया जाता है और यह सामान्य रूप से वाणिज्यिक होता है।

Integration, systems-	**समेकीकरण व्यवस्थाएं**
In Integrated Coastal Management: refers to the physical, social and economic linkages of land and water uses and ensures that all relevant interactions and issues are considered.	**समेकित तटवर्ती प्रबंधन में:** इसे भूमि एवं पानी के प्रयोग से संबंधित भौतिकी, सामाजिक एवं आर्थिक पहलुओं के संदर्भ में लिया जाता है तथा उनमें उपयुक्त संपर्क एवं मामलों को सुनिश्चित करता है।
Integration, vertical-	**लंबवत् समेकीकरण**
(a) The process of bringing two or more successive stages of production and/or distribution of a product under the same control. A vertically integrated firm in the aquaculture industry is one in which the owning, managing, or controlling company may direct all or portions of the hatching operations, grow-out operation, manufacture of feeds, processing capability, and the marketing of the product. [RT: vertically integrated aquaculture] [Syn: integrated marketing system] (b) In policy and planning it refers to integration between local level and national or international activities and policies.	(a) वह प्रक्रिया जिसके माध्यम से उत्पाद के उत्पादन और/या वितरण के दो या अधिक क्रमिक स्तरों को एक ही नियंत्रण में लाने का प्रयास किया जाता है। जलकृषि के क्षेत्र में एक लंबवत समेकित फर्म वह फर्म होता है जिसमें स्वामित्त्व, प्रबंधन या नियंत्रण करनेवाली कंपनी प्रस्फुटन प्रचालन, ग्रो-आऊट प्रचालन, खाद्य पदार्थों का उत्पादन, प्रक्रण क्षमताएं तथा उत्पाद के मार्केटिंग में सीधे या सभी भागों को लंबवत रूप में समेकित करता है। [RT: लंबवत समेकित जलकृषि, [Syn: समेकित मार्केटिंग व्यवस्था। (b) नीति एवं योजना में इसे राष्ट्रीय एवं अंतर्राष्ट्रीय क्रियाकलापों और नीतियों के संदर्भ में लिया जाता है।
Intensification:	**तीव्रीकरण**
The increase of production in an aquacultural or agricultural system through increasing the stock or planting density (and expected production) in the existing water or wetland area.	वर्तमान में उपयुक्त पानी या गीली भूमि के क्षेत्र में जलकृषि या कृषि व्यवस्था में रोपण एवं स्टॉकिंग तथा के माध्यम से उत्पादन में वृद्धि करने की प्रक्रिया।
Introduction:	**परिचय**
Of a fish species: intentional or accidental transport and release by humans into an environment beyond its present range.	मत्स्य प्रजाति : मानवों द्वारा खेत के वर्तमान पर्यावरणीय स्तर से अधिक स्तर पर जानबूझकर या आकस्मिक परिवहन।
Invertebrate:	**रीढ़रहित पशु**
Animal without a backbone.	रीढ़ के बिना पशु।

Invoice:	**बीजक**
The bill the seller sends the buyer. It lists Purchase Order number as well as what was sold, the quantity, unit price, total cost and terms of payment.	वह बिल जो विक्रेता, खरीददार को भेजता है। इसमें क्रय आदेश की संख्या के साथ साथ विक्रय की जानेवाली वस्तु, परिमाण, यूनिट दर, कुल लागत एवं भुगतान की शर्तों के विवरण होते हैं।
Ion:	**अयॉन**
An atom or radical with an electrical charge that is positive (cation) or negative (anion) as a result of having lost or gained electrons.	इलेक्ट्रिक चार्ज के साथ वह परमाणु एवं या मूल, जो इलेक्ट्रॉनों के खोने या प्राप्त करने से धनात्मक (कैटयॉन) या ऋणातमक (एनयॉन) हो जाता है।
Irradiating:	**विकिरणन**
Feed technology: process in which feed ingredients are treated, prepared or altered by exposure to a specific radiation.	**खाद्य प्रौद्योगिकी:** वह प्रक्रिया जिसके माध्यम से खाद्य पदार्थ के घटकों को किसी विशिष्ट विकिरणन के प्रभाव में उपचारित, तैयार या परिवर्तित किया जाता है।
Irragation, check-	**सिंचाई जांच**
Method of irrigation in which a large field is divided into small compartments or checks, into which water is then flooded.	सिंचाई की वह पद्धति जिसमें एक बहुत बड़ा क्षेत्र छोटे भागों या चौकोरों में विभाजित किया जाता है जिसमें पानी को भरा जाता है।
Irrigation:	**सिंचाई**
Water artificially applied to soil and confined in time and space. It enables to meet the water requirements of a crop at a given time of its vegetative cycle or to bring the soil to the desiremoisture level outside the vegetative cycle. The irrigation systems can be fully equipped, just partially equipped, or managed in a "traditional" way. The equipment may be for permanent or supplementary irrigation.	पानी को कृत्रिम रूप से मृदा पर प्रयोग किया जाता है और उसे समय एवं जगह में सीमित किया जाता है। इससे एक दिए गए ?सल के वानस्पतिक चक्र की अवधि में पानी की आवश्यकताओं को पूरा करने या मृदा में वानस्पतिक चक्र के बाहर वांछित नमी लाने के लिए सुविध प्रदान करता है। सिंचाई व्यवस्थाओं को पूर्ण रूप से सुसज्जित किया जा सकता है, जिससे कि आंशिक रूप से या उसे ''परंपरागत'' रूप से संभाला जा सकता है। उपकरण स्थायी या पूरक सिंचाई के रूप में हो सकते हैं।

ISO 9000	**ISO 9000**
ISO 9000 standards are a system of quality assurance standards to help ensure that products are being produced under certain standards of quality. The system was developed by the International Organization for Standardization (ISO). ISO is a non-governmental organization and all standards developed by ISO are voluntary. ISO has no power to enforce or to implement the system. These common quality standards help to ensure that products produced by different manufacturers for different customers are of equal quality, hence the name ISO, which is derived from the Greek word "isos" meaning "equal."	चूँकि, ISO 9000 के मानक व्यवस्था की गुणवत्ता के अश्वासन के मानक उन उत्पादों का उत्पादन सुनिश्चित करते हैं जो गुणवत्ता के मानकों को पूरा करते हैं। अंतर्राष्ट्रीय मानकीकरण संगठन (ISO) ने इन मानकों का विकास किया है। ISO एक गैर-सरकारी संगठन है तथा ISO द्वारा विकसित सभी मानक स्वैच्छिक हैं। इस व्यवस्था को कार्यान्वित करने या उसे प्रवर्तित करने का कोई अधिकार नहीं है। ये सामूहिक गुणवत्ता मानक विभिन्न प्रकार के ग्राहकों के लिए विभिन्न उत्पादकों द्वारा उत्पादित उत्पादों में समान गुणवत्ता सुनिश्चित करते हैं, अतः ISO का नाम यूनानी भाषा से व्युत्पन्न है और 'पेवे' का अर्थ है "समान"।
Isobath:	**आइसोबाथ**
A line on a chart or map connecting points of equal depth.	चार्ट या मैप में समान गहराई के पाइंटों को अंकित करनेवाली लाइन।
Isotherm:	**आइसोथर्म**
In limnology/oceanography: a line on a chart or map connecting points having the same (water) temperature.	**सरोवर विज्ञान/समुद्र विज्ञान में:** मैप या चार्ट पर एक ही (पानी) ताप के पाइंटों का अंकन।

J

Jack:	जैक
Anadromous migrating form of salmonid, which spends only a few months at sea and then migrates upriver to spawn in freshwater.	समुद्रापगामी प्रवासी सॉल्मोनिड का रूप जो समुद्र में कुछ ही महीने बिताता है और फिर बाद में बोयाना के लिए प्रतिकूल प्रवाह में वापस स्वच्छ पानी में आ जाता है।
Jar, McDonald-	**जार मैकडॉनल्ड**
A type of incubator usually made from clear plastic designed to hold fertilized eggs during the hatching process.	एक प्रकार का उद्‌भवन यंत्र जो सामान्य रूप से पारदर्शी प्लास्टिक से बनाए गए डिज़ाइन किया गया है ताकि वह प्रस्फुटन की प्रक्रिया के दौरान उर्वरित अण्डों को पकड़ सके।
Jar, Zoug- (Zouger-)	**ज़ौग जार (ज़ौगर)**
A bottle-shaped vertical incubator used for the incubation of aquatic eggs.	एक बोतल आकार का लंबवत उद्‌भवन यंत्र जिसे जलीय अण्डों को सेने के लिए प्रयोग किया जाता है।
Juvenile:	**किशोर**
Young stage of animals, usually up to the time they first become sexually mature. For fish usually between the postlarval stages up to the time they first become sexually mature. They are generally hardy at this stage.	जन्तु का युवा स्तर, मुख्यत: उस समय तक जब तक वे पहली बार लैंगिक सैरूरिटी प्राप्त करते हैं। मछलियों के लिए पोस्ट इल्ली स्तर से इसकी पहली बार लैंगिक मैच्यूरिटी प्राप्त करने के बीच में होता है। ये इस पर सख़्त होते हैं।

K

Keeping time:	समय रखना:
The length of time that fish will remain wholesome and acceptable as human food.	समय की वह अवधि जब तक मत्स्य पूर्ण रहते हैं और वे मावनीय खाद्य पदार्थ के रूप में स्वीकृत रहते हैं।
Kelt:	**केल्ट:**
Spawned wild salmon or trout, which has not yet lost its nuptial dress.	बोयाना वन्य सॉल्मन या ट्राऊट जो अभी तक अपने वैवाहिक कपड़ों को नहीं उतारा है।
Konbu:	**कोण्बू:**
Japanese name for brown algae/seaweeds of the genus Laminaria.	जीनस लैमिनारिया, भूरे शैवाल/ समुद्री शैवाल के लिए जापानी नाम।

L

Lab-lab	लैब लैब
Name given in the Philippines to a complex of aquatic organisms, which include algae, bacteria, protozoans and diatoms. This complex may form a dense mat on the bottom of well fertilized tidal ponds and is eaten by young milkfish and shrimps.	फिल्लिपाइन्स में कॉम्पलेक्स जलजीवों को दिया गया नाम जिसमें शैवाल, बैक्टीरिया, प्रोटोज़ोआ और डयाटोम शामिल हैं। यह कॉम्पलेक्स रूप, अच्छी तरह से उर्वरित ज्वारीय तालाबों के निचले स्तर पर एक सघन चटाई के रूप में जमा हो जाते हैं तथा दुधिया मछली और ढींगे उन्हें खाते हैं।
Lacustrine	**लैकूस्ट्राइन**
Pertaining to, or living in, lakes or ponds; used for plants floating on or immersed in freshwater.	झीलों या तालाबों से संबंधित या उसमें रहनेवाले जिन्हें स्वच्छ पानी में डूबे या तैरनेवाले पौधों के लिए उपयोग किया जाता है।
Lagoon	**लगून**
Water body situated between the shore and a coral reef, through the openings of which tidal water circulates.	एक प्रकार का जलाशय जो तट और एक प्रवाल-भित्ति के बीच में स्थित है, जिसके प्रवेश से ज्वारीय पानी परिचालित होते हैं।
Lagoon (coastal-)	**लगून (तटवर्ती)**
A shallow body of water, as a pond or lake, separated from the sea by sandbars, often associated with estuaries, and which may have a shallow, restricted outlet to the sea. They show great seasonal variation in salinity, being fed fromassociated freshwater rivers for part of the year and from the sea for the remainder.	तालाब या झील जैसे छिछला पानी जो रेतीले तट से समुद्र से अलग किए हुए होते हैं, ये प्राय: खाड़ियों से संबंधित हैं और समुद्र की ओर इनका छिछला आऊटलेट हो सकते हैं। ये लवणता के संदर्भ में अत्यधिक मौसमी भिन्नता प्रदर्शित करते हैं, वर्ष के एक भाग में स्वच्छ पानी से पोषित तथा वर्ष के दूसरे भाग में समुद्र द्वारा प्रोषित होते हैं।
Lagoon channel	**लगून नाली**
Outlet channel of a coastal lagoon to the sea.	तटवर्ती लगून के समुद्र की ओर आऊटलेट नाली।
Lagoon, aerated-	**वातित लगून**
A waste treatment pond in which the oxygen required for biological oxidation is supplied by mechanical aerators.	एक व्यर्थ पानी उपचार तालाब जिसमें जैविक ऑक्सीकरण के लिए आवश्यक ऑक्सीजन को यांत्रिक वातन द्वारा प्रदान किया जाता है।

Lake:	**झील**
A natural relatively large body of standing water with negligible currents and enclosed by land. It can be regarded as a relatively closed system as most of its hydrology is internal, although it may have substantial inflowing and outflowing rivers.	एक प्राकृतिक बृहत् स्थिर जलाशय जिसमें किसी भी प्रकार की धार बहुत ही कम हैं और वे भूमि से घिरे हुए हैं। इसे लगभग एक बंद व्यवस्था के रूप में माना जा सकता है क्योंकि इसके पूरे से पूरे जल विज्ञान आंतरिक है, यद्यपि इसमें काफी हद तक नदी के अंतर्वाह और बहिर्वाह हो सकते हैं।
Lake, oxbow-	**ऑक्सबो झील**
The cut-off portion of a river meander bend.	नदी का कट-ऑफ भाग का घुमाव मोड़।
Land information system (LIS)	**भूमि सूचना व्यवस्था (LIS)**
A system for capturing, storing, checking, integrating, manipulating, analysing and displaying data about land and its use, ownership and development.	भूमि के बारे में डेटा इकत्रि करने, डेटा स्टोर करने, जांच करने, समेकित करने, बदलने, विश्लेषण करने और प्रदर्शित करने तथा उसके स्वामित्त्व एवं विकास के लिए एक व्यवस्था।
Larva (pl. larvae)	**डिभक**
An organism from the beginning of exogenous feeding to metamorphosis into juvenile. At the larval stage the animal differs greatly in appearance and behaviour from a juvenile or an adult.	वह जीव जो बाह्य फीड की शुरुआत से कार्यंतरण होकर किशोरावस्था स्तर। इल्ली स्तर में पशु, किशोरावस्था से या एक वयस्क में व्यवहार और रूप में बहुत भिन्न होता है।
Larva, (echino) pluteus-	**प्लूटस इल्ली (ऐकिनो)**
Planktonic larva of sea urchins (echinoderm Echinidae), which swims very actively to feed on planktonic organisms. After metamorphosis, settles on a substrate and becomes a juvenile sea urchin.	समुद्री अर्चिन के प्लेन्कटोनिक इल्ली, जो प्लेक्टोनिक जीवों को खाने के लिए बहुत सक्रिय होकर तैरते हैं। कार्यंतरण के बाद वे किसी सबस्ट्रेट पर जम जाते हैं और वे किशोर समुद्री अर्चिन में कार्यांतरित हो जाते हैं।
Larva, competent-	**सक्षम इल्ली**
Larva of mollusc that is ready to metamorphose and attach to a suitable surface.	घोंघे की इल्ली जो कार्यांतरित होने के लिए तैयार है और किसी उचित सतह से जुड़ने के लिए तैयार है।
Larva- D:	**इल्ली-D**
Developmental stage of mollusc, so called as the shell of the larva resembles a capital "D". Last stage of a planktonic mollusc larva prior to settlement on the sea bottom.	घोंघे का विकासात्मक स्तर, वह स्तर जिसमें इल्ली की ठठरी अंग्रेज़ी वर्णमाला 'D' बड़े अक्षर के समान होता है। समुद्र के तर में जमने से पहले प्लेन्कटोनिक घोंघा इल्ली का अंतिम स्तर।

Larva, eyed-	आंख इल्ली
Generally refers to a molluscan larva, which has developed a foot and is ready to settle out of the plankton and become benthic.	आमतौर पर यह घोंघा इल्ली के संदर्भ में लिया जाता है जो एक फुट तक विकसित हो गया है तथा प्लवकों से बाहर निकलकर जमने के लिए तथा बेन्थिक बनने के लिए तैयार है।
Larva, leptocephalus-	**लेप्टोस्फिलस इल्ली**
The marine pelagic larva of the freshwater eel Anguilla sp.	स्वच्छ पानी सर्पमीन ऐंग्विल्ला प्रजाति की समुद्री पेलेजिक इल्ली।
Larva, schizopod-	**स्किज़ोपॉड इल्ली**
Stage in development of decapod crustacean larva when it resembles an adult mysis in having an exopodite and endopodite to all thoracic limbs.	डीकेपॉड क्रस्टीशियन इल्ली के विकास का स्तर, वह स्तर जब वह सभी थोरेसिक अवयवों में ऐक्सपेडाईट एवं ऐण्डोपोडईट होने में एक वयस्क माईसिस की तरह लगता है।
Larva, yolk sac-	**ज़रदी इल्ली**
Many fishes hatch while they still have a considerable amount of yolk remaining. From the time of hatching until the yolk sac is fully absorbed, they are referred to as yolk-sac larvae.	कई मत्स्य तभी प्रस्फुटित हो जाते हैं जब उनमें बहुत सारा ज़रदी बाकी रह जाता है। प्रस्फुटन के समय से ज़रदी की पूरी गठरी के अवशोषित होने तक उन्हें ज़रदी इल्ली कहते हैं।
Larviculture	**इल्ली संवर्द्धन**
The culture of larvae, usually in hatcheries.	इल्लियों का पालन, आमतौर पर हैचरी में किया जाता है।
Larviparous	**इल्लीपारस**
Producing eggs that are hatched internally, with release of free-living larvae.	उन अण्डों को पैदा करना जो आंतरिक रूप से प्रस्फुटित किए जाते हैं और इससे मुक्त-सजीव इल्ली मुक्त किए जाते हैं।
Latitude-longitude	**अक्षांश-देशांतर**
In GIS: a spherical reference system used to measure locations on the earth's surface. Latitude and longitude are angles measured from the earth's center to locations on the earth's surface. Latitude measures angles in a north-south direction. Longitude measures angles in the east-west direction.	**GIS:** में - एक गोलाकार संदर्भ व्यवस्था जिसे पृथ्वी पर स्थानों को मापने के लिए प्रयोग किया जाता है। पृथ्वी की सतह पर केन्द्र से अक्षांश और देशांतर रेखाओं से पैदा होनेवाले कोणों से मापा जाता है। अक्षांश उत्तर-दक्षिण दिशा में कोणों से मापते हैं।

Laver	**लेवर**
European and American name for processed extracts of a variety of red algae/seaweeds of the genus Porphyra, cultured in Japan and China and developed into medicinal and food products.	पफ़ैरा जीनस के कई प्रकार के लाल शैवाल/समुद्री शैवालों के प्रसंस्कृत सार के लिए यूरोपीय और अमरीकी नाम, जो जापान और चीन में संवर्द्धित है तथा जिन्हें औषधीय एवं खाद्य पदार्थों में विकसित किया जाता है।
Lavoriero (pl. lavorieri)	**लेवोरियेरो**
Italian term for special trapping device installed at the gate of valli for the purpose of partial or even sometimes complete harvesting of migrating brackishwater and euryhaline fish in the traditional valli culture in lagoons in Italy and other Mediterranean countries. Originally they consisted of screens made of reeds, installed in such a way as to lead fish into a terminal trapping chamber. In modern valli, aluminium or other metallic screens and traps are built on concrete barrages at the inlet. Fish swim against the current at high tide and are caught in the traps.	इटली एवं अन्य भूमध्यसागर में स्थित देशों के लगूनसें में किए जानेवाले परंपरागत वल्ली संवर्द्धन में प्रवासी एवं यूरीहैलीन मत्स्य के कभी कभी संपूर्ण या आंशिक ूसल के उद्देश्य से वल्ली गेट पर संस्थापित विशिष्ट पकड़ने के उपकरण के लिए इटालियन शब्द। मूल रूप से उन में रीडों से बनाए गए स्क्रीन होते थे जो इस तरह से संस्थापित किए गए हैं ताकि वे मत्स्य को टर्मिनल ट्रैपिंग चेम्बर में ले जा सकें। आधुनिक वल्ली में अलुमिनियम या अन्य धात्विक स्क्रीनों एवं ट्रैप को प्रवेश में कंक्रीट बैरेजों पर बनाए गए हैं। मत्स्य उच्चज्वार के प्रवाह के विरोध में तैरते हैं और वे ट्रैपों में पकड़े जाते हैं।
Leaching	**निक्षालन**
The washing out of material from the soil, both in solution and suspension.	मृदा से विलय और निलंबित करने की प्रक्रिया द्वारा सामग्री धो देना।
Lead line	**लेड लाइन**
The bottom line of a seine, gillnet or trammel net, held down by leadweights	साईन, गिलनेट या ट्रेम्मल नेट की निचली लाइन जो लेड की वज़न द्वारा पकड़ी जाती है।
Legend	**लेजेण्ड**
The reference area on a map that lists and explains the colours, symbols, line patterns, shadings, and annotation used on the map. The legend often includes the scale, origin, orientation, and other map information.	मानचित्र पर वह संदर्भ क्षेत्र जो रंग, चिन्ह, लाइन पैटर्न, शेडिंग या मानचित्र पर प्रयुक्त टिप्पणी के लिए प्रयोग किया जाता है। लेजेण्ड में प्राय: स्केल, ऑरिजिन, प्रारंभ और अन्य मानचित्र से संबंधित सूचना।
Length, fork-	**फोर्क लंबाई**
In a fish with a forked tail: the distance from the mouth tip to the tail fork.	मत्स्य में ोर्क जैसी पँछ : मुंह की नोक से ोर्क जैसी पूँछ की दूरी।

Length, standard-	**मानक लंबाई**
In a finfish: size parameter used to measure and compare fish lengths. Standard length is measured from the tip of the mouth of the fish to the base of the tail, and does not include the caudal fin, as it can often be of varying length in farmed fish.	**परयुक्त मत्स्य में:** मत्स्य की लम्बाइयों को मापने और तुलना करने के लिए प्रयोग की जानेवाली पेरामीटर। मानक लंबाई मत्स्य के मुंह के नोक से उसकी पूंछ तक मापी हुई लंबाई होती है और इसमें कौडल पंख शामिल नहीं हैं क्योंकि जलकृषि किए गए मत्स्यों में इसकी लंबाई भिन्न हो सकती है।
Length, total-	**कुल लंबाई**
In a finfish: the distance from the most anterior point of the head to the most posterior tip of the fish tail.	**परयुक्त मत्स्य में :** मत्स्य के सिर के पूरे अग्रभाग से उसकी पूँछ के पिछले भाग तक की बिन्दु।
Lentic:	**लेन्टिक**
Character of calm, stagnant or slowly flowing waters.	बहुत ही शांत, स्थिर या प्रवाहित पानियों के लक्षण।
Lesion:	**लीज़न**
Any pathological or traumatic change in tissue form or function.	ऊतक रूप में या उसके प्रकार्यों में किसी भी प्रकार के रोगजनक या आघात से पैदा होनेवाले परिवर्तन।
Lethargy:	**आलसीपन**
Abnormal drowsiness or stupor, with response only to vigorous stimulation; a condition of indifference.	बहुत ही असामान्य सुस्ती या मूर्छापन जिसमें बहुत ही तेज़ उत्तेजन के प्रति ही प्रतिक्रिया होती है। यह एक उपेक्षा की स्थिति है।
Level:	**स्तर**
In topography: a device giving a true horizontal line, used to measure differences in height between two points; the height of each point is measured by its vertical distance above or below this horizontal line. In non-sighting levels, this line is materialized by additional equipment such as a straight-edge; in sighting levels, this line is formed by prolonging a line of sight.	**स्थलाकृति विज्ञान में:** वह उपकरण जो एक सही क्षैतिज रेखा प्रदान करता है, जिसे दो पाइंटों के बीच ऊँचाई में भिन्नता बताता है य हर पाइंट को ऊँचाई के क्षैतिज लाइन के नीचे या उसके ऊपर लम्बवत दूरी पर से मापा जाता है। अदृश्य स्तर में, यह लाइन अतिरिक्त उपकरणों द्वारा पैदा होता है जैसे एक सीधा किनारा या दृश्य स्तर में नज़र आता है, लाइन दृष्टि की लाइन को खींचने पर पैदा होता है।

Level, mean sea- (MSL):	**औसत समुदग स्तर (MSL):**
The average height of the surface of the sea determined from all stages of the tide over a 19- year period or a computed equivalent period of time.	समुद्र की सतह से औसत ऊँचाई जिसे 19 वर्ष की अवधि में ज्वारों की हर स्थिति में या कंप्यूट किए गए समतुल्य समयावधि से निर्धारित किया जाता है।
Level, mean water- (MWL):	**औसत पानी स्तर (MWL):**
The mean surface level e.g. in a lake determined by averaging the height of the water at a given place at hourly intervals over a prolonged period of time.	औसत सतह स्तर, उदाहरण के लिए झील में किसी निर्धारित स्थान में लम्बे समयावधि में घंटेवार अंतरालों में पानी की ऊँचाई के औसत द्वारा निर्धारित की जाती है।
Level, reference-	**संदर्भ स्तर**
In topography: elevation which is repeatedly used during a particular survey, and to which survey points or lines are referred.	**स्थलाकृति विज्ञान में :** वह उत्कर्ष जिसे किसी विशिष्ट सर्वेक्षण में बार बार उपयोग किया जाता है और इसके संदर्भ में सर्वेक्षण पाइंट या लाइन बताई जाती हैं।
Level, surveyor's-	**सर्वेक्षक स्तर**
A sophisticated topographical instrument used for levelling and for measuring horizontal and vertical angles with high precision; basically made of a telescope, fitted with cross-wires (for sighting) and stadia hairs (for measuring distances), and attached to a levelling device, which is mounted on a tripod.	एक अत्याधुनिक स्थलाकृति विज्ञान का उपकरण जिसे उच्चस्तरीय शुद्धता से समतल बनाने तथा क्षैतिज एवं लम्बवत कोण मापने के लिए प्रयोग किया जाता है। मूल रूप से यह एक दूरबीन से बनाया जाता है, इसमें क्रॉस वायर (देखने के लिए) तथा स्टेडिया हैयर (दूरी मापने के लिए) से फिट किए गए हैं और इसके बाद इन्हें एक समतल बनाने के उपकरण से जोड़ा गया है, जिसे ट्राइपॉड पर माऊंट किया गया है।
Level, trophic-	**ट्रॉपिक स्तर**
The position an organism occupies in the food web (e.g. herbivore, omnivore, detritivore or carnivore).	खाद्य पदार्थ वेब में एक जीव द्वारा ग्रहण किया गया स्थान (उदाहरण के लिए शाकभक्षी, बहुभक्षी, डेट्रिटिवोर या मांसभक्षी)।
Level, water- A	**पानी स्तर. (A)**
The horizontal surface of still water.	स्थिर पानी की क्षैतिजीय सतह।
Level, water- B	**पानी स्तर. (B)**
The elevation (height) of the surface of water.	पानी सतह का उत्कर्ष (ऊँचाई)।

Life cycle:	**जीवन चक्र**
The sequence of stages from the zygote to the death of an individual.	किसी जीव के युग्मज स्तर से मृत्यु तक स्तरों का क्रम।
Life history:	**जीवन विवरण**
Those significant features (such as strategies of survival and reproduction) present in an organism's life cycle.	किसी जीव के जीवन चक्र में निहित वे महत्त्वपूर्ण पहलू (जैसे जीवंतता एवं प्रजनन की कार्यनीतियां)।
Lime:	**चूना**
Generally used to refer to any material used for raising water pH or bottom substrate pH and alkalinity in fish culture or raising soil pH in agriculture.	सामान्यतया इसे उस प्रकार की सामग्री के संदर्भ में लिया जाता है जिसे पानी के या सबस्ट्रेट pH बढ़ाने, मत्स्य संवर्द्धन में क्षारीयता बढ़ाने या कृषि में मृदा की pH बढ़ाने के लिए प्रयोग किया जाता है।
Lime, hydrated-	**जलयोजित चूना**
Calcium hydroxide Ca(OH)2, a liming material occasionally used in fish culture obtained by adding water to quicklime.	कैल्शियम हाईड्रॉक्साईड Ca(OH)2, एक चूनायन सामग्री है जिसे कभी कभार मत्स्य संवर्द्धन में पानी में चूना डालकर प्राप्त होता है।
Lime, quick-	**चूना**
Calcium oxide CaO, the most efficient liming material.	कैल्शियम ऑक्साईड CaO, जो अत्यंत प्रभावशाली चूनायन सामग्री बताई जाती है।
Limestone:	**चूना पत्थर**
A sedimentary rock consisting essentially of calcium carbonate. In aquaculture often applied to maintain the buffer capacity of the water.	एक अवसादी पत्थर जिसमें कैल्शियम कार्बोनेट होता है। जलकृषि में इसे प्रायः पानी की कर क्षमता बनाए रखने के लिए प्रयोग किया जाता है।
Liming:	**चूनायन**
Applying neutralizing agents, such as limestone, basic slag, hydrated lime, or quick lime, to soil or water for the purpose of increasing its basicity (pH and alkalinity).	चूना पत्थर, मूल छिनाल, जलयोजित चूना, या चूना जैसे निष्क्रिय एजेन्टों की क्षारकता बढ़ाने के लिए पानी या मृदा में डाला जाता है (0 और क्षारीयता)।
Limnology:	**सरोविज्ञान**
The study of lakes, ponds and other standing freshwater, and associated biota.	झील, तालाब और अन्य स्थिर स्वच्छपानियों और उनसे संबंधित बायोटा का अध्ययन।

Line-pair:	**लाइन-पेयर**
In remote sensing: a pair of light and dark bars of equal sizes. The number of these pairs of bars per unit of distance is used to express the resolution of images.	सुदूर संवेदन में : प्रकाश और समान साईज के गहरे बॉरों की जोड़ी। इमेज रेज़ोल्यूशन को अभिव्यक्त करने के लिए यूनिट प्रति दूरी इन जोड़ों की संख्या का प्रयोग किया जाता है।
Liner:	**लाइनर**
A material, such as polythene sheeting, applied to the earth or sand surface of a pond to retain water and prevent seepage.	वह सामग्री जो पॉलीथीन शीट से बना है, इसे पृथ्वी या तालाब की रेत की सतह में पानी रोक रखने तथा बह जाने के लिए प्रयोग किया जाता है।
Lipid:	**लिपिड**
One of the three classes of energy-containing foodstuffs; lipids are portions of plant or animal tissues that are soluble in non-polar solvents (e.g. ether, benzene and chloroform).	ऊर्जा युक्त खाद्य पदार्थों के तीन वर्गों में से एक – लिपिड पौधे या पशु ऊतकों के भाग होते हैं जो नॉन-पोलार विलेयों में विघटित होते हैं (उदाहरण के लिए ईथर, बेन्ज़ीन और क्लोरोफॉर्म)।
Liquefaction:	**द्रवण**
Conversion of a tissue into a semi-solid or fluid mass due to necrosis.	ऊतक का परिगलन के कारण अर्द्ध ठोस या द्रवीय पदार्थ में परिवर्तन।
Liquidity:	**चलनिधि**
Obtained from the balance sheet, it measures the ability to generate cash needed to meet cash obligations without seriously disrupting the production activities of the business. In general, availability of funds to meet claims.	तुलन पत्र से प्राप्त, यह व्यवसाय के उत्पादन क्रियाकलापों को गंभीरतापूर्वक भंग किए बिना नकद बाध्यताओं को पूरा करने के लिए आवश्यक नकद राशि कमाने की क्षमता मापता है। आमतौर पर दावों को पूरा करने के लिए निधि की उपलब्धता देखी जाती है।
Littoral (zone):	**समुद्र तटवर्ती प्रदेश**
The shoreward shallow water region of a waterbody (lake, sea) with light penetration to the bottom. Typically occupied by rooted plants.	किसी पानी का किनारे की ओर छिछले पानी जिसमें निचले स्तर में थोड़ा सा प्रवाह हो। विशेष रूप से पानी में जमा है।
Live car (a):	**सजीव कार (a):**
Any kind of vehicle used for transport of live fish.	कोई भी वाहन जिसे सजीव मत्स्य का परिवहन करने के लिए प्रयोग किया जाता है।

Live car (b):	**सजीव कार (b):**
Technique developed in Arkansas, USA, for the partial harvesting of catfish ponds larger than 8 ha. A floating fish-holding bag (" sock") is attached in the middle of the chute formed by a seine net. As the fish are crowded they swim into the live car. Each live car holds about five tonnes of fish. When a live car is filled, it is detached from the seine and an empty one attached.	कैटफिश तालाब जो 8 हेक्टेयर से भी बड़े हैं उनके आंशिक पालन करने के लिए आर्केन्सास, अमरीका में विकसित तकनीक। एक तैरनेवाली मत्स्य पकड़ने वाली थैली (सॉक) को साइन नेट द्वारा बने चूट के बीच में लगाया गया है। मत्स्य तैरकर सजीव कार में इकत्रित हो जाते हैं। हर सजीव कार लगभग 5 टन मत्स्य रख सकता है। जब सजीव कार भर जाता है, वह साइन छूट जाता है और एक खाली सजीव कार फिर से जुड़ जाता है।
Loading rate:	**लोडिंग दर**
(a) The rate at which organic matter is introduced to an aquatic system.	(a) कार्बनिक पदार्थ को जलीय व्यवस्था में लगाने का दर।
(b) For fish transport: the number (per litre of water) or weight (g/litre water) of fish that can be safely transported in a certain container under a specific set of conditions (especially fish size, water temperature and transport duration).	**(b) मत्स्य परिवहन के लिए:** मत्स्यों की संख्या या वजन जिसे सुरक्षित रूप से किन्हीं कन्टेयनरों में निर्धारित परिस्थितियों में परिवहित किया जा सकता है (विशेष रूप से मत्स्य की साईज़, पानी का तापमान और परिवहन अवधि)।
Locus (pl. loci):	**केन्द्र**
The location of a gene on a chromosome.	क्रोमोज़ोम में जीन का स्थान।
Locus, microsatellite DNA:	**माइक्रोसैटिलाइट केन्द्र**
Sequence of DNA consisting of tandem repeats of short DNA sequences (each generally 2 to 5 base pairs long), flanked by unique sequence DNA that can be used to design polymerase chain reaction primers that will amplify the entire locus enabling it to be analysed. The high levels of variability observed in many microsatellite loci come primarily from variation in the number of tandem repeats.	DNA क्रम में छोटे DNA क्रमों (आमतौर पर हर क्रम में 2 या 5 के मूल जोड़े होते हैं) के एक के पीछे एक की व्यवस्था है जो एक अनोखे DNA क्रम द्वारा घिरा होता है, जिन्हें पॉलीमरेज कड़ी अभिक्रिया प्राइमरों को डिज़ाइन करने के लिए प्रयोग किया जा सकता है जो विश्लेषित किए जानेवाले पूरे केन्द्र को फैलाता है। कई माइक्रोसैटिलाइट केन्द्रों में देखे गए वैविधयता के उच्च स्तर, प्राय: एक के पीछे एक के क्रम में होनेवाली वैविध्यता से पैदा होते हैं।
Longline (a):	**लॉन्गाइन (a):**
A fishing gear consisting of a main line supporting a large number of baited hooks, carried on short lighter vertical line.	वह फिशिंग गीयर जिसमें एक मेइन लाइन जो कई संख्याओं में फंदों को समर्थन देता है और इन्हें छोटे हल्के लम्बवत लाइन पर वहन किए जाते हैं।

Longline (b):	**लॉन्गाइन (b):**
Rope suspended by buoys from which are attached ropes which hang down (drop line) to hold cages, clusters, baskets or lantern nets of shellfish. May be held at the water surface or at a deeper depth (subsurface or bottom longline).	वह रस्सी जो बाया द्वारा लंगित हैं, जिस पर से कई रस्सियां टंगी (ड्राप लाइन) हुई होती हैं और ये सीप मत्स्य के घेरे, समूह, टोकरियाँ या लालटेन नेट आदि पकड़ते है, ये पानी की सतह पर से हो सकती हैं या बहुत गहरे पानी में (पानी के उप-सतह या निचले स्तर पर) हो सकती हैं।
LWMOST:	**LWMOST**
Low water mark for ordinary spring tides.	सामान्य बृहत् ज्वारों के लिए निम्न पानी अंकन।

M

Macroclimate:	मैक्रो मौसम
The climate of a major geographical region. The conditions of temperature, precipitation, relative humidity, sunshine and other meteorological factors, recorded about 1.5 m above ground level to avoid topological, vegetational and edaphic influences.	एक प्रमुख भौगोलिक क्षेत्र का मौसम। तापमान, अवक्षेपण, सापेक्षिक आर्द्रता, धूप और अन्य मौसम वैज्ञानिक परिस्थितियां जिन्हें भूमि-स्तर से 1.5 m ऊपर के स्तर पर रिकार्ड किया जाता है ताकि स्थलाकृति वैज्ञानिक, वानस्पितिक एवं मृदीय प्रभावों से बचने के लिए है।
Macrophage:	**बृहत् भक्षक**
In vertebrates: large (10 to 20 nm) amoeboid blood cells, responsible for phagocytosis, inflammation, antibody and cytotoxin production.	रीढ़दार जीवों में: बहुत बड़ी (10 से 20 m) रक्त कोशिकाएं जो भक्षण-कोशिका क्रिया, सोटा, ऐन्टीबॉडी तथा कोशिका-विष उत्पादन के लिए जिम्मेदार हैं।
Macrophyte:	**मैक्रोफईट**
Relatively large vascular plant as opposed to the microscopic phytoplankton, and filamentous algae. The basic structure of an aquatic macrophyte is visible to the naked eye.	सूक्ष्मदर्शी पादप प्लवक एवं रेशेदार शैवालों के विपरीत बड़े नाड़ीदार पौधा। जलीय मैक्रोफईट की मूल संरचना आंखों से देखी जा सकती है।
Macrophytophagous:	**मैक्रोफईटोफेगस**
Animal essentially eating macrophytes.	वे पशु जो मैक्रोफईट खाते हैं।
Malacology:	**मालाकॉलोजी**
The study of molluscs.	घोंघे का अध्ययन।
Management, aquaculture development-	**जलकृषि विकास प्रबंधन**
The implementation of policies and plans, including institutional development, regulatory aspects, capacity building and establishing practical links to other policies and plans of use for aquaculture development.	जलकृषि के विकास में प्रयुक्त नीतियां और योजनाओं के साथ विनियमन के पहलू, क्षमता निर्माण तथा अन्य नीतियों और योजनाओं का कार्यान्वयन।

Management, fisheries-	**मात्स्यिकी प्रबंधन**
The practice of analysing, making and implementing decisions to maintain or alter the structure, dynamics, and interaction of habitat, aquatic biota, and man to achieve human goals and objectives through the aquatic resources.	जलीय स्रोतों के माध्यम से मानवीय लक्ष्य एवं उद्देश्यों को प्राप्त करने के लिए विश्लेषण, संरचना एवं गतिकी तथा प्राकृतिक वास, जलीय बयोटा एवं मनुष्य संपर्क में परिवर्तन करने या उन्हें बनाए रखने संबंधी निर्णय लेने की पद्धति।
Management, Integrated Coastal Area-(ICAM):	**समेकित तटवर्ती क्षेत्र प्रबंधन**
A dynamic process by which actions are taken for the use, development and protection of coastal resources and areas to achieve national goals established in co-operation with user groups and regional and local authorities. It is the users of resources, not the stocks of natural resources, thatare the focus of management.	वह सक्रिय प्रक्रिया जिसके क्रियाकलापों को समुद्री तटवर्ती प्रदेशों के स्रोत और क्षेत्रों के उपयोग, विकास एवं सुरक्षा के लिए किया जाता है, ताकि उपयोग कर्ता समूह एवं स्थानीय प्राधिकारों के साथ सहयोग स्थापित राष्ट्रीय लक्ष्यों को प्राप्त करने के लिए किए जाते हैं। यह स्रोत के उपयोगकर्ताओं के लिए है जो प्रबंधन का केन्द्र हैं।
Management, Integrated Coastal Zone-(ICZM):	**समेकित तटवर्ती अंचल प्रबंधन**
The process of combining all aspects of the human, physical and biological aspects of the coastal zone within a single management framework.	एक ही प्रबंधन फ्रेमवर्क के अंदर तटवर्ती क्षेत्र के सभी मानवीय, भौतिक एवं जैविक पहलुओं की समेकित प्रक्रिया।
Mangrove:	**मानग्रोव**
A tidal salt marsh (intertidal) community dominated by trees and shrubs, particularly of the genus Rhizophora, many of which produce adventitious aerial roots. Develops in tropical and subtropical areas, in predominantly muddy or sandy substrates, and along protected coastlines. It produces both forest and fisheries resources and goods.	पेड़ और पौधों की अधिकता से भरे ज्वारीय लवणीय दलदल (मध्यज्वारीय), विशेष रूप से जीनस राइजोफोरा, जिनमें से कई आकस्मिक जड़ें पैदा करते हैं। ये ऊष्मकटिबंधीय एवं उप-ऊष्म कटिबंधीय क्षेत्रों में विकसित होते हैं तथा दलदल या रेतीले सबस्ट्रेटों में बहुत अधिक होते हैं तथा तटवर्ती प्रदेशों में इनकी सुरक्षा की जाती है। ये वन, मात्स्यिकी स्रोत और सामान दोनों का उत्पादन करते हैं।
Manure:	**खाद**
Organic material used to fertilize land, usually consisting of barnyard and stable refuse (livestock excreta), with or without accompanying litter such as straw, hay or bedding.	भूमि को उर्वरता प्रदान करने के लिए प्रयुक्त कार्बनिक सामग्री जिसमें आमतौर पर चारागृह एवं घुड़साल के व्यर्थ पदार्थों (मवेशियों का उत्सर्ग) से बने होते हैं। जो तिनके, भूसा या बेढ़िंग जैसे व्यर्थ पदार्थ शामिल हो भी सकते हैं या नहीं भी होते हैं।

Mariculture:	**मेरीकल्चर**
Cultivation, management and harvesting of marine organisms in their natural habitat or in specially constructed rearing units, e.g. ponds, cages, pens, enclosures or tanks. For the purpose of FAO statistics, mariculture refers to cultivation of the end product in seawater even though earlier stages in the life cycle of the concerned aquatic organisms may be cultured in brackish water or freshwater.	प्राकृतिक वास में या विशिष्ट रूप से निर्मित पालन यूनिटों में समुद्री जीवों की जलकृषि, प्रबंधन एवं फसल। उदाहरण के लिए तालाब, घेरे, पेन और टंकियां। FAO सांख्यिकी की दृष्टि में मेरीकल्चर, यद्यपि जलजीवों के जीवन चक्र के पूर्व स्तरों में समुद्र पानी में होतो है, अंतिम उत्पाद के पालन खारापानी या स्वच्छ पानी में भी किया जाता है।
Mark:	**अंकन**
Is anything (except a tag) external, internal, or incorporated into the integument and used for recognition purposes. For fish, usual methods include fin clipping, branding and pigments.	वह कोई भी चीज़ बाह्य या आंतरिक हो, उसे अधयाचरण में भेजा जाता है और उसे पहचान करने की प्रक्रिया केलिए प्रयोग किया जाता है। मत्स्यों के लिए सामान्य पद्धतियों में परों को क्लि करने, ब्रैण्ड करने तथा रंजन करने कार्य शामिल हैं।
Marking:	**अंकन**
Any procedure (e.g. tatooing, branding, mutilations, pigments, radioactive isotopes), which makes fish subsequently identifiable and which does not employ the use of tags.	कोई भी प्रक्रिया (टैटू लगाना, ब्रैण्डिंग, विकृत करना, रंजन, रेडियोऐक्टिव आईसोटोप) जो मत्स्यों को पहचान करने योग्य बनाते हैं और इस प्रक्रिया में टैग लगाने की प्रक्रिया शामिल नहीं है।
Marsh:	**दलदल**
Type of wetland that does not accumulate appreciable peat deposits and is dominated by herbaceous vegetation. Marshes may be either fresh- or saltwater, and tidal or non-tidal.	गीली भूमि का वह प्रकार जिसमें पर्याप्त पीट जमा नहीं होता और ये झाड़ीनुमा पेड़ पौधों से भरे होते हैं। दलदल, स्वच्छ पानी का या लवाणीय तथा ज्वारीय या गैर–ज्वारीय भी हो सकते हैं।
Marsh, salt-	**लवणीय दलदल**
Sea marsh situated in the intertidal zone and made of mudflats and schorres.	समुदी दलदल जो मध्यज्वार में स्थित है और यह मिट्ठी और कोर्स में स्थित है।
Marsh, sea-	**समुद्री दलदल**
Old mud expanse, which is not submerged any more by tidal water, located behind an offshore bar, in an estuary or at the upper end of a bay.	पुरानी मिट्टी विस्तार, जो किसी भी प्रकार के ज्वारीय पानी से डूबा नहीं है, यह ऑफशोर बार के पीछे, खाड़ी में या खाड़ी की ऊपरी जगह में होता है।

Marsh, tidal-	**ज्वारीय दलदल**
A low elevation marshy coastal area traversed by channels and tidal hollows, formed of mud and the root mat of halophytic (salt tolerant) bushes and grasses, regularly inundated during high tides.	दलदलीय समुद्र तटवर्ती क्षेत्र का छोटा उत्कर्ष जिसमें चैनल तथा ज्वार खोखले प्रवाहित होते हैं, यह मिट्टी के बने होते हैं तथा हैलोफईटिक झाड़ और घास के जड़ों की जाल होती है, जो नियमित रूप से उच्च ज्वार के समय में पानी से भरे होते हैं।
Masculinization:	**पुरुष बनाने की प्रक्रिया**
Method of direct sex reversal by the treatment ofanimals with doses of male hormones in the feed during the early stages of development (typically at first feeding); of benefit to tilapia and catfishfarmers where the males are the more desirable gender. In trout culture: process by which female trout, which would normally produce eggs, are masculinized in such a way that they develop testes instead of ovaries; these testes produce sperm that carries the genetic information that will give rise to females only instead of producing both males and females. Female trout are more saleable than males.	विकास के प्रारंभिक स्तरों में फीड में (विशेष रूप से पहली फीडों में) पुरुष हार्मोनों के डोस के साथ पशुओं के उपचार द्वारा लिंग परिवर्तन, जो टिलेपिया और कैटफिश किसानों के लिए लाभदायक है जहां पुरुष बहुत वांछित लिंग बताए जाते हैं। ट्राऊट पालन में : इस प्रक्रिया में अण्डे देनेवाली मादा ट्राऊटों को इस तरह से पुरुष में बदला जाता है कि वे अण्डाशयों को पैदा करने के स्थान पर वीर्यकोष पैदा करते हैं। ये वीर्यकोष, शुक्राणु पैदा करते हैं जिसमें वह आनुवंशिक सूचना होती है जो पुरुष और मादा, दोनों को पैदा करने के बजाय मादाओं को ही पैदा करते हैं। मादा ट्राऊट, पुरुष ट्राऊटों से अधिक बेची जाती हैं।
Mash:	**मिश्र**
A mixture of feed ingredients in meal form.	मील रूप में फीड सामग्रियों का मिश्रण।
Mating:	**मेटिंग**
Pairing animals for breeding purposes.	प्रजनन के लिए पशुओं को मिलाने की पद्धति।
Mating, consanguineous-	**समोद्भावी मेटिंग**
A "blood related" mating; i.e. a mating between relatives. A consanguineous mating produces inbred offspring.	"रक्त संबंधों में" का मिलन अर्थात् दो रिश्तेदारों का मिलना। समोद्भावी मिलन से अंत: प्रजात शावक पैदा होते हैं।
Mating, pedigreed-	**वंशावली मेटिंग**
A system of mating in which each male leaves one son and each female leaves one daughter for the following generation's broodstock. The choice of sons and daughters must be random.	मिलन करने की वह प्रक्रिया जिसमें अगलेवंश के ब्रेडस्टॉक के लिए हर पुरुष एक पुत्र और हर मादा एक पुत्री देते हैं। पुत्र और पुत्रियों का चयन अनियमित होना चाहिए।

Mating, random-	**अनियमित मेटिंग**
A system of mating where fish are mated without regard to phenotype.	मिलन करने की वह प्रक्रिया जिसमें मत्स्यों को उनके फीनोटाइप की परवाह किए बिना मिलाया जाता है।
Mating, rotational-	**चक्रीय मेटिंग**
A mating programme where families or cohorts are mated in a staggered manner over successive generations to prevent inbreeding.	मेटिंग का वह कार्यक्रम जिसमें परिवार या साथियों को अंतः प्रजनन से बचने के लिए क्रमिक वंशों में नियत पद्धति में मिलाया जाता है।
Matter, dry-	**सूखा पदार्थ**
The portion of a feed or tissue remaining after water is removed.	पानी निकालने के बाद बचनेवाला फीड या ऊतक का भाग।
Meal:	**खाद्य आहार,भोजन**
A feed ingredient, which has been ground or otherwise reduced in particle size.'	खाद्य पदार्थ की एक सामग्री जिसे पीसा गया है या उसके कणों के आकार को कम किया गया है।
Meal, blood-	**रक्त मील**
Animal protein sourced from blood, which is processed into a meal.	रक्त से दिए पाए पशु प्रोटीन जिसे एक मील के रूप में प्रसंस्कृत किया जाता है।
Meal, bone-	**रक्त आहार या खाद्य**
Type of meal obtained from the ground bones of domestic animals and fish. It is high in calcium and phosphorus and is used as a component of fish feeds.	मील का वह प्रकार जिसे पालतू पशुओं और मत्स्यों के पीसे हुए हड्डियों से प्राप्त किया जाता है। इसमें कैल्शियम और फॉस्फोरस की उच्च मात्रा होती है।
Meal, fish-	**मत्स्य मील**
Protein-rich meal derived from processing (boiling, pressing, drying, grinding) whole fish (usually small pelagic fish or bycatch) as well as residues and by-products from fish processing plants (fish offal). Used mainly as agriculture feeds for domestic livestock (poultry, pigs, cattle, etc.) and as aquaculture feeds for carnivorous aquatic species. It must contain not more than 10 percent moisture. If it contains more than 3 percent salt (NaCl), the amount of salt must constitute a part of the brand name, provided that in no case must the salt content of this product exceed 7 percent.	एक प्रोटीन युक्त मील जो संपूर्ण मत्स्य को (उबालने, दबाने, सुखाने, पीसने) मत्स्य (आमतौर पर पेलेजिक मत्स्य या बईकेच) प्रसंस्करण संयंत्रों (मत्स्य ऑफल) से प्राप्त शेष एवं उपोत्पाद सामग्रियों से बनाया जाता है। इसे मुख्य रूप से मवेशियों (मुर्गीपालन, सुअर, मवेशी आदि) के लिए कृषि फीड के रूप में प्रयोग किया जाता है तथा मांसाहारी जलजीवों के लिए जलकृषि फीड के रूप में प्रयोग किया जाता है। इसमें 10 प्रतिशत से अधिक नमी नहीं होनी चाहिए। यदि इसमें 3 प्रतिशत से भी अधिक नमक (NaCl) हो तो नमक की मात्रा ब्रैण्ड नाम का एक भाग होना चाहिए। ऐसा तभी होता है जब उत्पाद में किसी भी स्थिति में नमक की मात्रा 7 प्रतिशत से अधिक नहीं होनी चाहिए।

Meal, seaweed-	**शैवाल मील**
Raw material for animal feeding stuffs prepared from dried brown algae, e.g. in Norway and France.	पशु फीडिंग के लिए सुखाए गए भूरे शैवाल से तैयार की गई सामग्री के लिए कच्ची समाग्री, उदाहरण के लिए नॉर्वे और फ्रांस में।
Meal, shrimp-	**झींगा मील**
The undecomposed ground dried waste of shrimp including parts and/or whole shrimp. If it contains more than 3 percent salt (NaCl), the amount of salt must constitute a part of the brand name, provided that in no case must the salt content of this product exceed 7 percent.	झींगा के सुखाई गई अपघटित सामग्री जिसमें उसके भाग और/या पूर्ण झींगा शामिल हैं। यदि इसमें 3 प्रतिशत से भी अधिक नमक (NaCl) हो तो नमक की मात्रा ब्रैण्ड नाम का एक भाग होना चाहिए। ऐसा तभी होता है, जब उत्पाद में किसी भी स्थिति में नमक की मात्रा 7 प्रतिशत से अधिक नहीं हो।
Megalops:	**मेगालॉप्स**
Larval stage of certain crustaceans such as crabs, having large stalked eyes and a crab-like cephalothorax.	केंकड़े जैसे कुछ क्रस्टीशियनों की इल्ली स्थिति जिसमें बहुत बड़े उठे हुए आंख होते हैं और केंकड़े जैसे सिफेलोथोरेक्स होते हैं।
Meiosis:	**अर्द्ध सूत्री विभाजन**
The process by which the diploid (2n) complement of chromosomes is reduced to the haploid (n) state during gametogenesis. Heritable mutations, crossing over, and independent assortment occur during meiosis. With animals this happens during formation of gametes.	वह प्रक्रिया जिसके माध्यम से क्रोमोज़ोन की डईप्लॉइड (2n) काम्पलिमेण्ट को गेमिटोजेनेसिस प्रक्रिया में हैप्लॉईड (n) स्थिति तक घटाया जाता है। अर्द्धसूत्री विभाजन में वंशानुगत उत्परिवर्तन, क्रॉस करना तथा स्वतंत्रा रूप से वर्गीकरण होते हैं। पशुओं के साथ यह युग्मक संविरचन के दौरान होता है।
Meiotic:	**अर्द्धसूत्री संबंधी**
Which is part of the meiosis.'	वह जो अर्द्धसूत्री विभाजनश का एक भाग है।
Mesh:	**मेश**
One of the open spaces between the cords of a net. To mesh: to entangle in a net. Mesh size, bar- The size of netting mesh measured as the length of one mesh side, e.g. a 25 mm mesh (bar size).	नेट की रस्सियों के बीच में खुली जगहें। **मेश होना:** नेट में उलझना। मेश साईज़ बार नेटिंग मेश की वह आकार जिसे एक मेश की तरफ की लम्बाई के रूप में मापा जाता है, उदाहरण के लिए 25 mm मेश (बॉर साईज़)
Mesh size, stretched-	**मेश साईज़ खींचा हुआ**
The size of netting mesh measured as the length of a stretched mesh, e.g. a 50 mm mesh (stretched size).'	नेटिंग मेश की साईज़ जो खींची हुई मेश की लम्बाई के रूप में मापा जाता है, उदाहरण के लिए 50 उउ मेश (खींची हुई साईज़)।

Mesocosm:	**मेसोकॉस्म**
Isolated ecosystem of a relatively great water volume, varying from one to 10 000 m3. Used especially for the culture of live-food organisms in jars, tanks, plastic bags, ponds and enclosures.	पानी की बहुत बड़ी मात्रा की एक पृथक पारिस्थितिकी, जिसमें एक से 10,000 m^3 भिन्नता होती है। इसे विशेष रूप से जॉरों में, टंकियों में, प्लास्टिक बैगों में तालाबों में तथा घेरों में सजीव खाद्य पदार्थ के संवर्द्धन में प्रयोग किया जाता है।
Metabolic rate:	**चयापचयन दर**
The amount of oxygen used for total metabolism per unit of time per unit of body weight.	हर शारीरिक वज़न की प्रति यूनिट पर प्रति यूनिट समय में कुल चयापचयन के लिए प्रयुक्त ऑक्सीकरण की मात्रा।
Metabolic rate, basal-	**बेसल चयापचयन दर**
The oxygen consumed by a completely resting animal per unit weight and time.	आराम करनेवाले पशु के प्रति यूनिट वज़न एवं समय द्वारा उपभोग किए गए ऑक्सीजन।
Metabolic rate, standard-	**मानक चयापचयन दर**
That metabolic rate of poikilothermic animals expressed as the minimum amount of oxygen consumed under conditio ns of minimum activity per unit time, per unit body weight, at the optimal environmental temperatures for the species concerned. Close to basal metabolic rate, but animals rarely are at complete rest. 1539	पोईकिलोथर्मिक पशुओं का चयापचयन दर जिसे शारीरिक वजन के प्रति यूनिट, प्रति समय की न्यूनतम क्रियाकलाप की स्थितियों में इष्टतमीकृत पर्यावरणीय तापमानों में संबंधित प्रजातियों के लिए उपभोग किए गए ऑक्सीजन की न्यूनतम मात्रा। यह बेसल चयापचयन दर के बहुत पास है, लेकिन पशु बहुत कम पूरा पूरा आराम लेते हैं।
Metabolism:	**चयापयचन**
Physical and chemical processes by which feedstuffs are transformed into complex matter, complex substances are decomposed into simple ones, and energy is made available for use by an organism.	किसी जीव द्वारा उपयोग हेतु शारीरिक एवं रासायनिक प्रक्रियाओं द्वारा खाद्य पदार्थों को सम्मिश्र पदार्थों में परिवर्तित किया जाता है और इन सम्मिश्र पदार्थों को सरल मिश्रों में बदला जाता है तथा जीवों के लिए ऊर्जा प्रदान की जाती है।
Metabolism, basal-	**बेसल चयापचयन**
Minimum energy requirements to maintain vital body processes.	मुख्य शारीरिक प्रक्रियाओं को बनाए रखने के लिए न्यूनतम ऊर्जा की आवश्यकताएं।
Metabolite:	**मेटाबोलाईट**
A metabolite is any substance produced or used during metabolism (digestion).	मेटाबोलाईट वह पदार्थ है जो चयापचयन द्धपाचनत्र्क की प्रक्रिया के दौरान पैदा किया जाता है या उपयोग किया जाता है।

Metamorphosis:	**रूपांतरण प्रक्रिया**
The marked change of shape or structure, particularly in the transition of one developmental stage into another, as for example in crustaceans and molluscs.	आकार या संरचना में स्पष्ट परिवर्तन, विशेष रूप से एक विकासात्मक स्तर में से दूसरे स्तर में रूपांतरित होना, उदाहरण के लिए जो क्रस्टीशियन और घोंघे में होता है।
Metanauplius (pl. metanauplii):	**मेटानॉपॉलियस**
Late nauplius stage of crustaceans, with more than three pairs of limbs present but no functional thoracic limbs.	क्रस्टीशियनों का पूर्वोत्तर नॉपॉलिस स्तर जिसमें अवयवों के तीन से भी अधिक जोड़े होते हैं लेकिन उनमें प्रकार्यात्मक थोरेसिक अवयव नहीं होते हैं।
Metazoea (metazoaea):	**मेटाज़ोयेआ**
Eventual metamorphosis of the preceding zoea stage.	ज़ोयेआ स्तर से पूर्व संभावित रूपांतरण।
Microalga:	**सूक्ष्म शैवाल**
Microscopic, motile or non-motile chlorophyllcontaining plant.	माइक्रोस्कोपिक, गतिशील या अगतिशील क्लोरोफिल युक्त पौधा।
Microbasin:	**माइक्रो बेसिन**
A small earth basin with a nearly flat bottom surrounded by low bunds. These bunds are constructed to prevent lateral flow to adjacent fields. Microbasins are commonly used for rice irrigation on flat lands or in terraces on hillsides.	पृथ्वी पर छोटा बेसिन जिसमें छोटे बण्डों द्वारा घिरे समतल निचला स्तर जिसमें बण्ड साथ वाले खेतों में पानी बह जाने से रोकने के लिए होते हैं। माइक्रोबेसिन आमतौ पर समतल भूमि पर या पहाड़ियों में छतों की तरह धान सिंचाई के लिए प्रयोग किए जाते हैं।
Microbe:	**जीवाणु**
A microorganism; a very tiny and often harmful plant or animal.	एक सूक्ष्मजीवी : जो बहुत ही छोटा होता है और या प्राय: हानिकारक पौधा या पशु होते हैं।
Microbiology:	**सूक्ष्मजैविकी**
The science and study of microorganisms, including protozoans, (micro)algae, fungi, bacteria, and viruses.	सूक्ष्मजीवों, प्रोटोज़ोअन, (सूक्ष्म) शैवाल, कवक, बैक्टीरिया और वायरसों का अध्ययन एवं विज्ञान।
Microclimate:	**माइक्रो-मौसम**
A very small-scale variation from the overall climate pattern, usually caused by local physical conditions such as topography.	संपूर्ण मौसम पैटर्न से बहुत ही कम भिन्नता, आमतौर पर यह स्थलाकृति जैसे स्थानीय भौतिक स्थितियों के कारण होता है।
Microhabitat:	**सूक्ष्म प्राकृतिक आवास**
Physical space occupied by a species.	किसी प्रकार के प्रजातियों द्वारा कब्ज़ा की गई भौतिक जगह।

Microingredients:	**माइक्रो-सामग्री**
Vitamins, minerals, antibiotics, drugs, and other materials normally required in small amounts and measured in milligrams, micrograms or parts per million (ppm).	विटामिन, खनिज पदार्थ, ऐन्टीबयॉटिक, औषध तथा अन्य सामग्रियां, बहुत ही कम मात्रा में इनकी आवश्यकता होती है और इसे मिलीग्राम, माइक्रोग्राम या पार्ट प्रति मिलियन (ppm) D62 में मापा जाता है।
Micronization:	**माइक्रोनाईज़ेशन**
Process by which the size of food particles is greatly reduced for example to less than 60 μm; generally carried out by treating an aqueous solution with a hand mixer and filtering it through a sieve, or industrially by a dry mill process.	वह प्रक्रिया जिसके माध्यम से खाद्य पदार्थ के द्धआकारों को उदाहरण के लिए 60μm से भी कमत्रद्ध घटाया जाता है, आमतौर पर इसे हैण्ड मिक्सर के साथ किसी जलीय विलय के उपचार द्वारा तैयार किया जाता है तथा इसे छन्ने से छानते हैं या आद्योगिक स्तर पर ड्राई मिल प्रक्रिया द्वारा प्राप्तकिया जाता है।
Microorganism:	**सूक्ष्मजीवी**
Principally, viruses, bacteria and fungi (microscopic species and taxonomically-related macroscopic species). Microscopic protozoans and algae may also be referred to as microorganisms.	मुख्य रूप से वायरस, बैक्टीरिया एवं कवक (माइक्रोस्कोपिक प्रजातियां तथा ये वर्गीकरणीयता-संबंधित मैक्रो प्रजातियां हैं। माइक्रोस्कोपिक प्रोटोज़ोअन एवं शैवाल जिन्हें सूक्ष्मजीवों के संदर्भ में भी लिया जाता है।
Micropyle:	**माइक्रोेइल**
Anatomical structure in the chorionid layer of an ovum preventing multiple sperm penetration and ensuring conspecific fertilization, *i.e.*, between genetically compatible organisms.	अण्डाशय में क्लोरिनॉइड परत में शारीरिक संरचना जो बहु शुक्राणु प्रवेश रोकता है तथा एक-वर्गीय उर्वरण सुनिश्चित करता है यानी आनुवंशिक रूप से सुसंगत जीव।
Migration, downstream-	**अनुप्रवाही प्रवास**
In a river, downstream migration of fish towards the sea, as for example silver eels.	नदी में, मत्स्यों का समुद्र की ओर अनुप्रवाही प्रवास, उदाहरण के लिए सफेद सर्पमीन।
Milieu:	**मिलियु**
The characteristic environs or surroundings of an organism or population.	किसी जीव या संख्या का नियत वातावरण या पर्यावरण।
Milkfish:	**दुग्ध मत्स्य**
The chanid fish Chanos chanos, an important brackishwater fish in extensive and semi-intensive pond culture in Southeast Asia, especially in the Philippines.	एक शेनिड मत्स्य, चेनोस चेनोस, यह दक्षिणी ऐशिया में एक महत्त्वपूर्ण विस्तृत एवं अर्द्ध-गहन खारापानी तालाब संवर्द्धन मत्स्य है, विशेष रूप से फिल्लीपाइन्स।

Milt:	**शुक्राणु**
Sperm-bearing fluid; gonads from male fish, often called soft roe.	**शुक्राणु-युक्त द्रवः** पुरुष मत्स्य से गोनाड जिन्हें प्रायः सॉफ्ट रो कहा जाता है।
Milt collector:	**मिल्ट इकत्रक**
A small vial closed by a cork through which are fitted two thin plastic tubes: a shorter one to be inserted into the genital opening of a mature male broodfish and a longer one to be used to suck milt into the vial.	एक छोटा वाइल जो कॉर्क से बंद किया गया है जिसमें दो पतले प्लास्टिक टड्ूब फिट किए गए हैं। छोटे वाले को परिपक्व पुरुष C: M मत्स्य के जनन ग्रन्थियों में लगाया जाता है और लम्बेवाले को वाइल में से मिल्ट चूसने के लिए प्रयोग किया जाता है।
Mincing:	**कीमा बनाना**
Grinding small in a mincing machine.	कीमा बनाने वाली मशीन में पीसना।
Mineralization:	**खनिजीकरण**
Term used in recirculation units and aquaria to describe the breakdown of organic matter to its inorganic constituents.	इस शब्दावली को कार्बनिक सामग्री को पुनः चक्रण इकाइयों और अक्वेरिया में उसके अकार्बनिक घटकों में तोड़ने की प्रक्रिया का उल्लेख करने के लिए प्रयोग किया जाता है।
Minerals:	**खनिज पदार्थ**
Inorganic salts required by aquatic organisms in moderate or trace quantities, for correct functioning of an organism's physiological activities. Sufficient quantities of minerals are usually present in aquaculture feeds from the raw materials used.	जलजीवों के लिए उनके शारीरिक क्रियाकलापों को सही करने के लिए हल्की मात्रा में या बहुत ही कम मात्रा में आवश्यक अकार्बनिक लवण। खनिज पदार्थों की पर्याप्त मात्राएं प्रायः जलकृषि खाद्य पदार्थों में प्रयुक्त कच्ची सामग्रियों से प्राप्त किए जाते हैं।
Mitigation:	**लघुकरण**
For environmental protection: the elimination, reduction or control of the adverse environmental impacts of a project, including countermeasures against negative environmental impacts of development.	**पर्यावरणीय सुरक्षा के लिएः** किसी परियोजना के प्रतिकूल प्रभावों को हटाने, कम करने या नियंत्रित करने की पद्धति जिसमें विकास के नकारात्मक पर्यावरणीय प्रभावों के खिलाफ उपाय भी शामिल हैं।
Mitosis:	**सूत्र विभाजन**
The division of the nucleus into two daughter nuclei with equivalent chromosome sets.	समान क्रोमोज़ोम सेटों के साथ नाभिक का दो पुत्री नाभिकाओं में विभाजन।
Moisture content:	**आर्द्रता नमी**
In chemical feed analysis: derived by drying a sample to constant weight at 104 °C, for no longer than 24 hours.	**रासायनिक फीड विश्लेषण में:** यह किसी स्थिर वज़न पर 104°C तापमान पर लगभग 24 घंटों तक नमूना सुखाने पर व्युत्पन्न होता है।

Mollusc (mollusk):	**घोंघा**
Invertebrate animal belonging to the phylum Mollusca with a soft unsegmented body and covered by a calcium carbonate shell, of 1 to 8 parts or sections. In some species the shell is lacking or reduced. The surface is coated with mucus and cilia. Major cultured molluscs are mussels, oysters, scallops, cockles, clams (bivalves) and abalone (gastropod).	फाईलम मोलस्का के अंतर्गत नरम अखंडित एवं 1 से 8 भाग या अनुभागों में कैल्शियम कार्बोनेट शेल द्वारा ढके रीढ़-रहित पशु। कुछ प्रजातियों में ठठरी नहीं है या वह घट गया है। उसकी सतह पर श्लेम और सीलिया फैला हुआ है। प्रमुख जलकृषि के घोंघे हैं, शंबुक, सीप, स्कैलप, कॉकल्स, बड़ी सीपी (बईवैल्व) और अबलॉन (गैस्ट्रोपॉड) हैं।
Mollusc detaching:	**घोंघा अलग करना**
When harvesting molluscs cultured on a support such as a stick, a bouchot, or a rope, separating them from their support.	पालन किए गए घोंघों की जलकृषि लाठी, बोशट या रस्सी के समर्थन पर की जाती है और उसके फसल में उनके समर्थन से अलग किया जाता है।
Mollusc invasion:	**घोंघा आक्रमण**
Proliferation of wild mussels in the oyster-culture zones; they attach themselves on the cultured oysters, the structures, the bags, the trays, etc., reducing oyster production and rendering their harvest more difficult.	फसल किए गए घोंघों की जलकृषि लाठी, बोशट या रस्सी के समर्थन पर की जाती है और उसके फसल में उनके समर्थन से अलग किया जाता है।
Molluscicide:	**घोंघा नाशक**
Pesticide used for the selective control of molluscs.	घोंघों के चयनित नियंत्रण के लिए प्रयुक्त कीटनाशक।
Molluscivore:	**घोंघा भक्षक**
Fish feeding on molluscs as its preferred naturalfood.	वे मत्स्य जो पसंदीदा प्राकृतिक खाद्य पदार्थ के रूप में घोंघा खाते हैं।
Monk:	**मॉन्क**
An outlet structure consisting of a vertical threesided tower closed with wooden boards to regulate the water level. The water is discharged through a pipeline buried under the dike. A screen keeps the farmed fish from leaving the pond. May be built in wood, bricks, concrete or reinforced concrete.	एक आऊटलेट संरचना जिसमें एक बंद लम्बवत तीन-तरफा टावर होता है, जिसमें पानी के स्तर को नियंत्रित करने के लिए लकड़ी के बोर्ड होते हैं। पानी को पाइपलाइन से निष्कासित किया जाता है जो डाईक में छिपा है। एक स्क्रीन लगाई जाती है जो संवर्द्धित मत्स्यों को तालाब छोड़ने से रोकता है। हो सकता है कि वे लकड़ी, ईंट, कंक्रीट या रीइन्फोर्सड कंक्रीट से बनाए जाते हैं।
Monoculture:	**एकल संवर्द्धन**
The cultivation or culture of a single crop or species to the exclusion of others.	एक फसल या प्रजाति को अलग रूप से किया जानेवाला संवर्द्धन या कृषि।

Monomorphic:	**मॉनोमॉर्फिक**
In genetics: when there is only one allele at a given locus in a population.	**आनुवंशिकी में:** किसी संख्या में दिए गए केन्द्र में एक ही विकल्पी होता है।
Morbidity:	**रुग्णता**
In nutrition research: number of recorded deaths due to disease per unit of time or percent of total number of animals, which were ill per unit of time.	**पौष्टिकता अनुसंधान में :** यूनिट प्रति समय या कुल पशुओं के प्रतिशत में रोग के कारण हुई मृत्यु की रिकार्ड की गई संख्या, जो प्रति यूनिट समय में रोग से पीड़ित थे।
Mortality:	**जीवंतता**
The proportion of deaths in a specified portion of a population or the proportion of deaths in a group of individuals.	किसी संख्या के विशिष्ट भाग में मृतकों का अनुपात या किसी समूहों में मृतकों का अनुपात।
Mortality rate:	**मृत्युदर**
The percentage of fish which die during a given period (a month, six months, a year) calculated as (D x 100) / A, where D is the number of fish dying during the given period and A is the number of fish alive at the beginning of this period.	किसी निर्धारित समय में (एक माह में, छः माहों में, एक वर्ष में) मरनेवाले मत्स्यों की प्रतिशत, जिसे (D x 100)/A से परिकलित किया जाता है, निर्धारित समय में जहां D मरनेवाले मत्स्यों की संख्या है और A इस अवधि के प्रारंभ में जीवित मत्स्यों की संख्या है।
Mother-of-pearl:	**मदर-आर्फ-पर्ल**
Bivalve mollusc with the inner layer of its shells having an iridescent crystal matrix (nacre).	एक बईवैल्व घोंघा जिसकी ठठरी के आंतरिक सतह में इर्रिडिसेन्ट क्रिस्टल मैट्रिक्स (nacre) होता है।
Mother-of-pearl culture:	**मदर-ऑफ-पर्ल जलकृषि**
The rearing of mother-of-pearl molluscs for the production of nacre (2 to 3 years) and for the production of pearls after being surgically treated.	नैक्र (2 से 3 साल) के मदर-ऑफ-पर्ल तथा सर्जिकल उपचार करने के बाद मोतियों के उत्पादन के लिए के उत्पादन के लिए घोंघों की जलकृषि।
Mould (mold):	**मोल्ड**
A conspicuous mass of vegetative filaments and fruiting structures produced by various fungi, such as Aspergillus, Penicillium and Rhizopus, associated with plant decay, food spoilage and plant diseases.	ऐसपर्गिल्लस, पेन्सिलिन एवं राइज़ोपस जैसे विभिन्न प्रकार के कवकों द्वारा पैदा किए गए वानस्पतिक रेशे और फल की संरचना का प्रत्यक्ष ढेर जो पौधों के अपघटन, खाद्य पदार्थ के खराब होने तथा पौधा रोगों से संबंधित है।
Moult:	**मोल्ट**
Common name for the exuvium, i.e. the shed exoskeleton of arthropods, crustaceans in particular. To moult: process of shedding the exoskeleton.	ऐक्ज़ूवियम के लिए एक सामान्य नाम यानी ऑर्थोपॉड, विशेष रूप से क्रस्टीशियन द्वारा त्याग की गई बहिर्कंकाल। मोल्ट: बहिर्कंकाल त्याग करने की प्रक्रिया।

Moulting (molting):	**मोल्टिंग**
Periodic shedding of the outer covering, such as the exoskeleton in the Arthropoda (shrimps, crabs, lobsters), to permit growth (increase in size) of internal soft-tissues. After moulting, specimens are particularly vulnerable to predation.	बाहर के आवरण का आवधिक रूप से त्याग करना, जैसे ऑर्थोपोडा में बहिर्कंकाल ताकि आंतरिक नरम ऊतकों की वृद्धि हो सके। मोल्टिंग की प्रक्रिया के बाद कुछ विशेष प्रजातियां शिकार के पंजे में आ सकते हैं।
Mouthbrooder:	**मुंह प्रजनन**
A species of fish in which either the female or male incubates the fertilized eggs in the mouth, such as several tilapia species e.g. Oreochromis aureus, O. mossambicus and O. niloticus.	मत्स्य की एक प्रजाति जिसमें पुरुष या मादा मत्स्य उर्वरित अण्डों को अपने मुँह में सेती हैं, उदाहरण के लिए कई टिलेपिया प्रजातियां, ऑरियोक्रोमिस ऑरियस, ओ. मोस्साम्बिकस और ओ. निलोटिकस
Mozuku:	
Japanese name for processed brown seaweeds of the order Chordariales (Nemacystis decipiens and Cladosiphon okamuranus), cultured in Japan on sub-surface horizontal nets, they are developed into a most valuable food product.	शोर्डरियेल्स क्रम के प्रसंस्कृत समुद्री शैवाल के लिए जापानी नाम (निमेसिस्टिस डेसिपियेन्स तथा क्लाडोसिफन ओकमुरनस), ये जापान में उप-सतही क्षैतिज नेट पर पाले जाते हैं और एक मूल्यवान खाद्य पदार्थ के रूप में इनका विकास किया जाता है।
Muck:	**गंदगी**
Highly decomposed organic wet soil.	अत्यंत विघटित कार्बनिक गीली मिट्टी।
Mucking (egg):	**गंदलापन (अण्डे):**
The addition of an inert substance, such as clay or starch to adhesive eggs to prevent them from sticking together during spawn taking. Most commonly used with esocid, walleye and carp eggs.	काली मिट्टी या आसंजक अण्डों के लिए स्टॉर्च या निष्क्रिय पदार्थ डालना ताकि बोयाना की अवधि में उन्हें एक दूसरे के साथ चिपकने से रोक सके। इसे आमतौर पर इसोसिड, वैल्लेय और कार्प अण्डों के लिए प्रयोग किया जाता है।
Mucus:	**श्लेष्म**
The slimy secretion of the mucous glands containing mucin.	म्यूसिन रखनेवाले म्यूकस ग्रन्थियों द्वारा चिकनाई स्राव पैदा करना।
Mud:	**मिट्टी**
Pelagic or terrigeneous detrital material consisting of particles smaller than sand, that is, an undifferentiated sediment made up of particles mostly within the silt-clay range smaller than 0.0625 mm.	पेलेजिक या टेर्रिजेनस डेट्रिटल सामग्री जिसमें रेत से भी छोटे कण होते हैं जो एक अलग नहीं किया सकनेवाला अवसाद है और यह कीचड़ की काली मिट्टी की श्रेणी 0.0625 उउ से भी छोटा है।

Mudflat:	**समतल मिट्टी**
Lower part of an estuarine mud expanse or of a sea marsh, regularly submerged by each high tide; its muddy soil has not pedologically evolved and there is no vegetation growing on it.	खाड़ी या दलदल या समुद्री दलदल का निचला भाग, जो प्राय: हर उच्च ज्वार से डूब जाता है, यह मिट्टी युक्त मृदा का पेडालॉजिकली विकास नहीं हूआ है और इस पर किसी भी प्रकार की वनस्पति की वृद्धि नहीं होती है।
Mulch:	**मल्च**
Layer of material consisting of wood chips, straw, leaves, etc. It is used to cover soil for the purpose of holding moisture, preventing weed growth, protecting plants and enriching the soil.	लकड़ी के टुकड़े, भूसा, पत्ते आदि सामग्रियों की सतह। इसे मृदा को ढकने के लिए प्रयोग किया जाता है, ताकि नमी बनाए रख सके, घासपात न उग आए तथा पौधों की सुरक्षा की जा सके और मिट्टी को और उर्वर बना सके।
Mullet culture:	**खेती**
Branch of pisciculture specialized in the reproduction and rearing of mullets (Mugil spp., Liza spp.).	मात्स्यिकी की वह शाखा जो मुल्लेटों के प्रजनन और जलकृषि में विशेषज्ञ है (मुगिल प्रजाति, लीज़ा प्रजाति)।
Mussel (marine-):	**शंबुक (समुद्री)**
Common name given to benthic bivalve molluscs typically marine or estuarine. Sessile in the adult stage, attached by a byssus to a hard substratum. Sexes are separated. From the aquaculture point of view, most important are the families Mytilidae (*Mytilus* spp.) and Aviculidae (*Perna* spp.).	बेन्थिक बाईवाल्व घोंघों के लिए दिया गया सामान्य नाम जो विशेष रूप से समुद्री होते हैं या खाड़ी के होते हैं। ये परिपक्वता में सेसाइल होते हैं और वे बाईसास से किसी कठोर पदार्थ से जुड़ जाते हैं। लिंग अलग अलग होते हैं। जलकृषि की दृष्टि से मईटिलिडे (माईटिलिटे प्रजाति) एवं अविकुलिडे (पेर्ना प्रजाति) परिवार अत्यंत महत्त्वपूर्ण हैं।
Mutagenesis:	**उत्परिवर्तन जनन**
The artificial induction of mutations by irradiation and chemical mutagens.	करणन एवं रासायनिक उत्परिवर्तकों द्वारा कृत्रिम रूप से उत्परिवर्तन जनन पैदा करना।
Mutation:	**उत्परिवर्तन**
A sudden heritable change in gene or chromosome structure. A 'mistake' that occurs during-chromosomal replication. When a mutation occurs, a gene is incorrectly replicated on the new chromosome. This new allele may be capable of producing a different (mutant) phenotype. Many mutant alleles produce lethal or sub-viable phenotypes. The mutation rate for each gene is very low.	जीन या गुणसूत्र में एक आकस्मिक आनुवंशिक परिवर्तन। गुणसूत्रें की पुनरावृत्ति की अवधिा में होनेवाली गलती। जब उत्परिवर्तन होता है, एक जीन गलती से नए क्रोमोज़ोम पर पुनरावृत्ति होता है। यह नया युग्मक एक अलग फीनोटाइप पैदा करने के लिए सक्षम है। कई उत्परिवर्तित युग्मक, बहुत ही खतरनाक या उप-व्यावहार्य फीनोटाइप पैदा करते हैं। हर जीन के लिए उत्परिवर्तन दर बहुत ही कम है।

Mycelium:	**मईसीलियम**
In fungi: the network formed by interconnecting hyphae.	**कवकों में:** अंत: संबंधी हाइफे द्वारा पैदा किए जानेवाला नेटवर्क।
Mycology:	**कवक विज्ञान**
The study of fungi.	कवकों का अध्ययन।
Mysis:	**माईसिस**
Pelagic larval stage of a crustacean intermediate between the protozoea (zoea) and postlarva stages.	क्रस्टीशियनों का पेलेजिक इल्ली स्तर जो प्रोटोज़ोआ और इल्ली-उत्तर स्तर के बीच में होता है।
Mytiliculture:	**माईटिलीकल्चर**
Branch of conchyliculture specialized in the breeding and rearing of mussels.	शंख संवर्द्धन विज्ञान की वह शाखा जो शंबुकों के प्रजनन एवं पालन में विशेष होता है।

N

Nacre:	नैकर
Inner layer of molluscan shells.	घोंघों की ठठरी की आंतरिक सतह।
Nanoplankton (nanoplancton):	**नैनो प्लवक**
Minute planktonic organisms with a body diameter of 2 to 20 micrometres; formerly used for those planktonic organisms that are not retained by a 0.03-0.04 mm mesh silk bolting cloth.	एक बहुत ही छोटी प्लवक जीव जिसका शरीर 2 से 20 माइक्रोमीटर व्यास का होता है, पूवतः यह उन प्लवक जीवों के लिए प्रयोग किए जाते हैं जो 0.03–0.04 उउ मेश रेशम बोल्टिंग कपड़े द्वारा कायम नहीं रहते।
National Product, Gross- (GNP):	**कुल राष्ट्रीय उत्पाद (GNP):**
An aggregate measurement of economic progress at the national level, defined as the total market value of all final goods and services produced in the economy in one year. It includes goods and services produced by national firms operating in foreign countries but does not include those produced by foreign producers in the country.+	राष्ट्रीय स्तर पर आर्थिक प्रगति का कुल माप, यह एक वर्ष में आर्थिकी में उत्पादित सभी अंतिम उत्पादों एवं सेवाओं के कुल मार्केट मूल्य की परिभाषा देता है। इसमें विदेशों में प्रचालित राष्ट्रीय फर्मों द्वारा प्रदत्त सेवाएं और उत्पाद शामिल हैं लेकिन देश में उत्पादित विदेशी उत्पादकों के उत्पाद शामिल नहीं हैं।
National Product, Net- (NNP):	**राष्ट्रीय नेट उत्पाद (NNP):**
It is the Gross National Product minus capital consumption or depreciation.	राष्ट्रीय कुल उत्पाद को पूँजी उपभोग या अवमूल्यन से कम करने पर प्राप्त।
Nauplius (pl. nauplii):	**नौप्लियस**
Earliest larval stage of a crustacean; it exhibits the simplest type of head region with three pairs of appendages, uniramous first antennae, biramous second antennae and mandibles. Although the nauplius larva is typical, it does not appear in all crustaceans. It is common in lower forms but in many of the higher forms it occurs during development in the egg, and the young are hatched as differentiated and more advanced larvae.	क्रस्टीशियन का सबसे पहला स्तर। इस स्तर में केवल एक सिर दिखाई देता है और उसमें तीन जोड़ी एपेण्डेज, पहला ऐंटीनाए यूनिरेमस द्वितीय ऐंटीना बईरेमस और मेण्डिबल्स होते हैं। यद्यपि नौप्लियस इल्ली कुछ विशिष्ट होती है वह सभी क्रस्टीशियनों में नहीं होती है। यह निम्न स्तरों में पाई जाती है लेकिन उच्च स्तरों में वह अण्डे के विकास स्तर में पैदा होती है तथा प्रस्फुटित होनेवाले अलग होते हैं और वे काफी विकसित हुए दिखाई देते हैं।

Necrosis:	**ऊतक क्षय**
Sum of the morphological changes indicative of cell death and caused by the progressive and irreversible degradative action of enzymes; it may affect groups of cells or part of a structure or an organ; necrosis may take different forms and be associated with saprobionts (bacterial, fungal or protistan) proliferation.	वे सक्रिय रूप से तैरनेवाले पेलेजिक जीव जो पानी के प्रवाह के करेंट से स्वतंत्र होकर भी गतिशील रहते हैं।
Nekton (necton):	**नेक्टन**
Those actively swimming pelagic organisms able to move independently of water currents.	वे सक्रिय रूप से तैरनेवाले पेलेजिक जीव जो पानी के प्रवाह के करेंट से स्वतंत्र होकर भी गतिशील रहते हैं।
Nematode:	**नीमेटोड**
Elongated, cylindrical, unsegmented worm; includes a number of plant and human parasites.	लम्बे प्रकार के, बेलनाकार, अखंडित कीड़ा: इसमें कई प्रकार के पौधे और मानवीय परजीवी शामिल हैं।
Neritic:	**नेरिटिक**
Marine zone, or ecological Province, relatively shallow, which extends from the coast to the outside edge of the continental shelf (at an average depth of 130 m but conventionally fixed at 200 m); its waters are relatively turbid and rich.	समुद्री क्षेत्र या पारिस्थितिकी का राज्य जो आमतौर पर छिछला होता है और महाद्विपीय जल सीमाओं की बाह्य सीमा जो तट से विस्तारित होता है (130 m की औसत गहराई पर लेकिन परंपरागत रूप से 200 m पर निर्धरित किया गया है) या इसका पानी काफी हद तक पंकिल या गंदे तथा उपजाऊ होते है।
Net:	**नेट**
Meshed, to catch fish - made of natural or synthetic netting used mainly for capturing, confining or handling aquatic organisms. Sometimes used in synonymy with netting.	मेश युक्त, मत्स्य पकड़ने के लिए – यह प्राकृतिक या संश्लिष्ट नेटिंग से बनाया जाता है और इसे मुख्य रूप से पकड़ने, सीमा में रखने या जलजीवों को संभालने के लिए प्रयोग किया जाता है। कभी कभी इसे नेटिंग के लिए पर्यायवाची रूप में प्रयोग किया जाता है।
Net bagging:	**नेट बैगिंग**
The distortion of a cage net, usually by currents or when being towed at too high a velocity.	एक घेरे नेट का टेढ़ा हो जाना, आमतौर पर यह पानी की धारा के कारण होता है या जब इसे उच्च वेग पर टो किया जाता है।

Net, bag-	**नेट बैग**
In finfish aquaculture, it is the fish holding net attached to the cage support frame. It is regularly changed for repairs and to remove fouling.	परयुक्त मत्स्य जलकृषि में, यह मत्स्य पकड़ने की नेट को घेरे के समर्थन फ्रेम से लगाया जाता है। मरम्मत और गंदगी निकालने के लिए इसे नियमित रूप से बदला जाता है।
Net, bird-	**पक्षी नेट**
Protective covering around fish holding facilities that can prevent or deter predation by birds.	मत्स्य पकड़ने की सुविधाओं के चारों ओर का आवरण जो पक्षियों द्वारा किसी भी प्रकार के शिकार को रोकता है।
Net, cast-	**नेट कास्ट**
Fishing gear cast from the shore or from a boat over the water surface; catches the fish by falling and closing in on them by means of a drawstring. Its use is usually restricted to shallow waters.	पानी की सतह से तट पर से या नाव पर से डाला गया मत्स्य गीयर। यह खींचने की रस्सी के माध्यम से मत्स्यों को पास खींचकर उन्हें पकड़ता है। आमतौर पर यह छिछले पानियों में ही प्रयोग किया जाता है।
Net, gill- (gillnet):	**गिल नेट**
A net, which is hung vertically in the water so that fish attempting to pass through become caught by the gill covers, entangled or enmeshed in the netting. According to their design, ballasting and buoyancy, these nets may be used to fish on the surface, in midwater or on the bottom	वह नेट जो पानी में लम्बवत रूप में टंगा जाता है ताकि लांघनेवाले मत्स्य उनके गिल आवरणों द्वारा पकड़े जाएं, उलझ जाते हैं और मेश में अटक जाते हैं। उनकी डिज़ाइन, बेल्लेस्टिंग एवं प्लवकता के अनुसार, इन्हें सतह पर, बीच पानी में या निचले स्तर पर रहनेवाले मत्स्यों को पकड़ने के लिए प्रयोग किया जा सकता है।
Net, lantern- (a):	**लालटेन नेट (a):**
Kind of pot opened at its two extremities,with a tronconic shape, the lower opening being the largest. Used in shallow waters (e.g. undrainable ponds, coastal lagoons), it is rapidly thrown on the bottom to capture fish by surprise. These are then taken out by hand through the upper opening.	एक प्रकार का ट्रानकोनिक आकार में मटका जिसके दोनों ओर खुले होते हैं तथा उसके निचले स्तर का खुला भाग बड़ा होता है। इसे छिछले पानी में प्रयोग किया जाता है (उदाहरण के लिए ड्रेन नहीं होनेवाले तालाब, तटवर्ती लगून)। मत्स्यों को एकदम से पकड़ने के लिए एक झटके में निचले स्तर तक फेंका जाता है। इसके बाद इन्हें ऊपरी खुले द्वारा से हाथ से निकाला जाता है।

Net, lantern- (b)	**लालटेन नेट (b)**
Net basket with several compartments, one over the other, which hangs on a longline. Access is provided into each compartment by a covered slit in the net. Usually used for growing of scallops.	कई खानों से युक्त नेट की टोकरी, जो एक के ऊपर एक होते हैं और एक लम्बी लाइन पर से टंगे रहते हैं। हर खाने में ज्यादा दिया जाता है जो जाल में कीचड़ से ढका हुआ रहता है। आमतौर पर नेट को स्कैलप जलकृषि के लिए प्रयोग किया जाता है।
Net, lift-	**लिफ्ट नेट**
Fishing net consisting of a horizontal panel or a bag shaped like a parallelepiped, pyramid or cone with the opening facing upward. After being submerged at the required depth, the net is lifted or hauled out of the water, by hand or mechanically, from the shore or from a boat.	मत्स्य पकड़ने का जाल जिसमें एक क्षैतिज पेनल या थैली आकार के जैसे समानांतर पाइप होता है, पिरामिड या ऊपरी तरफ से खुला कोन होता है। आवश्यक गहराई तक इसे डुबोने पर नेट को यांत्रिकी रूप से या हाथ से, तट से या नाव पर से, पानी से उठाया या उसे फेंका जाता है।
Net, plankton-	**प्लवक नेट**
Very fine-meshed net usually made of silk bolting cloth used for catching plankton.	बहुत ही महीन नेट जिसे आमतौर पर रेशम बोल्टिंग कपड़े से बनाया जाता है और इसे प्लवक पकड़ने के लिए प्रयोग किया जाता है।
Net, predator-	**नेट परभक्षी**
(a) In shellfish farming: it is a net or barrier used to reduce the effects of predation typically by crabs and dog whelks on clams, mussels, oysters and other culture species. (b) In finfish farming: it is used to surround a cage under water or as a top net over tanks or cages to deter predators.	**(a) सीप मछली की जलकृषि में :** यह नेट या अवरोधक जिसे परभक्षियों के प्रभावों को कम करने के लिए प्रयोग किया जाता है, बड़ी सीपी, शंबुक, घोंघा तथा अन्य संवर्द्धित प्रजातियों को विशेष रूप से केंकड़े और कुत्ते आदि से बचाने के लिए। **(b) परयुक्त मत्स्यों की जलकृषि:** इसे पानी के नीचे परभक्षियों से बचाने के लिए घेरे को ढकने के लिए या टंकी या घेरों को ऊपर से ढकने के लिए प्रयोग किया जाता है।
Net, scoop-	**स्कूप नेट**
Consists of a sheet of netting attached to a frame that is used in a scooping motion. The netting may be mounted flat or in a pyramidal shape.	इसमें नेटिंग की एक शीट होती है जो एक फ्रेम से लगा हुआ है और इसे स्कूप करने की गति के लिए प्रयोग किया जाता है। नेटिंग को समतल स्थिति में या पिरामिड स्थिति में लगाया जा सकता है।

Net, seine-	**ज़ाइन नेट**
A large fish net made to hang vertically in the water with floats at the top and weights on the bottom and a staff attached to each end. It can be operated either from the shore (beach seine) or from a boat. The manner of capture is to surround an area of water with a long net, with or without a bag at the centre. The net is usually operated by two ropes fixed to its ends, used both for hauling it in and for herding the fish.	एक बहुत बड़ी मछली पकडने का जाल जिसे पानी में लम्बवत टांगते हैं और यह ऊपर की तरफ से तैरता है और नीचे की तरफ वज़न होने के कारण नीचे झुकता है और इसके दोनों तरफ बहुत मोटी लकड़ियां होती हैं। यह तट पर से ৠसमुद्र किनारेৠ या नाव से भी प्रचालित किया जा सकता है। पकड़ने की पद्धति में पानी के क्षेत्र को केन्द्र पर थैले के साथ या थैले के बिना एक लम्बे जाल से घेरा जाता है। जाल को प्रायः उसके दोनों ओर लगाई गई रस्सियों से प्रचालित किया जाता है और इसे मछलियों को फंसाने या इन्हें एक जगह इकत्रि करने के लिए भी प्रयोग किया जाता है।
Net, trammel-	**ट्रेम्मल नेट**
Net similar to a gillnet but composed of two or more layers of netting, between which fish become entangled.	वह जाल जो गिलनेट के समान है लेकिन इसमें नेटिंग की दो या दो से अधिक परते होती हैं, जिसके बीच में मत्स्य उलझ जाते हैं।
Netting:	**नेटिंग**
Open-mesh natural or synthetic fabric formed by knotting or knitting netting yarn, used to make nets and fish handling equipment such as dipnets.	खुला-मेश प्राकृतिक या संश्लिष्टात्मक, जो नेटिंग यार्न को बुनने या बांधने से तैयार किया जाता है तथा डिप नेट जैसे मत्स्य संभालने के उपकरण एवं नेट बनाने के लिए प्रयोग किया जाता है।
Netting twine:	**नेटिंग ट्वाइन**
Material produced by either braiding or twisting several netting yarns together; nowadays used to make most kinds of netting.	वह सामग्री जिसे कई नेटिंग यार्नों का एक साथ चोटी बनाने या मोड़ने से बनाया जाता है, आजकल कई प्रकार के नेटिंग में प्रयोग किया जाता है।
Netting twine, monofilament-	**एकल फिलमेण्ट नेटिंग ट्वाइन**
Very thin synthetic netting twine made of one yarn only; its thickness is designated by its diameter in millimetres.	बहुत ही महीन संश्लिष्टातमक नेटिंग ट्वाइन जो एक ही यार्न से बना होता है, इसकी मोटाई मिलीमीटर में मापी गई इसके व्यास से बताया जाता है।

Netting yarn:	**नेटिंग यार्न**
Thread usually made from an assemblage of single synthetic fibres with varying chemical composition, such as polyamide, polyester, polyethylene, polypropylene or polyvinylalcohol.	वह धागा जो पॉलीअमाईड, पालीयेस्टर, पालीथीन, पालीप्रोपाइलीन या पालीविनाईलऐल्कोहॉल विभिन्न रासायनिक सम्मिश्रों से युक्त एकल संश्लिष्ट फाइबरों से बना होता है।
Netting, knotless-	**नॉटरहित नेटिंग**
A net having meshes formed with netting twine, which is knitted together and not weaved with.	नेट जिसमें नेटिंग ट्वाईन से बने मेश होते हैं जिसे कपड़े की तरह बुना नहीं गया उसे एक साथ जोड़ा गया है।
Niche:	**स्थान**
The ecological role of a species in a community; conceptualized as the multidimensional space, of which the coordinates are the various parameters representing the condition of existence of the species, to which it is restricted by the presence of competitor species. Sometimes used loosely as an equivalent of microhabitat in the sense of the physical space occupied by a species.	एक समुदाय में रहनेवाली प्रजातियों की पारिस्थितिकीय भूमिका, जिसे एक बहु-आयामी जगह के रूप में माना जाता है, जो प्रजाति के अस्तित्त्व की स्थिति का प्रतिनिधित्त्व करनेवाले विभिन्न प्राचालों को संयोजित करता है और इसे प्रतिस्पर्धात्मक प्रजातियों की उपस्थिति से सीमित किया जाता है। कभी कभी इसे प्रजातियों द्वारा ली गई भौतिक जगह के अर्थ में सूक्ष्म प्राकृतिक आवास के समतुल्य लिया जाता है।
Niche, ecological-	**पारिस्थितिकी स्थान**
The conceptual space occupied by a species, which includes both the physical space as well as the functional role of the species. A species can occupy different niches during the course of its development.	प्रजातियों द्वारा ली गई वह संकल्पनात्मक जगह जिसमें भौतिक जगह के साथ साथ उनकी प्रकार्यात्मक भूमिका भी शामिल है। एक प्रजाति, अपने विकास के विभिन्न स्तरों में विभिन्न निवास अपना सकते हैं।
Niche, feeding-	**फीडिंग स्थान**
Role a fish plays in a culture system with regard to food consumption.	किसी संवर्द्धन व्यवस्था में खाद्य पदार्थों के उपभोग के संदर्भ में मत्स्य द्वारा अदा की गई भूमिका।
Nick:	**निक**
The production of superior hybrids. Hybrid vigour.	उत्कृष्ट कोटि के हाइब्रिडों का उत्पादन। हाईब्रिड शक्ति।
Night-soil:	**रात्रि मिट्टी**
Contents of cesspools and so forth removed at night, especially for use as manure	सेसपूल में होनेवाली सामग्री और इसे रात को निकाला जाता है, विशेष रूप से खाद के प्रयोग के रूप में।

Nipping:	**निप्पिंग**
Biting of one fish by another. Often a result of territorial behaviour, which becomes exaggerated when fish are stressed (particularly when overcrowded). Nipping is usually associated with the fins or eyes.	एक मत्स्य द्वारा दूसरे को काटने की प्रक्रिया। प्राय: यह एक क्षेत्रीय व्यवहार है और जब मत्स्य दबाव में होते हैं तो यह बहुत बढ़ जाता है (विशेष रूप से जब कई मत्स्य एक जगह पर होते हैं)। निप्पिंग प्राय: पंख या आंखों से संबंधित हैं।
Nitrate:	**नाइट्रेट**
The end product of the aerobic stabilization of organic nitrogen; its presence in water indicates organic enrichment or agricultural or industrial contamination. Often used as fertilizer in pond culture.	कार्बनिक नाइट्रोजन के वायवीय स्थिरीकरण का अंतिम उत्पाद, पानी में इसकी उपस्थिति से कार्बनिक प्रचुरता या खेत प्रचुरता या औद्योगिक प्रचुरता का संकेत मिलता है। इसे प्राय: तालाब संवर्द्धन में उर्वरक के रूप में प्रयोग किया जाता है।
Nitration:	**नाइट्रेशन**
The oxidation of nitrite to nitrate (second step of nitrification), especially via aerobic microorganisms of the genus Nitrobacter.	नाईट्रेट के ऑक्सीकरण से नाईट्राइट (नाइट्रिफिकेशन का दूसरा चरण), विशेष रूप से जीनस नाइट्रोबेक्टर के वायवीय सूक्ष्मजीवों द्वारा।
Nitrification:	**नाइट्रिफिकेशन**
The aerobic bacterial conversion (oxidation) of ammonia and organic nitrogen to stable salts (nitrates), via bacteria, often Nitrosomonas spp. and Nitrobacter spp.	अमोनिया एवं स्थिर लवणों (नाइट्रेट) से बैक्टीरिया, प्राय: नाइट्रोसोमोनस प्रजाति एवं नाइट्रोबैक्टर द्वारा कार्बनिक नाइट्रोजन का वायवीय बैक्टीरियल रूपांतरण।
Nitrite:	**नाइट्राईट**
First step in the oxidation of the ammonia excreted by aquatic organisms as the end product of the protein metabolism. It inhibits the uptake of oxygen by haemoglobin and is thus toxic to fish. Crustaceans are affected to a lesser extend as haemoglobin is only partially inhibited. For a given concentration therefore, nitrite is usually more toxic in freshwater than in brackish or seawater.	प्रोटीन चयापचयन के अंतिम उत्पाद के रूप में जलजीवों द्वारा उत्सर्जित अमोनिया के ऑक्सीकरण का पहला कदम। यह हीमोग्लोबिन द्वारा ऑक्सीजन के अवशोषण रोकता है और यह मत्स्यों के लिए हानिकारक है। क्रस्टीशियनों पर कम प्रभाव पड़ता है क्योंकि हीमोग्लोबिन पर आंशिक रूप से ही प्रभाव करता है। अत: किसी दी हुई सान्द्रता में नाइट्राइट खारापानी या समुद्रपानी की तुलना में प्राय: स्वच्छ पानी में अधिक विषैला होता है।
Nitrogen:	**नाइट्रोजन**
An odorless, gaseous element that makes up 78 percent of the earth's atmosphere, and is a constituent of all living tissue. It is almost inert in its gaseous form.	एक असुगंधित गैस घटक जो पृथ्वी के वायुमण्डल के 78 प्रतिशत भाग बनता है और यह सभी सजीव ऊतकों का एक प्रमुख भाग है। यह गैस रूप में अत्यंत निष्क्रिय है।

Nitrogen fixation:	नाइट्रोजन स्थिरण
The process by which certain bacteria and cyanobacteria are able to convert atmospheric nitrogen to inorganic forms and to "fix" it into the soil making them available to plants.	वह प्रक्रिया जिसके माध्यम से कुछ बैक्टीरिया और साइनोबैक्टीरिया वायुमण्डलीय नाइट्रोजन को अकार्बनिक रूपों में रूपांतरित कर पाते हैं तथा उसे मिट्टी मृदा में 'स्थिर' कर पाते हैं ताकि वह पौधों के लिए उपलब्ध हो सके।
Non-Governmental Organization (NGO):	**गैर सरकारी संगठन**
Any organization that is not a part of federal, provincial, territorial, or municipal government. Usually refers to non-profit organizations involved in development activities.	कोई भी संगठन जो संघ, राज्य, क्षेत्रीय या नगर सरकार का भाग नहीं है। आमतौर पर इसे गैर सरकारी संगठनों के संदर्भ में लिया जाता है जो विकासात्मक क्रियाकलापों से संब) हैं।
Nori:	**नोरी**
Japanese name for prepared extracts of red algae/ seaweeds of the genus Porphyra cultivated in Japan and China. Products used for medicinal and food purposes.	जापान एवं चीन में उगाए जानेवाले जीनस पॉर्फैरा के लाल शैवाल/ समुद्री शैवालों से तैयार किए गए सार के लिए जापानी नाम। इनके उत्पादों को चिकित्सकीय एवं खाद्य पदार्थ के लिए उपयोग किया जाता है।
Nucleus (pl: nuclei):	**नाभिकी**
(a) That part of a living cell in which DNA replication and transcription takes place, containing nucleic acids and other components responsible for controlling the production of proteins by the cell. (b) In marine pearl culture: very small ball made from a bivalve shell; inserted by surgery into Pinctada fucata (bivalve) to provoke the formation of a pearl around it.	(a) कोशिका का वह सजीव भाग जिसमें DNA पुनरावर्तन एवं ट्रांसक्रिप्शन होता है, इसमें नाभिकीय अम्ल और अन्य घटक होते हैं जो कोशिका द्वारा पैदा किए जानेवाले प्रोटीन उत्पादन को नियंत्रि करने के लिए जिम्मेदार हैं। **(b) समुद्री मोती संवर्द्धन में :** एक छोटा बॉल जो बईवैल्व ठठरी से बना होता है, इसे सर्जरी द्वारा पिंकटाडा फुकाटा (बईवैल्व) में डाला जाता है ताकि उसके चारों ओर मोती पैदा हो सके।

Nursery (pl. nurseries):	**नर्सरी**
(a) In the wild: refers to the site occupied by juvenile molluscs, crustaceans and fish, between the larval and adult stages.	**(a) वन्य में :** यह उस स्थान के संदर्भ में लिया जाता है जहां किशोर सीप, क्रस्टीशियन तथा इल्ली एवं परिपक्व स्तर के बीच के मत्स्य रहते हैं।
(b) In aquaculture: culture facility where a farming system intermediate between the hatchery and grow-out stages is applied. In conchyliculture: transitional culture facility where post-larvae 1-2 mm long produced in a hatchery are grown out until reaching a size (about 20 mm) suitable for their transfer to marine rearing facilities, using technologies, which are simpler and cheaper than those used in hatcheries.	**(b) जलकृषि में :** संवर्द्धन सुविधा, जहां हैचरी एवं ग्रोआऊट स्तरों के बीच में खेती व्यवस्था लागू की जाती है। शंख जलकृषि में: संक्रमण संवर्द्धन सुविध, जहां हैचरी में उत्पादित इल्ली पश्चात 1-2 mm लम्बाई के मत्स्यों को हैचरियों में प्रयोग किए जानेवाले प्रौद्योगिकियों की तुलना में सरल एवं सस्ते प्रौद्योगिकियों का प्रयोग करते हुए, पाला जाता है जब तक वे उस साईज़ (लगभग 20 mm) में न पहुँच जाएं जहां उन्हें समुद्री पालन सुविधाओं में हस्तांतरित किया जाता है।
Nursery, primary-	**प्राथमिक नर्सरी**
In aquaulture: culture facility (e.g. hapa, tank, pond) where sac fry are raised to produce fry.	**जलकृषि में:** संवर्द्धन की वह सुविधा (उदाहरण के लिए हैपा, ब्टंकी, तालाब) जहां फ्राई पैदा करने के लिए सैक फ्राई का विकास किया जाता है।
Nursery, secondary-	**द्वितीयक नर्सरी**
In aquaculture: culture facility (e.g. hapa, pond, tank) where fry are raised to produce fingerlings.	**जलकृषि में:** संवर्द्धन की वह सुविधा जहां फिंगरलिंग्स पैदा करने के लिए फ्राई का विकास किया जाता है।
Nutrient:	**पौष्टिक तत्त्व**
A substance, which provides nourishment; the term is often used to refer to dietary components.	वह पदार्थ जो पौष्टिकता प्रदान करता है। इस शब्दावली को खाद्य पदार्थ घटकों के संदर्भ में प्रयोग किया जाता है।
Nutrients, primary-	**प्राथमिक पौष्टिक तत्त्व**
In an inorganic fertilizer: refers to the elements nitrogen (N), phosphorus (P), and potassium (K). An increase in plant growth most often results from the application of these essential nutrients to the water or soil.	अकार्बनिक उर्वरकों में : यह नाईट्रोजन (N) फॉस्फोरस (p) तथा पोटेशियम (K) के तत्त्वों के संदर्भ में लिया जाता है। पानी या मृदा में इन अनिवार्य पौष्टिक तत्त्वों के प्रयोग से पौधा वृद्धि में बढ़ोत्तरी होते हुए दिखाई देती है।

Nutrition:	पौष्टिकता
The sum of the processes in which an animal (or plant) takes in and utilizes food; the act or process of being nourished.	उन सभी प्रक्रियाओं का कुल प्रभाव जिसमें पशु (या पौधा) उपभोग करता है और खाद्य पदार्थ का उपयोग करता है। पोषित होने की प्रक्रिया या क्रियाकलाप।

O

Oceanic:	समुद्री
(a) Marine zone, or ecological province, situated far away from the coast, further than the continental shelf (i.e. from the conventionally fixed 200 m depth); its waters are deep and relatively transparent and poor.	(a) समुद्री क्षेत्र, या पारिस्थितिकी राज्य जो तट से बहुत दूर स्थित है, महाद्विपीय जल सीमा से बहुत आगे (अर्थात् परंपरागत रूप से निर्धारित 200m गहराई से)। इसके पानी बहुत ही गहरे होते हैं और ये काफी पारदर्शी और कमज़ोर होते हैं।
(b) Related to the ocean, e.g. oceanic climate, basin, circulation or tectonic plate.	(b) समुद्र से संबंधित, उदाहरण के लिए मौसम, खाड़ी, परिचालन तथा संरचनांतरिकी प्लेट
Oceanography:	समुद्र विज्ञानय
The science and study of all aspects of the ocean.	समुद्र के सभी पहलुओं का अध्ययन एवं उसका विज्ञान।
Off-flavour:	
Environment-related flavours, like "muddy" or "musty", which can permeate pond-raised fish. This results from the fish eating blue green algae (cyanobacteria), which produce the compound glosmin.	पर्यावरण संबंधी महक, जैसे ''दलदली'' या ''सड़े'', जो तालाब में पले मत्स्यों में फैल सकते हैं। इसके परिणामस्वरूप मत्स्य, नीला-हरा शैवाल (साईनोबैक्टीरिया) खाएंगे जो ग्लॉस्मिन सम्मिश्र पैदा करते हैं।
Official agency having jurisdiction:	कार्यालयी एजेन्सियों का क्षेत्राधिकार
For fishery products: the official authority or authorities charged by the government with the control of food hygiene (sometimes referred toas the competent authority) as well as/or with sanitation in aquaculture.	मात्स्यिकी उत्पादों के लिए: कार्यालयी प्राधिकारी या वे प्राधिकारी, जो खाद्य पदार्थ शुद्धता (कभी-कभी इन्हें सक्षम अधिकारी के संदर्भ में लिया जाता है) के साथ जलकृषि में स्वच्छता का नियंत्रण करते हें
Offshore:	ऑफशोर:
The comparatively flat zone of variable width, extending from the breaker zone to the seaward edge of the continental shelf.	एक भिन्न-भिन्न चौड़ाई का समतल क्षेत्र है जो महाद्विपीय जल सीमा के विभाजन क्षेत्र से समुद्री किनारे तक विस्तारित होता है।
Oil, fish-	मत्स्य तेल
Oil extracted from total fish body or from fish waste. Fish oils are used in the manufacture of fish feeds, edible fats and industrial products.	मत्स्य शरीर या मत्स्य व्यर्थ पदार्थों के सार से लिया गया तेल। मत्स्य तेलों को मत्स्य फीड, खाद्य पदार्थ वसा एवं औद्योगिक उत्पादों में प्रयोग किया जाता है।

Oligotrophic:	**अल्प पोषण**
Of water: having a low primary productivity; pertaining to waters having low levels of the mineral nutrients required by green plants.	**पानी का :** इसमें बहुत कम प्राथमिक उत्पादन होता है जो पानी में निहित धात्विक पोषकों के निम्न स्तर के संदर्भ में लिया जाता है और ये धात्विक पोषण तत्त्व पौधों के लिए अति आवश्यक हैं।
Omega-3:	**ओमेगा-३**
Omega-3 (sometimes written as n-3, ω-3 or w-3) is the name given to a family of polyunsaturated fatty acids.	ओमेगा-3 (कभी-कभी इसे n-3, ω-3 या w-3 के जैसे भी लिखा जाता है) का नाम पॉली-असंतृप्त वसा अम्ल परिवार के लिए प्रयोग किया जाता है।
Omnivore:	**बहु-भक्षी**
An animal that consumes both plant and animal material.	वे पशु जो पौधे और पशु सामग्री दोनों खाते हैं।
Ongrowing:	**वृद्धिपरक**
Colloquial term for the process of raising of organisms after the initial larval/juvenile stages to a marketable size.	प्रारंभिक इल्ली/किशोर स्तर के बाद मार्केट करने शेग्य स्तर तक पालने की प्रक्रिया के लिए प्रयुक्त सामान्य शब्दावली।
Oocyte:	**अंड़ाणु**
Cell, which develops into an ovum.	कोशिका जो अंडे का रूप धारण करती है।
Oogenesis:	**अंड़जनन**
Cellular development that leads to the formation of an ovum.	कोशिका विकास का वह पहलू जो अंडे के संविरचन में परिणत होता है।
Open access:	**खुला ऐक्सेस**
A situation in which access to a natural resource (e.g. a fishery or grazing) is free, unlimited and available to everyone. The situation arises eitherwhere no one is legally entitled to deny others access (e.g. many high seas fisheries) or where the owner or manager of the resource fails to control access.	वह स्थिति जिसमें प्राकृतिक स्रोत के लिए ऐक्सेस मुफ्त है (उदाहरण के लिए मात्स्यिकी या घास चरना), असीमित है और यह सबके लिए उपलब्ध है। यह स्थिति तभी होती है जब उस क्षेत्र में जाने के लिए किसी को रोकने का कानूनी अधिकार है द्धउदाहरण के लिए कई उच्च समुदगी मात्स्यिकीत्र्ञ या जहां स्वामी या प्रबंधक, स्रोत को नियंत्रि करने में असमर्थ हैं।
Operculum:	**प्रच्छद**
The bony covering that protects the gills.	हड्डियों का आवरण जो गिल की सुरक्षा करता है।

Organisms, fouling-	फाऊलिंग जीव
Organisms, which attach to structures and often impact on their function.	वे जीव जो किसी संरचना से जुड़ जाते हैं और प्राय: उनके प्रकार्यों पर प्रभाव करते हैं।
Organisms, live food-	सजीव खाद्य पदार्थ खानेवाले जीव
Small living organisms mostly fed to larvae of fish and shellfish (directly or indirectly), such as microalgae, rotifers, copepods, Daphnia, brine shrimp (meta-)nauplii and mollusc trochophores; their mass culture is widely used in the industrial larviculture of marine fishes, molluscs and shrimps.	छोटे जीव जो प्राय: मत्स्य एवं सीपदार मत्स्यों के इल्लियों को खाद्य पदार्थ के रूप में दिए जाते हैं (प्रत्यक्ष या परोक्ष रूप में), जैसे सूक्ष्म-शैवाल, रोटीफर, कोपपेड, डैफ्निया, लवणीय पानी के झींगे तथा घोंघे ट्रॉकोफोर्स जिनके अत्यधिक संवर्द्धन को समुद्री मत्स्य, घोंघे और झींगों के औद्योगिक इल्लीपालन में प्रयोग किए जाते हैं।
Osmoregulation:	परासरण नियमन
The process by which organisms maintain a stable solute concentration. The maintenance of osmotic pressure on each side of a semi-permeable membrane, i.e. osmotic balance.	वह प्रक्रिया जिसके माध्यम से जीव स्थिर विलय सान्द्रता बनाए रखते हैं। अर्द्ध-प्रवेशी झिल्ली की दोनों तरफों पर परासरण दाब बनाए रखते हैं और इसे परासरण संतुलन कहा जाता है।
Osmotic pressure:	परासरण दाब
The pressure needed to prevent water from flowing into a more concentrated solution from a less concentrated one across a semi-permeable membrane.	पानी का कम सान्द्रता युक्त पानी का अर्द्ध-प्रवेशी झिल्ली में से अधिक सान्द्रता युक्त विलेय में प्रवाहित होने से रोकने के लिए आवश्यक दाब।
Ostreaculture:	ऑस्ट्रिया संवर्द्धन
Branch of conchyliculture specialized in the breeding and rearing of oysters.	शंख जलकृषि की वह शाखा जो घोंघों के प्रजनन और पालन में विशेषज्ञ है।
Otolith:	ऑटोलिथ
Mineral concretion présent in the internal ear, used for equilibration. In fish, in particular those from temperate regions, thin otolith cuts are used to determine fish age.	एक धात्विक ठोस पदार्थ है जो कान के आंतरिक क्षेत्र में स्थित है। मत्स्यों में विशेष रूप से उन समशीतोष्ण वातावरणों के मत्स्य के ऑटोलिथ जिन्हें काटकर मत्स्य की उम्र निर्धारित किया जाता है।
Outbreak:	भयंकर रोग का फैलना
The sudden onset of disease in epizootic proportions.	बहुत बड़े अनुपातों में रोग का आकस्मिक रूप से फैलना।
Outlet (a):	आऊटलेट (a):
An exit of water, for example in a pond, tank or reservoir.	पानी का बाहर निकलना, उदाहरण के लिए तालाब, टंकी या जलाशय में से।

Outlet (b):	आऊटलेट (b):
Water control structure built (i) to keep the water surface in a pond at its optimum level, which usually coincides with the maximum water level designed for the pond; and (ii) to allow for the draining of the pond and harvesting of the fish whenever necessary.	निम्नांकित के लिए निर्मित पानी नियंत्रित संरचना (i) तालाब में पानी स्तर को इष्टतम स्तर तक बनाए रखने जो प्राय: तालाब के लिए डिज़ाइन किए गए पानी के अधितम स्तर से मिलता जुलता है तथा (ii): तालाब में से पानी निकालने के लिए द्वार तथा आवश्यकता के अनुसार मत्स्यों का फसल करने की अनुमति।
Ovary (pl: ovaries):	अंड़ाशय
The sex organ which produces the egg or eggs in a female organism.	वे यौन अवयव जो मादा जीवों में अण्डे पैदा करते हैं।
Overcrowding:	भीड़
Condition in which numerical densities of animals per unit area lead to disruptive and/or damaging physiological and behavioural effects.	वह स्थिति जिसमें प्रति इकाई क्षेत्र में पशुओं की अत्यधिक संघन संख्या होती है जो उनके शारीरिक एवं/या व्यावहारिक पहलुओं पर प्रतिकूल प्रभाव करते हैं।
Overfishing:	अधिक मछली पकड़ना
Fishing more intensely than a desirable level.	वांछित स्तर से भी अधिक गहन मत्स्य पकड़ने की प्रक्रिया।
Overflow (a):	अत्यधिक बहाव (a):
A simple structure (usually one or several pipes) built into a dike for evacuating water when it reaches a dangerous high level.	जब पानी एक खतरनाक स्तर तक पहुँचता है तो पानी खाली करने के लिए डाइक में बनाई गई एक सरल संरचना (आमतौर पर एक या कई पाइप)।
Overflow (b):	अत्यधिक बहाव (a):
Water flowing from a barrage pond or a reservoir when filled beyond its capacity.	बैरेज तालाब या जलाशय से, उसकी क्षमता से अधिक पानी भर जाने पर प्रवाहित होनेवाला पानी।
Overflow gate:	अत्यधिक बहाव गेट
Water control structure built in a canal to evacuate any water excess and to dry canal sections for maintenance and repair.	नाली में बनाई गई पानी नियंत्रि करने की संरचना जो अत्यधिक पानी को निकालता है। इसे नाली के रखरखाव एवं मरम्मत के लिए सुखाने के लिए प्रयोग किया जाता है।

Over-ripening:	अधिक पक जाना
Term used to describe the process of aging in ovulated unfertilized eggs. During over-ripening eggs undergo a series of morphological and compositional changes leading to a progressive loss in quality and viability.	वह शब्दावली जिसे छोड़े गए अनुर्वरित अंडों के काल प्रभावन की प्रक्रिया बताने के लिए प्रयोग किया जाता है। अंडों के अधिक पकने की प्रक्रिया के दौरान, अंडे पर संरचनात्मक एवं बनावट परिवर्तन होते हैं, जिससे गुणवत्ता और व्यावहारिकता में काफी अधिक हानि होती है।
Overturn:	ओवरटर्न
In limnology: the complete mixing of the water mass of a standing-water body, which occurs when thermal stratification breaks down (generally in the spring and autumn in temperate climates).	लिम्नोलोजी में : स्थिर पानी के संपूर्ण पानी का पूर्ण रूप से मिलाना, यह तभी होता हे जब तापमान स्तरण टूट जाता है (सामान्य रूप से समशीतोष्ण मौसमों में वसंत और पतझड़ में)।
Oviduct:	अंड़वाहिनी
A tube serving as the passage for eggs from the ovary.	वह टड्ूब जो अंडाशय से अंडों को परिवहित करने का काम करता है।
Oviparous:	अंड़ प्रजक
Producing eggs that are fertilized, develop, and hatch outside the female body.	उन अंडों को पैदा करना जो उर्वरित हैं, विकसित है और वे मादा शरीर के बाहर प्रस्फुटित होते हैं।
Ovoviviparous:	अंडसजीवप्रजक
Producing eggs, usually with much yolk, that are fertilized internally. Little or no nourishment is furnished by the mother during development; hatching may occur before or after expulsion.	अंडों को पैदा करना, जिसमें अधिक जरदी होती है जो आंतरिक स्थिति में उर्वरित होते हैं। विकास स्थिति में मादा द्वारा बहुत ही कम या बिल्कुल नहीं के बराबर पौष्टिकता प्रदान करते हैं, बाहर भेजने के बाद या उससे पहले प्रस्फुटन होती है।
Ovulate (to):	अंड़ोत्सर्ग
Process of producing mature eggs capable of being fertilized.	वह प्रक्रिया जिसके माध्यम से उर्वरित होने की क्षमता रखनेवाले परिपक्व अंडों को पैदा किए जाते हैं।
Ovulation:	अंडोर्त्जन
The expulsion of a mature egg out of the surrounding tissue, the follicle.	घेरनेवाली ऊतक, फॉलिकल से परिपक्व अंडे का बाहर निकलना।
Oxbow lake:	ऑक्सबो तालाब
Abandoned part of a former meander, left when the stream cuts a new, shorter channel.	पूर्व स्वामी द्वारा छोड़ा गया, जब प्रवाह एक नए, छोटी नाली को काटता है।

Oxidation, biological-	जैविक ऑक्सीकरण
Oxidation of organic matter by organisms in the presence of oxygen.	जीवों द्वारा ऑक्सीजन की उपस्थिति में कार्बनिक पदार्थों का ऑक्सीकरण।
Oxygen consumption:	ऑक्सीजन उपभोग
The rate of use of oxygen (O2 mgèkg/hr) by the culture organisms in a holding unit.	किसी होल्डिंग इकाई में संवर्द्धन किए जानेवाले जीवों द्वारा ऑक्सीजन (O_2 mgèkg/hr) के उपभोग की दर।
Oxygen deficit:	ऑक्सीजन की कमी
The difference between observed oxygen concentrations and the amount that would be present at 100 percent saturation.	प्राप्त ऑक्सीजन सान्द्रता एवं उसकी मात्रा में भिन्नता जो 100 प्रतिशत संतृप्ति में उपस्थित होगी।
Oxygen demand:	ऑक्सीजन की मांग
In aquaculture: the oxygen required by all biological and chemical processes that occur within a rearing unit.	**जलकृषि में:** सभी जैविक एवं रासायनिक प्रक्रियाओं द्वारा आवश्यक ऑक्सीजन, पालन यूनिट में ही पैदा होता है।
Oxygen demand, biochemical (BOD):	जैव-रासायनिक ऑक्सीजन की मांग
The amount of oxygen consumed by respiratory processes of bacteria and the oxidation of organic material, which is measured in a water sample maintained in darkness at a specified temperature for a specific time.	ऑक्सीजन की वह मात्रा जो बैक्टीरिया की श्वास प्रक्रिया तथा कार्बनिक सामग्री के ऑक्सीकरण प्रक्रिया में उपभोग की जाती है। इन्हें निर्धारित समय एवं निर्धारित तापमान में अंधेरे में रखे गए सैम्पल से मापा जाता है।
Oxygen demand, chemical- (COD):	जैव-रासायनिक ऑक्सीजन की मांग
A measure of the amount of organic matter, which can be oxidized by a strong chemical oxidant.	कार्बनिक पदार्थ की वह मात्रा जिसे एक प्रभावशाली रासायनिक पदार्थ द्वारा ऑक्सीकृत किया जा सकता है।
Oxygen demand, nitrogenous- (NOD):	नाइट्रोजनस ऑक्सीजन की मांग
Quantitative measure of the amount of dissolved oxygen required for the biological oxidation of nitrogenous material, for example, nitrogen in ammonia and organic nitrogen in wastewater.	नाईट्रोजनस सामग्री के जैविक ऑक्सीकरण के लिए आवश्यक विघटित ऑक्सीजन की मात्रा जो परिमाणात्मक माप है, उदाहरण के लिए अमोनिया में नाईट्रोजन तथा व्यर्थ पानी में कार्बनिक नाईट्रोजन।
Oxygen meter:	ऑक्सीजन मीटर
Scientific instrument for the measurement of the dissolved oxygen concentration in water.	वह वैज्ञानिक उपकरण जो पानी में विघटित ऑक्सीजन की सान्द्रता को मापने के लिए है।

Oxygen requirements:	ऑक्सीजन की आवश्यकताएं
The amount of oxygen, which is necessary for life and for the optimal development of an organism.	ऑक्सीजन की मात्रा जो जीवन तथा वह जीव के इष्टतम विकास के लिए आवश्यक है।
Oxygen supersaturation:	ऑक्सीजन उच्च संतृप्ति
Situation when the concentration of oxygen dissolved in water is greater than its solubility or air saturation value of dissolved oxygen.	जब पानी में विघटित ऑक्सीजन की सान्द्रता उसकी विलेयता या विघटित ऑक्सीजन के वायु संतृप्ति मूल्य से अधिक होता है।
Oxygen, air saturation value of dissolved-	विघटित ऑक्सीजन वायु संतृप्ति मूल्य
The concentration of oxygen dissolved in water in equilibrium with atmospheric air at normal barometric pressure. The value varies with temperature and salinity, and is in freshwater for example, 14.6 mg/l at 0 °C and 8.3 mg/l at 25 °C.	सामान्य बैरोमेट्रिक दाब पर वायुमण्डलीय वायु की समतुल्यता में पानी में विघटित ऑक्सीजन की सान्द्रता। यह मूल्य तापमान और लवणता के साथ भिन्न होता है तथा उदाहरण के लिए स्वच्छपानी में 0 °C में 14.6 mg/l तथा 25°C में 8.3 mg/l उपस्थित है।
Oxygen, diffused-	विसरित ऑक्सीजन
Oxygen that is introduced into water as finely diffused bubbles from a cylinder containing pure oxygen.	शुद्ध ऑक्सीजन सिलिंडर से पानी में भेजा गया ऑक्सीजन जो पानी में महीन बुलबुलों के साथ विसरित होता है।
Oxygen, dissolved- (DO):	विघटित ऑक्सीजन
The amount of oxygen (mg/l O2) in solution in the water under existing atmospheric pressure, temperature and salinity. Sometimes also expressed as parts per million (ppm) or as percent of saturation level.	वर्तमान में प्रचलित वायुमण्डलीय दाब, तापमान एवं लवणता के अंतर्गत पानी में विलय में ऑक्सीजन की मात्रा (mg/l O^2)। कभी कभी इसे पार्ट प्रति मिलियन में अया उसे संतृप्ति स्तर के प्रतिशत के रूप में अभिव्यक्त किया जाता है।
Oxygenation:	ऑक्सीजनेशन
In aquaculture: the mixing of pure oxygen and water; this generally refers to a process by which oxygen pressurized in a gas cylinder is diffused into the water mass to be oxygenated, for example for fish transport.	**जलकृषि में :** शुद्ध ऑक्सीजन और पानी का अच्छा मिश्रण। यह उस प्रक्रिया के संदर्भ में लिया जाता है जो गैस सिलिंडर में दाब के अंतर्गत रखा हुआ ऑक्सीजन है जिसे ऑक्सीजन युक्त बनाने हेतु पानी में विसरित किया जाता है, उदाहरण के लिए मत्स्य परिवहन।

Oyster:	घोंघा
Common name given to benthic bivalve molluscs typically marine or estuarine, sessile in the adult stage, attached by one valve of the shell to a hard substratum. For reproduction, they are successive hermaphrodites. From the aquaculture point of view, most important is the family	Ostreidae (Ostrea spp. and Crassostrea spp.) आमतौर पर बेन्थिक बईवैल्व घोंघे, विशेष रूप से समुद्री या खाड़ी, परिपक्व स्तर में सेसाइल को दिया गया सामान्य नाम, जो ठठरी के कठोर सबस्ट्रेटम से एक वैल्व द्वारा जुड़ा है। प्रजनन के लिए वे उभयलिंगी होते हैं जो ऑइस्ट्रिडेय परिवार का अत्यंत महत्त्वपूर्ण परिवार (ऑईस्ट्रिये प्रजाति तथा क्रेस्सोसस्ट्रिये प्रजाति)
Oyster, pearl-	**मोती घोंघा**
Oysters of family Pteriidae (Pinctada spp.) used in pearl culture for the "artificial" production of pearls. Characterized by a shell made of aragonite instead of calcite.	मोतियों के कृत्रिम उत्पादन के लिए मोती संवर्द्धन के लिए प्रयुक्त टेरिडी (पिंकटाडा प्रजाति) परिवार के घोंघे। यह कैल्साइट की जगह एरेगोनाईट से बनी ठठरी द्वारा लक्षणित है।
Oysters, bedding-	**बेड्डिंग घोंघा**
Small oysters, usually under about 50 mm long, suitable for rearing to maturity.	छोटे घोंघे, आमतौर पर 50mm लम्बा जो परिपक्वता तक पाले जाने के लिए उचित हैं।
Ozonation:	**ओज़ोनेशन**
A process by which a substance, fluid or gas is treated with ozone. In aquaculture, ozonation is usually employed to degrade organic substances which are dissolved in water and/or to disinfect water from target pathogens. It is also used to sterilize aquatic media and to remove taste and odour from drinking water.	वह प्रक्रिया जिसके माध्यम से पदार्थ, द्रव या गैस को ओजॉन से उपचार किया जाता है। जलकृषि में प्राय: ओजॉनेशन को कार्बनिक पदार्थों को अपघटित करने के प्रयोग किया जाता है जो पानी में विघटित हैं और/या उसे लक्षित रोगाणुओं से पानी को विदूषित करने के लिए प्रयोग किया जाता है। इसे जल माध्यम के वंधयीकरण करने के लिए भी प्रयोग किया जाता है और इसे पीने के पानी से स्वाद और गंध निकालने के लिए भी प्रयोग किया जाता है।
Ozone:	**ओज़ॉन**
A specific molecular (allotropic) state of oxygen.	ऑक्सीजन की एक विशिष्ट आण्विक (अल्लोट्रोपिक) स्थिति।

P

P1:	P1
The parental generation; the fish that are used to start a breeding programme. The P1 generation produces the F1 generation.	माँ बाप संबंधी वंश रू वे मत्स्य जिन्हें प्रजनन कार्यक्रम शुरू करने के लिए प्रयोग किया जाता है। P1 वंश, F1 वंश पैदा करता है।
Packing, controlled atmosphere-(CAP):	**नियंत्रित वातावरण पैकिंग (CAP):**
Packing fish in an atmosphere whose composition is continuously controlled throughout storage; such control is possible in large storage units, but not in small packs.	मत्स्यों को भण्डारण तक लगातार नियंत्रित वातावरणीय स्थिति में पैक किया जाता है। यह नियंत्रण बहुत बड़े भण्डारण यूनिटों में ही संभव है, लेकिन छोटी पैकिंग यूनिटों में यह संभव नहीं है।
Packing, modified atmosphere- (MAP):	**रूपांतरित वातावरण पैकिंग (MAP):**
Replacing the air in a pack of fish with a different mixture of gases, typically some combination of carbon dioxide, nitrogen and oxygen. The proportion of each component gas is fixed when the mixture is introduced, but no further control is exercised during storage, and the composition of the mixture may slowly change. Modified atmosphere packing is often incorrectly called controlled atmosphere packing.	मत्स्य पैक में वायु को विभिन्न गैसों के मिश्रणों से विशेष रूप से कुछ कार्बन-डाई-ऑक्साईड, नाईट्रोजन एवं ऑक्सीजन के कुछ मिश्रणों से प्रतिस्थापित करना। हर घटक गैस का अनुपात तभी निर्धारित किया जाता है, जब मिश्रण उसमें भेजा जाता है, लेकिन आगे का नियंत्रण भंडारण के दौरान लागू किया जाता है तथा मिश्रण में संघटन शायद धीरे धीरे बदल सकता है। रूपांतरित वातावरण पैकिंग को प्रायः गलती से 'नियंत्रित वातावरण पैकिंग' भी कहा जाता है।
Pan (a):	**पैन (a):**
In soil science: soil horizon that is strongly compacted, cemented or has a high content of clay.	**मृदा विज्ञान में:** मृदा का क्षितिज जो कि अत्यंत सघन, सिमेंट किया हुआ होता है या उसमें काली मिट्टी की अत्यधिक उपस्थिति होती है।
Pan (b):	**पैन (b):**
Bare area of salt marsh below the level of the surrounding vegetation and in which water stands for much of the year.	आसपास की वनस्पति के स्तर के नीचे लवण दलदल का प्रत्यक्ष क्षेत्र और इसमें वर्ष के बहुत अधिक समय तक के लिए पानी रहता है।
Pan, salt-	**पैन लवण**
Seasonal continental pan, containing saline water.	मौसमिक महाद्विपीय पैन, इसमें लवणीय पानी होता है।

Papilla:	**पैपिल्ला**
A small fleshy appendage, which projects from the underside of a fish and through, which a female passes eggs and urine and a male passes sperm and urine.	एक छोटा मांसल उपांग, जो नीचे की तरफ से बाहर की ओर उठा हुआ होता है और इसमें से मादा अण्डे और मूत्र निकालती है तथा पुरुष इसमें शुक्राणु एवं मूत्र भेजता है।
Parasite:	**परजीवी**
An organism living in or on another living organism, obtaining from it part or all of its organic nutrients.	वह जीव जो किसी दूसरे जीव के अंदर या उसके बाहर रहता है, उससे एक भाग प्राप्त करते हुए या उसके सभी कार्बनिक पौष्टिक तत्त्वों को प्राप्त करता है।
Parc, culture-	**पार्क संवर्द्धन**
French term for specially prepared and managed areas for the bottom culture of molluscs. Varying in size from a few to several hectares, they are located either in the intertidal zone or in deeper water. Commonly, intertidal parcs are protected from the incursion of sand and sediment by the construction of earthen and brush dikes 0.3 to 0.7 m high.	एक फेंच शब्दावली, जो विशेष रूप से निचले स्तर पर घोंघों के प्रयोग एवं उनके प्रबंधन के लिए किया जाता है। इनकी साईजें भिन्न होती हैं जो कुछ से कई हेक्टेयरों तक फैले हुए होते हैं। ये मध्य-ज्वारीय क्षेत्रों में या गहरे पानी में स्थित होते हैं। आमतौर पर 0.3 से 0.7 m ऊँचाई के मिट्टी एवं ब्रश डाइकों के निर्माण से रेत एवं अवसाद के आकस्मिक हमले से मध्य-ज्वारीय पार्कों को बचाया जाता है।
Parasitology:	**परजीवी-विज्ञान**
Science that deals with the study of parasites.	वह विज्ञान जो परजीवियों के अध्ययन से संबंधित है।
Parent material:	**मां बाप सामग्री**
In soil science: the original state of the soil. The relatively unaltered lower material in soils is often similar to the material in which the soil horizons above have formed.	मृदा विज्ञान में: मिट्टी की मूल स्थिति। मिट्टियों में अपरिवर्तित निम्न सामग्री और मिट्टी क्षितिज के ऊपर जमे परतों में काफी समानता है।
Parr:	**पार्र**
Juvenile freshwater stage of salmon, characterized by broad vertical stripes (parr marks) on the sides of the body.	सॉलमन का स्वच्छ पानी स्तर, जिसमें शरीर के किनारों पर विस्तृत लम्बवत धाराएं होती हैं।
Parr mark:	**पॉर मार्क**
One of the vertical colour bars found on young salmonids and certain other fishes	छोटे सॉल्मोनिडों और कुछ अन्य प्रकार के मत्स्यों में पाए जानेवाले लम्बवत रंगीन बॉर।

Parthenogenesis:	अनिषेकजनन
Reproduction from a female gamete without fertilization by a male gamete (e.g. in rotifers).	पुरुष युग्मज द्वारा उर्वरित किए बिना मादा युग्मज से प्रजनन (उदाहरण के लिए रोटिरों में)
Partnership:	**साझेदारी**
An association of two or more persons who share the ownership of a business to be carried on for profit. It can be organized to last for a very brief time or for a long duration depending on the desires of the partners and the type of business to be conducted.	लाभ प्राप्त करने के लिए दो या दो से अधिक लोगों में व्यवसाय के स्वामित्व का संबंध। इसे बहुत ही कम समय या बहुत लम्बे समय के लिए भी किया जा सकता है। यह साझेदारों की इच्छा और किए जानेवाले व्यवसाय के प्रकार पर निर्भर है।
Pathogen:	**रोगाणु**
Any organism, which in living on or within another organism (the host) causes disease in the host.	कोई भी जीव जो किसी दूसरे जीव (पोषक जीव) के अंदर या उसके ऊपर रहता है और यह पोषक जीव में रोग पैदा करता है।
Pathogen, opportunistic-	**अवसरवादी रोगाणु**
Organism capable of causing disease only when a host's resistance is lowered by other factors such as another disease, adverse growing conditions or drugs.	वह जीव जो पोषक जीव में रोग तभी पैदा करने के योग्य बन जाते हैं जब पोषक जीव की प्रतिरोधक शक्ति अन्य रोगों के कारण, प्रतिकूल वृत्रि परिस्थितियां या ड्रग जैसे पहलुओं से कम हो जाता है।
Pathogenicity:	**रोगजनकता**
The ability to produce pathologic changes or Disease	रोग संबंधी परिवर्तन करने या रोग पैदा करने की क्षमता।
Pathognomonic:	**पैथोग्नोमोनिक**
Sign or symptom that is distinctive for a specific disease or pathologic condition	वह संकेत या लक्षण जो किसी विशिष्ट रोग या पैथोलॉजिक स्थिति के लिए बहुत ही अलग है।
Pathology:	**विकृति विज्ञान**
The study of disease by scientific methods. Deals with the essential nature of disease, especially of the structural and functional changes in tissues and organs of the body, which cause or are caused by a disease.	वैज्ञानिक पद्धतियों द्वारा रोगों का अध्ययन। यह रोग की अनिवार्य प्रकृति के अध्ययन से संबंधित है, विशेष रूप से शरीर के ऊतकों एवं अंगों में संरचनात्मक और प्रकार्यात्मक परिवर्तन जिसके कारण रोग होते है या जो रोग का कारण बनते हैं।

Pearl (natural-):	मोती (प्राकृतिक)
Nacre concretion accidentally produced by certain bivalve molluscs in reaction to the presence of a foreign body or a wound.	विदेशी पदार्थ या कोई जख्म की उपस्थिति की प्रतिक्रिया में कुछ बईवैल्व घोंघों द्वारा आकस्मिक रूप से पैदा होने वाला नैक्र सान्द्रता
Pearl culture:	**मोती संवर्द्धन**
The production of pearls by "artificial" means using freshwater mussels (e.g. Hyriosis schlegellis) or marine oysters (e.g. Pinctada fucata), for use in the jewelry industry., This technique, developed in Japan since the 1920s, consists of older more robust mussels/ oysters (mothers-of-pearl) having various shell pieces (grafts) implanted as a basis for pearl deposition. After two to six years of suspension culture the pearls are extracted.	आभूषण उद्योग के लिए स्वच्छ पानी शंबुकों (उदाहरण के लिए हईरियॉसिस श्लेगिल्लस) या समुद्री सीप (उदाहरण के लिए पिंकटाडा फुकाटा) का प्रयोग करते हुए कृत्रिम रूप से मोतियों का उत्पादन। जापान में वर्ष 1920 में इस तकनीक का विकास किया गया था। इसमें बहुत पुराने अधिक चुस्त सीपधघोंघें द्धमदर्स ऑफ पर्लऋ जिसमें कई प्रकार के ठठरी (ग्राफ्ट) के टुकड़े होते हैं जिन्हें मोती जमा करनेके लिए रोपित किया जाता है। दो से छह साल तक के निलंबन संवर्द्धन के बाद मोतियों को निकाला जाता है।
Peat:	**पाँस**
Fibrous plant debris produced by the partial disintegration of plant material in wet areas. Impacts on aquaculture through the addition of humic acids to the water as it percolates through the peat, which causes a drop in the pH level. Water from peat areas may also take on a brown coloration.	गीले क्षेत्रों में पोधा सामग्री के आंशिक विघटन द्वारा पैदा होनेवाला एक रेशेदार पौधा डेब्रिस। पानी में ह्यूमिक अम्ल डालने से जलकृषि पर होनेवाले प्रभाव का अध्ययन क्योंकि वह पांस में से टपकता है और इससे pH स्तर में कमी होती है। पांस क्षेत्रों में पानी का रंग भूरा भी हो सकता है।
Pedigree:	**नस्ल**
An individual's family tree.	एक जीव का पारिवारिक वृक्ष
Pediveliger:	**पेडिवेलिगर**
Larval stage of molluscs that still has the swimming ciliated organ (velum) and sensitive foot needed for settlement and attachment.	घोंघों का इल्ली स्तर, जिसमें तैरने के रोमक अंग (वेलम) और संवेदनशील पैर होते हैं जो जमाव और संलग्नित होने के लिए आवश्यक हैं।
Pelagic:	**रोम जीव**
Relating to living or occurring in open water areas of lakes or oceans.	जीने से संबंधित या जो झील या समुद्रों के खुले क्षेत्रों में पाए जाते हैं।

Pellet:	मोली टिकीया
Agglomerated feed formed by compacting and forcing it through die openings by a mechanical extrusion process.	खाद्य पदार्थ का संकुलित रूप जिसे एक यांत्रिकी बहिर्वेधन प्रक्रिया द्वारा डाय में से जबरदस्ती भेजे जाने से बनाया जाता है।
Pellet, moist-	नमी युक्त पेलेट
A type of pelleted feed with moisture content ranging from about 18 to 40 percent prepared from dry products, including a protein source and supplements, formed into pellets and fed either fresh or frozen.	नमी युक्त खाद्य पदार्थ का पेलेट किया हुआ प्रकार जिसे 18 से 40 प्रतिशत सूखे उत्पादों द्वारा तैयार किया जाता है जिसमें प्रोटीन स्रोत और अन्य परिपूरक शामिल हैं। इन्हें पेलेट रूप में बनाया जाता है और इन्हें ताजे या फीज् किए गए रूप में फीड किया जाता है।
Pelleting:	पेलेटिंग
Feed technology: process in which feed ingredients are agglomerated by compaction and forced through die openings.	**खाद्य पदार्थ प्रौद्योगिकी:** वह प्रक्रिया जिसमें खाद्य पदार्थ सामग्रियों को संकुलित करके जबरदस्ती डाई के द्वारों में से भेजा जाता है।
Pelleting, compression-	पेलेटिंग दबाव
Most common type of feed pelleting used. The feed mixture is conditioned by steam, which partially cooks or gelatinizes starch and activates binders. The feed mixture is then conveyed into the middle of a rotating die to produce pellets.	यह अत्यंत प्रचलित खाद्य पदार्थ पेलेटिंग का प्रकार है इसमें खाद्य पदार्थ को भाप द्वारा अनुकूल किया जाता है जो आंशिक स्तर पर पकाया जाता है या मंड को जिलेटिनीकृत करता है या बंधकों को सक्रिय बनाता है। इसके बाद खाद्य पदार्थ को पेलेट रूप में तैयार करने के लिए घूमनेवाले डाय के मध्य में भेजा जाता है।
Pen:	घेरा
Fenced, netted structure fixed to the bottom substrate and allowing free water exchange; in the intertidal zone, it may be solid-walled; the bottom of the structure, however, is always formed by the natural bottom of the waterbody where it is built; usually coastal e.g. in shallow lagoons, but also inland e.g. in lakes, reservoirs. A pen generally encloses a relatively large volume of water.	फेन्स, नेट लगाई हुई संरचना जिसे निचले स्तर पर स्थापित किया जाता है और इसमें पानी का आना जाना मुक्त होता है मध्य ज्वारीय क्षेत्र में संरचना का निचला स्तर फिर भी किसी पानी का प्राकृतिक निचला स्तर होता है, जहां इस संरचना को खड़ा किया जाता है। आमतौर पर यह तटवर्ती प्रदेशों में उदाहरण के लिए छिछले लगूनों में होता है, अंर्तप्रदेशीय जगहों में उदाहरण के लिए तालाब, जलाशयों में भी होता है। घेरा प्राय: पानी के बहुत बड़ी मात्रा को घेरता है।

Penaeiculture:	पेनेई-संवर्द्धन
Breeding and rearing of penaeid shrimps.	पेनेईड झींगों का प्रजनन या पालन
Penaeid:	पेनेईड
Common name for members of the crustacean family Penaeidae, often termed shrimps or prawns. An economically important crop indigenous to brackish and marine waters in tropical and subtropical areas. Life cycle characterized by several initial development stages of which nauplius (5 to 6 successive stages), zoea (3), mysis (3) and postlarva (up to 22).	पेनेईडे क्रस्टीशियन परिवार के सदस्यों के लिए प्रयुक्त एक आम नाम जिसे प्राय: झींगा या प्रॉन से पुकारते हैं। यह आर्थिक रूप से महत्त्वपूर्ण फसल है जो स्वदेशी से खारापानी में तथा उष्णकटिबंधीय एवं उप-उष्णकटिबंधीय क्षेत्रों में समुद्री पानी में पाए जानेवाले ॆसल हैं। इनके जीवन चक्र को कई प्रारंभिक स्तर द्वारा बताया जाता है जिसमें से नौप्लियस (5 से 6 क्रमिक स्तर), जोया (3), मईसिस (3) तथा इल्ली पश्चात् स्तर (22 तक) प्रचलित हैं।
Percolation, water-	पानी का टपकना
In soil: the downward and lateral movement of water through soil.	मृदा में रू पानी का मिट्‌टी में से नीचे की ओर तथा पार्श्विक गति
Periphyton:	पेरीफाईटन
(Micro)algae and associated microorganisms growing attached to any submerged surface.	सूक्ष्म शैवाल और संबंधित सूक्ष्म जीवी जो किसी भी डूबी हुई सतह से लगकर पैदा होते हैं।
Perivitelline space:	पेरिविटेल्लिन जगह
Area between yolk and chorion of an egg, where embryo expansion occurs	अण्डे के जरदी और जरायु के बीच का क्षेत्र जहां भ्रूण का विस्तारण होता है।
Permeability:	पारगम्यता
The capability of a porous substance or membrane to allow for a fluid to filter through it. In soil: the ease with which air, water, or plant roots penetrate into or pass through a specific horizon. It is closely related to soil texture and structure.	छिद्रदार पदार्थ या झिल्ली जो किसी द्रव को उसमें से छानने देता है। मृदा में: वह सहजता से हवा, पानी या पौधों के जड़ या कोई विशिष्ट सीमा में से भेदकर अंदर जाते है। यह मिट्‌टी की बनावट और सरंचना से काफी संबंधित है।
Permeability rate:	पारगम्यता दर
For soils: the rate of water flow through the soil in a given period of time, usually expressed in cm/hour, mm/hour or cm/day. Mostly used for agriculture and conservation.	**मृदा के लिए:** जो किसी निर्धारित समय में से पानी प्रवाह का दर जिसे प्राय: cm प्रति घंटे या बउ प्रतिदिन में अभिव्यक्त किया जाता है। इसे प्राय: कृषि और संरक्षण में प्रयोग किया जाता है।

Permeability, soil-	**पारगम्यता मृदा**
The property of the soil to transmit water and air, it is closely related to soil texture and structure.	मृदा का वह गुणधर्म जिसके माध्यम से पानी और वायु संचारित होते हैं और यह मिट्टी की बनावट और सरंचना से काफी संबंधित है।
Permits, tradable-	**व्यापार योग्य पर्मिट**
An economic policy instrument under which rights to discharge pollution or exploit resources can be exchanged or traded through either a free or a controlled "permit" market. Examples include Individual Transferable Quotas in fisheries, tradable depletion rights to mineral concessions, and marketable discharge permits for water-borne effluents.	वह आर्थिकी युक्त नीति कारक जिसके अंतर्गत प्रदूषण निस्सारण का अधिकार है या स्रोतों के शोषण के माध्यम से या जो वह मुक्त है या नियंत्रि "पर्मिट" मार्केट है। इसके उदाहरणों में मात्स्यिकी में वैयक्तिक हस्तांतरण कोटा, खनिज पदार्थ के लिए व्यापार योग्य अवक्षय अधिकार तथा मार्केट योग्य पानी माध्यम से पैदा होनेवाने बहिस्राव शामिल हैं।
pH:	**pH**
A term used to describe the hydrogen ion activity of a solution or a soil. The pH of pure water is 7 and is referred to as neutral. A solution of pH less than 7 is said to be acid whereas a solution of pH above 7 is said to be alkaline.	किसी मृदा में या विलेय में हाईड्रोजन ऑयन के क्रियाकलाप के विवरण प्रदान करने के लिए प्रयुक्त शब्दावला। शुद्ध पानी का pH 7 होता है और इसे क्रिया शून्य माना जाता है 7 से भी कम pH के विलय को अम्ल कहा जाता है, जबकि 7 से भी अधिक pH विलय को क्षारीय माना जाता है।
Phagocytosis:	**भक्षकाणुक्रिया**
As a defensive cellular process, uptake by a cell (phagocyte) of material from its environment by invagination of its plasma membrane.	यह एक रक्षात्मक कोशिका प्रक्रिया है, कोशिका (भक्षकाणु) द्वारा अपने वातावरण से अपने प्लाजमा झिल्ली से अंतर्वेशन के माध्यम से सामग्री का उद्ग्रहण
Phenotype:	**फीनोटाइप**
Physical or external appearance of an organism as contrasted with its genetic constitution. Measurable/observable character of an individual	किसी जीव का भौतिक या बाह्य स्वरूप जो उसके आनुवंशिक शारीरिक प्रकृति से विरोधास्पद होता है। यह एक मापने योग्यध एवं सुस्पष्ट लक्षण है।
Phenotype, autosomal-	**अलिंगसूत्रीय फीनोटाइप**
A qualitative phenotype produced by an autosomal gene. Autosomal phenotypes are expressed identically in males and females, unless a sexhormone is needed for phenotypic expression	यह गुणात्मक फीनोटाइप है, अलिंगसूत्रीय जीन द्वारा पैदा किया जाता है। जब तक अलिंगसूत्रीय फीनोटाइप, पुरुष और मादा में समान रूप से व्यक्त किए जाते हैं, तब तक फीनोटाइप अभिव्यक्ति के लिए लिंग हॉर्मोन की आवश्यकता है।

Phenotype, common-	**सामान्य फीनोटाइप**
The normal qualitative phenotype. This is the phenotype that most individuals have.	सामान्य गुणात्मक फीनोटाइप। यह फीनोटाइप कई जीवों में पाया जाता है।
Phenotype, dominant-	**प्रभावी फीनोटाइप**
The qualitative phenotype produced by the dominant allele.	वह गुणातमक फीनोटाइप जिसे प्रभावी विकल्पी द्वारा पैदा किया जाता है।
Phenotype, heterozygous-	**विषमयुग्मजी फीनोटाइप**
The qualitative phenotype produced by the heterozygous genotype. A heterozygous phenotype can be produced when the mode of gene action is incomplete dominance or additive.	वह गुणात्मक फीनोटाइप जो विषमयुग्मजी जीनोटाइप द्वारा पैदा किया जाता है। विषमयुग्मजी फीनोटाइप को तब पैदा किया जा सकता है जब उसके जीन क्रियाकलाप का मोड अपूर्ण प्रभावी है या योजक है।
Phenotype, homozygous-	**समयुग्मजी फीनोटाइप**
The qualitative phenotype produced by the homozygous genotype. When the mode of gene action is complete dominance, the recessive phenotype is the homozygous phenotype. When the mode of gene action is incomplete dominance or additive, there are two homozygous phenotypes	वह गुणात्मक फीनोटाइप जो समयुग्मजी जीनोटाइप द्वारा पैदा किया जाता है। जब जीन क्रियाकलाप का मोड पूर्ण प्रभावी है तो उसके अप्रभावी फीनोटाइप को समयुग्मजी फीनोटाइप कहते हैं। जब जीन क्रियाकलाप अपूर्ण प्रभावी या योजक है तो दो प्रकार के समयुग्मजी फीनोटाइप होते हैं।
Phenotype, mutant-	**उत्परिवर्ती फीनोटाइप**
A qualitative phenotype that is produced by a mutant allele; a qualitative phenotype that is different from the normal or common phenotype.	वह गुणात्मक फीनोटाइप जो उत्परिवर्ती विकल्पी द्वारा पैदा किया जाता है। एक गुणात्मक फीनोटाइप जो सामान्य या आम फीनोटाइप से भिन्न होता है।
Phenotype, qualitative-	**गुणात्मक फीनोटाइप**
Phenotype that is described: for example, colour, scale pattern, and sex.	फीनोटाइप जिसकी परिभाषा इस तरह है: उदाहरण के लिए रंग, स्केल पैटर्न और लिंग।
Phenotype, quantitative-	**मात्रात्मक फीनोटाइप**
Phenotype that is measured: for example, weight, length, eggsèkg of female, and dressing percentage.	फीनोटाइप जिसे मापा जाता है: उदाहरण के लिए वजन, लम्बाई, मादा के अण्डे प्रति किलो तथा रूप प्रतिशत।
Phenotype, recessive-	**अप्रभावी फीनोटाइप**
The qualitative phenotype produced by the recessive allele.	वह गुणात्मक फीनोटाइप जो अप्रभावी विकल्पी द्वारा पैदा किया गया है।

Phenotype, sex-linked-	**लिंग संपर्क फीनोटाइप**
A qualitative phenotype produced by a sex-linked gene.	वह गुणात्मक फीनोटाइप जो लिंग संपर्क जीन द्वारा पैदा किया जाता है।
Photoperiod:	**प्रकाश अवधि**
The duration of time in a given day during which the culture organisms are exposed to light and dark. The light source can be natural or artificial	दिन में समय की वह अवधि जिसमें सवंर्द्धित जीव प्रकाश और अंधेरे के प्रभाव में आते हैं, प्रकाश के स्रोत प्राकृतिक या कृत्रिम भी हो सकते हैं।
Photosynthesis (oxygenic-):	**प्रकाश -संश्लेषण (ऑक्सीजनिक)**
Synthesis by plant cells of organic compounds (mainly carbohydrates), in the presence of light, from carbon dioxide and water, with simultaneous production of oxygen. Conversion of light energy into chemical energy.	पौधों की कोशिकाएं, कार्बन-डाई-ऑक्साईड और पानी से प्रकाश की उपस्थिति में ऑक्सीजन पैदा करने के साथ साथ कार्बनिक सम्मिश्रों का (मुख्य रूप से कार्बोहईड्रेट) संश्लेषण किया जाता है। सौर ऊर्जा का रासायनिक ऊर्जा में परिवर्तन।
Photosynthesis, anoxygenic-	**प्रकाश -संश्लेषण (अनॉक्सीजनिक)**
This process occurs in certain microorganisms without the production of oxygen. Often associated with the release of hydrogen sulphide (H2S).	ऑक्सीजन उत्पादन के बिना जब कुछ सूक्ष्मजीवियों में यह प्रक्रिया होती है। प्राय: यह हाईड्रोजन सल्फाईड (H2S) के मुक्त होने से संबंधित है।
Phototaxis:	**प्रकाश-अक्ष**
Movement in response to light; may be "positive" (attraction, e.g. for Artemia nauplii) or "negative" (repulsion).	प्रकाश की प्रतिक्रिया में गति''सकारात्मक'' हो सकती है (आकर्षण उदाहरण के लिए आर्टिमिया नौप्लीी) या ''नकारात्मक'' (प्रतिक्षेप)।
Phreatic:	**भौमपंक**
Underground, specifically relating to underground sources of water.	भूतल, विशेष रूप से भूतल में पानी के स्रोत से संबंधित।
Phyllosoma (pl. phyllosomae):	**फईल्लोसोमा**
Larval stage of crayfish, being a broad thin schizopod larva.	क्रेफिश का इल्ली स्तर, एक विस्तृत पतला साइजोपॉड इल्ली।
Phytobenthos:	**फईटोबेन्थॉस**
Benthic flora.	बेन्थिक वनस्पिति
Phytoplankton (phytoplancton):	**पादप प्लवक**
Minute plants suspended in water with little or no capability of controlling their position in the water mass; frequently referred to as microalgae (the plant component of plankton).	बहुत ही कम पानी में लंबित पौधे जो पानी के वातावरण में अपनी स्थिति पर नियंत्रण करने की बहुत कम या शून्य क्षमता रखते हैं। आमतौर पर, इसे सूक्ष्म शैवाल के संदर्भ में लिया जाता है (प्लवकों का पौधा घटक)

Pickling:	**पिकलिंग**
The process whereby fish is mixed with food grade salt (sodium chloride) and is stored under the resultant brine, which forms by solution of salt in the water extracted from the fish tissue.	वह प्रक्रिया जिसके माध्यम से मत्स्य को खाद्य पदार्थ नमक (सोडियम क्लोराईड) के साथ मिलाकर भंडारण किया जाता है और इसके परिणामस्वरूप पैदा होनेवाले लवण विलय में भंडार किया जाता है, जो पानी में मत्स्य ऊतकों से लिए गए पानी में लवण विलय रखा जाता है।
Pile:	**पईल**
In engineering: long, slender piece of (bamboo) wood, concrete or metal to be driven into the earth or seabed to serve as a support (foundation) or protection.	अभियांत्रिकी में – लंबा, लकड़ी के (bamboo) का पतला पीस, कंक्रीट या भूमि या समुद्र तल में भेद की जाने वाली धातु, ताकि वह समर्थन (नींव) या सुरक्षा के रूप में काम कर सके।
Pipe, drain-	**ड्रेन पाइप**
A pipe used for draining water.	वह पाइप जिसे पानी ड्रेन करने के लिए प्रयोग किया जाता है।
Pipe, feed-	**फीड पाइप**
A pipe for conveying or distributing water, etc.	वह पाइप जिसे पानी का वहन करने तथा वितरण आदि के लिए प्रयोग किया जाता है।
Piping (a):	**पाइपिंग (a):**
Fish breathing the air at the water surface because there is not enough oxygen in the water.	पानी की सतह में मत्स्यों द्वारा वायु का सांस लेना क्योंकि पानी में पर्याप्त ऑक्सीजन नहीं है।
Piping (b):	**पाइपिंग (b):**
Subsurface erosion caused by seepage of water within and around the base of a structure, dam or dike, and which could affect the safety of the construction. It is caused by water seeping though the stucture with a velocity sufficiently strong to carry soil partricles.	किसी भी संरचना, बांध या डाईक के आधार में या उसके चारों ओर पानी का रिसाव जो उप-सतह के अपरदन जो उसके निर्माण की सुरक्षा पर प्रतिकूल प्रभाव डाल सकता है। यह पानी के रिसाव द्वारा होता है, यद्यपि वह संरचना वेग युक्त मृदा कणों का वहन करने के लिए काफी मजबूत है।
Piscicide:	**मत्स्य-नाशक**
Pesticide used for the selective control of fish.	मत्स्यों के चयनित नियंत्रण के लिए प्रयुक्त कीटनाशक
Piciculture:	**मत्स्य पालन**
The breeding, rearing, conservation, etc. of finfish by means that supplement or replace those normally available in nature.	परयुक्त मत्स्यों का प्रजनन, पालन, संरक्षण, जो प्रकृति में सामान्य रूप से उपलब्ध मत्स्यों का संपूरक है या उन्हें प्रतिस्थापित करते हैं।

Piscivore:	**मत्स्य-भक्षक**
Animal that eats fish.	वे पशु जो मत्स्य खाते हैं।
Pit:	**गढ्डा**
An artificial hole in the ground formed by digging for some mineral deposit, as chalk, clay, gravel, etc., frequently filled with water	भूमि में वह कृत्रिम गढ्ढे या विवर, जो किसी खनिज पदार्थ के लिए खोदने से होता है, जैसे चॉक, काली मिट्टी, कंकड़ आदि जो प्राय: पानी से भरा होता है।
Pituitary gland:	**'लेष्मी ग्रंथि**
The small endocrine gland found on the ventral surface of the vertebrate brain. Its secretions include several hormones, which regulate growth and sexual functions.	वह छोटी-सी अंत: स्रावी ग्रन्थि जो रीढ़दार मस्तिष्क के अधर स्तर में पाया जाता है। उसके उत्सर्जनों में कई हॉर्मोन होते हैं, जो वृद्धि और लैंगिक प्रकार्यों को नियमित करते हैं।
Plan:	**योजना**
For planning purposes: amplification of the strategy showing the precise means by which objectives will be reached: the policy instruments to be employed; the financial and human resources required; and the time frame for implementation.	**योजना उद्देश्य के लिए:** उस कार्यनीति का विस्तारण जो प्राय: वह परिशुद्ध माध्यम दर्शाता है जिसकी सहायता से उद्देश्यों को प्राप्त किया जा सकता है, लागू की जाने वाली नीतियां तथा उसके कार्यान्वयन के लिए समय सारिणी।
Plan, farm-	**खेत योजना**
An outline or scheme for the organization and utilization of the resources available on a given farm.	संगठन तथा खेत में उपलब्ध स्रोतों के उपयोग हेतु एक रूपरेखा या योजना
Plan, master-	**प्रमुख योजना**
For Integrated Coastal Zone Management: the operational plan, which defines rules, resources, conservation issues, performance standards, authorities, objectives, use rights (permitted uses), development restrictions, participation, coordination mechanisms, permits, Environmental Impact Assessment conditions, protected areas, setbacks, staff, training, etc.	**समेकित समुद्र तटवर्ती प्रबंधन:** प्रचालनात्मक योजना, जो नियम, स्रोत, संरक्षण मामले, कार्य-निष्पादन मानक, प्राधिकारी, उद्देश्य, उपयोग के अधिकार (अनुमति प्राप्त उपयोग), विकास सीमाएं, प्रतिभागिता, संयोजन पद्धति, पर्मिट, पर्यावरण प्रभाव परिस्थितियां, सुरक्षा क्षेत्र, सेट बैक, कर्मचारी प्रशिक्षण आदि शामिल हैं।

Plan, rolling-	**चल योजना**
For planning purposes: the practice of preparing a plan for a number of years in annually sequentially less details, revising the plan annually and maintaining the number of years covered by the plan.	योजना उद्देश्य हेतु : किसी योजना को तैयार करने की पद्धति, वह योजना जिसकी अवधि वार्षिक अक्रमिक विवरणों में कुछ वर्षों के लिए निर्धारित है तथा योजना द्वारा कवर किए गए वर्षों की संख्या बनाए रखते हुए वार्षिक स्तर पर योजना का पुनरीक्षण किया जाता है।
Plan, topographic-	**स्थलाकृतिक योजना**
Drawing at a relatively large scale, usually larger than 1 cm for 100 m (1:10 000); used mainly to show details e.g. of a farm layout or of the structures and buildings to be constructed.	इसे एक बृहत् स्केल पर चित्रित किया जा सकता है, जो आमतौर पर 100m के लिए 1cm (1:10,000) ज्यादा होता है, इसे मुख्य रूप से विवरण दिखाने के लिए प्रयोग किया जाता है, उदाहरण के लिए खेत या संरचनाओं तथा निर्माण किए जानेवाले भवनों की लेआऊट।
Plancter (plankter):	**प्लेनक्टर**
Planctonic organism (e.g. microalga, rotifer, copepod, artemia, daphnia).	प्लेंक्टोनिक जीव (उदाहरण के लिए रोटिफ़र, कोपपॉड, अर्टिमिया, डैफिनया आदि)
Plane:	**तल**
In topography: an imaginary flat surface; every straight line joining any two points in it lies totally in it.	स्थलाकृति में : एक काल्पनिक समतल सतह जिसमें निहित किसी भी दो पॉइंटों को जोड़ती हुई हर सीधी रेखा।
Plane, reference-	**संदर्भ-तल**
In topography: plane, which is repeatedly used during a particular survey, and to, which survey points or lines are referred.	स्थलाकृति में : वह समतल तल जिसे बार बार एक विशिष्ट सर्वेक्षण में प्रयोग किया जाता है तथा जिसमें सर्वेक्षण बिंदु या लाइनों का संदर्भ लिया जाता है।
Plane-table:	**टेबल-तल**
A horizontal drawing-board mounted on top of a vertical support; it is used with an alidade, a spirit level and a magnetic compass.	एक क्षैतिज ड्रॉइंग बोर्ड जिसे खड़ी समर्थन प्रदान किया गया है, इसे ऐलिडेड, स्पिरिट स्तर और एक चुम्कीय कॉम्पस से प्रयोग किया जाता है।
Plankton (plancton):	**प्लवक**
Passively drifting or weakly swimming organisms, including many microscopic plants and animals.	यह निष्क्रिय रूप से घूमनेवाला या कमजोर तैरनेवाले जीव जिसमें कई सूक्ष्मदर्शी पौधे और पशु होते हैं।

Planning:	**योजना बनाना**
To formulate a plan for arranging, realizing, or achieving something.	व्यवस्था करने तथा कुछ उपलब्ध करने के लिए योजना बनाने की प्रक्रिया।
Planning, farm-	**खेत की योजना बनाना**
Assessing the implications of allocating resources in a particular way before making production decisions. It is an essential part of the rational decision process.	उत्पादन डिजाइन बनाने से पहले एक विशिष्ट पद्धति से स्रोतों के आबंटन के प्रभावों का महत्त्व। यह विवेकपूर्ण निर्णय बनाने की प्रक्रिया का एक मुख्य भाग है।
Planning, land use-	**भूमि उपयोग योजना बनाने की प्रक्रिया**
Planning for allocations for use of the regional (or national) land resources to achieve a strategic objective, often for sustainable use of a particular resource (water resources, fisheries, wildlife) or to meet certain social equity or economic objectives.	एक निर्धारित कार्यनीति के उद्देश्यों को उपलब्ध करने के लिए क्षेत्रीय भूमि स्रोतों के उपयोग हेतु आबंटन के लिए योजना बनाना, इसे आमतौर पर किसी विशिष्ट स्रोत के दीर्घकालिक उपयोग के लिए प्रयोग किया जाता है द्धपानी स्रोत, मात्स्यिकी, वन्य पशुत्र या कुछ सामाजिक समता या आर्थिक उद्देश्यों को प्राप्त करने के लिए प्रयोग किया जाता है।
Plasticity:	**सुनम्यता**
Of soil: the ability of wet soil materials to change shape, but not volume, continuously under the influence of a constant pressure and to retain the impressed shape when the pressure is removed.	मृदा के संदर्भ में : गीली मृदा की आकार बदलने की क्षमता, मात्रा नहीं, जो लगातार स्थिर दाब के प्रभाव में तथा दाब निकालने पर सपाट रूप में आ जाता है।
Plasticity index:	**सुनम्यता संसूचिका**
For soils: it is the numerical difference between the Atterberg liquid limit and the Atterberg plastic limit. Expressed in percent of the dry weight of a soil sample, it measures the size of the range of the moisture contents at which a soil remains plastic.	**मृदाओं के लिए:** यह ऐटरबेर्ग द्रव सीमा और ऐटरबर्ग प्लास्टिक सीमा के बीच में स्थित सांख्यकीय भेद है। इसे मृदा सैम्पल के सूखे वजन के प्रतिशत में बताया जाता है। यह उपस्थित नमी की श्रेणी की साईज़ को मापता है, जिसमें मृदा सुनम्य रहती है।

Pleiotropy:	**प्लेईट्रोपी**
Secondary effects that occur when fish have a particular qualitative phenotype. Many alleles that control the production of qualitative phenotypes can also affect traits such as growth and survival. If growth and survival are affected, the pleiotropic effects can be of greater economic importance than the phenotype (colour or scale pattern) itself.	जब मत्स्यों में किसी विशिष्ट गुणात्मक जीनोटाइप के द्वितीयक प्रभाव होते हैं। कई विकल्पी जो गुणात्मक जीनोटाइपों के उत्पादन नियंत्रि करते हैं, वे वृद्धि और जीवंतता जैसे विलक्षणों को भी प्रभावित करता है। यदि वृद्धि और जीवंतता प्रभावित होते हैं तो जीनोटाइप से ही ज्यादा (रंग या स्केल पैटर्न) प्लेईट्रोपिक प्रभावों के आर्थिक महत्त्व बढ़ जाते हैं।
Pleuston:	**प्लियुस्टन**
The community of organisms floating on the surface of a waterbody.	जीवों का वह समुदाय जो किसी पानी की सतह पर तैरते रहते हैं।
Poach (to):	**अवैध शिकार**
To catch and carry off fish illegally.	मत्स्यों को अवैधानिक रूप से रखना या पकड़ना।
Poikilothermic:	**पोइकिलोथेर्मिक**
Having a body temperature, which fluctuates with that of the environment.	वह शारीरिक तापमान जो वातावरण के तापमान के आधार पर बढ़ता है या घटता है।
Polder:	**पोल्डर**
Land reclaimed from the sea or other body of water by the construction of an embankment to hold back the water.	पानी को पकड़ने के लिए तटबंधन का निर्माण द्वारा समुद्र या अन्य जलाशय से पुनरू प्राप्त की गई भूमि
Pollutant:	**दूषक पदार्थ**
A contaminant that in a certain concentration or amount will adversely alter the physical, chemical, or biological function of the environment; includes pathogens, heavy metals, carcinogens, oxygendemanding materials, and all other harmful substances, including dredged spoil, solid waste, incinerator residue, sewage, garbage, sewage sludge, munitions, chemical wastes, biological materials, radioactive materials, and industrial, municipal and agricultural wastes discharged into the aquatic environment.	किसी नियत सान्द्रता या मात्रा में वह दूषण पदार्थ जो वातावरण के भौतिकीय, रासायनिक या जैविक प्रकार्यों पर प्रतिकूल प्रभाव डालता है। इसमें जलकृषि वातावरणों में निस्सारित रोगजनक अणु, भारी धातु, कैंसर जनक अणु, आक्सीजन मांग करनेवाली सामग्री तथा अन्य हानिकारक समग्री जिसमें तलकर्षित व्यर्थ पदार्थ, व्यर्थ ठोस पदार्थ, इनसिनरेटर शेष, सीवेज, कूड़ा, सीवेज पंक, लड़ाई सामग्री, रासायनिक व्यर्थ पदार्थ, रेडियो सक्रिय सामग्री तथा औद्योगिक एवं कृषि व्यर्थ पदार्थ शामिल हैं।

Polluter-pays principle:	**प्रदूषक-भुगतान सिद्धांत**
Principle according to which the polluter should bear the cost of measures to investigate and reduce pollution according to the extent of either the damage done to society or the exceeding of an acceptable level (standard) of pollution.	वह सिद्धांत जिसके माध्यम से प्रदूषक को जांच करने तथा समाज को हुई हानि के स्तर के अनुसार या प्रदूषण के स्वीकृत स्तर (मानक) से अधिक होने वाले प्रदूषण कम करने के उपायों की लागत वहन करनी होगी
Pollution:	**प्रदूषण**
The introduction by human activities, directly or indirectly, of substances or energy into the environment resulting in deleterious effects on living organisms.	मानवीय क्रियाकलापों के कारण पर्यावरण में प्रत्यक्ष या परोक्ष रूप में पदार्थ या ऊर्जा ƒैलाना, जिससे जीवों पर घातक प्रभाव पड़ता है।
Pollution, water-	**पानी प्रदूषण**
Presence in water of harmful and objectionable material - obtained from sewers, industrial wastes and rainwater runoff - in sufficient concentrations to make it unfit for use.	पानी में हानिकारक एवं वर्जनीय सामग्रियों की उपस्थिति - सीवरों से प्राप्त, औद्योगिक एवं वर्षा पानी के प्रवाह से प्राप्त - जिसे पर्याप्त सान्द्रता में उसे अनुपयुक्त घोषित किया गया है।
Polyculture:	**बहु-जलकृषि**
The rearing of two or more non-competitive species in the same culture unit.	एक ही जलकृषि इकाई में दो या उससे अधिक गैर-स्पर्धात्मक प्रजातियों की जलकृषि।
Polymerase chain reaction (PCR):	**पॉलिमरेज श्रृंखला अभिक्रिया (च्ब्त्)**
A technique in which cycles of denaturation annealing with primer and extension with DNA polymerase are used to amplify the number of copies of target DNA sequence by 106 times.	वह तकनीक जिसमें प्राइमर एवं विस्तार के विप्रकृतिकरण के ताव देने के चक्र, जहां क्छ। के पॉलीमरेज को लक्षित क्छ। क्रमों प्रतियों की संख्या 106 गुना बढ़ाने के लिए प्रयोग किया जाता है।
Polymorphic:	**बहुरूपी**
(a) Ability to change shape or to exist in several forms. (b) When there are two or more alleles at a given locus in a population. In population genetics, this means that there are at least two alleles whose frequencies are equal or greater than 0.01.	(a) कई रूपों में होने या आकार बदलने की क्षमता। (b) केन्द्रित संख्या में जब दो या अधिक विकल्पी होते हैं। संख्या आनुवंशिकी में, अर्थात् उसमें कम से कम दो विकल्पी है जिसकी बारंबारता समान है या 0.01 से अधिक है।

Polymorphism:	**बहुरूपता**
Refers to the simultaneous occurrence in the population of genomes showing allelic variations.	यह भिन्नताओं को प्रदर्शित करनेवाले जीनॉम्स की संख्या में एक साथ होने वाले विकल्पी के संदर्भ में लिया जाता है।
Polyploidy:	**बहुगुणिती**
The condition of having more than two chromosome sets.	वह स्थिति जिसमें दो से अधिक गुणसूत्रों के सेट होते हैं।
Polyvinylchloride (PVC):	**पॉलीविनाईलक्लोराईड (PVC):**
A polymer of vinylidene chloride. Its properties (thermo-plasticity, resistance to degradation) make it widely used in fish farms for the construction of various items such as water tanks.	विनाइलिडीन क्लोराईड का बहुलक। इसके गुणधर्म के कारण (ताप-सुनम्यता, अपघटन के प्रतिरोधी) इसे पानी टंकी जैसे कई चीजों के निर्माण हेतु मत्स्य खेतों में विस्तृत रूप से प्रयोग किया जाता है।
Pond:	**तालाब**
Relatively shallow and usually small body of still water or with a low refreshment rate, most frequently artificially formed, but can also apply to a natural pool, tarn, mere or small lake.	वह जलाशय जो कि छिछला और प्राय: छोटा होता है, जिसके पानी स्थिर होते हैं और इसमें पुन: ताजा करने की दर बहुत कम होती है। आमतौर पर ये कृत्रिम रूप से पैदा किए जाते हैं, लेकिन ये प्राकृतिक पोखर, पहाड़ी झील, झील या छोटे से जलाशय के लिए भी लागू किया जा सकता है।
Pond agriculture:	**तालाब कृषि**
The drying of a pond is combined with agricultural cultivation of its bottom area.	तालाब के सूख जाने से उसके निचले स्तर को कृषि में सम्मिलित किया जाता है।
Pond, acadja-	**अकैडजा तालाब**
Pond in which thick bamboo sticks (150 to 200 cm long) are densely planted into bottom sediments to greatly increase the development of aufwuchs to be consumed by cultured fish as natural food.	वह तालाब जिसमें मोटे बॉस (150 से 200 cm लंबे) की लाठियों को सघन रूप में निचले स्तर में लगाया जाता है ताकि इन्हें सवंर्द्धित मत्स्य द्वारा खाने के लिए प्राकृतिक खाद्य पदार्थ के रूप में विकसित किया जाता है।

Pond, barrage-	तालाब बैरेज:
Pond created in the bottom of a valley by building a dam across the lower end of the valley. Water fed directly from a nearby spring, a stream, another barrage pond or a reservoir. Water inflow either uncontrolled or controlled through a diversion canal and a water intake. Drainable through the old river bed. Overflow structure present or not.	किसी घाटी के नीचे, घाटी के निम्नस्तर पर बांध बनाकर तैयार किया गया तालाब। इसमें पास वाले झरने, प्रवाहित प्राकृतिक पानी या कोई जलाशय से सीधा पानी प्रदान किया जाता है। पानी का अंतप्रर्वाह दिक्परिवर्तित नाली तथा पानी अंतर्ग्रहण से चाहे नियंत्रित या अनियंत्रित हो सकता है। यह पुरानी नदी के तल के माध्यम से ड्रेन किया जा सकता है। इसकी ओवरफ्लो संरचना हो सकती है या नहीं भी।
Pond, borrow pit-	तालाब - उधार गढ्डा
A pond created after the excavation of fill material used for example in road construction or for building rice plots bunds.	वह तालाब जिसे सड़क निर्माण के लिए या धान खेत में बंड बनाने के लिए प्रयुक्त भरण सामग्री को खोदकर निकालने के बाद बनाया जाता है।
Pond, breeding-	प्रजनन तालाब
A specially designed pond where sexually maturing fish, potential broodstock, are held prior to spawning. Management provides optimum environmental conditions and feeding.	एक विशिष्ट रूप से निर्मित तालाब जहां लैंगिक रूप से परिपक्व मत्स्य, सक्षम ब्रूडस्टॉक होते हैं। इन्हें बोयाना से पहले पकड़कर रख जाता है। प्रबंधन यहां इष्टतमीकृत पर्यावरण स्थितियां और खाद्य पदार्थ प्रदान करते हैं।
Pond, brood-	ब्रूडस्टॉक तालाब
Holding pond in which breeders are kept before spawning.	वह तालाब जिसमें प्रजनक को बोयाना से पहले रखा जाता है।
Pond, cut-and-fill-	कट और भरण तालाब
An embankment pond in which at least some part of the dikes is made up by the natural ground, shaped according to the planned side slope. Normally the artificial dikes are built from soil obtained inside the pond area, the cut balancing the fill.	वह बंड युक्त तालाब जिसके कुछ भाग के डाइक्स प्राकृतिक भूमि से बनाए जाते हैं और इसका आकार एक तरु नियोजित ढलान के अनुसार होता है। आमतौर पर कृत्रिम डाइकों को तालाब के निचले क्षेत्रों से प्राप्त मिट्टी से बनाया जाता है और इसमें कट,भरण को संतुलित करता है।

Pond, diversion-	तालाब दिक्परिवर्तत
Pond fed indirectly by gravity or by pumping through a diversion canal (which becomes the main feeder canal), from a spring, stream, lake, reservoir or barrage pond. Water inflow controlled through a water intake. Usually drainable througha drainage canal. Individual inlet and outlet for each pond.	वह तालाब जो गुरुत्वाकर्षण या दिक्परिवर्तित नाली से पंपिंग (जो मुख्य फीडर नाली बन जाता है), झरने से, प्रवाह से, झील, जलाशय या बैरेज तालाब द्वारा अप्रत्यक्ष रूप से फीड होता है। पानी का अंतप्रर्वाह पानी के अंतर्ग्रहण के माध्यम से नियंत्रित किया जाता है। प्राय: उसे ड्रेनेज नाली से ड्रेन किया जा सकता है। प्रत्येक तालाब के लिए एक अलग से प्रवेशद्धार और निकास द्वार होता है।
Pond, drainable-	ड्रेन करने योग्य तालाब
Pond from which water can be totally drawn out by gravity.	वह तालाब जहां पानी को गुरुत्वाकर्षण द्वारा निकाला जा सकता है।
Pond, Dubisch-	डूबिश तालाब
Specially designed spawning pond for the natural breeding of common carp, originally used in Central Europe.	आम कार्प के प्राकृतिक प्रजनन के लिए बोयाना के लिए विशेष रूप से डिजाइन किया गया तालाब, इसे मूल रूप से केन्द्रीय यूरोप में प्रयोग किया जाता था।
Pond, dug-out-	खोदा हुआ तालाब
A pond entirely obtained through soil excavation; water fed either by rain and surface runoff, or by springs or groundwater seepage.	वह तालाब जिसे पूर्ण रूप से मिट्टी के खोदने के माध्यम से बनाया जाता है। वर्षा और सतही प्रवाहित पानी या झरनों या भूतल पानी के रिसाव से ेीड किया हुआ पानी होता है।
Pond, embankment-	तटबंध तालाब
A pond where at least some part of the dikes defining it is artificially built above the natural ground level.	वह तालाब जिसमें डाइक्स के कुछ भागों को कृत्रिम रूप से प्राकृतिक भूमि की ऊँचाई से ऊपर बनाया जाता है।
Pond, fattening-	तालाब में मोटा करना
Pond in which table fish is produced.	वह तालाब जिसमें टेबल मत्स्यों को पैदा किया जाता है।
Pond, fish-	मत्स्य तालाब
Any pond in which fish stock are held or cultured.	कोई भी तालाब जिसमें मत्स्यों को स्टॉक किया जाता है या उन्हें संवर्द्धित किया जाता है।
Pond, Foster-Lucas-	फॉस्टर लूकास तालाब

A hybrid of circular and raceway ponds, havingstraight sides and circular ends with average dimensions 5 m x 23 m x 1 m. These ponds have a center baffle wall with the water inlet and outlet on either side.	इसे गोलाकार या रेसवे तालाबों का हाईब्रिड कहा जाता है, जिसमें 5 m x 23 m x 1 के औसत क्षेत्र से युक्त सीधी तरफें और गोलाकार अंत होती हैं। इन तालाबों में दोनों तरफों पर प्रवेश द्वार और निकास द्वार के साथ एक केन्द्र कैल दीवार होता है।
Pond, ground-fed-	**भूतल पानी से फीड किया हुआ तालाब**
Pond dug into the water table so that water comes up through the ground to supply the pond.	वह तालाब जिसे भूतल में पानी की सतह तक खोदकर बनाया जाता है, ताकि पानी की आपूर्ति भूतल से हो।
Pond, grow-out-	**ग्रो आऊट तालाब**
In conventional fish farming, a pond in which juvenile fish are raised to market size.	परंपरागत मत्स्य खेती में वह तालाब जिसमें किशोर मत्स्यों को मार्केट साईज तक लाने के लिए पाला जाता है।
Pond, hatching-	**प्रस्फुटन तालाब**
Pond in which hatching of fish eggs takes place.	वह तालाब जिसमें मत्स्य अण्डों का प्रस्फुटन होता है।
Pond, head-	**मुख्य तालाब**
A pond (usually a barrage pond) built high enough for supplying water downstream for rearing ponds for example.	वह तालाब (जो प्राय: बैरेज तालाब होता है) जो उदाहरण के लिए पालन तालाबों को अनुप्रवाह पानी की आपूर्ति करने के लिए ऊँचाई पर बनाया जाता है।
Pond, Hofer-	**होफ़र तालाब**
Specially designed spawning pond for the natural breeding of common carp, originally used inCentral Europe (modified Dubisch pond).	आम कार्प के प्राकृतिक प्रजनन के लिए बोयाना के लिए विशेष रूप से डिजाइन किया गया तालाब, इसे मूल रूप से केन्द्रीय यूरोप में प्रयोग किया जाता था (रूपांतरित डूबिश तालाब)
Pond, lined-	**लाइन्ड तालाब**
A pond in which bottom soil and wet side of dikes are covered with a thin, impermeable, synthetic membrane to control excessive seepage. Most commonly used materials are black polyethylene,polyvinyl chloride or butyl rubber.	वह तालाब जिसमें निचली मिट्टी तथा डाइक्स की गीली तरफों को पतले, अपारगम्य, संश्लिष्टिक झिल्ली से ढकते हैं ताकि अत्यधिक रिसाव नियंत्रि कर सके। इसमें आमतौर पर काली पॉलीइथाइलिन, पॉलीविनाइल क्लोराईड या ब्यूटाइल रबड़ की सामग्री से ढका जाता है।

Pond, maturation-	परिपक्वन तालाब
Generally the last pond in a sewage treatment lagoon system; may be suitable for fish culture.	सामान्यतया सीवेज उपचार लगून व्यवस्था में अंतिम तालाब, यह मत्स्य संवर्द्धन के लिए उचित हो सकता है।
Pond, maturing-	परिपक्व होनेवाला तालाब
Pond in which breeders are kept in order to obtain sexual maturity.	वह तालाब जिसमें प्रजनकों को यौन परिपक्वन स्तर प्राप्त करने के लिए रखा जाता है।
Pond, nursery-	नर्सरी तालाब
A pond or other facility used to culture aquatic animals to a size suitable for stocking in grow-out pond or other rearing units.	वह तालाब या वह सुविधा जिन्हें जलजीवों के संवर्द्धन के लिए प्रयोग किया जाता है। वास्तव में इनमें जलजीवों को उस आकार तक लाते हैं जहां उन्हें ग्रो-आऊट तालाब में स्टॉकिंग के लिए प्रयोग किए जाते हैं या अन्य पालन इकाईयों के लिए किया जाता है।
Pond, oxidation-	ऑक्सीकरण तालाब
Human-made lake or body of water in which waste is consumed by bacteria. It is generally used with other waste treatment processes. An oxidation pond is basically the same as a sewage lagoon.	मानव निर्मित झील या जलाशय जिसमें बैक्टीरिया व्यर्थ पदार्थ खाते हैं। इसे प्रायरू अन्य व्यर्थ पदार्थों के उपचार के साथ में प्रयोग किया जाता है। मूल रूप से एक ऑक्सीकरण तालाब सीवेज लगूनके तरह ही प्रयोग किया जाता है।
Pond, paddy-	धान तालाब
An embankment pond having four dikes of approximately equal height, being entirely built above ground level, usually in sites where it is practically horizontal.	एक तटबंध तालाब जिसमें समान ऊँचाई के चार डाईक्स होते हैं जो पूर्ण रूप से भूमि की सतह से ऊपर बनाए जाते हैं। सामान्यतया इन स्थलों में यह पूर्ण रूप से क्षैतिजिक होते हैं।
Pond, quarantine-	संगरोधन तालाब
Pond used for isolation of fish suspected of being infected by some disease.	वह तालाब जिसे मत्स्य के पृथ्थकीकरण के लिए प्रयोग किया जाता है, जिसमें उन मत्स्यों को डालते हैं जो किसी रोग से पीड़ित हैं।

Pond, rain-fed-	वर्षा पानी से फीड किया हुआ तालाब
A pond supplied from rainfall and surface runoff. No water is supplied during the dry season. Such pond is often a small depression in impermeable soil, with a dike built at the lower side to retain more water.	वह तालाब जिसमें वर्षा पानी तथा सतही प्रवाहित पानी जमा किया जाता है। सूखे के मौसम में कोई पानी जमा नहीं होता। ऐसे तालाब प्राय: अपारगम्य मिट्टी में हुई छोटे से गढ्ढे होते हैं जिसमें डइकों को निचली तरफों में बनाए जाते हैं ताकि उसमें ज्यादा पानी रख सकें।
Pond, rearing-	**पालन तालाब**
General term applied to all types of ponds in which organisms are grown.	सभी तालाबों के संदर्भ में प्रयुकत सामान्य शब्दावली जिसमें जीवों को पाला जाता है।
Pond, reproduction-	**पुनरुत्पादन तालाब**
A standard pond where adult fish are stocked at a specific sex ratio for their natural reproduction. May be relatively large e.g. in Europe for common carp (2-5 ha).	वह मानक तालाब जिसमें वयस्क मत्स्यों को उनके प्राकृतिक पुनरुत्पादन के लिए एक विशिष्ट लिंग अनुपात में स्टॉक किया जाता है। यह तुलनात्मक रूप से बड़े हो सकते हैं उदाहरण के लिए यूरोप में सामान्य कार्प के निए प्रयुक्त तालाब (2.5 ha)
Pond, seasonal-	**मौसमी तालाब**
Pond that loses its water during the dry season or overfloods during the rainy season.	वह तालाब जो सूखे में पानी खो देते हैं या उसमें वर्षा के मौसम में अत्यधिक पानी होता है।
Pond, sedimentation-	**अवसाद तालाब:**
A wastewater treatment facility in which settleable solids are removed from the hatchery effluent.	एक व्यर्थ पानी उपचार सुविधा जिसमें हैचरी यूनिट से अवसादित ठोस पदार्थों को निकाला जाता है।
Pond, seepage-	**रिसाव तालाब**
A pond fed by groundwater from the watertable by seepage into the pond. The water level in the pond varies with the level of the watertable.	वह तालाब जिसमें भूतल में निहित पानी सतह से पानी रिसकर तालाब में भरता है। तालाब में पानी का स्तर, भूतल पानी सतह के स्तर के साथ बदलता है।
Pond, settling-	**अवसादन तालाब**
A pond in which suspended solids are removed bythe process of sedimentation.	वह तालाब जिसमें लंबित ठोस पदार्थों को अवसादन की प्रक्रिया से निकाला जाता है।

Pond, solar-algae-	सौर शैवाल तालाब
Transparent or translucent fibreglass cylinder designed as an above-ground tank to maximize phytoplankton production.	भूमि स्तर से ऊपर टंकी के रूप में डिजाइन किया गया पारदर्शी या पारभासी फाइबर ग्लास सिलिंडर। इसे पादप प्लवों का उत्पादन बढ़ाने के लिए प्रयोग किया जाता है।
Pond, spawning-	**बोयाना तालाब**
Specially designed small pond (e.g. 100-300 m2for common carp in Europe) where adult fish spawn naturally.	विशिष्ट रूप से डिजाइन किया हुआ छोटा तालाब (उदाहरण के लिए यमरोप में 100-300m2) जिसमें वयस्क मत्स्यों को प्राकृतिक रूप से बोयाना के लिए छोड़ा जाता है।
Pond, spring-water-	**झरना पानी तालाब**
A pond fed by groundwater from a spring, either in the pond or very close to it. The water supply may vary throughout the year but the quality of the water is usually constant.	वह तालाब जिसमें किसी झरने के भूतल पानी से पानी फीड होता है, यह तालाब में ही होता है या वह उसके बहुत पास होता है। पानी की आपूर्ति वर्ष में भिन्न हो सकती है लेकिन उसकी गुणवत्ता प्रायः स्थिर होती है।
Pond, stock-	**स्टॉक तालाब**
Pond used for rearing broodstock especially in a selective breeding programme.	वह तालाब जो ब्रूडस्टॉक के पालन के लिए प्रयोग किया जाता है विशेष रूप से चयनित प्रजनन कार्यक्रमों में
Pond, storage-	**भंडारण तालाब**
A pond or tank used for the temporary holding of marketable finfish, crustaceans or molluscs.	वह तालाब या टंकी जिसे अस्थायी रूप से मार्केट योग्य परयुक्त मत्स्य, क्रस्टीशियन या घोंघों को रखने के लिए प्रयोग किया जाता है।
Pond, sunken-	**डूबा हुआ तालाब**
Pond floor is generally below the level of the surrounding land. Directly water fed by groundwater, rainfall and/or surface runoff, normally not supplemented by pumping. Undrainable or only partially drainable.	तालाब का वह तल जो आमतौर पर चारों ओर की भूमि की सतह से नीची होती है। इसमें पानी सीधे भूतल, वर्षा का पानी औरधया सतही प्रवाहित जल से प्राप्त किया जाता है। आमतौर पर इसमें पंपिंग से पानी नहीं भरा जाता है। ये ड्रेन नहीं हो सकता या यह केवल आंशिक रूप से ड्रेन किया जाता है।

Pond, tidal-	ज्वारीय तालाब
Coastal pond designed to be regularly fed (and flushed if necessary) by the water brought in by a tide.	तटवर्ती तालाब जो इस तरह से बनाया गया है कि वह नियमित रूप से ज्वारों द्वारा लाए गए पानी से भर (आवश्यकता होने पर पानी फ्लश आऊट किया जाता है) जाते हैं।
Pond, undrainable-	ड्रेन नहीं किया जानेवाला तालाब
Pond from which water cannot be totally drawn out by gravity.	क्रमिक रूप से संपर्क बनाए गए तालाब में से मुख्य तालाब। अतः इसमें पानी पहले भर जाता है।
Pond, upper-	अपर तालाब
The head pond in a series of linked ponds, hence the first supplied with water.	क्रमिक रूप से संपर्क बनाए गए तालाब में से मुख्य तालाब। अतः इसमें पानी पहले भर जाता है।
Pond, wintering-	शरद तालाब
Pond for overwintering fish. Usually an earthen pond with a small surface area, large depth and a relatively high flow rate.	वह तालाब जिसमें ओवर विंटरिंग मत्स्य पाला जाता है। आमतोर पर यह एक मिट्टी का तालाब है जिसमें अच्छी गहराई के साथ छोटी सतही क्षेत्र होता है। तुलनात्मक रूप से इसमें पानी का उच्च प्रवाह दर होता है।
Ponds, linked-	संपर्क तालाब
Ponds laid out so that they depend on each other for their water supply, the water running from the upper ponds to the lower ponds. Usually adopted for barrage ponds.	वह तालाब जो उनमें पानी की आपूर्ति के लिए इस तरह से बनाए गए हैं कि ऊपर के तालाबों से पानी निम्न स्तरीय तालाबों में प्रवाहित होता है।
Ponds, parallel:	समांतर तालाब
Ponds laid out so that each of them has an individual inlet and outlet of water. Usually adopted for diversion ponds.	वे तालाब जिन्हें इस तरह से बनाया गया है कि हर एक तालाब के अलग प्रवेश द्वार और निकास द्वार होते हैं। यह आमतौर पर दिक्परिवर्तित तालाबों के लिए अपनाया जाता है।

Population:	संख्या
(a) In aquaculture: a group of fish that have a common background.	**(a) जलकृषि में:** मत्स्यों का वह समूह जिनके परिप्रेक्ष्य एक समान होते हैं।
(b) In ecology: a group of individuals of one species, occupying a defined area and usually isolated to some degree from other groups of the species.	**(b) पारिस्थितिकी में:** एक प्रजाति के अलग अलग जीवों के समूह, जो एक निर्धारित क्षेत्र में रहते हैं और आमतोर पर उसी प्रजाति के अन्य समूहों से कुछ हद तक अलग रहते हैं।
(c) In statistics: a collection of units being studied. Units can be people, places, objects, epochs, drugs, procedures, or many other things. Much of statistics is concerned with estimating numerical properties (parameters) of an entirepopulation from a random sample of units from the population.	**(c) सांख्यकी में:** अध्ययन किए जानेवाले इकाईयों का संग्रह। इकाई लोग, जगह, चीजें, अवधि, ड्रग, प्रक्रियाएं या अन्य कई चीजें भी हो सकती हैं। सांख्यकी का अधिक भाग किसी संख्या से इकाईयों के आकस्मिक सैम्पल की संपूर्ण संख्या के सांख्यकीय लक्षणों से संबंधित है।
Population base :	**मूल संख्या**
A population of fish at the beginning of the breeding programme designed to improve the performance for aquaculture. Such a population should be genetically sustainable	मत्स्यों की वह संख्या जो प्रजनन कार्यक्रम के आरंभ में होता है और इसकी डिजाइन ऐसी बनाई गइ है जो जलकृषि के लिए निष्पादन में सुधार करता है।
Population, control-	**संख्या नियंत्रण**
A population of fish where no selection occurs. The select population is compared to this population to quantify the gain that occurred as aresult of selection.	मत्स्यों की वह संख्या जहां कोई चयन लागू नहीं होता। चयन के कारण हुए लाभ के प्रमात्रीकरण करने के लिए चयनित संख्या की तुलना उक्त संख्या से की जाती है।
Population, monosex-	**एकल-लिंग संख्या**
A population composed only of males or only of females.	वह संख्या जिसमें केवल पुरुष या केवल मादा होते हैं।
Population, select-	**चयनित संख्या**
The population that is created by selection.	वह संख्या जो किसी चयन के आधार पर संग्रह किया गया है।
Populations, allopatric-	**विस्थानिक संख्या**
Populations of a same species living in different geographic areas.	एक ही प्रजाति की संख्याएं जो भिन्न भौगोलिक क्षेत्रें में रहते हैं।

Populations, sympatric-	**परस्पर व्याप्त संख्या**
Populations of two or more closely related species living in the same geographical area or having overlapped geographical areas.	एक ही भौगोलिक क्षेत्र में रहनेवाले दो या उससे अधिक निकट रूप से संबंधित प्रजातियां या जो परस्पर व्याप्त भौगोलिक क्षेत्रों के होते हैं।
Pore:	**छिद्र**
In soil: a discrete volume of soil atmosphere completely surrounded by soil.	**मृदा में:** मिट्टी वातावरण की वह असतत मात्रा जो पूर्ण रूप से मिट्टी द्वारा घेरा गया है।
Porosity :	**छेददार स्थिति**
In soil: the volume of the soil mass occupied by pores and pore spaces.	**मृदा में :** मिट्टी की वह मात्रा जो छिद्रों एवं छिद्र युक्त जगह होते हैं।
Pose:	**पोज**
French term for a stocking-rate unit used for the mixed-sex stocking of breeders in spawning and reproduction ponds, based on a given sex ratio. For example, if the stocking rate of common carps for their natural reproduction in a large reproduction pond (sex ratio 2M:1F) is equal to 5 poses per hectare, one needs to stock 10 males and 5 females per hectare.	किसी दिए हुए लिंग अनुपात के आधार पर बोयाना ओर पुनरुत्पादन में प्रजनकों को के लिंग-मिश्रित स्टॉकिंग के लिए स्टॉकिंग-दर-यूनिट के लिए प्रयुक्त फांसिसी शब्द। उदाहरण के लिए यदि एक बहुत बड़े पुनरुत्पादन तालाब (लिंग अनुपात 2M:1F) में सामान्य कार्पों के प्राकृतिक पुनरुत्पादन का स्टॉकिंग दर 5 पोज प्रति हेक्टेयर है, तो 10 पुरुष और 5 मादा प्रति हेक्टेयर स्टॉक करने की जरूरत है।
Postlarva (pl. postlarvae):	इल्ली-स्तरोत्तर
Stage occurring after the larval stage, resembling the juvenile but still lacking certain characteristics. For crustaceans: the stage following metamorphosis from larva (zoea) to juvenile. In penaeid shrimp, this is commonly counted in days after appearance of postlarval features, e.g. PL12 indicates a postlarva that has lived 12 days since its metamorphosis from the zoea stage of development.	वह स्तर जो इल्ली स्तर के बाद होता है जिसमें वे किशोर के तरह ही लगते हैं लेकिन उनमें कुछ लक्षणों का अभाव अभी भी होता है। क्रस्टीशियनों के लिए कार्यंतरण के बाद का स्तर इल्ली (जोया) से किशोरावस्था तक। पेइनेइड झींगे में इसे आमतौर पर इल्ली-स्तरोत्तर लक्षणों के बाद दिन गिने जाते है, उदाहर के लिए PL12 से यह संकेत मिलता है कि इल्ली-स्तरोत्तर ने जोय स्तर के विकास से कार्यंतरण से 12 दिन जीवित रहा है।

Pot:	पॉट
Trap designed to catch finfish or crustaceans, in the form of cages or baskets made from various materials (wood, wicker, metal rods, wire netting, etc.) and with one or more openings or entrances. It is usually set on the bottom, with or without bait, singly or in rows, connected by rope to buoys showing its position on the surface.	परयुक्त मत्स्य या क्रस्टीशियनों को पकड़ने के लिए बनाया गया ट्रैप, जो विभिन्न सामग्रियों (लकड़ी, विकर, धातु के रॉड, वायर नेटिंग आदि) से बने घेरों या टोकरियॉं तथा जिनमें एक या अधिक प्रवेश के द्वार होते हैं। ये प्राय: निचले स्तर पर सेट किया जाता है, जिसमें बेट लगाई जा सकती है या नहीं भी, उसमें एकल या कतार होते हैं जो रस्सी द्वारा बॉयों से जोड़े जाते हैं और इनके स्थान सतह पर दिखाई देते हैं।
Prawn, giant freshwater-	बृहत् स्वच्छ पानी प्रॉन
The decapod crustacean Macrobrachium rosenbergii is a commercially important prawn because of its size and its eating qualities. Though adults are found mostly in tropical areas in freshand brackishwater areas, the species requires water of about 12 ppt salinity for larval rearing.	यह डेकापॉड क्रस्टीशियन मैक्रोब्राकियम रोजेनबर्गी है जो अपनी आकार और खाने योग्य गुणवत्ताओं के कारण वाणिज्यिक रूप से महत्त्वपूर्ण प्रॉन होता है। यद्यपि वयस्क प्राय: उष्णकटिबंधीय क्षेत्रों के स्वच्छपानी एवं खारापानी क्षेत्रों में पाए जाते हैं, इन प्रजातियों के इल्ली पालन के लिए लगभग 12ppt लवणता युक्त पानी की आवश्यकता होती है।
Predation :	परभक्षण
Act of an animal capturing or consuming another (prey) of a different and usually smaller species.	पशु का वह क्रियाकलाप जिससे वह प्राय: अन्य या छोटी प्रजातियों के जीव (शिकार) को पकड़कर खाते हैं।
Predator :	परभक्षक
An organism that derives elements essential for its existence from organisms of other species, which it consumes and destroys.	वह जीव जो अन्य प्रजातियों के जीवों से अपने जीवन के लिए अनिवार्य घटकों को प्राप्त करता है तथा उसका उपभोग करके उसका नाश करता है।
Premix :	पूर्व मिश्र
A premix or preliminary mix is a uniform mixture of vitamins and minerals (alone or together) and other ingredients (preservatives, antioxidants), which is included in a formulated diet in very small quantities. Premixes are used to facilitate uniform dispersion of microingredients in a larger mix.	पूर्व मिश्र या प्राथमिक मिश्र जो विटामिनों और खनिजों (अकेले या साथ में) तथा अन्य सामग्रियों (परिरक्षक, विऑक्सीकारक) का समान मिश्रण होता है, जो बहुत छोटी मात्राओं में संविरचित खाद्य पदार्थ में शामिल किए जाते हैं। प्राय: पूर्व मिश्र बृहत् मिश्रों में सूक्ष्म सामग्रियों के समान वितरण की सुविधा प्रदान करते हैं।

Prescription :	प्रिस्क्रिप्शन
Refers to a way of acquiring ownership rights or other land rights by uninterrupted and undisputed possession during a period of time. Some Acts may exclude prescription as a mode of acquisition, others may set specific criteria (e.g. a time limit) that an occupant must meet in order to acquire a formal title through prescription.	ये किसी निर्धारित अवधि में बिना हस्तक्षेप के तथा अविवादित कब्जा स्वामित्त्व अधिकार द्वारा या अन्य भूमि अधिकार प्राप्त करने की पद्धति के संदर्भ में लिया जाता है। कुछ अधिनियम शायद अधिग्रहण स्वरूप में प्रिस्क्रिप्शन को शामिल नहीं करते हैं। अन्य कुछ विशिष्ट मानदण्डों को निर्धारित कर सकते हैं (उदाहरण के लिए समय में) जिसे अधिग्रहण करने वाले को प्राप्त करना है।
Prey f'kdkj :	शिकार
Animal that is hunted and eaten by predators.	वह पशु जो परभक्षक शिकार करके उसे खाते हैं।
Price, farm gate-	खेत गेट दर
In aquaculture, the price for a product at the production site, not taking account of any transportation or subsequent handling costs.	जलकृषि में: किसी भी उत्पादन स्थल में किसी उत्पाद के लिए निर्धारित दर, इसमें परिवहन या परवर्ती संभालने की लागतें शामिल नहीं हैं।
Processing, fish-	मत्स्यों का प्रकरण
The receiving and preparation of fish, including, but not limited to, cleaning, cooking, canning, smoking, salting, drying or freezing.	मत्स्यों को प्राप्त करना तथा उसकी तैयारी, इसमें उनकी सफाई, पकाना, कैन करना, धूम्र के प्रभाव में लाना, लवणीकरण या हिमीकरण शामिल है।
Producer:	उत्पादक
In ecology: any organism that produces organic matter (e.g. macrophytes, seaweeds, phytoplancters).	**पारिस्थितिकी में :** कोई भी जीवाणु जो कार्बनिक पदार्थ पैदा करता है (उदाहरण के लिए मैक्रोफईट, समुद्री शैवाल, फईटोप्लैंक्टर)।
Product, derived-	व्युत्पन्न उत्पाद
Product or sub-product obtained from a culturedOrganism	उत्पाद या उप-उत्पाद जो किसी सवंर्द्धित जीव से प्राप्त होता है।
Product, value-added-	**मूल्य योजित उत्पाद**
Term applied to a product whose value or retail price is greatly enhanced after being subjected to processing.	वह शब्दावली जिसे उस उत्पाद के प्रयोग किया जाता है जिसका मूल्य या विक्रित दर को उसके प्रकरण के बाद बढ़ाया जाता है।

Production:	**उत्पादन**
(a)In ecology: what is produced by biological activity, i.e. the total elaboration of tissue during any time interval, including what is formed by individuals that do not survive to the end; it is the difference betwen the biomass at the end of the period and the biomass at the beginning of the same period. May be measured in terms of wet weight, dry weight, nitrogen content or energy content. In aquaculture: term commonly used to refer to the increase in total weight that has taken place during a specified period; it is the difference betwen the biomass at the end of the period and the biomass at the beginning of the same period. (b)In economics: the process of combining resources and forces in the creation of some valuable good or service.	**(a) पारिस्थितिकी में:** जो कुछ किसी जैविक क्रियाकलाप के माध्यम से पैदा किया जाता है, यानी किसी भी दिए गए समय अंतराल में ऊतकों का विस्तारण जिसमें अंत तक नहीं टिकनेवाले अलग जीवों द्वारा पैदा होनेवाला भाग शामिल नहीं है। यह अवधि के अंत में निहित जैव पदार्थ ढेर तथा उसी अवधि के आरंभ में जैव पदार्थ ढेर के बीच का अंतर है। शायद इसे गीले वज़न, सूखा वज़न, उपस्थित नाइट्रोजन या उपस्थित ऊर्जा के रूप में मापा जाता है। जलकृषि में इस शब्दावली को प्राय: किसी विशिष्ट अवधि में जैव पदार्थ ढेर के वज़न में होनेवाली वृद्धि के अर्थ में लिया जाता है, यह अवधि के अंत में निहित जैव पदार्थ ढेर तथा उसी अवधि के आरंभ में जैव पदार्थ ढेर के बीच का अंतर है। **(b) आर्थिकी में :** स्रोतों के मिश्रण की प्रक्रिया तथा कुछ मूल्यवान चीज़ें या सेवाओं की रचना में निहित बल होता है।
Production function:	**उत्पादन प्रकार्य**
The mathematical function depicting the relationships between the output of a firm or economy and the inputs used to produce that output.	वह गणितीय प्रकार्य जिसे किसी फर्म के आऊट पुट या उसकी आर्थिकी एवं उस आऊटपुट को पैदा करने के लिए प्रयुक्त इनपुट का संकेत है।
Production rate:	उत्पादन दर
Production expressed per unit of time (e.g. day, month, year), such as for example kg/day or tonnes per year.	उत्पादन को समय प्रति इकाई (उदाहरण के लिए दिन, माह, वर्ष) के रूप में अभिव्यक्त किया जाता है उदाहरण के लिए किलो/दिन या टन प्रतिवर्ष।
Production rate, equivalent-	समतुल्य उत्पादन दर
Yield expressed per unit of time, usually per day or per year; equivalent to (aquaculture) production expressed per unit area per unit of time (e.g. kg/ha/ year)	पैदावार जिसे समय प्रति दिन या वर्ष, जो द्धजलकृषित्रः उत्पादन प्रति इकाई क्षेत्र प्रति इकाई समय द्धउदाहरण के लिए ाहधींधलमंतत्रः में अभिव्यक्त किया जाता है।

Production, annual-	वार्षिक उत्पादन
Term commonly used in aquaculture to describe the quantity (usually expressed in tonnes) of market-sized organisms produced by a specific rearing unit, or the industry, in a calendar year.	यह शब्दावली आमतौर पर जलकृषि में किसी विशिष्ट पालन इकाई या उद्योग द्वारा एक कैलेंडर वर्ष में पैदा किए जानेवाले मार्केट साईज़ जीवों की मात्रा (आमतौर पर टनों में) बताने के लिए प्रयोग किया जाता है।
Production, aquaculture:	जलकृषि उत्पादन
For statistical purposes: specifically refers to output from aquaculture activities, which are designated for final harvest for consumption or other purposes, e.g. ornamental purposes. Output is reported in weight (generally in tonnes of live weight equivalent for aquatic animals, in wet weight for aquatic plants).	**सांख्यकी उद्देश्यों के लिए:** यह विशेष रूप से जलकृषि क्रियाकलापों के आऊटपुट के संदर्भ में लिया जाता है, जो उपभोग के लिए अंतिम ५सल या अन्य उद्देश्यों के लिए के लिए तय हैं, उदाहरण के लिए श्रृंगारिक मत्स्य। आऊटपुट को आमतौर पर वजन में बताया जाता है (सामान्य रूप से जलजीवों के लिए सजीव वजन को टनों में जल पादपों के लिए गीले वजन में)।
Production, factors of-	उत्पादन के पहलू
For economic purposes: factors involved in production; they are classed in four main categories called the four factors of production – land, labour, capital and management.	आर्थिकी के उद्देश्य के लिए : उत्पादन में शामिल पहलू इन्हें चार मुख्य वर्गों में वर्गीकृत किया जाता है – भूमि, श्रम, पूंजी और प्रबंधन।
Production, gross-	कुल उत्पादन
In ecology: the total amount of new organic matter formed in a given time, including that, which is simultaneously utilized in metabolic processes.	पारिस्थितिकी में किसी निधारित समय में नई कार्बनिक सामग्री की कुल मात्रा, जो साथ साथ चयापचयन प्रक्रियाओं में प्रयोग किए जाते हैं।
Production, gross primary-	कुल प्राथमिक उत्पादन
In ecology: the total amount of organic matter produced per unit of time by an individual, a population, an area or a water volume.	**पारिस्थितिकी में :** किसी निधारित समय में किसी जीव, संख्या क्षेत्र या पानी की मात्रा द्वारा नई कार्बनिक सामग्री की कुल मात्रा पैदा करना
Production, hatchery-	हैचरी उत्पादन
For statistical purposes: specifically refers to the production of seed from indoor or outdoor hatchery/nursery facilities; usually reported as numbers.	**सांख्यकीय उद्दश्यों के लिए:** विशेष रूप से यह बीज के उत्पादन के संदर्भ में लिया जाता है, आंतरिक या बाहर के हैचरीधनर्सरी सुविधाएं य प्रायरू इसे संख्याओं में रिपोर्ट किया जाता है।

Production, net-	**नेट उत्पादन**
In ecology: the assimilation surplus in a given period of time after substracting the amount, which is simultaneously utilized in metabolic processes in the same time interval	**पारिस्थितिकी में:** मात्रा को कम करने के बाद किसी दिए हुए समय में आधिक्य का इकत्रीकरण, जो साथ साथ उसी समय अंतराल में चयापचयी प्रक्रिया में प्रयोग किया जाता है।
Production, net primary-	**प्राथमिक नेट उत्पादन**
In ecology: obtained by substracting from the gross primary production the simultaneous losses of organic matter by catabolism (e.g. respiration) per unit of time, by an individual, a population, an area or a water volume.	**पारिस्थितिकी में:** प्रति यूनिट समय, एक संख्या, क्षेत्र या पानी की मात्रा में कुल प्राथमिक उत्पादन से अपचय प्रक्रिया के माध्यम से कार्बनिक पदार्थों की हानि को घटाना (उदाहरण के लिए श्वसन)।
Production, primary-	**प्राथमिक उत्पादन**
The production of new organic matter by photosynthetic and chemosynthetic activity of producer organisms (chiefly green plants). This is very often the first step in a food chain.	उत्पादक जीव के प्रकाश-संश्लेषण एवं रासायनिक-संश्लेषणात्मक प्रक्रियाओं द्वारा कार्बनिक पदार्थ का उत्पादन। यह खाद्य पदार्थ की श्रृंखला में सबसे पहला चरण होता है।
Production, secondary-	**द्वितीयक उत्पादन**
In ecology: production of organisms (primary consumers) that feed on vegetal matter; usually applied to the production of all sorts of invertebrates.	**पारिस्थितिकी में:** जीवों (प्राथमिक उपभोक्ता) का उत्पादन जो वानस्पतिक पदार्थों का भक्षण करते हैं। प्राय: इसे सभी प्रकार के रीढ़रहित जीवों के उत्पादन पर लागू किया जाता है।
Production, tertiary-	**तृतीयक उत्पादन**
In ecology: production of primary carnivorous organisms (secondary consumers) that feed on animals, which consume vegetal matter.	**पारिस्थितिकी में:** प्राथमिक माँसाहारी जीवों का उत्पादन जो उन पशुओं का भक्षण करते हैं जो वानस्पतिक पदार्थ का भक्षण करते हैं।
Productivity:	**उत्पादकता**
Rate of production of biomass; expressed as production during a specific time interval.	जैव पदार्थ का उत्पादन दर, जिसे किसी विशिष्ट समयांतरावधि के दौरान किए गए उत्पादन को अभिव्यक्त किया जाता है।

Productivity, gross-	**कुल उत्पादकता**
Rate of change in biomass including all losses (e.g. by death) during a specific time interval.	जैव पदार्थ ढेर में किसी विशिष्ट समय अंतराल में दर परिवर्तन जिसमें सभी हानि शामिल हैं
Productivity, net-	**नेट उत्पादकता**
Rate of accumulation or production of new organic matter or stored energy, less losses, during a specific time interval.	निर्धारित समय अंतराल में, हानि को कम करते हुए नवीन कार्बनिक पदार्थ या भंडारित ऊर्जा का उत्पादन या संग्रहण का दर।
Productivity, primary-	प्राथमिक उत्पादकता
Primary production during a specific time interval.	किसी विशिष्ट समय अंतराल में प्राथमिक उत्पादन।
Profile, ground-	भूमि का प्रोफाइल
A drawn representation of the ground surface, which shows change in elevation (along the vertical axis) with distance (along the horizontal axis).	भूमि की सतह का चित्रण जिसमें दूरी (क्षैतिजिक अक्ष के साथ) के साथ में उत्कर्ष (खड़े अक्ष के साथ) में परिवर्तन दिखाता है।
Profile, soil-	मृदा का प्रोफाइल
A vertical section through a soil from the surface into the relatively unaltered material.	सतह से मृदा में खड़े भाग में से अपेक्षाकृत रूप में अपरिवर्तित सामग्री।
Progency	संतति
The offspring of a particular pair of fish.	किसी विशिष्ट मत्स्यों की जोड़ी की संतति।
Progeny testing:	संतति परीक्षण
A breeding programme that is used to decipher a fish's genotype by examining it offspring's phenotypes.	वह प्रजनन कार्यक्रम जिसे उसकी संतति के फीनोटाइपों के परीक्षण द्वारा मत्स्य जीनोटाइप का पता लगाने के लिए प्रयोग किया जाता है।
Prognosis:	पूर्वानुमान
A forecast of the outcome of a disease.	किसी रोग के परिणाम का पूर्वानुमान।
Prokaryotc	प्रोकेरईयोट
Cellular microorganism in which the chromosomes are not enclosed within a nucleus, e.g. a bacterium.	कोशिका सूक्ष्मजीवी जिसमें क्रोमजोम न्यूक्लियस से घिरे नहीं हैं उदाहरण के लिए बैक्टीरियम
Propagation :	संचारण
The multiplication of organisms by any method from the parent stock	माँ-बाप के स्टॉक से किसी भी पद्धति द्वारा जीवों का गुणन

Propagation, artificial-	कृत्रिम संचारण
Procedure in which female fish are given one or several hormone injections, which regulate final ripening of dormant eggs in the ovaries. As soon as the eggs are ripe, they are stripped from the females. The males are usually also injected. Eggs are artificially fertilized with sperm and incubated under controlled conditions.	इस प्रक्रिया में मादा मत्स्यों को एक या अधिक हॉर्मोन इंजेक्शन दी जाती है जो अण्डाशयों में सुस्त अण्डों के अंतिम पक्वन को नियमित करते हैं। जैसे ही अण्डे पक जाते हैं, उन्हें मादा से अलग किया जाता है। पुरुषों को भी इंजेक्ट किया जाता है। अण्डों को कृत्रिम रूप से शुक्राणुओं से उर्वरित किया जाता है तथा नियंत्रित परिस्थितियों मेंसेने के लिए रखा जाता है।
Propagation, natural-	**प्राकृतिक संचारण**
Males and females are placed together in abreeding area such as a small pond or an enclosure where they spawn naturally.	पुरुष और मादाओं को प्रजनन क्षेत्र में जैसे एक छोटे तालाब में या घेरे में एक साथ रखा जाता है जहां प्राकृतिक रूप से बोयाना होता है।
Propagation, semi-natural-	**अर्द्ध प्राकृतिक संचारण**
The fish (usually the females only) are first given an injection of chemicals, such as a pituitary gland extract, which will trigger spawning. Males and females are then placed together in a specially prepared breeding area where spawning takes place.	मत्स्यों को (आमतौर पर मादा मत्स्यों में) पहले पियूषिका ग्रंथि सार का इंजेक्शन दिया जाता है जो उनमें बोयाना उत्प्रेरित करता है। इसके बाद पुरुष और मादाओं को एक साथ विशिष्ट प्रजनन क्षेत्र में रखा जाता है, जहां बोयाना होता है।
Prophylaxis:	**गर्भनिरोधी**
Action or chemo-therapeutant administered to healthy animals in order to prevent the development or spread of disease.	वह क्रियाकलाप या स्वस्थ जीवों को रासायनिक उपचारात्मक दिया जाना ताकि रोग के विकास होने या फैलने से राका जा सके।
Proprietary control :	**स्वामित्त्व नियंत्रण**
The right of a property owner to dictate, exclusively, the entrance to and the uses of a parcel of property.	संपत्ति के स्वामी के विशिष्ट अधिकार जहां वे प्रवेश तथा उसकी संपत्ति के प्रयोग को नियमित करता है।
Protandry:	**पूर्वता**
Condition in sequential hermaphrodite species where the male reproductive cells mature and are shed before the female reproductive cells mature.	क्रमिक उभयलिंगी प्रजातियों में वह स्थिति, जहां पुरुष प्रजनन कोशिकाएं परिपक्व होती है और वे मादा प्रजनन कोशिकाओं के परिपक्व होने से पहले ही ढलक जाती हैं।

Protein:	प्रोटीन
Complex, naturally occurring polymers (a chain) comprised of amino acids joined by peptide linkages.	सम्मिश्र जो प्राकृतिक रूप से होनेवाले पेप्टाइड लिंकेजों द्वारा जोड़े गए अमीनो अम्लों से युक्त पॉलीमर (श्रृंखला) होता है।
Protein efficiency ratio (PER):	**प्रोटीन क्षमता अनुपात (PER):**
Ratio of live weight gain (in grams) over protein consumed (in grams). Production per unit of protein fed.	प्रोटीन पर सजीव वजन में वृद्धि के अनुपात का उपभोग द्धग्रामों मेंत्र्।ीड किए गए प्रोटीन का प्रति यूनिट उत्पादन।
Protein utilization, (apparent) net- (NPU):	**नेट प्रोटीन उपभोग (NPU):**
The amount of nitrogen retained by the animals over the total nitrogen consumed.	पशुओं द्वारा उपभोग किए गए कुल नाइट्रोजन की तुलना में रखे गए नाईट्रोजन की मात्रा।
Protein, biological value of- (BV):	**प्रोटीन का जैविक मूल्य (BV):**
Percent digested protein retained by the animal, expressed as the percentage of food nitrogen utilized for growth and body maintenance; this involves digestion, absorption, utilization and excretion of nitrogen-bearing compounds, especially proteins.	पशु द्वारा पचाकर रखे गए प्रोटीन का प्रतिशत जिसे वृद्धि एवं शारीरिक रखरखाव के लिए प्रयुक्त खाद्य पदार्थ नाइट्रोजन के प्रतिशत के रूप में अभिव्यक्त किया जाता है। इसमें नाईट्रोजन युक्त सम्मिश्र विशेष रूप से प्रोटीनों को पचन, अवशोषण, उपभोग एवं उत्सर्जन।
Protein, crude-	**कच्चा प्रोटीन**
The nitrogen content in a feed or animal or plant tissue, multiplied by a factor, which is generally 6.25.	किसी भी खाद्य पदार्थ या पशु में या पोधों ऊतकों में नाइट्रोजन की उपस्थिति जिसे किसी ैक्टर से गुणन किया जाता है जो सामान्य रूप से 6.25 है।
Proteins, single-cell- (SCP):	**एकल कोशिका प्रोटीन (SCP):**
In aquaculture: type of natural food used in hatcheries made of individual cells (unicellular organisms), such as yeasts and microalgae fed to brine shrimp nauplii.	जलकृषि में : लवण पानी झींगा नैप्ली को खिलाए जानेवाले खमीर एवं सूक्ष्म-शैवाल जैसे एकल कोशिकाएं (एकल कोशिका जीवाणु) जिन्हें हैचरियों में प्राकृतिक खाद्य पदार्थ के रूप में प्रयोग किया जाता है।
Protogyny:	**प्रोटोगईनी**
Condition in sequential hermaphrodite organisms in which the female reproductive structures mature before the male structures.	आनुक्रमिक उभयलिंगी में वह स्थिति जिसमें मादा प्रजनन संरचनाएं, पुरुष संरचनाओं से पहले परिपक्वता प्राप्त करते हैं।

Protozoan (pl. protozoans):	प्रोटोजोअन
A member of the phylum Protozoa, composed of mostly microscopic animals made up of a single cell or a group of more or less identical cells, reproducing by fission and living chiefly in water; includes many parasitic forms.	फईलम प्रोटोजोआ के एक सदस्य पशु द्वारा पचाकर रखे गए प्रोटीन का प्रतिशत जिसे वृद्धि एवं शारीरिक रखरखाव के लिए प्रयुक्त खाद्य पदार्थ नाइट्रोजन के प्रतिशत के रूप में अभिव्यक्त किया जाता है। इसमें नाईट्रोजन युक्त सम्मिश्र विशेष रूप से प्रोटीनों को पचन, अवशोषण, उपभोग एवं उत्सर्जन।
Protozoea (pl. protozoeae):	**प्रोटोजोया**
Larval stages between the nauplius and mysis in crustaceans; usually have seven pairs of appendages.	क्रस्टीशियन में नौप्लियस एवं माईसिस के बीच का इल्ली स्तर, जिसमें प्राय: सात जोड़ों के उपांग होते हैं।
Proximate analysis :	**निकटस्थ विश्लेषण**
(Analysis of) moisture, lipid, protein, fibre, ash and (by difference) carbohydrate content of any animal or plant product or mixed substance such as a feed.	नमी, लिपिड, प्रोटीन, फाइबर, ऐश तथा (अंतर द्वारा) किसी भी पशु या पौधा उत्पाद या खाद्य पदार्थ जैसे मिश्रित पदार्थ का कार्बोहाइड्रेट पदार्थ का (विश्लेषण)।
Puddle (to):	**पडल करना**
To destroy the structure of the surface soil by physical methods	भौतिक पद्धतियों द्वारा सतही मिट्टी की संरचना का नाश करना।
Puddling:	**पड्लिंग**
In aquaculture: breaking the structure of the surface soil before a pond is filled. This is achieved by saturating the soil at the bottom of the pond; allowing the water to soak into the soil; and hoeing or ploughing it.	**जलकृषि में:** तालाब के भरने से पहले सतही मिट्टी की संरचना तोड़ना। यह तालाब के निचले स्तर पर मिट्टी को संतृप्त कराने के माध्यम से उपलब्ध किया जाता है, पानी में मिट्टी को डुबोए रखने के माध्यम से या खोदने या जोतने के माध्यम से किया जाता है।
Pump:	**पंप**
A mechanical device used primarily for the movement of fluids usually against gravity; a pump draws in and then discharges fluids.	एकयांत्रिकी उपकरण जिसे मूल रूप से गुरुत्वाकर्षण के खिलाफ द्रवों की गति के लिए प्रयोग किया जाता है, पंप द्रवों को अंदर खींचकर उसके बाद उनका निस्सारण करता है।

Pump capacity:	पंप क्षमता
The rate of flow or the volume of water pumped per unit time such as cubic meters per minute or litres per second	प्रति इकाई समय में पंप की गई पानी की मात्रा या प्रवाह दर, जैसे क्यूबिक मीटर प्रति मिनट या लीटर प्रति क्षण।
Pump, centrifugal-	केन्द्रपसारी पंप
Turbo pump using a rotating impeller that draws water into its centre and through centrifugal action, throws it outwards through vanes in the impeller and out of the pump. Characterized by operating atlow head (pressure) and low capacity.	वह टर्बो पंप जिसमें एक घूमने वाले इम्पेलर का प्रयोग करते हुए उसके केन्द्र में पानी खींचा जाता है तथा केन्द्रपसारी क्रियाकलाप से उसे इम्पेलर के फलकों में से पंप के बाहर किया जाता है। इसे निम्न हेड (दाब) एवं निम्न क्षमता में प्रचालित किया जाता है।
Pump, fish-	मत्स्य पंप
Device for pumping a mixture of fish and water. Used for transporting fish to/from graders, harvesting bins, tanks and ponds. Fish pumps usespecialized impellers, which eliminate the risk of damage to the fish. They are limited in the size of fish they can handle, usually up to 500 g to 1 kg is the limit. For larger fish augers are usually used.	वह उपकरण जिसके माध्यम से मत्स्य और पानी को पंप किया जाता है। इसे मत्स्यों को श्रेणीकरण करनेवाले, फसल बिन, टंकी एवं तालाबों में तथा उनसे बाहर परिवहन करने के लिए इनका उपयोग किया जाता है। उनकी साईज़, उनके द्वारा संभाले जानेवाले मत्स्यों की साईज़ तक सीमित होती है, आमतौर पर ये 500 ग्राम से 1 किलो के बीच में होते हैं। आमतौर पर बड़े मत्स्यों के लिए औगोरों का प्रयोग किया जाता है।
Pump, hydram-	हईड्रम पंप
A device, which uses the energy of falling water, to lift a lesser amount of water to a higher elevation than the source. A hydram should be considered only when there is a source that can provide at least seven times more water than the ram is to pump.	वह पंप जो पानी के गिरने से पैदा होने वाली ऊर्जा का प्रयोग करता है, पानी की कम मात्रा को उसके स्रोत की ऊँचाई से भी अधिक स्तर से उठाया जाता है। हईड्रम के उपयोग पर तभी विचार किया जाना है जब रैम से पंप तक की तुलना में सात गुना अधिक पानी देने की क्षमता है।

Pump, propeller-	पंप प्रोपेल्लर
A type of rotary turbo pump, which mechanically lifts the water by the pitch of the propeller at each revolution. Best used for conditions of low headand high capacity commonly found in coastal farms: pump specifically designed to deliver water to heads of between 0.5 m and 8 m. The use ofsuch pumps can often lead to higher pumping efficiencies and therefore lower electrical costs.	घूमनेवाला वह टर्बो पंप जो प्रोपेल्लर के पिच द्वारा हर घूर्णन में पानी को यांत्रिक पद्धति से उठाता है। इसके प्रयोग को निम्न हेड एवं उच्च क्षमता की स्थितियों में अच्छा माना जाता है जो आमतौर पर तटवर्ती प्रदेशों में स्थित खेतों में पाए जाते हैं। इन पंपों को 0.5m एवं 8 m के बीच हेड में पानी डिलीवर करने के लिए तैयार किया गया है। इन पंपों का प्रयोग प्राय: पानी पंप करने की उच्च क्षमताओं के लिए प्रयोग किया जा सकता है और इससे इलेक्ट्रिसिटी का खर्चा भी कम हो जाएगा।
Pump, rotary-	**घूर्णन पंप**
A type of pump, which consists of a casing and rotating member(s) that force the fluid to be moved from the low to the high pressure side.	इस प्रकार का पंप जिसमें एक केसिंग एवं घूमनेवाला सदस्य है जो द्रव को निम्न दाब से उच्च दाब की तरफ भेजा जाता है।
Pump, suction-	**सक्शन पंप**
A pump that utillizes atmospheric pressure to raise or move fluids via a system of valves.	वह पंप जो वॉल्वों की व्यवस्था के माध्यम से द्रवों को एक जगह से दूसरी जगह ले जाना या वातावरणिक दाब बढ़ाने के लिए उपयोग किया जाता है।
Pump, vacuum-pressure-	**वैक्यूम दाब पंप**
Pump that applies "vacuum" to draw fluid together with suspended matter (such as live fish) to an intermediary tank, then applies pressure to press the fluid from the tank to its destination.	वह पंप जो मध्यवर्ती टंकी तक पहुंचाने के लिए लंबित पदार्थों से युक्त द्रवों को खींचने के लिए ''वैक्यूम'' का प्रयोग करता है, उसके बाद टंकी से उसके स्थान तक द्रव दबाने के लिए दाब का प्रयोग करता है।
Purchase order (PO):	**क्रय आदेश**
Written confirmation of the purchase of a product describing product type, quantity required, date to be received, price and method of payment.	उत्पाद खरीद करने हेतु लिखित पुष्टीकरण जिसमें उत्पाद के प्रकार, आवश्यक मात्रा, प्राप्त होने की तारीख, दर एवं भुगतान की पद्धति जैसे विवरण शामिल हैं।

Purchasing Power Parity (PPP US$):	क्रय शक्ति क्षमता (PPP US$):
A rate of exchange that accounts for price differences across countries allowing international comparisons of real output and incomes. At the PPP US$ rate, PPP US$1 has the same purchasing power in the domestic economy as US$1 has in the United States.	विनिमय दर जो वास्तविक आऊटपुट एवं आमदनी के अंतर्राष्ट्रीय तुलना देते हुए विभिन्न देशों के दरों का शामिल करता है। PPP US$ दर के अंतर्गत PPP US$1 के पास S$1 की आंतरिक आर्थिकी में वही क्रय करने की शक्ति है, जितना कि अमरीका में है।
Pyrite:	**पईरईट**
A mineral which is fixed and accumulated by the oxidation of abundant sulphate from seawater.	वह खनिज जो समुद्र पानी में प्रचुर मात्रा में उपलब्ध सल्फेट के ऑक्सीकरण द्वारा स्थापित होता है और इकत्रित होता है।
Pyrite, iron-	**आयर्न पईरईट**
Sulphide form of iron often found in very acid soils. In such soils, the pyrites remain relatively stable as long as the conditions in the soils remain anaerobic. However, if drained and exposed to air or water with a high dissolved oxygen concentration, through excavation, the pyrites oxidise, which, as part of the reaction, forms sulphuric acid. This reduces the pH of the soils and also the pond water above it.	अत्यंत अम्लीय मृदा में पाए जानेवाले लोहा का सलईड रूप। ऐसी मृदाओं में पाईराईट तब तक रहते हैं जब तक कि मृदा में अवायवीय स्थितियां रहती हैं। फिर भी, यदि इसे ड्रेन किया जाए या खोदने के माध्यम से वायु या उच्च सान्द्रता के विघटित ऑक्सीजन युक्त पानी के प्रभाव में लाते हैं, पईरईट ऑक्सीकृत होते हैं जो अभिक्रिया का एक भाग है और सलफ्यूरिक अम्ल पैदा होता है। यह मृदाओं एवं उसके ऊपर स्थित पानी में निहित pH कम करता है।

Q

Quadrature:	क्षेत्रकलन
Time when the sun, the moon and the Earth are at right angles to one another. The solar attraction is then substracted from the lunar attraction, which results in tides with a smaller than usual tidal range (neap tides).	वह समय, जब सूर्य, चन्द्रमां और पृथ्वी एक दूसरे के समकोण पर होते हैं। सौर आकर्षण को चन्द्र आकर्षण से घटाया जाता है, जिससे सामान्य ज्वार श्रेणी से छोटे ज्वार द्धलघु ज्वारत्रः होते हैं।
Quarantine:	**संगरोध**
Enforced isolation of organisms, which are or may have been infected, to prevent transmission of diseases. In aquaculture: holding or rearing of aquatic animals under conditions, which prevent their escape, and the escape of any pathogens they may be carrying, into the surrounding environment.	जीवों का मज़बूरन पृथक्करण, जो दूषित हो सकते हैं या दूषित हैं, ताकि रोगों का संचरण रोक सकें। जलकृषि में : जलजीवों को उन स्थितियों में पालना या रखना जिससे कि आसपास के वातावरण में उनके भाग जाने या उनके द्वारा वहन किए जानेवाले रोगाणुओं के भाग जाने की प्रक्रिया रोक सकें।

R

Race:	पीढ़ी
A genetic subdivision of a species, more or less distinct, having distinctive characteristics when grown in a particular environment. Differences among races may or may not be adaptative. Term usually restricted to animal species.	प्रजातियों का आनुवंशिक उप-वर्गीकरण जो काफी हद तक भिन्न है, जिसमें किसी विशिष्ट पर्यावरण में पृथक्क लक्षण दिखाई देते हैं। पीढ़ियों में भिन्नता अनुकूल हो सकते हैं या नहीं भी। सामान्यतया यह शब्दावली पशु प्रजातियों के संदर्भ तक ही सीमित है।
Raceway:	**मैदान**
Structure, usually above ground, with a long, linear configuration; high water turnover rate; highly controlled environment; often terraced with water reuse.	संरचना, जो सामान्य रूप से लंबा, रेखीय समाकृति है तथा भूमि की सतह से ऊपर है, इसमें पानी का कुल आवर्तन होता है, अत्यधिक नियंत्रि पर्यावरण है जिसमें प्राय: पानी के पुनरुपयोग की व्यवस्था सम्मिलित है।
Rack:	**रैक**
A relatively large fixed structure built of bamboo, wood and/or steel rails, solidly set in the sea bottom of relatively deep and protected coastal areas; used for the suspended culture of mussels and oysters.	यह बहुत बड़ा बॉस, लकड़ी तथा/या स्टील रेलों से बना बहुत बड़ी संरचना है, जिन्हें काफी गहरे तथा सुरक्षित तटवर्ती क्षेत्रों में समुद्र के निचले स्तर में अच्छी तरह सेट किया जाता है, इसे शंबुक एवं शुक्ति की लंबित जलकृषि के लिए प्रयोग किया जाता है।
Radiation:	**विकिरण**
A topographical surveying method in which a convenient observation station is chosen, from which it is possible to see all the points to be surveyed; this station may be lateral or central.	एक स्थलाकृतिक सर्वेक्षण पद्धति जिसमें एक सुविधाजनक प्रेक्षण स्टेशन चुना जाता है जिसमें से सर्वेक्षण किए जानेवाले सभी पाइंटों को देखा जा सकता है। यह स्टेशन पार्श्विक या केन्द्रीय भी हो सकता है।
Radiation, ultraviolet- (UV):	**पराबैंगनी विकिरण (UV)**
Non-visible electromagnetic waves, which follow at the end of the violet end of the light spectrum. That part of the solar radiation spectrum between 40 nm and 400 nm wavelength. Used in aquaculture to disinfect water and prevent diseases caused by pathogenic microorganisms.	अदृश्य इलेक्ट्रो-चुम्बकीय तरंग जो प्रकाश स्पेक्ट्रम के बैंगनी अंत का अनुकरण करता है। 40 nm एवं 400 nm तरंगदैर्घ्य के बीच में सौर विकिरण स्पेक्ट्रम का वह भाग। इसे जलकृषि में पानी में रोगाणुओं का नाश करने तथा रोगाणु सूक्ष्मजीवियों से पैदा होने वाले रोगों से बचने के लिए प्रयोग किया जाता है।

Raft:	बेड़ारू
A floating structure built of wood or bamboo, equipped with floats if necessary and safely anchored in a protected coastal area; may be used for the suspended culture of mussels or oysters.	लकड़ी या बॉस से बना तैरनेवाली संरचना, जिसमें आवश्यकता होने पर फ्लोट लगाए जाते हैं और इसे तटवर्ती प्रदेशों में सुरक्षित रूप से लगाया जा सकता है, इसे शंबुक या शुक्तियों की लंबित जलकृषि में प्रयोग किया जा सकता है।
Rafting:	**बेड़ा**
Term used to describe the way in which some species of marine larvae can become "trapped" in the surface tension of the water and clump together, resulting in mortalities.	कुछ प्रजातियां जिस तरह से पानी के पृष्ठ-तनाव में फंसकर कुंज बन जाने की प्रक्रिया के लिए इस शब्दावली का प्रयोग किया जाता है और इससे मृत्यु दर स्थिति पैदा हो जाती है।
Rain, acid-	**अम्ल वर्षा**
Precipitation having a pH below 5.6 due to high concentrations of sulphate, nitrate, ammonium or other anions.	सल्फेट, नाइट्रेट, अमोनियम या अन्य एनायनो की उच्च सान्द्रता के कारण 5.6 से कम होने से पैदा होनेवाला अवक्षेपण।
Ranching:	**रैन्चिंग**
Commercial raising of animals, mainly for human consumption, under extensive production systems, within controlled boundaries and paddocks (e.g. in agriculture), or in open space (oceans, lakes) where they grow using natural food supplies. In fisheries: stocking usually of juvenile finfish, crustaceans or molluscs from culture facilities for growth to market size or to maturity in the natural environment. Species usually used are migratory and return close to the point of release (e.g. salmon) or non-migratory and remain for at least a substantial portion of the life-cycle in restricted areas where they enter the local fishery (e.g. red sea bream, Penaeus japonicus, etc.).	अत्यंत विस्तृत उत्पादन व्यवस्थाओं में नियंत्रि सीमाओं एवं पैडडॉकों (उदाहरण के लिए कृषि में) में पशुओं का विशेषकर, मानवीय उपभोग के लिए वाणिज्यिक पालन या खुली जगहों में (महासमुद्र, झील) जहां वे प्राकृतिक खाद्य पदार्थों का उपभोग करते हुए बड़े होते हैं। **मात्स्यिकी में:** स्टॉकिंग एवं पालन सुविधाओं से मार्केट साईज़ तक या परिपक्वता प्राप्त करने तक प्राकृतिक वातावरण में किशोर परयुक्त-मत्स्य, क्रस्टीशियन एवं शंबुकों की वृद्धि। आमतौर पर प्रयुक्त प्रजातियां प्रवासी होते हैं तथा स्थानीय मात्स्यिकी (उदाहरण के लिए लाल समुद्र ब्रीम, पेनियस जापानिकस आदि) में प्रवेश करने तक सीमित क्षेत्रों में जीवन-चक्र के उस प्रामाणित भाग में रहनेवाले अप्रवासी होते हैं।
Ranching, lake-	**झील में रैन्चिंग**
Ranching carried out in a lake.	झील में किया गया रैन्चिंग।
Ranching, ocean-	**समुद्र में रैन्चिंग**
Ranching carried out in the ocean.	समुद्र में किया गया रैन्चिंग।

Ranching, river-	**नदी में रैन्चिंग**
Ranching carried out in a river.	नदी में किया गया रैन्चिंग।
Ranging pole:	**रेन्जिंग पोल**
In topography: long, thin poles, in wood or metal, used in surveys to mark a point on the ground that need to be seen from a distance.	**स्थलाकृति में:** लंबे, पतले पोल, लकड़ी या धातु के, जिन्हें सर्वेक्षण में भूमि पर बिंदु अंकित करने के लिए प्रयोग किया जाता है और इन्हें एक निर्धारित दूरी से देखा जाता है।
Raster:	**रास्टर**
A method for the storage, processing and display of spatial data. Each given area is divided into rows and columns, which form a regular gristructure. Each cell must be rectangular in shape, although not necessarily square. Each cell within this matrix contains an attribute value as well as location co-ordinates. The spatial location of each cell is implicitlycontained within the ordering of the matrix, unlike a vector structure, which stores topology explicitly. Areas containing the same attribute value are recognised as such, however, raster structures cannot identify the boundaries of such areas as polygons. Also raster structures may lead to increased storage in certain situations, since they store each cell in the matrix regardless of whether it is a feature or simply 'empty' space.d	स्थानिक डेटा के भण्डारण, प्रकरण एवं प्रदर्शन के लिए पद्धति। हर दिए गए क्षेत्र को पंक्तियों और स्तंभों में विभाजित किया जाता है जिससे एक नियमित ग्रिड संरचना बनती है। यद्यपि उनका अनवार्य रूप से वर्गाकार होने की ज़रूरत नहीं है, हर कोशिका को आयताकार होना चाहिए। वेक्टर के विपरीत, इस मैट्रिक्स के क्रम में निहित कोशिका की स्थानिक जगह सांस्थिति को अत्यंत स्पष्ट रूप से भंडार करता है। इसी आरोपित मूल्य रखनेवाले क्षेत्र को उसी रूप में पहचाना जाता है। फिर भी, रास्टर संरचनाएं ऐसे क्षेत्रों की सीमाओं को बहुभुज के रूप में पहचान नहीं सकते। साथ ही, कुछ स्थितियों में रास्टर संरचनाओं से अधिक भंड़ारण की स्थिति पैदा हो सकती है क्योंकि वे कोशिका के लक्षण या केवल 'खाली' जगह होने के बावजूद भी उन्हें मैट्रिक्स में रखता है।
Ration:	**राशन**
The amount of the total feed, which is provided to one animal over a 24-hour period.	कुल फीड की मात्रा जो लगभग 24 घंटे की अवधि में एक पशु को खिलाया जाता है।
Ration, dry-	**सूखा राशन**
A diet prepared from air-dried ingredients, formed into distinct particles and fed to fish.	वह खाद्य पदार्थ जिसे हवा से सुखाई गई सामग्रियों से तैयार किया जाता है। ये स्पष्ट कण बनते हैं जिन्हें मत्स्यों को खिलाया जाता है।

Ration, maintenance-	राशन रखरखाव
In nutrition: the level of consumption that provides enough energy for maintenance of physiological processes but allows for no increase in biomass.	पौष्टिकता में : उपभोग का वह स्तर जो सभी शारीरिक प्रक्रियाओं के रखरखाव के लिए पर्याप्त ऊर्जा प्रदान करता है लेकिन जैव ढेर पदार्थ में कोई वृद्धि नहीं करता।
Ration, satiation-	**राशन संतृप्ति**
Maximum amount of food an individual will consume in a single meal, usually expressed as a percentage of body weight.	किसी जीव द्वारा एक ही बारी में खाए जानेवाले खाद्य पदार्थ की अधिकतम मात्रा, आमतौर पर इसे शारीरिक वज़न के प्रतिशत में अभिव्यक्त किया जाता है।
Rearing:	**पालन**
To care for and support up to maturity, as to raise shrimp to adults.	परिपक्वता तक देखभाल करने या समर्थन देने, जैसे कि झींगों को वयस्क स्तर तक पाला जाता है।
Recirculating:	**पुनरुपयोग**
Being re-used. Usually refers to water moving through a system and after some form of treatment moving back into the system.	फिर से उपयोग किया जाना। आमतौर पर यह किसी व्यवस्था में से पानी के प्रवाह के संदर्भ में लिया जाता है तथा उपचार की पद्धति अपनाने के बाद फिर वापस व्यवस्था में चला जाता है।
Recruitment:	**नियुक्ति**
In shellfish farming: refers to the degree that successful juvenile settlement has occurred over a given period of time	सीपयुक्त मत्स्य खेती में : किसी दी हुई अवधि में किशोर मत्स्यों के सफलतापूर्वक जमने की मात्रा के संदर्भ में लिया जाता है।
Recycling:	**पुनरुपयोग**
Process of converting material (especially waste) to a previous state so that it is a reusable material.	किसी सामग्री को उसके पूर्व स्थिति में परिवर्तित करने की प्रक्रिया ताकि वह फिर से उपयोग की जानेवाली सामग्री बन जाती है।
Redd:	**रेड्ड**
Spawning area of trout or salmon on the bottom of a lake or stream; usually a clear circular depression in gravel.	किसी झील या प्रवाहित पानी के निचले स्तर पर ट्राऊट या सॉलमन का बोयाना क्षेत्र, आमतौर पर यह बजरी में गोलाकार गड्ढा होता है।

Reef, artificial-	कृत्रिम पाल
Artificial structures introduced or built in marine or brackish coastal waters creating a sheltered space for fishing or aquaculture. Sometimes considered a form of extensive aquaculture in which these structures provide suitable niches for fish and shellfish. It is often considered to provide substrate for enhanced production.	कृत्रिम या समुद्री या खारापानी तटवर्ती पानी में बनाई गई संरचनाएं हैं जो मात्स्यिकी या जलकृषि के लिए सुरक्षित जगह पैदा करते हैं। कभी कभी इसे एक विस्तृत प्रकार की जलकृषि मानते हैं जिसमें ये संरचनाएं मत्स्य एवं सीपयुक्त मत्स्यों के लिए उचित आवास पैदा करते हैं। इसे प्राय: विस्तारित उत्पादन के लिए सबस्ट्रेट प्रदान करने के लिए प्रयोग किया जाता है।

Refining:	परिष्करण
Process by which oyster quality and commercial value are improved. Done either in open waters (in beds fully under the influence of the sea), or in claires, with molluscs having reached marketing size or still growing.	वह प्रक्रिया जिसके माध्यम से शुक्ति की गुणवत्ता एवं वाणिज्यिक मूल्य में सुधार किया गया है। या तो इसे खुले पानियों में किया जाता हे या क्लेयरों में, जहां सीपों ने मार्केट करने योग्य साईज़ तक आ गए हैं या अभी बढ़ रहे हैं।

Relaying:	प्रतिसारण
In shellfish culture: collecting larvae or juveniles of oysters, clams or mussels in one location and planting them in another to obtain better growth or better quality meats.	सीपयुक्त मत्स्य संवर्द्धन में : अच्छी बढ़ोत्तरी या बेहतरीन गुधवत्ता के मांस प्राप्त करने के लिए एक स्थान में शक्तियों की इल्लियां या किशोर, बड़ी सीप या शंबुकों का इकत्रीकरण तथा उन्हें दूसरे स्थान पर लगाना।

Remote sensing (RS):	सुदूर संवेदी (RS):
The gathering and analysis of data from the study area or organism that is physically removed from the sensing equipment, e.g. sub-water surface detection instruments, aircraft or satellite	अध्ययन क्षेत्र या संवेदी उपकरण से अलग किए गए जीवों से डेटा का इकत्रीकरण एवं विश्लेषण। उदाहरण के लिए पानी सतह के नीचे रखे जानेवाले संसूचन उपकरण, हवाई जहाज या उपग्रह।

Remote settling:	सुदूर जम जाना
Shipping of cultured larval oysters, still in the pediveliger stage, for final settlement on suitable substrates (cultch).	उचित सबस्ट्रेटों (कल्च) पर अंतिम रूप से जम जाने के लिए पेडिवेलिजर स्तर में होनेवाले सवंर्द्धित शुक्ति इल्लियों का परिवहन।

Ren:	**रेन**
A spat collector consisting of oyster or scallop shells threaded on a galvanized wire (primarily Japanese term).	एक स्पेट इकत्रीकरण व्यवस्था जिसमें एक गल्वनाइज्ड तार पर शुक्ति या स्कैलप सीप पिरोए जाते हैं (मूलरूप से यह जापानी शब्द है)।
Reproduction, vegetative-	वानस्पतिक प्रजनन
Reproduction by other than sexually produced seed. Includes grafting and reproduction by cuttings.	लैंगिक रूप से पैदा किए गए बीच को छोड़कर प्रजनन की अन्य पद्धति। इसमें कटिंग द्वारा ग्राफ्टिंग एवं प्रजनन शामिल हैं।
Reseeding:	पुनः बीज बोना
In shellfish culture: the collection of shellfish larvae or juveniles and relaying them to a better environment for growth	**सीपयुक्त मत्स्य संवर्द्धनः** सीपयुक्त मत्स्यों की इल्लियां या किशोरों का इकत्रीकरण तथा वृद्धि के लिए बेहतरीन वातावरण में भेजना।
Reservoir:	जलाशय
(a) A pond, lake or basin, either natural or artificial, for the collection, storage, regulation and control of water and for its use when required, e.g. for generating electricity or for irrigation. [Syn: artificial lake, man-made lake, dam]	(a) वह तालाब या बेसिन, चाहे प्राकृतिक या कृत्रिम जो पानी को इकट्ठा करने, उसके भंड़ारण, विनियमन एवं नियंत्रण तथा आवश्यकता के अनुसार प्रयोग के लिए होता है, उदाहरण के लिए इलेक्ट्रिसिटी के उत्पादन या सिंचाई के लिए (पर्यायवाची : कृत्रिम झील, मनुष्य द्वारा निर्मित झील, बांध)।
(b) For culture-based fisheries: an artificial waterbody created by the impoundment of a stream or a river. They are mostly small, taking the form of dams for agriculture, flood control, small-scale power generation and drinking water supply. [RT: small water body, perennial tank, seasonal tank]	(b) संवर्द्धन आधारित मात्स्यिकी के लिए : प्रवाहित पानी या किसी नदी के कुर्की से बनाए गए कृत्रिम जलाशय। वे प्रायः छोटे होते हैं जो कृषि, बाढ़ नियंत्रण, छोटे स्तर पर पवर उत्पादन हेतु तथा पीने के पानी के लिए बांधों का रूप लेते हैं। द्धछोटे जलाशय, सदाबहार पानी, मौसमी टंकीत्र्।
(c) As a host or infection: an alternate or passive host or carrier that harbours pathogenic organisms, without injury to itself, and serves as a source from which other individuals can be infected.	(C) **एक पोषक या दूषणः** एक वैकल्पिक या निष्क्रिय पोषक या उसे वहन करनेवाला अपने पर ज़ख्म किए बिना रोगजनक जीवों को स्रोत से सेवा प्रदान करता है जिसमें से अन्य जीव दूषित हो सकते हैं।

Respiration:	श्वसन
(a) Cellular respiration: the metabolic process in plants and animals whereby organic substances are broken down to simpler products with the generation of energy.	**(a) कोशिका श्वसन:** पौधों और जीवों में चयापचयन की प्रक्रिया जिसकी सहायता से कार्बनिक पदार्थों को ऊर्जा उत्पादन के साथ सरल उत्पादों में तोड़ा जाता है।
(b) Physical respiration: gas exchange across a respiratory surface (e.g. gills).	**(b) शारीरिक श्वसन :** श्वसन सतह पर गैस का विनिमय (उदाहरण के लिए गलफड़े)।
Respiration, aerobic-	वायुजीवी श्वसन
A chemical process in which oxygen is used to make energy from carbohydrates (sugars).	वह रासायनिक प्रक्रिया जिसमें ऑक्सीजन को कार्बोहईड्रेट (शक्कर) से ऊर्जा बनाने के लिए प्रयोग किया जाता है।
Resting stage:	आराम स्तर
Developmental stage of larva of several fish species referring to the period between hatching and the beginning of active feeding.	कई मत्स्य प्रजातियों के इल्लियों का विकास स्तर जो प्रस्फुटन एवं सक्रिय फीडिंग के प्रारंभ के बीच में होता है।
Restocking:	पुनः भंड़ारण
The release of cultured or wild caught aquatic species (usually juveniles) into the wild to restore the spawning biomass of severely overfished stocks to levels at which they can once again provide sustainable yields.	संवर्द्धित या पकड़े हुए वन्य जलीय प्रजातियों का वन्य में छोड़ना ताकि जैव पदार्थ ढेर के बोयाना फिर से सुनिश्चित करने हेतु अत्यधिक स्तर पर के स्टॉक को उस स्तर तक लाना जहां वे एक दीर्घकालिक प्राप्ति प्रदान कर सकते हैं।
Rheotaxis:	रियोटेक्सिस
Directed movement response of a mobile organism to a water or air current, either in to the current (positive rheotaxis) or with the current (negative rheotaxis).	पानी या हवा के प्रवाह तक गतिक जीव की निदेशित गति प्रतिक्रिया, जो प्रवाह के अंदर (सकारात्मक रियोटेक्सिस) होता है या वह करेंट के साथ (नकारात्मक रियोटेक्सिस) होता है।
Ribonucleic acid (RNA):	रईबोन्यूक्लिक अम्ल(RNA):
A single-strand acid, consisting of ribonucleotides made up of the bases adenine, guanine, cytosine and uracil, formed on a DNA template, found in the protoplasm, and controlling cellular chemical activities. It is an intermediate chemical translating genetic information into action.	एकल-तंतु अम्ल, जिसमें रईबोन्यूक्लियोटईड होते हैं जो एडीनीन, ग्वानीन, साईटोसीन एवं युरासिल क्षारों से क्छ। टेम्पलेट पर बने होते हैं। ये प्रोटोप्लाज़्म में पाए जाते हैं तथा कोशिका रासायनिक प्रक्रियाओं को नियंत्रि करते हैं। यह एक मध्यवर्ती रासायनिक प्रक्रिया है जो आनुवंशिकी सूचना को क्रियाकलाप में परिवर्तित करता है।

Ribovirus (RNA-virus):	रईबोवईरस (RNA-virus):
Virus with a ribonucleic acid genome.	वह वाईरस जिसमें राइबोन्यूक्लिक अम्ल जीनोम होता है।
Rigor mortis:	**मृत्यु पश्चात् शरीर में कड़ापन**
The stiffening of the muscles of an animal, which results from a series of complex changes that take place in the tissues shortly after death. Immediately after death, the muscles are soft and limp and can be easily flexed. At this time, the flesh is said to be in pre-rigor condition. Soon the muscles begin to stiffen and harden and no longer contract by stimulation. The animal then is in rigor condition. After some hours or days, the muscles gradually begin to soften and become limp again. This is called the post-rigor condition.	किसी भी पशु में मांस-पेशियों का कड़ा हो जाना, जो मृत्यु के थोड़ी ही देर बाद में ऊतकों में होनेवाले जटिल परिवर्तनों के क्रम से है। मृत्यु के तुरंत बाद मांस-पेशियां नरम और शिथिल होती हैं और उन्हें सरलता से मोड़ सकते हैं। इस समय में मांस पूर्व-कड़ेपन की स्थिति में होते हैं। धीरे धीरे मांस-पेशियां कड़े एवं कठोर होने लगती है तथा उकसाने पर सिकुड़ती नहीं हैं। उस समय जीव कड़ेपन की स्थिति में आ जाता है। कुछ घंटों या दिनों के बाद मांस-पेशियां फिर से धीरे धीरे नरम और शिथिल हो जाती हैं इसे कड़ेपन पश्चात् की स्थिति कहा जाता है।
Risk:	**खतरा**
(a) In aquaculture: the probability of negative impact(s) on aquatic animal health, environmental biodiversity and habitat and/or socio-economic investment(s). (b) In food systems: an estimate of the probability and severity of the adverse health effects in exposed populations, consequential to hazards in food.	**(a) जलकृषि में:** जलजीवों के स्वास्थ्य पर, पर्यावरणीय जैव-वैविधयता एवं आवास तथा/या सामाजिक-आर्थिकी निवेशों पर नकारात्मक प्रभाव की संभाव्यता। **(b) खाद्य पदार्थ व्यवस्था में:** खाद्य पदार्थों में खतरे के कारण प्रभाव में आनेवाले जीवों की संख्या के स्वास्थ्य पर प्रतिकूल प्रभाव की संभाव्यता एवं तीव्रता का आकलन।
Risk assessment:	**खतरा निर्धारण**
For food products: food safety risk assessmen covers the following four main steps: hazard identification, hazard characterization, exposure assessment and risk characterization of food safety hazards.	खाद्य पदार्थों के लिए : खाद्य पदार्थ खतरा निर्धारण में निम्नांकित चार प्रमुख चरण होते हैं : खतरे की पहचान करना, खतरे का लक्षण-वर्णन, प्रभाव निर्धारण एवं खाद्य पदार्थ सुरक्षा जोखिमों में खतरों का लक्षण-वर्णन।
River:	**नदी**
Natural water course fom 5 to 100 m wide, running into another water course or a lake.	5 उ से 100 उ की चौड़ाई युक्त पानी का प्राकृतिक प्रवाह, जो किसी दूसरे पानी के प्रवाह में या झील में मिल जाता है।

River, large-	बृहत् नदी
Large watercourse wider than 100 m, generally flowing into the sea.	100 m से भी अधिक चौड़ाई का बृहत् पानी प्रवाह, जो सामान्य रूप से समुद्र में मिल जाता है।
Rizipisciculture:	**रिज़ीमात्स्यिकी**
Integration of riziculture and pisciculture for the simultaneous production of rice and fish in the same field.	धान एवं मत्स्य के एक ही खेत में एक साथ उत्पादन हेतु धान-कृषि एवं मात्स्यिकी का समेकीकरण।
RNA probes:	**RNA प्रोब**
Segments of RNA, which are labelled to detect homologous segments of RNA or DNA in tissue or culture samples.	RNA के हिस्से, RNA के सदृश हिस्से या ऊतक क्छ। या संवर्द्धन सैम्पलों में की पहचान करने के लिए लेबल किया जाता है।
Roe (pl. roes):	**मत्स्य शुक्र**
Gonads of fish or invertebrates marketed in various ways and usually referred to by individual species, e.g. cod roe, salmon roe, etc.	मत्स्य या रीढ़रहित जीवों के जननग्रंथि, जिन्हें विभिन्न तरीकों से मार्केट किया जाता है। आमतौर पर इसे अलग प्रजातियों के संदर्भ में लिया जाता है, उदाहरण के लिए कॉड मत्स्य शुक्र, सॉलमन मत्स्य शुक्र आदि।
Rotenone:	**रोटेनॉन**
A white crystalline substance, effective principle in insecticides and fish poisons obtained from the roots of plants, specially an Amazonian tree (Lonchocarpus sp.) and the Indian derris.	एक स्फेद क्रिस्टलीन पदार्थ जो कीटनाशक एवं मत्स्य विष में एक प्रभावशाली सिद्धांत है। इसे पौधों के जड़ों से प्राप्त किया जाता है, विशेष रूप से अमेज़ॉनियन पेड़ (लॉन्कोकार्पस) तथा भारतीय डेर्रिस से।
Rotifers:	**रोटिफर**
Group of microscopic, primarily aquatic, animals belonging to a distinct class of the phylum Aschelminthes. They are characterized by a corona at the anterior end, which bears rufts of cilia used for feeding and locomotion. Rotifers are important live-food organisms in the rearing of marine fish larvae in hatcheries.	अत्यंत सूक्ष्म, मूल रूप से जलीय पशु, जो फाईलम अशेमिन्थस वर्ग में एक विशिष्ट वर्ग हैं। उन्हें अग्रभाग के अंत में कोरोना द्वारा बताया जाता है जिसमें खिलाने के लिए तथा गति के लिए प्रयुक्त रोमक होते हैं। रोटीफर, हैचरियों में समुद्री मत्स्य इल्लियों के पालन में एक सजीव खाद्य पदार्थ के रूप में अत्यंत महत्त्वपूर्ण होते हैं।

R-tex system:	R–टेक्स व्यवस्था
International system to designate the thickness of netting twine by measuring the weight (in grams) of 1000 m of twine, e.g. a netting twine R-340-tex weighs about 340 g/1000 m.	ट्वाईन के 1000 का वज़न मापते हुए नेटिंग ट्वाईन की मोटाई निर्धारित करने के लिए अंतर्राष्ट्रीय व्यवस्था, उदाहरण के लिए R-340.टेक्स नेटिंग ट्वाईन का वज़न 340 g/1000m है।
Runnage:	**रन्नेज**
Designates the length of netting twine per unit weight, either in metres per kg or in yards per pound, e.g. a runnage of 4000 mèkg.	नेटिंग ट्वाईन प्रति यूनिट वज़न की लंबाई निर्धारित करता है, वह मीटर प्रति किलो भी हो सकती है यार्ड प्रति पाऊंड, उदाहरण के लिए 4000 उधहण

S

Salinity (S):	लवणता (S):
An expression for the concentration of soluble minerals (often restricted to salts of the alkali metals or of magnesium) and chlorides in water or soil; usually expressed as parts per thousand (ppt). Related to chlorinity by the formula S = 1.805 Cl + 0.030 where both S and Cl are expressed in ppt.	पानी या मृदा में विलेयशील खनिज (प्राय: इसे धातु या मेग्नीशियम के लवणों तक ही सीमित है) एवं क्लोराईडों की सान्द्रता के लिए अभिव्यक्ति। प्राय: इसे भाग प्रति हज़ार (ppt)के रूप में अभिव्यक्त किया जाता है। यह S = 1.805 Cl + 0.030 फॉर्मूला द्वारा क्लोरिनिटी से संबंधित है जहां S और Cl को ppt में अभिव्यक्त किया जाता है।
Salinization:	**लवणीकरण**
(a) For waters: the increase in salinity of fresh surface and groundwater supplies. A result of saltwater intrusion by pumping of seawater boreholes and wells, and the building of inland seawater ponds structures. Can have a serious effect on local agriculture, especially paddy fields. (b) For soils: the accumulation of soluble salts at the surface or at some point below the surface of the soil, at levels that have negative effects on plant growth and/or on soils. This occurs due to water evaporation leaving behind salts that were dissolved in water. It may result from capillary rise of saline groundwater or from irrigation with saline water.	(a) पानी के लिए : किसी ताज़ा सतह तथा भू-तल पानी की आपूर्ति में लवणता की मात्रा में बढ़ोत्तरी। यह समुद्र पानी बोर एवं कुओं में लवण पानी के प्रवेश तथा अंतदेर्शीय समुद्रपानी तालाब संरचनाओं के निर्माण के कारण होता है। स्थानीय कृषि, विशेष रूप से धान के खेतों पर गंभीर प्रभाव पड़ सकता है। (b) मृदा के लिए: मृदा की सतह पर या मृदा की सतह के नीचे किसी पाइंट पर विघटित होनेवाले लवणों का इकत्रेकरण, कुछ स्तरों में पौधे की वृद्धि तथा/या मृदा पर प्रतिकूल प्रभाव पड़ सकता है। यह पानी के वाष्पीकरण से होता है जब पानी में उपस्थित विघटित लवण पीछे रह जाते हैं। इससे शायद लवणीय केशिका भूतल पानी में वृद्धि या लवण पानी की सिंचाई से हो सकती है।
Salinometer:	**लवणमीटर**
Any device or instrument for determining salinity, often based on electrical conductivity methods, e.g. salinity bridge.	कोई भी उपस्कर या उपकरण जिसे लवणता निर्धारित करने के लिए प्रयोग किया जाता है, यह प्राय: इलेक्ट्रिकल चालकता पद्धति से होता है, उदाहरण के लिए लवणता ब्रिड्ज।

Salmoniculture:	सॉलमन संवर्द्धन
Branch of pisciculture specialized in the breeding and rearing of salmonids, such as for example trouts, Atlantic and Pacific salmons and the Arctic char.	मात्स्यिकी की वह शाखा जो सॉलमोनिडों के प्रजनन एवं पालन में विशिष्ट है, उदाहरण के लिए ट्राऊट, एंटलांटिक एवं पैसिफिक सॉलमन तथा उत्तर ध्रुवीय क्षेत्रों की छार।
Salt:	**लवण**
Compound soluble in water, resulting from the substitution of a metal for the hydrogen of an acid, as for example in HCl (hydrochloric acid) to obtain the "salt" NaCl (sodium chloride). NaCl is also known as "common salt" or "kitchen salt": white friable, water soluble substance; more or less pure sodium chloride (NaCl) is obtained either by seawater evaporation in salt marshes (marine salt), or from continental salt mines (rock salt). Common salt is used for food preservation through salting, of fish for example.	वह सम्मिश्र जो अम्ल के हईड्रोजन हेतु धातु को प्रतिस्थापित करने के माध्यम से पानी में विघटित होता है, उदाहरण के लिए ''लवण'' NaCl (सोडियम क्लोराईड) प्राप्त करने के लिए HCl (हईड्रोक्लोरिक अम्ल) में। NaCl को ''सामान्य नमक'' या ''रसोईघर लवण'' भी कहा जाता है, जो सफेद भुरभुरा, पानी में विघटित होनेवाला पदार्थ, काफी हद तक इसे लवण दलदलों में (समुद्री लवण) समुद्र पानी के वाष्पीकरण से या महाद्विपीय लवण खानों (सेंधा नमक) से शुद्ध सोडियम क्लोराईड प्राप्त किया जा सकता है। सामान्य नमक को लवणीकरण के माध्यम से खाद्य पदार्थ परिरक्षण के लिए प्रयोग किया जाता है, उदाहरण के लिए मत्स्य।
Salting:	**लवणीकरण**
A processing method involving the replacement and removal of most of the water present in the flesh of the prepared fish by salt.	वह पद्धति जिसमें लवण द्वारा तैयार किए गए मत्स्य के मांस में उपस्थित पानी निकालने तथा प्रतिथापित करने की प्रक्रिया सम्मिलित है।
Salting, dry-	**सूखा-लवणीकरण**
The process of mixing fish with dry food grade salt (sodium chloride) in such a manner that the resulting brine drains away.	मत्स्यों को सूखे खाद्य पदार्थ लवण के साथ मिलाने की ऐसी प्रक्रिया जिसमें लवण-पानी नाली में परिणत होता है।
Saltpan:	**लवण-पैन**
Converted salt marsh managed for the production of marine salt by seawater evaporation; part of saltworks.	परिवर्तित लवण मार्श जिसे समुद्र के पानी के वाष्पन से समुद्री लवण के उत्पादन के लिए प्रयोग किया जाता है जो लवण-कार्यों का एक भाग है।

Sand:	रेत
Mineral particles that range in diameter from 2 to 0.02 mm in the international system and from 2 to 0.05 mm in the USDA system.	अंतर्राष्ट्रीय व्यवस्था में खनिज कण जो 2 से 0.2 mm व्यास की श्रेणी में होते हैं तथा USDA व्यवस्था में 2 से 0.05 mm श्रेणी के बीच होते हैं।
Sanitation:	सफाई
The disinfection of a culture unit.	संवर्द्धन यूनिट का विसंक्रमण।
Saprobiont:	सैप्रोबॉयण्ट
Organism, which obtains its nutrition from dead organic matter	वे जीव, जो मृत एवं अपघटित कार्बनिक सामग्री से अपना पोषण प्राप्त करते हैं।
Saprophyte:	मृतजीवी
A bacterial or fungal organism, which derives its nutrients from dead or decaying organic material.	वे बैक्टीरियल या कवकीय जीव, जो मृत एवं अपघटित होनेवाले कार्बनिक सामग्री से अपना पोषण प्राप्त करते हैं।
Satiation:	परितृप्तन
Used to describe animals, which have been fed to the limit i.e. they will not eat any more.	इसे जीवों के बारे में जानकारी देने के लिए प्रयोग किया जाता है जिन्हें एक सीमा तक खिलाया गया है, अर्थात् जो और अधिक नहीं खा सकते।
Saturation:	संतृप्ति
In solutions, the maximum amount of a substance that can be dissolved in a liquid without it being precipitated or released into the air.	विलेयों में, पदार्थ की अधिकतम मात्रा जो बिना अवक्षेपण के या वायु में विमोचित न होते हुए द्रव में अपघटित होते हैं।
Scale (b):	पपड़ी (b):
On a finfish: a dermal protective platelet	परयुक्त मत्स्यों में चर्म का एक सुरक्षात्मक प्लेटलेट।
Scallops:	स्कैलप्प
Bivalve mollusc of the genus Pecten.	जीनस पेक्टेन के बईवॉल्व सीप।
Scavenger:	अपमार्जक
An organism that feeds on dead or decomposing organic matter.	वह जीव जो मृत एवं अपघटित होनेवाले कार्बनिक पदार्थ खाते हैं।

Schistosomiasis:	स्किस्टोसोमियासिस
Human water-based disease caused by adult worms (Schistosoma spp.) present in waters infected by parasitized persons; eggs hatch in those waters, giving larvae, which infect certain species of freshwater molluscs as intermediate hosts for the parasite; after multiplication, cercariae are released from the molluscs; when they come into contact with humans, they penetrate the skin and develop into mature adults as parasite.	मानवीय पानी-आधारित रोग जो वयस्क कीड़ों से होता है जो दूषित परजैविकीय व्यक्तियों के माध्यम से पानी में उपस्थित हैं, इन पानियों में इल्लियों को जन्म देते हुए अण्डे प्रस्फुटित होते हैं, तथा कुछ स्वच्छपानी सीप, इन परपोषियों के लिए एक मध्यस्थ पोषक बन जाते हैं बहुलीकरण के बाद सीपों से सीकेरिये विमोचित होते हैं और जब ये मानव के संपर्क में आते हैं वे चर्म में प्रवेश का एक परिपक्व परिपोषक बन जाते हैं।
School, (fish-):	समूह (मत्स्य)
A group of fish swimming together	एक साथ तैरनेवाले मत्स्यों का एक दल।
Scissiparity:	स्किस्सिपारिटी
Asexual type of reproduction, which consists in the division of the organism inro two parts.	प्रजनन का एक अलैंगिक प्रकार, जिसमें जीव का विभाजन दो भागों में होता है।
Scum, algal-	शैवाल गाद
An undesirable visible layer of filamentous algae or phytoplankton on the surface of a body of water.	जलाशय के सतह पर एक अवांछित रेशेदार शैवालों या फाइटोप्लेंकटन का गोचर परत।
Seafood:	समुद्री खाद्य पदार्थ
Human food derived from the sea or from marine aquaculture.	समुद्र से या समुद्री जलकृषि से व्युत्पन्न मानव खाद्य पदार्थ।
Sea mustard:	समुद्री सरसों
In South Korea: brown seaweed (Undaria pinnafitida) food product obtained by salting.	**दक्षिण कोरिया में:** भूरा समुद्री शैवाल खाद्य पदार्थ (उंडारिया पिन्नफिटिडा) जो लवणीकरण से प्राप्त किया गया है।
Sea urchin culture:	समुद्री अर्चिन संवर्द्धन
Propagation and rearing of sea urchins (Echinoderms, family Echinidae), either for stock enhancement (e.g. in Japan) or for human consumption.	समुद्री अर्चिनों का प्रवर्तन एवं पालन (ऐकिनोडर्म, ऐकिनिडे परिवार), स्टॉक बढ़ोत्तरी (उदाहरण के लिए) या मानवीय उपभोग के लिए।

Seaweed:	समुद्री शैवाल
Large marine alga, occurring both naturally and under cultivation, but specifically excluding phytoplanktonic algae and microalgae.	बृहत् समुद्री शैवाल जो प्राकृतिक एवं संवर्द्धन, दोनों में पाए जाते हैं, लेकिन इनमें पादप प्लवक शैवाल एवं सूक्ष्म-शैवाल विशेष रूप से शामिल नहीं हैं।
Secchi depth:	सेक्कची गहराई
Depth at which a Secchi disc disappears from view when lowered into water. A measure of water Transparency.	वह गहराई जिसमें सेक्कची डिस्क जो पानी में डुबोने पर अदृश्य हो जाता है। पानी पारदर्शिता का एक माप।
Secchi disc:	सेक्कची डिस्क
A circular plate (20 cm diameter), the upper surface of which is divided into four equal quadrants and so painted that two quadrants directly opposite each other are black and the intervening ones white. It is used to measure light penetration or transparency of water and lowered on a calibrated line until it disappears.	एक गोलाकार प्लेट (20 व्यास), ऊपरी सतह जिसे चार समान वृत्तपादों में विभाजित किया जाता है तथा उन्हें ऐसे पेंट किया जाता है कि एक-दूसरे के बिल्कुल सामनेवाले काले हैं तथा बीचवाले सफेद हैं। इसे प्रकाश प्रवेश या पानी की पारदर्शिता को मापने के लिए प्रयोग किया जाता है तथा लाइन पर उसके लुप्त हो जाने तक कैलिब्रेट किया जाता है।
Sedation:	उपशमन औषध
Quite often, tranquillizers and various chemical agents are used to sedate live fish in preparation for transport.	कई बार मत्स्यों को परिवहन के लिए तैयार करने हेतु सजीव मत्स्यों को प्रशमित करने के लिए प्रशमन एवं विभिन्न रासायनिक एजेन्टों का प्रयोग किया जाता है।
Sedentary:	सुप्त अवस्था
Benthos animal, which moves around the substrate surface for short distances only.	नितल जीवसमूह, जो छोटी दूरियों के लिए ही सबस्ट्रेट सतह के चारों ओर घूमते हैं।
Sediment:	अवसाद
Solid particulate material, both mineral and organic, that has settled from suspension in the water column (sedimentation) when hydrographic conditons favour this phenomenon.	ठोस पदार्थ के कण सामग्री जो खनिज भी है और कार्बनिक भी। जब जलमापन चित्रण की स्थितियां इस प्रक्रिया को सहारा देते हैं और यह लंबित होने की स्थिति के बाद पानी के कॉलम में नीचे जम गया है।

Sedimentation:	अवसादन
The process of allowing particulate materials having a density greater than that of the suspending liquid to settle out under gravitational forces in a quiescent or slowly moving liquid.	वह प्रक्रिया जो लंबित द्रव में होने वाले कणों से अधिक सघनता के कण सामग्री निश्चल रूप से या धीरे प्रवाहित द्रव में गुरुत्त्वाकर्षण के प्रभाव से नीचे जम जाते हैं।
Seed:	**बीज**
For statistical purposes: taken to mean eggs, spawn, offspring, progeny or brood of the aquatic organism (including aquatic plants) being cultured.At this infantile stage, seed may also be referred to or known as fry, larvae, postlarvae, spat, and fingerlings. They may originate from two principal sources: from captive breeding programmes orcaught from the wild.	सांख्यकीय उद्देश्यों के लिए: संवर्द्धन हेतु जलजीवों (जलीय पौधों को शामिल करते हुए) के औसत अण्डे, बोयाना, संतान या ब्रूड के संदर्भ में। इस शिशु स्तर पर, बीज को फ्राई, इल्ली, इल्ली के बाद का स्तर, स्पेट एवं फिंगरलिंगों के संदर्भ में भी लिया जाता है। दो महत्त्वपूर्ण स्रोतों से इनका प्रादुर्भाव होता है: बंदी प्रजनन कार्यक्रमों से या वन्य क्षेत्रों से पकड़कर।
Seining:	**साइनिंग**
Using a seine net to harvest fish, usually for sampling or partial harvesting purposes.	आमतौर पर मत्स्यों का फसल के दौरान साइन नेट का प्रयोग, सैम्पलिंग या आंशिक फसल करने में किया जाता है।
Seepage:	**रिसाव**
The gradual movement of a fluid, such as water,through a porous rock or soil.	छिद्र्दार पत्थर या मिट्टी जिसमें से पानी जैसे द्र्व की क्रमिक गति।
Selection:	**चयन**
A breeding programme whereby only those individuals or families are chosen or saved that meet or exceed predetermined phenotypic criteria for quantitative phenotypes or those individuals that exhibit the desired qualitative phenotype. Fish that do not meet these criteria are culled.	वह प्रजनन जिसके माध्यम से केवल उन्हीं अलग अलग जीवों या परिवारों को चुना जाता है या बचाया जाता है, जो परिमाणात्मक फीनोटाईपों के लिए पूर्व-निर्धारित फीनोटाईप मानदण्डों से अधिक होते हैं या उन्हें प्राप्त करते हैं या वे अलग अलग जीव जो वांछित गुणात्मक फीनोटाईप प्रदर्शित करते हैं। मत्स्य जो इन मानदण्डों को प्राप्त नहीं करते, उन्हें निकाला जाता है।

Selection, between-family-	परिवार में चयन
A selective breeding programme for quantitative phenotypes where selection occurs at the family rather than at the individual level. In this type of selective breeding programme, whole families are either culled or saved, and that decision is based on family means.	परिमाणात्मक फीनोटाईपों के लिए एक चयनित प्रजनन कार्यक्रम जहां अलग अलग जीव स्तर पर होने के बजाय चयन परिवार में होता है। इस प्रकार के चयन प्रजनन कार्यक्रम में संपूर्ण परिवारों को या निकाला जाता है या बचाया जाता है और यह निर्णय परिवार औसतों पर निर्भर है।
Selection, differential-	**चयन अंतर**
The difference between the mean of the select brood fish and the mean of the population from which they were chosen.	चयनित ब्रूड मत्स्य के औसत एवं उनके चयन की गई संख्या के औसत में भिन्नता।
Selection, family-	**परिवार चयन**
A selective breeding programme for quantitative phenotypes where selection occurs at the family, rather than at the individual level. Selection is based on family means rather than on individual values. There are two types: within family and between family selection.	परिमाणात्मक फीनोटाईपों के लिए एक चयनित प्रजनन कार्यक्रम जहां अलग अलग जीव स्तर पर होने के बजाय चयन परिवार में होता है। चयन, अलग अलग जीव मूल्यों पर होने के बजाय परिवार पर आधारित हैं। इसके दो प्रकार हैं: परिवार के अंदर और परिवार चयन के बीच में।
Selection index:	**चयन संसूचिका**
A selective breeding programme that can be used to simultaneously select for two or more quantitative phenotypes. A selection index assigns a numerical value to each fish, based on the individual's phenotypic values relative to the population means and on how important the phenotypes are. Once each fish has received its overall numerical value, the fish are ranked, and selection is based only on these values.	वह चयनित प्रजनन कार्यक्रम जिसे दो या अधिक परिमाणात्मक ीनोटाईपों का साथ साथ चयन करने के लिए प्रयोग किया जाता है। एक चयन संसूचिका, हर मत्स्य को संख्या औसतों के संदर्भ में तथा उनके महत्त्व के आधार पर उनके अलग फीनोटाईप मूल्यों पर आधारित एक सांख्यकी मूल्य आबंटित करता है। जैसे ही हर मत्स्य अपने संपूर्ण सांख्यकी मूल्य प्राप्त करता है, तो उन्हें श्रेणीबद्ध किया जाता है और चयन इन्हीं मूल्यों के आधार पर किया जाता है।

Selection, indirect-	**अप्रत्यक्ष चयन**
A breeding programme that improves one phenotype by selecting for another. This occurs because the two phenotypes have a positive genetic correlation.	वह प्रजनन कार्यक्रम जो दूसरे के लिए चयनित करने के माध्यम से एक ीनोटाईप में सुधार करता है। यह तभी होता है जब दो ीनोटाईपों में सकारात्मक आनुवंशिकी सहसंबंध होते हैं।
Selection, individual-	**अलग अलग चयन**
A selective breeding programme for quantitative phenotypes where selection is based on individual merit. An individual whose phenotypic value is equal to or exceeds the cut-off value is saved, while those whose phenotypic value falls below the cut-off value are culled. Family relationships are ignored.	परिमाणात्मक फीनोटाईपों के लिए एक चयनित प्रजनन कार्यक्रम जिसके माध्यम से चयन अलग अलग जीवों की मेरिट से होता है। वह अलग जीव जिसका फीनोटाईप मूल्य, सीमा मूल्य से कम है, तो उन्हें निकाला जाता है। इसमें पारिवारिक संबंधों को अनदेखा किया जाता है।
Selection, tandem-	**क्रमबद्ध चयन**
A selective breeding programme that can be used to improve two or more quantitative phenotypes. Initially, you select for only one phenotype for several generations; then you stop selecting for that phenotype and select for the second phenotype.	वह चयनित प्रजनन कार्यक्रम जिसे दो या अधिक परिमाणमत्मक फीनोटाइपों में सुधार करने के लिए प्रयोग किया जाता है। आरंभ में आप कई वंशों के लिए एक ही फीनोटाईप का चयन करते हैं, लेकिन आप उस फीनोटाईप का चमयन करना बंद कर देते हैं और दूसरे ीनोटाईप का चयन करने लगेंगे।
Selection, within-family-	**परिवार में चयन**
A selective breeding programme for quantitative phenotypes, whereby selection occurs at the family rather than at the individual level. In within-family selection, each family is considered to be a subpopulation, and selection occurs independently within each family.	परिमाणात्मक फीनोटाईपों के लिए एक चयनित प्रजनन कार्यक्रम जिसके माध्यम से चयन अलग अलग जीवों के आधार पर होने के बजाय परिवार में होता है। परिवार में चयन के अंतर्गत हर परिवार को एक उप-संख्या माना जाता है तथा चयन हर परिवार में चयन अलग अलग होता है।
Septicaemia (septicemia):	**सेप्टिसीमिया**
Systemic disease associated with the presence and persistence of pathogenic microorganisms or their toxins in the blood; blood poisoning.	संपूर्ण शरीर में रोग जो जीवों के खून में रोगजनक सूक्ष्मजीवी या उनके विष की उपस्थिति से संबंधित है।

Sessile:	सेसाईल
Stationary or attached animals such as mussels or sponges'	शंबुक या स्पजों जैसे स्थिर या लगे हुए जीव।
Seston:	**सेस्टन**
Collective term for the particulate material suspended within the water column. Seston includes particulate organic matter such as plankton and organic detritus as well as inorganic particles such as silt.	पानी ऑलम में कणों की लंबित सामग्री के लिए प्रयुक्त सामूहिक शब्द। सेस्टन में प्लवक एवं कार्बनिक कचरे के साथ कीचड़ जैसे अकार्बनिक कण भी शामिल हैं।
Settlement (a):	**जमाव (a):**
For molluscs: process by which molluscan larvae undergo a cessation of their mobile stage and begin a sedentary life stage by attachment to a suitable support.	**सीपों में:** वह प्रक्रिया जिसके माध्यम से सीपों की इल्लियां जो गतिक स्तर में समाप्ति का एहसास करते हैं तथा उचित समर्थन के साथ लगकर स्थानबद्ध जीवन स्तर व्यतीत करने लगते हैं।
Settlement (b):	**जमाव (b):**
In engineering: downward movement of the soil within a fill such as a dike, because of natural factors (e.g. rain and weight of above soil) and artificial factors (e.g. compaction and weight of a vehicle).	**अभियांत्रिकी में:** डाईक में क्योंकि प्राकृतिक द्धउदाहरण के लिए मृदा के ऊपर वर्षा और वज़नत्रृ एवं कृत्रिम पहलुओं (उदाहरण के लिए वाहनों से कॉम्पकशन और उनका वज़न) के कारण जैसे भरण के अंदर मृदा के नीचे की ओर की गति।
Settlement allowance:	**जमने की अनुमति**
Total amount by which the expanded earth volume is expected to be reduced by either compaction plus final/small settlement, or compaction and settlement, or settlement alone; usually varies from 5 to 20 percent of the expanded earth volume.	कुल मात्रा जिसके द्वारा विस्तारित पृथ्वी परिमाण को या कम्पैक्शन प्लस फईनल/छोटे जमाव या कम्पैक्शन एवं जमाव, या केवल जमाव द्वारा कम करने की प्रत्याशा है। आमतौर पर विस्तारित पृथ्वी मात्रा में 5 से 20 प्रतिशत के बीच में भिन्न होता है।
Settling chamber:	**जमनेवाले चेम्बर**
One of a series of chambers included in the recirculating water systems located between the biofilter and the culture units. These facilitate the sedimentation of faeces and other particulate matter.	जैव-फिल्टर एवं संवर्द्धन यूनिटों के बीच में स्थित पुनः चालित पानी व्यवस्थाओं में शामिल चेम्बरों का एक क्रम। इससे मल का अवसाद होने में सुविधा होती है तथा अन्य छोटे-छोटे कणों में विभाजित होते हैं।

Sewage:	सीवेज
Organic waste and wastewater produced by residential and commercial establishments.	आवासी एवं वाणिज्यिक संस्थापनाओं द्वारा पैदा किए जानेवाले कार्बनिक व्यर्थ एवं व्यर्थपानी।
Sewage, domestic-	घरेलू सीवेज
Waste produced through the functioning of a household.	घर के प्रकार्यों से पैदा होनेवाला व्यर्थ पदार्थ।
Sewage lagoon:	सीवेज लगून
Shallow pond, usually human-made, where sunlight, bacteria and oxygen interact to help purify wastewater.	छिछला तालाब, आमतौर पर मानव द्वारा बनाया गया जहां सूर्य का प्रकाश, बैक्टीरिया एवं ऑक्सीजन मिलकर व्यर्थपानी को शुद्ध करते हैं।
Sex ratio:	लिंग अनुपात
The ratio between males and females in a given population.	किसी दी हुई संख्या में पुरुष एवं मादा के बीच में अनुपात।
Sex reversal:	लिंग उत्क्रम
Process by which the sexual characteristics of fish are changed, usually through sex hormones. This produces fish which are phenotypically of one sex yet genetically of the other.	वह प्रक्रिया ज़िसके माध्यम से मत्स्यों के लैंगिक लक्षणों में परिवर्तन किया जाता है, आमतौर पर लिंग हॉर्मोनों के माध्यम से किया जाता है। यह प्रक्रिया उन मत्स्यों को पैदा करता है जो फीनोटिपिकली एक लिंग के हैं, लेकिन दूसरे उनमें दूसरे की आनुवंशिकता है।
Sex-reversed (fish):	उत्क्रमित लिंग (मत्स्य)
Fish that are one sex phenotypically but the other genetically. Sex-reversed fish are created by feeding anabolic sex hormones to sexually undifferentiated fry.	वे मत्स्य जो फिनोटिपिकली एक लिंगी हें लेकिन दूसरे आनुवंशिक हैं। लैंगिक रूप से अभिन्नकृत फ्इ को ऐनबॉलिक लिंग हॉर्मोनों फीड करने के माध्यम से उत्क्रमित मत्स्यों का सृजन किया जाता है।
Sexing:	लिंग निर्धारण प्रक्रिया
Process of determining the sex of an animal.	किसी भी जीव का लिंग निर्धारित करने की प्रक्रिया।
Sexing, manual-	लैंगिक मैन्युअल
Examining a fish to determine its sex	मत्स्य का लिंग निर्धारित करने के लिए मत्स्य का परीक्षण।

Sexual dimorphism:	लैंगिक द्विरूपता
This occurs when there are marked phenotypic differences between the sexes. They can be qualitative, such as colour or breeding tubercles; or they can be quantitative, in that one sex grows faster and is larger. If sexual dimorphism exists for body size, selection for growth rate must be conducted independently in males and females. Several species of tilapias, tunas and billfishes show sexual dimorphism in growth or mortality.	यह तब होता है जब उनके लिंगों के बीच फीनोटईपिक भिन्नताएं अंकित की जाती हैं। वे गुणात्मक हो सकते हैं जैसे उनके रंग या प्रजनन के ट्यूबरकल्स या वे परिमाणात्मक भी हो सकते हैं और उनमें लिंग का विकास बहुत बड़ा और जल्द हो जाता है। यदि लैंगिक द्विरूपता शरीर के एक आकार के लिए हो तो बढ़ोत्तरी वृद्धि दर के लिए चालक पुरुष और मादा में अलग अलग किया जाना चाहिए। टिलापिया, ट्यूना एवं बिलफिशों की कई प्रजातियों में वृद्धि या उनकी मृत्युदर में लैंगिक द्विरूपता देखी गई है।
Sexual maturity:	**लैंगिक परिपक्वता**
Process mediated by gonadotrophic hormones from the pituitary gland in which an organism undergoes development of gonadal and sexual characteristics to such a degree that it is then capable of reproduction.	पीयूष ग्रंथी से जननग्रंथि पोषण हॉर्मोन द्वारा मध्यस्थ प्रक्रिया जिसके माध्यम से एक जीव में उस हद तक जनन एवं लैंगिक लक्षणों का विकास होता है, जब तक वह प्रजनन के लिए सक्षम हो।
Shellfish:	**सीपमत्स्य**
Aquatic invertebrates possessing a shell or exoskeleton, usually molluscs and/or crustaceans.	जलीय रीढ़रहित जीव जिनमें सीप या बहि: कंकाल होता है, ये सामान्य रूप से सीप तथा/या क्रस्टीशियन होते हैं।
Shellfish Poisoning, Diarrhetic- (DSP):	**संग्रहणी सीप मत्स्य विषायन (DSP):**
Relatively mild human food poisoning caused by dinoflagellate (Protozoa) endogenous toxins (e.g. of Dinophysis acuminata), which have accumulated in host aquatic organisms, generally filter feeders such as bivalve molluscs (e.g. mussels and oysters).	डाईनोफ्लेजिलेट एण्डोजेनस टॉक्सिनों (उदाहरण के लिए डायनोफाईसिस ऐक्युमिनेटा प्रजाति) द्वारा मनुष्य खाद्य पदार्थों का मंद विषायन जो पोषक जलजीवों में इकत्रित हुआ होगा। सामान्य रूप से बाईवॉल्व शुक्तियों जैसे फिल्टर फीडर (उदाहरण के लिए शंबुक और सीप)।

Shellfish Poisoning, Paralytic- (PSP):	लकवा सीप मत्स्य विषायन (PSP):
Mortal human food poisoning caused by dinoflagellate (Protozoa) endogenous neurotoxins (e.g. of Gonyaulax sp.), which have accumulated in host aquatic organisms, generally filter feeders such as bivalve molluscs (e.g. mussels and oysters).	डईनोफ्लेजल्लेट एण्डोजेनस न्यूरोटॉक्सिनों (उदाहरण के लिए गोनीयलौक्स प्रजाति) द्वारा मनुष्य खाद्य पदार्थों का घातक विषायन जो पोषक जलजीवों में इकत्रि हुआ होगा। सामान्य रूप से बाईवॉल्व शुक्तियों जैसे फिल्टर फीडर (उदाहरण के लिए शंबुक और सीप)।
Shock, temperature-	शॉकिंग तापमान
Physiological stress induced by sudden or rapid changes in temperature, defined by some as any change greater than 3 degrees Fahrenheit (1.7 °C) per hour.	कुछ लोग, आकस्मिक या बहुत ही त्वरित रूप से तापमान में परिवर्तनों के कारण होने वाले भौतिकी दबाव को 3 डिग्री फाइरनहाईट प्रति घंटे से अधिक होनेवाले किसी भी परिवर्तन से परिभाषित किया जाता है।
Shocking (eggs):	शॉकिंग अण्डे
The process of turning the infertile eggs of salmon and trout white so they can be separated from the fertile ones; agitating eyed eggs enough to rupture the yolk membrane of the infertile eggs, which causes them to become white.	सॉलमन और ट्राऊट के अनुपजाऊ अण्डों को सफ़ेद रूप में परिवर्तित करना ताकि उन्हें उर्वर अण्डों से अलग किया जा सके। आई-अण्डों को हिलाने से अनुपजाऊ अण्डों की जरदी की झिल्ली टूट जाती है, जिससे वे सफेद हो जाते हैं।
Shrimp:	झींगा
A decapod crustacean of the suborder Natantia, commonly called penaeid. Traditionally, the terms for "shrimp" and "prawn" are interchangeably used of different species in different parts of the world. The FAO convention is to call marine and brackishwater forms "shrimps" and freshwater forms "prawns".	सबॉर्डर नटानिया से एक डिकैपॉड क्रस्टीशियन जिसे सामान्य शब्दावली में पेनेईड कहा जाता है। विश्व के विभिन्न भागों में परंपरागत ''झींगा'' एवं ''प्रॉन'' के लिए शंब्दावली, भिन्न प्रजातियों के लिए अंतर्निमेय होती हैं। एफ़एओ की परंपरा है कि समुद्री एवं खारापानी प्रकार को ''झींगों'' के नाम से पुकारें तथा स्वच्छपानी प्रकारों को ''प्रॉन'' का नाम दिया जाए।
Shuck (to):	छिलका निकालना
To remove shells from oysters, clams, etc., for market, or in preparation for eating.	मार्केट करने के लिए उन्हें खाना हेतु तैयार करने के लिए शुक्ति, बड़ी सीपी आदि से छिलका या सीप निकालना।
Sibs, half-	आधे सहोदर
Fish that have the same mother or the same father, but not both.	वे मत्स्य जिनकी वही मां या वही पिता होते हैं, लेकिन दोनों नहीं।

Sibs, full-	पूर्ण सहोदर
Fish that have the same mother and father.	वे मत्स्य जिनकी वही मां या वही पिता होते हैं।
Silage:	**परिरक्षित चारा**
Silage can be made from by-catch or fish wastes,which are preferably chopped or ground prior to the addition of organic or mineral acids or of a carbohydrate source for fermentation. The presence of mineral or organic acids or the lactic fermentation decreases the pH, which inhibits the growth of bacteria, and hence enables longterm storage of the raw material. Fish silage made with organic or mineral acids is commonly referred to as acid fish silage, while that, which requires the addition of a source of carbohydrates and anaerobic storage conditions, is known as fermented or biological fish silage.	परिरक्षित चारा को बई–कैच या मत्स्य व्यर्थों से बनाया जा सकता है, जिन्हें किण्वन से पहले कार्बनिक या खनिज अम्ल या कार्बोहईड्रेट स्रोत डालने से पहले प्राय: टुकड़ों में तोड़ा या पीसा जाता है। खनिज या कार्बनिक अम्ल या दुग्ध खमीरण की उपस्थिति चभ को कम करती है, जो बैक्टीरिया की वृद्धि रोकती है और इससे कच्ची सामग्री का भंडारण लम्बे समय तक के लिए सुनिश्चित करती है। आमतौर पर कार्बनिक या खनिज अम्लों से तैयार किए गए मत्स्य परिरक्षित चारे को अम्ल मत्स्य परिरक्षित चारा कहा जाता है, जबकि, उसमें कार्बोहईड्रेटों का स्रोत डालने की ज़रूरत है तथा उसके अवायवीय भंडारण स्थितियों को किण्वित या जैविक मत्स्य परिरक्षित चारा कहा जाता है।
Silo:	**सईलो**
(a) In aquaculture: (i) conical or straight sided vessels, which operate on an upwelling or downwelling of water through a bed of eggs. Similar to the Zoug jar method, except that the eggs are not hatched in the vessel. Commonly used as a method of storing excess eggs, or holding eggs whilst parent fish are tested for diseases. (ii) Deep tank with high flow rate and high stocking densiy. If circular also called "vertical raceway". Wastes are flushed out.	(a) जलकृषि विज्ञान में : (i) शंक आकार या सीधी तरफ वाले बर्तन जो अंडों के बेड से पानी के आरोही एवं अवरोही प्रवाहों में प्रचालित होते हैं। यह ज़ौग जार पद्धति के समान ही है, लेकिन अण्डे़ बर्तन में प्रस्फुटित नहीं होते हैं। इसे सामान्य रूप से अधिक अण्डों के भण्डारण या मूल मत्स्यों को रोगों की उपस्थिति के लिए परीक्षित करने के लिए अण्डों को संभालने के लिए प्रयोग किया जाता है। उच्च प्रवाह दर के साथ गहरी टंकी एवं उच्च स्टॉकिंग सघनता। यदि गोलाकार हो तो इसे ''खड़ी रेसवे'' भी कहा जाता है। व्यर्थ पदार्थों को फ्लश किया जाता है।

Silt:	गाद
(a) Fine mineral soil particles carried or deposited by moving water. Silt is suspended in runoff, but when runoff enters a pond the silt settles to the pond bottom.	(a) प्रवाहित पानी, महीन खनिज मृदा कणों का वहन करता है या उसे जमाता है। गाद, बहने वाले पानी में लंबित होता है लेकिन जब बहनेवाला पानी तालाब में प्रवेश करता है जो गाद तालाब के निचले स्तर में जमने लगता है।
(b) In soil science: mineral particles that range in diameter from 0.02 to 0.002 mm in the international system or from 0.05 to 0.002 mm in the USDA system.	(b) मृदा विज्ञान में : खनिज कण अंतर्राष्ट्रीय व्यवस्था में 0.02 mm से 0.002 mm व्यास श्रेणी में होते हैं या यूएसडीए व्यवस्था में वे 0.05 mm से 0.002 mm के बीच में होते हैं।
Siltation:	अवसादन
Deposition of finely divided sediment, consisting of rock and silt/ clay particles.	पत्थर एवं अवसाद/चिकनी मिट्टी के कणों से युक्त अत्यंत महीन ढ़ंग से पृथक किए गए अवसाद का जम जाना।
Silverside culture:	सिल्वरसाईड संवर्द्धन
Breeding and rearing fish of the family Atherinidae (silversides	अथेरिनिडे परिवार मत्स्यों का प्रजनन एवं पालन (सिल्वरसाईड)।
Sinker:	सिंकर
A weight used to sink a fishing line ornet.	वह वज़न जिसे मत्स्य पकड़ने की लाइन ऑर्नेट को डुबोने के लिए प्रयोग किया जाता है।
Skimming:	फफूंदन
Mechanical removal of oil or scum from the surface of water.	पानी की सतह से तेल या झाग निकालने की यांत्रिक प्रक्रिया।
Skimmer, surface-	सतही फफूंदन
Floating device where air is blown at low pressure tangentially to the water surface to trap and continuously remove floating debris and oily surface layer from the air/ water interface in larval rearing tanks of industrial hatcheries. The fish larvae may thus easily gulp air and inflate their swimbladder.	तैरनेवाला उपस्कर जहां औद्योगिक हैचरियों के इल्ली पालन टंकियों में वायु/पानी अंतराफलक से प्लावी कचरे एव तेल युक्त सतह को फंसाकर निकालने के लिए वायु को निम्न दाब परपानी की सतह पर ऊपरी तौर पर ब्लो किया जाता है। मत्स्य की इल्लियां सरलता से हवा निगलकर अपने तैराक ब्लैडर को भर सकते हैं।
Skinned:	चर्म निकालना
Fish or fish fillets from which the skin has been removed	मत्स्य या मत्स्यों के फिल्लेट जिन पर से चर्म निकाला गया है।

Slag:	धातुमल
By-product of metallurgic and combustion processes consisting mainly of mixed oxides of silicon, sulphur, phosphorus and aluminium. It is used as road material, as ballast and as a source of phosphate fertilizers.	धात्विक एवं दहनशील प्रक्रियाओं से युक्त उपोत्पाद जिसमें प्रमुख रूप से सिलिकॉन, सल्फर, फॉस्फोरस एवं अलुमिनयिम के ऑक्साईड होते हैं। इन्हें सड़कों की सामग्री एवं फॉस्फेट उर्वरकों के स्रोत के रूप में उपयोग किया जाता है।
Slag, basic-	**मूल धातुमल**
Inorganic fertilizer obtained as a by-product in the manufacture of steel. Rich in phosphate (7-8.8 percent P) and quicklime (40 percent CaO), it is applied in aquaculture both as a liming material and a phosphate fertilizer.	अकार्बनिक उर्वरक जो स्टील के उत्पादन में एक उपोत्पाद के रूप में प्राप्त होता है। इसमें फॉस्फेट (7.8.8 प्रतिशत P) तथा अनबुझा चूना (40 प्रतिशत CaO) बहुत ही ज़्यादा मात्रा में पाए जाते हैं, इसे जलकृषि में एक चूनायन सामग्री एवं फॉस्फेट उर्वरक, दोनों के रूप में डाला जाता है।
Sludge:	**पंक**
The mixture of solids and water that is drawn off a settling chamber or accumulating at the bottom of rearing units. In sewage treatment: muddy, semisolid deposits remaining after most liquids have been removed from wastewater.	सेट्लिंग चेम्बर या पालन यूनिटों के निचले स्तर पर इकत्रीकरण के बाद ठोस पदार्थ और पानी का मिश्रण। सीवेज उपचार में : कीचड़, अर्द्ध ठोस पदार्थ जमाव जो व्यर्थपानी से लगभग पूर्ण द्रव निकालने के बाद शेष रह जाते हैं।
Sludge, activated-	**सक्रियकृत पंक**
Sludge containing a high degree of active bacterial mass that is mixed with primary effluent or raw wastewater or sewage and kept in suspension by aeration and/or agitation to eliminate organic material from the wastewater. After decantation, the sludge is recycled into the aeration tank.	वह पंक जिसमें सक्रिय बैक्टीरियल ढेर की उच्च डिग्री जो प्राथमिक बहिस्राव या कच्चे व्यर्थपानी या सीवेज के साथ मिलाया जाता है तथा उसे वातन द्वारा लंबित रखा जाता है तथा/या व्यर्थ पानी से कार्बनिक सामग्री निकालने के लिए विलोड़न। निस्तारण के बाद पंक को वातन टंकी में फिर से पुनः चक्रित किया जाता है।
Sludge, primary-	**प्राथमिक पंक**
Sludge produced by sedimentation process, at the beginning of the wastewater purification process.	वह पंक जो व्यर्थ पानी उपचार प्रक्रिया के प्रारंभ में अवसादन प्रक्रिया से होता है।
Sludge, secondary-	**द्वितीयक पंक**
Sludge produced by microbial digestion, towards the end of the wastewater purification process.	वह पंक जो व्यर्थ पानी उपचार प्रक्रिया के अंत में सूक्ष्म जैविक पाचन से पैदा किया जाता है।

Sluice:	जलमार्ग
A sliding gate by means of which the level of water can be adjusted, or the flow of water regulated.	वह फिसलनेवाला द्वार जिसके माध्यम से पानी का स्तर या पानी का प्रवाह समायोजित किया जा सकता है।
Sluice gate (a):	जलमार्ग गेट (a)
In freshwater ponds: an open outlet structure consisting of a protected opening in a pond dike that can be easily closed with wooden boards to regulate water level and can be screened to avoid fish losses. Whenever required, it can discharge excess water.	**स्वच्छपानी तालाबों में:** एक खुला बहिर्वाह संरचना जिसमें तालाब डईक की एक सुरक्षित ओपनिंग होती है जो पानी के स्तर को नियमित करने के लिए लकड़ी के बोर्ड द्वारा बंद किए जा सकते हैं तथा मत्स्यों की हानि से रोकने के लिए स्क्रीन किया जा सकता है।
Sluice gate (b):	जलमार्ग गेट (b)
In tidal ponds: a structure in wood, bricks or concrete with a gate for regulating the inflow or outflow of tidal water and a screening device to control fish movements.	**ज्वारीय तालाबों में:** लकड़ी, ईंट या कंक्रीट से बनाई गई संरचना जिसमें ज्वारीय पानी के अंतर्वाह एवं बहिर्वाह को नियमित करने के लिए द्वार होती है तथा मत्स्यों की गति को नियंत्रित करने के लिए जांच उपकरा।
Smoked:	**धूमित**
Smoked or smoke-flavoured fishery products means the finished food prepared by: (i) Treating fish with salt (sodium chloride), and (ii) Subjecting it to the direct action of smoke from burning wood, sawdust, or similar material and/or imparting to it the flavour of smoke by a means such as immersing it in a solution of wood smoke.	धूमित या धूमन स्वाद युक्त मात्स्यिकी उत्पाद का अर्थ है परिसज्जित खाद्य पदार्थ जिसे इस प्रकार तैयार किया जाता है : (i) नमक के साथ मत्स्य का उपचार करना तथा (ii) उसे जलती हुई लकड़ी, बुरादा, या इसी प्रकार की सामग्री के जलने से होनेवाले धुएं के सीधे प्रभाव में लाना तथा/या उसे लकड़ी के धुएं के विलेय में डुबोकर धुएं का स्वाद प्रदान करना।
Smoking, cold-	**ठंड़ा धूमन**
Smoking of fish at temperatures where the product does not show any signs of heat coagulation of the protein; usually the product needs to be refrigerated, although smoking may be prolonged so as to obtain a dried product that is stable at ambient conditions.	उन तापमानों पर मत्स्यों का धूमन तथा उत्पाद में आप पूर्ण रूप से प्रोटीन के ताप के स्कंदन के संकेत भी नहीं होंगे, यद्यपि धूमन की प्रक्रिया लंबी होती है, सामान्य रूप से उत्पाद को रेफ्जिरेट करने की आवश्यकता है ताकि परिवेशी तापमानों में प्राप्त सूखा उत्पाद स्थिर रहे, जैसे कि परंपरागत अफीकी धूमित मत्स्य।

Smoking, hot-	**गरम धूमन**
Smoking of fish at temperatures and for a sufficient period of time to obtain heat coagulation of the protein throughout; usually the product needs to be refrigerated, although smoking may be prolonged so as to obtain a dried product that is stable at ambient conditions, such as traditional African smoked fish.	उन तापमानों पर मत्स्यों का धूमन तथा उत्पाद में आप पूर्ण रूप से प्रोटीन के ताप के स्कंदन के संकेत भी नहीं होंगे, यद्यपि धूमन की प्रक्रिया लंबी होती है सामान्य रूप से उत्पाद को रेफ्जिरेट करने की आवश्यकता है ताकि परिवेशी तापमानों में प्राप्त सूखा उत्पाद स्थिर रहे, जैसे कि परंपरागत अफीकी धूमित मत्स्य।
Smolt:	स्मोल्ट
The juvenile salmonid at the time of physiological and physical pre-adaptation to marine life. It is found on its way downstream toward the sea.	समुद्री जीवन के प्रति भौतिक एवं शारीरिक पूर्व-अनुकूलता के समय में किशोर सॉल्मोनिड। यह नदी के समुद्र की ओर के प्रवाह में पाए जाते हैं।
Smoltification:	स्मॉल्टिफिकेशन
A series of physical and physiological changes mediated by hormones that occur in anadromous salmonids enabling them to move from fresh to marine water. Smoltification typically occurs when the fish is 1-2 years old.	भौतिक एवं शारीरिक परिवर्तनों के क्रम जो एनेड्रोमस सॉल्मोनिडों में होनेवाले हॉर्मोनों द्वारा किया जाता है जिससे कि उन्हें स्वच्छ पानी से समुद्र पानी में जाने की क्षमता प्रदान कर सकें। स्मॉल्टिफिकेशन की प्रक्रिया तब होती है जब मत्स्य उम्र 1-2 वर्ष के बीच में होते हैं।
Snail:	घोंघा
Generally refers to a member of the large group of terrestrial and freshwater gastropod molluscs, which have a helically coiled shell, no ctenidia, and in which the mantle cavity is used for gaseous exchange.	आमतौर पर यह उस भौमिक एवं स्वच्छपानी गैसट्रोपोड सीपों की अत्यधिक संख्या में से एक सदस्य के संदर्भ में लिया जाता है। इनमें एक हेलिकल कॉईल सीप, सिटेनिडा नहीं होती है तथा इसमें निहित पपड़ी विवर को गैस विनिमय के लिए लिया जाता है।
Socking:	सॉकिंग
In bouchot culture: placing juvenile mussels in socks (tubular netting); when filled, these 12-cm diameter socks are laced around the bouchots for open-water growout.	बौचोट संवर्द्धन में: किशोर शंबुकों को मोजों (ट्यूबुलार नेटिंग) में डालना, भरने के बाद इन 12.cm व्यास के मोजों को खुला-पानी में बढ़ोत्तरी के लिए बौचोटों के चारों ओर बांधना।
Socio-economic:	सामाजिक-आर्थिकी

Pertaining to the combination or interaction of social and economic factors and involves topics such as distributional issues, labour market structure, social and opportunity costs, community dynamics, and decision-making processes.	सामाजिक एवं आर्थिकी पहलुओं के संयोजन एवं परस्तर से संबंधित हे और यह वितरण के मामले, श्रम मार्केट संरचना, सामाजिक एवं मौकों की लागतें, सामुदायिक गतिकी एवं निर्णय लेने की प्रक्रियाएं शामिल हैं।
Soil:	**मृदा:**
Loose and unconsolidated outer layer of the earth's crust, made up of small particles of different sizes.	पृथ्वी की बाहरी सतह का ढीला एवं असमाहित मृदा जो विभिन्न साईज़ों के छोटे कणों से बना है।
Soil, acid sulphate-	अम्ल सल्फेट मृदा
Acid sulphate soils commonly occur in brackishwater marsh lands, swamps and mangrove areas. The soils will often contain iron pyrite and when exposed to air or well oxygenated water, sulphuric acid is formed, which can reduce the pH of pond muds and water below 4.0 and make it unsuitable for aquaculture. Pale yellow mottles are usually abundant.	अम्ल सल्फेट मृदा सामान्य रूप से खारापानी दलदल भूमि, दलदल एवं में ग्रोव क्षेत्रों में पाई जाती हैं। इस मृदा में प्रायः आयरन पाईराईट होता है और जब इसे हवा या अधिक ऑक्सीकरण किए गए पानी के प्रभाव में लाते हैं, तो सलफ्यूरिक अम्ल पैदा होता है जो तालाब की मिट्टी और पानी के pH को कम कर सकता है जिससे यह जलकृषि के लिए अनुचित हो जाता है। बहुत ही फीका पीला मॉट्टलों को अत्यधिक स्तर पर प्रयोग किया जाता है।
Soil, alluvial-	**जलोढ़ मृदा**
A sedimentary mineral soil developed (or/and still developing) from an alluvium and found in sedimentation plains (e.g. river floodplains, deltas and estuaries; coastal plains) where the topography is usually slightly sloping or almost flat; often contains enough clay for water retention and dike construction.	एक तलछटी खनिज मृदा जो जलोढ़ से विकसित द्धया/ तथा अभी भी इसका विकास हो रहा हैत्र्ह होती है तथा इन्हें तलछटी समतल भूमि में पाया जाता है जहां सामान्य रूप से स्थलाकृति थोड़ी-सी झुकी हुई है या काफी हद तक समतल है। प्रायः इसमें पानी अवरोधन के लिए पर्याप्त चिकनी मिट्टी है तथा इसमें डाईक निर्माण भी शामिल है।
Soil conditioner:	**मृदा अनुकूलन सामग्री**
Any substance used for soil conditioning, such as lime or organic fertilizer.	कोई भी पदार्थ जिसे मृदा अनुकूलन के लिए प्रयोग किया जाता है, जैसे चूना या कार्बनिक उर्वरक।

Soil conditioning:	मृदा अनुकूलन
Practice, which has for objective the improvement of the physical properties of a soil (e.g. texture or structure of a pond bottom), such as liming, organic fertilization or mechanical loosening.	वह प्रथा, जिसे मृदा के भौतिक गुणधर्मों द्धउदाहरण के लिए तालाब के निचले स्तर की बनावट या संरचनात्र्ह को सुधारने के लक्ष्य से अपनाया जाता है, जैसे चूनायन, कार्बनिक उर्वरण या यांत्रिक पद्धति से ढीलापन।
Soil conservation:	**मृदा संरक्षण**
Protection of soil from erosion and other types of deterioration, so as to maintain soil fertility and productivity. It generally includes watershed management and water management.	अपरदन एवं अन्य प्रकार के अपकर्षों से मृदा की सुरक्षा, ताकि मृदा की उर्वरता एवं उत्पादकता बनाए रख सकें। इसमें सामान्य रूप से पानी-शेड प्रबंधन एवं पानी प्रबंधन भी शामिल हैं।
Soil, mineral-	**खनिज मृदा**
Soil, which has developed over time (and still develops) from the parent material, which is broken down by various physical, chemical and biological processes due to climate, drainage, leaching, erosion, vegetation, living organisms and human activity.	वह मृदा जो समय के साथ मूल सामग्री द्धतथा सतत रूप से विकसित होता हैत्र्ह से विकसित हुआ है, जो मौसम, ड्रेनेज, निक्षालन, अपरदन, वनस्पति, जीवित जीव तथा मानवीय क्रियाकलापों के कारण कई भौतिक, रासायनिक एवं जैविक प्रक्रियाओं से तोड़े जाते हैं।
Soil, organic-	**कार्बनिक मृदा**
Soil, which has developed (and still develops) by the gradual accumulation and decay of plant and animal material over time; generally more than half of the upper 80 cm of soil is organic or organic material of any thickness rests directly on parent material.	वह मृदा जो समय के साथ पौधे एवं जीवों की सामग्री के धीरे-धीरे इकत्रीकरण एवं अपघटन से विकसित (तथा सतत रूप से विकसित होता है) होती है, सामान्य रूप से मृदा की ऊपरी सतह, 80 बउ तक का आधा भाग कार्बनिक या किसी भी मोटाई की कार्बनिक सामग्री से युक्त होता है और यह सीधे मूल सामग्री पर पाया जाता है।
Soil, plastic-	**प्लास्टिक मृदा**
A moist or wet soil that can be moulded without rupture.	नमी युक्त या गीली मृदा जिसे बिना किसी फूटन के रूप दिया जा सकता है।

Soil, potential acid sulphate-	**अम्ल सल्फेट युक्त मृदा**
Waterlogged, unconsolidated soil material, which will become an acid sulphate soil upon drainage and exposure to the air. The pH varies around 5 to 6 but, after a few months of exposure, the pH will reach 4 or even less.	पानी भर जाना, असमाहित मृदा सामग्री, जो ड्रेनेज एवं हवा के प्रभाव में आनेपर अम्ल सल्टेट मृदा बन जाता है। 5 और 6 के बीच में pH की भिन्नता पाई जाती है, लेकिन कुछ महीनों के प्रभाव के बाद pH 4 तक या उससे कम हो सकती है।
Soil profile:	**मृदा प्रोफाइल**
A vertical section made through a soil that shows the thickness and sequence of the individual Horizons.	मृदा के खड़े भाग से अलग अलग सीमाओं की मोटाई एवं क्रम दिखाई देते हैं।
Soil, residual-	**शेष मृदा**
A mineral soil developed from parent material, which is broken down on location into small particles through weathering.	वह खनिज युक्त मृदा जो उसकी मूल सामग्री से विकसित होती है, जो मौसम के प्रभाव के कारण अपने ही स्थान पर छोटे कणों में टूट जाती हैं।
Soil structure:	**मृदा की संरचना**
The way individual particles of sand, silt and clay are assembled to form aggregates; described in terms of grade (degree of aggregation), class (average size), type of aggregates (form) and the nature and distribution of pores and pore spaces.	जिस तरह से रेत, तलछट और चिकनी मिट्टी के अलग अलग कण एक साथ मिलकर समुच्चय बनते हैं, इस प्रक्रिया को ग्रेड (समुच्चयन की मात्रा), वर्ग (औसत साईज़), समुच्चय (रूप) के प्रकार एवं प्रवृत्ति तथा छिद्र एवं छिद्र जगहों के वितरण के रूप में बताया जाता है।
Soil, sedimentary-	**तलछटी मृदा**
A mineral soil developed from small particles coming from mineral soils developed in another location, transported by wind or water for some distance, and deposited.	वह खनिज युक्त मृदा जो किसी अन्य स्थान से आनेवाले खनिज मृदा कणों से बनते हैं। इन्हें कुछ दूर तक हवा या पानी से परिवहित किया जाता हे और वहां वे जम जाते हैं।
Solids, settleable-	**जमनेवाले ठोस पदार्थ**
That fraction of the suspended solids that will settle out of suspension under quiescent Conditions	लंबित ठोस पदार्थ का वह अंश जो अप्रकट स्थितियों में जम जाते हैं।
Solids, suspended-	**लंबित ठोस पदार्थ**
Term used to describe the presence in the water column of particles larger than 0.45 μm consisting of silt, detritus, fish faeces or disintegrated feed.	वह शब्द जिसे पानी के कॉलम में उपस्थित 0.45 –उ से भी बड़े कणों का उल्लेख करने के लिए प्रयोग किया जाता है जिसमें मिट्टी, कूड़ा, मत्स्यों के मल या अपघटित खाद्य पदार्थ।

Soil texture:	मृदा की बनावट
The relative content of particles of various sizes in the soil, or their size distribution, such as sand, silt and clay.	मृदा में विभिन्न साईज़ों के कणों की अपेक्षाकृत उपस्थिति या उनके साईज़ का वितरणए जैसे रेत, तलछट एवं चिकनी मिट्टी।
Solids, total-	कुल ठोस पदार्थ
All of the solids in the water, including total dissolved, suspended, and settleable components.	कुल विघटित, लंबित एवं जमनेवाले घटकों को शामिल करते हुए पानी में सभी ठोस पदार्थ।
Solids, total dissolved- (TDS):	कुल विघटित ठोस पदार्थ (TDS):
The total residue remaining after evaporation of a water sample filtered to remove suspended matter larger than 1 mm.	1 mm से बड़ी साईज़ के लंबित पदार्थों को फिल्टर करके निकालने के बाद पानी सैम्पल के वाष्पीकरण के बाद कुल शेष।
Solubility:	विलेयता
The degree to which a substance can be dissolved in a liquid; usually expressed as milligrams per litre or percent.	पदार्थ की वह मात्रा जो किसी द्रव में विघटित हो सकते हैं, इसे आमतौर पर मिलीग्राम प्रति लीटर या प्रतिशत में अभिव्यक्त किया जाता है।
Somatic:	कायिक
Pertaining to the vegetative rather than the reproductive cells, and having 2n chromosomes. Non-reproductive cell or vegetative cell tissue that is developed through mitosis and will not undergo meiosis.	प्रजनन कोशिकाओं से संबंधित होने से अधिक वे वानस्पतिक अधिक हैं और उनमें 2n क्रोमोज़ोम्स होते हैं। गैर-प्रजननात्मक कोशिका या वानस्पतिक कोशिका ऊतक जो सूत्री विभाजन से विकसित हुए हैं और उनपर अर्द्ध सूत्री विभाजन प्रक्रिया नहीं होगी।
Spat:	स्पेट
Fertilized shellfish larvae, e.g. of oysters or mussels. Spat commence life as free-swimming individuals in the plankton (the veliger stage), then settle onto suitable substrates (a spatfall). The term is also used to indicate shellfish larvae that have attached to some hard object.	उर्वरित सीप-मत्स्य की इल्लियां, उदाहरण के लिए शुक्ति या शंबुक। स्पेट, प्लवकों (वेलिगर स्तर) में तैरनेवाले मुक्त जीवों के रूप में अपना जीवन शुरू करते हैं, उसके बाद वे एक उचित सबस्ट्रेट पर जम जाते हैं (स्पेटफॉल)। इस शब्द को सीप-मत्स्य इल्ली के लिए भी प्रयोग किया जाता है जो किसी कठोर चीज़ के साथ लग गए हैं।

Spat collection:	स्पेट इकत्रीकरण
Collection of mollusc spat with a collector or cultch as the pediveliger larvae settle on hard surfaces to become sessile juvenile molluscs. For aquaculture purposes, done either at sea in natural mollusc beds or among cultured molluscs, or in hatchery tanks.	कलेक्टर या कल्च की सहायता से सीप स्पेट का इकत्रीकरण ताकि स्थिर रूप से लगे हुए किशोर सीप बनने के लिए पेडिवेलिगर इल्ली कठोर सतहों पर जम जाएं।
Spat, cultchless-	**कच-रहित स्पेट**
Oyster spat produced in a hatchery where it has been allowed to settle for example on a flexible sheet of smooth plastic or on crushed shell chips. Spat is removed from the cultch soon after setting or after a period of growth and then carefully reared until reaching a diameter of at least 2.5 cm.	हैचरियों में पैदा किए गए स्पेट जहां उन्हें जमने के लिए छोड़ दिया जाता है, उदाहरण के लिए नरम प्लास्टिक पर एक लचीले शीट पर या तोड़े गए सीप टुकड़ों पर। सेटिंग हो जाने के बाद या वृद्धि की अवधि के बाद स्पेट को निकाला जाता है तथा 2.5 बउ के व्यास पर पहुंचने तक उसे सावधानी से पाला जाता है।
Spatfall:	**स्पेटॉल**
The settling or attachment of young bivalve molluscs, which have completed their larval stages.	इल्ली स्तर पूर्ण किए हुए छोटे बईवॉल्व सीपों का लग जाना या उनका जमाव।
Spawn:	**बोयाना**
Common term for eggs and sperm; also used for fertilised eggs as well as for young brood, usually numerous, in early stages of development.	अंडों एवं शुक्राणुओं के लिए प्रयुक्त सामान्य शब्द, इसे उर्वरित अंडों के साथ छोटे ब्रूड के लिए प्रयोग किया जाता है, आमतौर पर विकास के प्रारंभिक स्तरों में ये काफी अधिक संख्या में होते हैं।
Spawn (to):	**बोयाना**
To produce or deposit eggs, sperm or young. Usually, but not always applied to aquatic or marine animals.	अंडे, शुक्राणु या संतान पैदा करना। आमतौर पर, इसे जलीय या समुदी जीवों पर लागू किया जाता है, लेकिन हर बार नहीं।
Spawner:	**स्पॉनर**
A female fish, especially at spawning time.	एक मादा मत्स्य, विशेष रूप से बोयाना के समय में।

Spawner, substrate-	स्पॉनर सबस्ट्रेट
A fish that lays its eggs on some form of substrate or surface where they will hatch such as certain tilapias (e.g. T. rendalli and T. zillii), common carp, catfishes, salmons and trouts.	एक मत्स्य जो अपने अंडे किसी सबस्ट्रेट या सतह पर अंडे देता है जहां वे प्रस्फुटित होते हैं, जैसे टिलापियास (उदाहरण के लिए टी.रेण्डली एवं टी.जिल्ली), सामान्य कॉर्प, कैटफिश, सॉलमन एवं ट्राऊट।
Spawner, vertical substrate-	स्पॉनर खड़ा सबस्ट्रेट
Species of animal such as angelfish that normally spawn on rooted aquatic plant leaves in their natural habitat. In commercial aquaculture strips of slate are substituted for plants.	ऐंजलफिश जैसे जीवों की वे प्रजातियां जो अपने प्राकृतिक आवास में सामान्य रूप से जड़ युक्त जलीय पौधों के पत्तों पर बोयाना होते हैं। वाणिज्यिक जलकृषि के क्षेत्रों में पौधों को स्लेट के फलकों से प्रतिस्थापित किया जाता है।
Spawning ground, artificial:	कृत्रिम बोयाना क्षेत्र
Any man-made arrangement put into a waterbody for fish to spawn.	कोई भी मनुष्य निर्मित व्यवस्था जिसमें मत्स्यों को बोयाना के लिए जलाशय में डाला जाता है।
Spawning, induced-	प्रेरित बोयाना
Egg-laying brought about by manipulation of the environment or treatment of the animal, for example, temperature and fertility cycle, osmotic shock, UV irradiation of water, hormone injections.	पशु का उपचार करने या वातावरण में परिवर्तन करने के माध्यम से अण्डे प्राप्त करना, उदाहरण के लिए ताप एवं उर्वरता चक्र, परासरणी शॉक, पानी का पराबैंगनी किरण ान, हॉर्मोन इनजेक्शन।
Spawning mop:	बोयाना मॉप
Synthetic "weeds" on which cyprinid fish deposit their eggs	संश्लिष्टिक ''शैवाल'' जिनपर साईप्रिनिड मत्स्य अपने अंडे जमा करते हैं।
Spawning period:	बोयाना अवधि
A defined extent of time during the spawning season when spawning of a particular species usually occurs.	बोयाना मौसम के दौरान समय की निर्धारित अवधि, जिसमें किसी विशिष्ट प्रजाति का बोयाना होता है।
Spawning season:	बोयाना मौसम
That part of the year in which various fish species are sexually active.	वर्ष का वह भाग जिसमें विभिन्न मत्स्य प्रजातियां लैंगिक रूप से सक्रिय होते हैं।
Spawning spread:	ैलाव समय
Some fish species spawn over a period of days or weeks rather than releasing all their gametes at once. The period between when they start to spawn and finish spawning is called the spawning spread.	कुछ मत्स्य प्रजातियां अपने सभी युग्मकों को एक ही बार में मुक्त करने के बजाय कुछ दिनों या ह"तों की अवधि में बोयाना होते हैं। उनके द्वारा बोयाना शुरू करने के समय से बोयाना पूरा करने के समय तक की अवधि को बोयाना समय कहते हैं।

Species:	प्रजाति
A group of organisms of common ancestry having common characteristics, that are able to reproduce only among themselves to produce fertile offspring and which are usually geographically distinct. It constitutes the fundamental rank in the taxonomic hierarchy.	जीवों का वह दल जो सामूहिक वंश के हैं और उनमें समान लक्षण हैं, ये प्रजातियां उर्वर संतान पैदा करने के लिए अपने में ही प्रजनन करते हैं ओर जो भौगोलिक रूप से अत्यंत विरल होते हैं। यह वर्गीकरण-विज्ञान के वर्गों में एक आधारभूत श्रेणी संघटित होता है।
Species, alien-	अन्य देशीय प्रजातियाँ
A species occurring in an area to which it is not native.	किसी क्षेत्र में होनेवाली वे प्रजातियां जो उसके मूल निवासी नहीं हैं।
Species, domestic-	घरेलू प्रजाति
Species kept by man from the wild.	वे प्रजातियां जो मनुष्य द्वारा वन्य से अलग रखे गए हैं।
Species, endemic-	स्थानिक प्रजातियां
A species confined naturally to a certain limited area or region.	वे प्रजातियां जो प्राकृतिक रूप से किसी विशिष्ट क्षेत्र या जगह तक सीमित है।
Species, exotic-	आकर्षक प्रजातियां
Species not native to a particular area, which may pose a risk to endemic species.	प्रजातियां जो किसी विशिष्ट क्षेत्र के मूल निवासी नहीं हैं जो किन्हीं स्थानिक प्रजातियों के लिए खतरा बन सकते हैं।
Species, genetically improved-	आनुवंशिक रूप से उन्नत प्रजाति
Species in which production-related traits have been purposefully altered in favour of production efficiency or to suite production conditions, by means of genetic technologies, such as selective breeding, hybridization, chromosome set manipulation, or by gene and cell technologies, such as gene-transfer.	वे प्रजातियां जिनमें उत्पादन-संबंधित प्रवृत्तियां होती है और उन्हें उद्‌देश्यपूर्ण ढ़ंग से आनुवंशिक प्रौद्योगिकियों के माध्यम से उत्पादन क्षमता हेतु या उत्पादन स्थितियों के अनुकूल परिवर्तित किया जाता है, जैसे चयनित प्रजनन, हईब्रिडईज़ेशन, गुणसूत्र नियत कुशलपूर्वक परिवर्तन, या जीन द्वारा तथा जीन-हस्तांतरण जैसे कोशिका प्रौद्योगिकियों द्वारा किया जाता है।
Species, introduced-	प्रारंभित प्रजाति
Any species intentionally or accidentally transported and released by humans into an environment beyond its present range.	कोई भी प्रजाति जिन्हें मानवों द्वारा साभिप्राय या आकस्मिक रूप से उनके वर्तमान पर्यावरण श्रेणी के बाहर ले जाकर छोड़ा जाता है।

Species, indigenous-	स्वदेशी प्रजातियां
A particular species native to a particular area; used of a species having originated naturally in a region or environment.	एक विशिष्ट प्रजाति जो किसी विशिष्ट क्षेत्र का वासी है, यह उन प्रजातियों से है जो प्राकृतिक रूप से किसी क्षेत्र या वातावरण में पैदा हुए हैं।
Species, non-indigenous-	गैर-स्वदेशी प्रजातियां
Not originating, developing or being produced naturally in a particular land, region or environment.	वे प्रजातियां जो किसी विशिष्ट भूमि, क्षेत्र या वातावरण में प्राकृतिक रूप से पैदा किए जाते हैं या विकसित किए जाते हैं।
Spermatocyte:	शुक्राणु
Male cell in which meiosis occurs to form sperm; primary spermatocytes are diploid cells developing from spermatogonia.	पुरुष कोशिका जिसमें शुक्राणु पैदा होने के लिए अर्द्धसूत्री विभाजन होता है, मूल शुक्राणु, डईप्लॉईड कोशिकाएं होते हैं जो शुक्रजनों से विकसित होते हैं।
Spermatogenesis:	शुक्राणुजनन
The process by which spermatogonia undergo meiosis, eventually resulting in the formation of spermatozoa.	वह प्रक्रिया जिसके माध्यम से शुक्रजनों पर अर्द्धसूत्री विभाजन होता है जो आगे चलकर शुक्राणु में परिणत होता है।
Spermatogonium (pl. spermatogonia):	शुक्रजन
Primordial male germ cell, diploid stem cell precursor of male germ cells.	एक मौलिख पुरुष अंकुर कोशिका, पुरुष अंकुर कोशिका का डईप्लॉईड स्टेम कोशिका प्रीकर्सर।
Spermatophore:	शुक्राणु-कैपस्यूल
A capsule of sperm, which is produced by the male and transferred to the female, where it is usually held on the abdomen. Process used by some crustaceans; the packet of sperm can then be used for a single or multiple spawning by the female	शुक्राणु का कैपस्यूल, जिसे पुरुष द्वारा पैदा किया जाता है और उसे मादा को हस्तांतरित किया जाता है, जहां उसे प्रायः उदर भाग में पकड़ा जाता है। इस प्रक्रिया को कुछ क्रस्टीशियनों द्वारा प्रयोग किया जाता है, शुक्राणुओं के पैकेट को मादा द्वारा एकल या बहु-बोयाना प्रक्रिया के लिए प्रयोग किया जा सकता है।
Spermatozoon (pl. spermatozoa):	शुक्राणु
A male reproductive cell, consisting usually of head, middle piece, and locomotory flagellum.	एक पुरुष प्रजनन कोशिका जिसमें प्रायः शीर्ष, मध्य भाग एवं गतिशील कशाभ होता है।

Spermiation:	शुक्राणुकरण
Process in which the testes are hydrated and spermatozoa ejected in a medium, the milt.	वह प्रक्रिया जिसके माध्यम से वीर्यकोषों को जलयोजित किया जाता है तथा शुक्राणु को मिल्ट माध्यम में निस्सारित किया जाता है।
Spillway;	अधिप्लव मार्ग
Structure over which water passes at the outlet of a pond.	वह संरचना जिसके ऊपर से पानी, तालाब के आऊटलेट से प्रवाहित होता है।
Sponge culture:	स्पंज संवर्द्धन
The culture of sponges (Porifera).	स्पंजों का संवर्द्धन (पोरिफेरा)।
Sporulation:	बीजाणुकरण
The release of spores into the environment.	वतावरण में बीजाणुओं का विमोचन।
Stagnation:	स्थिरण
State in a waterbody when no mixing of water masses occurs.	जलाशय में वह स्थिति जिसमें पानी का मिश्रण नहीं होता।
Stagnation period:	स्थिर अवधि
In limnology: the period of time in which through warming (or cooling) from above a density stratification is formed in a waterbody that prevents a mixing of the water mass.	**स्रोविज्ञान में:** समय की वह अवधि गरम (या ठंड़ा करते हुए) करने के माध्यम से जलाशय में सघनता स्तरण पैदा होता है जो पानी को मिलाने की प्रक्रिया को रोकता है।
Stakeholder:	पणधारी
Any person or group with a legitimate interest, for instance in the utilization, conservation and management of resources.	कोई भी व्यक्ति या दल जिन्हें सच्ची दिलचस्पी है, उदाहरण के लिए उपयोग में। स्रोतों का परिरक्षण एवं प्रबंधन।
Steak (fish-):	स्टीक (मत्स्य)
Section of fish, removed by cutting approximately at right angle to the backbone.	मत्स्यों का वह भाग जिसे लगभग रीढ़ के समकोण पर काटकर निकाला जाता है।
Steaming:	भाप का प्रभाव
Treating feed ingredients with steam to alter physical and/or chemical properties (steamed ingredient).	उनके शारीरिक तथा/या रासायनिक गुणधर्मों में परिवर्तन करने के लिए खाद्य पदार्थ सामग्रियों को भाप से उपचारित करना (भापित सामग्री)।
Stenohaline;	स्टेनोहलीन
Organisms that can exist only within a narrow range of salinity.	वे जीव जो लवणता की संकीर्ण श्रेणी में ही रह सकते हैं।

Stenotherm:	स्टेनोथर्म
Organism living within a narrow temperature range.	एक संकीर्ण तापमान श्रेणी के अंदर जीने वाले जीव।
Sterile:	बंधय
(a) Object, sample, environment (aquatic or solid) free of any living organism. (b) Being infertile.	(a) किसी भी सजीव जीव के लिए चीज़, सैम्पल, मुक्त वातावरण (जलीय या ठोस)।
Sterilization:	बंधयीकरण
(a) Any process (physical or chemical), which kills or destroys all contaminating organisms, irrespective of type. (b) Rendering infertile.	(a) प्रकार पर विचार किए बिना कोई भी प्रक्रिया जो सभी दूषित करनेवाले सूक्ष्मजीवों को मार देता है या उनका नाश करता है। (b) उन्हें बंधय बनाता है।
Sterilization, ultraviolet (UV)-	पराबैंगनी बंधयीकरण (UV)
The sterilization of water by means of UV radiation.	UV विकिरण के माध्यम से पानी का बंधयीकरण ।
Stew:	स्टियू
In aquaculture: a pond, basin or tank used for keeping farmed animals (e.g. fish, oysters) alive before marketing them.	**जलकृषि में:** तालाब, बेसिन या टंकी जिसे खेती के पशुओं को मार्केटिंग करने से पहले जीवित रखने के लिए प्रयोग किया जाता है।
Stock:	स्टॉक
In fisheries: a quantity of fish considered in a given situation.	मात्स्यिकी में : मत्स्य का वह परिमाण जो किसी दी हुई स्थिति में बताया जाता है।
Stocking (b):	संचय (b)
The practice of putting artificially reared young fish into a sea, lake or river. These are subsequently caught, preferably at a larger size.	कृत्रिम रूप से पाले गए युवा मत्स्यों को समुद्र, झील या नदी में डालने की पद्धति। थोड़े से बड़े होने के बाद इन्हें फिर से पकड़ा जाता है।
Stocking density:	संचय घनत्व
Usually an expression of the number of fish per unit area or weight of fish per unit of volume of water at stocking.	आमतौर पर स्टॉकिंग पर प्रति यूनिट मत्स्य या पानी के परिमाण के प्रति इकाई क्षेत्र में मत्स्य की संख्या के लिए प्रयुक्त अभिव्यक्ति।
Stocking, fry/fingerling-	फ्राई/फिंगलिंग स्टॉकिंग
To stock juvenile fish in a watercourse, a waterbody or a rearing unit.	किसी पानी के प्रवाह, जलाशय या पालन इकाई में किशोर मत्स्यों को स्टॉक करना।

Stocking rate:	**स्टॉकिंग दर**
The number of fish released per unit of area.	प्रति इकाई क्षेत्र में विमोचित मत्स्यों की संख्या।
Stocking ratio (a):	**स्टॉकिंग अनुपात (a)**
In a polyculture of fish, it is the ratio, by number or weight, of fish stocked by species.	मात्स्यिकी में बहु-संवर्द्धन में यह वह अनुपात है जिसके द्वारा प्रजातियों के अनुसार स्टॉक किए गए मत्स्य की संख्या या वज़न।
Stocking ratio (b):	**स्टॉकिंग अनुपात (b)**
In livestock/fish systems, it may be used to quantify the number of livestock animals per unit area of fish pond in which the wastes are used.	पशुधन/मात्स्यिकी व्यवस्थाओं में इसे पशुधन की प्रति इकाई क्षेत्र संख्या परिमाणित करने के लिए प्रयोग किया जा सकता है, जिसमें व्यर्थ पदार्थों का उपयोग किया जाता है।
Stones:	**पत्थर**
Mineral rock fragments that range in diameter from 7.5 to 25 cm	खनिज पत्थर के भाग जो 7.5 से 25 के बीच व्यास की श्रेणी में होते हैं।
Strain:	**विभेद**
A group of organisms of the same species displaying certain differential traits based on parental lineage; that either come from the same area, e.g. the same catchment area of a river, or are the result of a particular breeding programme (exists as an interbreeding unit with no introductions from external sources).	वही प्रजातियों के जीवों का दल जो मां-बाप वंशावली के आधार पर कुछ भिन्न भिन्न विशेषक प्रदर्शित करते हैं, वे उसी क्षेत्र के होते हैं (उदाहरण के लिए नदी का वही ग्रहण क्षेत्र) या वे किसी विशिष्ट प्रजनन कार्यक्रम के परिणाम होते हैं (वे बाह्य स्रोतों से अंतर-प्रजनन यूनिट के रूप में होते हैं;।
Stratification, thermal-	**ऊष्मीय स्तरण**
The division of a waterbody into layers of different temperature and density, owing to the development of a thermocline.	तापमान-भिन्नता में स्तरों के कारण किसी भी जलाशय को विभिन्न तापमान एवं सघनता के स्तरों में विभाजन।
Stress:	**दबाव**
The sum of biological reactions to any adverse stimuli (physical, internal or external) that disturb the organism's optimum operating status and may reduce its chances of survival.	किसी भी प्रकार के प्रतिकूल उत्त्रीपक के प्रति कुल जैविक अभिक्रियाएं जो जीव के इष्टतमीकरण प्रचालन स्थिति को असंतुलित कर सकता है तथा उसके जीने के मौके को कम कर सकता है।

Stress, acute-	अत्यधिक दबाव
Stress of short duration, minutes or hours, in which the time course of the response of the first outlasts that of the stress.	दबाव की अल्पावधि, मिनट या घंटों में जिसमें दबाव के प्रथम अधिक समय तक रहने की समय की अवधि की प्रतिक्रिया से ज़्यादा होता है।
Stress, chronic-	चिरकालिक दबाव
A continuous form of environmental stress, from which, under aquaculture conditions, there may be no escape (e.g. overcrowding, variable water quality, social domination).	एक लगातार पर्यावरणीय दबावख जिसमें से जलकृषि की परिस्थितियों में किसी भी तरह से बच नहीं सकते (उदाहरण के लिए अत्यधिक संख्या या भीड़, पानी की विविध मात्रा, सामाजिक प्रभुत्त्व)।
Stripping:	स्ट्रिप्पिंग
Physical removal of milt or ova from sexually mature fish.	लैंगिक रूप से परिपक्व मत्स्य से तिल्ली या अंडाणुओं को निकालने की प्रक्रिया।
Stripping, air- (a):	हवा स्ट्रिप्पिंग (a):
A technique for removing ripe ova from the peritoneal cavity of a fish using a compressed air source.	संपीड़ित वायु स्रोत का प्रयोग करते हुए मत्स्य के उदरावरण विवर से परिपक्व अंडाणु निकालने की तकनीक।
Stripping, air- (b):	हवा स्ट्रिप्पिंग(b):
Mechanical removal of dissolved gases (e.g. carbon dioxide) from water to air by agitation of the water to increase the area of air to water contact.	वायु एवं पानी के संपर्क के क्षेत्र में वृद्धि करने के लिए पानी को आंदोलित करने के माध्यम से पानी से हवा तक विघटित गैसों (उदाहरण के लिए कार्बन डाईऑक्साईड) को यांत्रिक पद्धति से निकालना।
Stunted:	स्टन्टेड
Condition of being undersized and not growing appreciably; this condition is usually permanent in warm-blooded animals but is reversible in coldblooded animals such as fish.	वह स्थिति जब वे बहुत ही छोटे आकार के होते हैं और उनमें वांदित वृद्धि नहीं हो रही है, यह स्थिति आमतौर पर गरम खून वाले जीवों में स्थायी है, लेकिन मत्स्य जैसेस ठंडे खूनवाले जीवों में इसे प्रतिवर्तित किया जा सकता है।
Sturgeon culture:	स्टुर्गियन संवर्द्धन
Breeding and rearing fish of the family Acipenseridae (sturgeons) and their hybrids (e.g.bester).	ऐकिपेन्सेरिडे परिवार के मत्स्य और उनके हईब्रिडों का प्रजनन एवं पालन।

Sub-clinical:	**उप-चिकित्सकीय**
An infection with no evident symptoms or clinical signs of disease, or a period of infection preceding the onset of clinical signs.	वह दूषण, जिसके रोग के लक्षण एवं चिकित्सकीय या चिकित्सकीय संकेतं के शुरू होने के बाद दूषण की अवधि में संकेत नहीं हैं।
Subspecies:	**उप-प्रजाति**
A geographically localized subdivision of a species, genetically and morphologically distinguishable from other subspecies, described according to taxonomic rules, and given a Latin name.	आनुवंशिक एवं आकृतिक रूप से भौगोलिक रूप से परिसीमित उप-विभाग की प्रजाति की अन्य प्रजातियों से भिन्नता, जो वर्गीकरण विज्ञान के नियमों के अनुसार बताया गया है और इसे एक लैटिन भाषा का नाम दिया जाता है।
Subtidal:	**उप-ज्वारीय**
The shallow marine or tidal flat environment that is below the mean low water level of spring tides	छिछले समुद्री या समतल ज्वार वातावरण में बृहत् ज्वार के औसत निम्न पानी स्तर से कम।
Summerkill:	**समरकिल**
Loosely used as a counterpart to winterkill; describes the sudden mortality of fish, which occurs in summer, usually as a direct result of low dissolved oxygen reflecting heavy biological oxygen demand, warm water, and/or low water levels.	विन्टरकिल के प्रतिस्थानी के रूप में प्रयोग किया जाता है, यह ग्रीष्म ऋतु में होनेवाले मत्स्यों की आकस्मिक मृत्यु का विवरण प्रदान करता है जो सामान्य रूप से पानी में विघटित ऑक्सीजन की कमी जिससे अत्यधिक जैविक ऑकसीजन की मांग, गरम पानी तथा/या कम पानी स्तर की स्थिति ही इसका कारण है।
Sump:	**संप**
General term for a tank or chamber used as a reservoir, stilling chamber or water collection Point.	टंकी या चेम्बर के लिए प्रयुक्त सामान्य शब्द जिसे जलाशय के रूप में प्रयोग किया जाता है, स्टिल्लिंग चेम्बर या पानी इकत्रिकरण बिन्दु।
Supersaturation:	**अतिरिक्त संतृप्ति**
A condition in which a medium, such as a solvent, contains concentration of a substance higher than it can normally hold at a given temperature and pressure, e.g. oxygen supersaturation in water.	वह स्थिति जिसमें किसी दिए गए तापमान एवं दाब में विलेय जैसे माध्यमों में सान्द्रता में पदार्थों की उपस्थिति सामान्य रूप से पकड़ने की मात्रा से अधिक होती है, उदाहरण के लिए पानी में ऑक्सीजन की अतिरिक्त संतृप्ति।
Supplement:	अनुपूरक

A feed used with another to improve the nutritive balance or performance of the total and intended to be: (i) fed undiluted as a supplement to other feeds; or (ii) offered free choice with other parts of the ration separately available; or (iii) further diluted and mixed with other feed ingredients to produce a complete feed.	वह पदार्थ जिसे खाद्य पदार्थ के साथ में उसकी कुल मात्रा के पौष्टिक संतुलन या कार्य-निष्पादन में सुधार करने के लिए प्रयोग किया जाता है और इसे (i) अन्य फीडों के अनुपूरक के रूप में अविघटित रूप में मिलाया जाता है या (ii): अलग से उपलब्ध राशन के अन्य भागों के साथ में मुफ्त चयन के रूप में प्रदान किया जाता है या (iii) उसे और अधिक विघटित करते हुए एक पूर्ण खाद्य पदार्थ तैयार करने के लिए अन्य फीड सामग्रियों के साथ मिलाया जाता है।
Supply:	आपूर्ति
For economics purposes: the amount of goods and services that producers are willing and able to offer in the marketplace at specific prices.	आर्थिक उद्देश्यों के लिए: वस्तुएं और सेवाओं की वह मात्रा जिसे उत्पादक बाजार में विशिष्ट दरों पर प्रदान करने के लिए तैयार हैं।
Surveillance:	आवेक्षण
A systematic series of investigations of a given population of aquatic animals to detect the occurrence of disease for control purposes, and which may involve testing of samples of a population.	नियंत्रण उद्देश्यों के लिए रोग की उपस्थिति को पहचानने के लिए जलजीवों की किसी दी हुई संख्या की जांच-पड़ताल के व्यवस्थित क्रम। इसमें संख्या के सैम्पलों के परीक्षण भी शामिल है।
Survey, socio-economic-	सामाजिक-आर्थिक सर्वेक्षण
Formal survey of social and economic conditions using sophisticated sampling techniques, questionnaires and/or formal and standardized interviews.	अत्याधुनिक सैम्पलिंग तकनीक, प्रश्नावली तथा/या औपचारिक एवं मानकीकृत साक्षात्कारों का प्रयोग करते हुए सामाजिक एवं आर्थिक परिस्थितियों का औपचारिक सर्वेक्षण।
Survey, topographical-	स्थलाकृति सर्वेक्षण
A survey made to define the exact location of physical features on the ground (e.g. lakes, roads, forests, large rocks) or of various structures of a fish farm (ponds, dams, dikes, drainage canals, sources of water), as well as the vertical relief of a selected area or fish farm; results should enable the preparation of topographical plans and maps.	वह सर्वेक्षण जिसे भूमि (उदाहरण के लिए झील, रोड, वन, बड़े पत्थर) के भौतिक पहलुओं के वास्तविक स्थान की परिभाषा करने के लिए किया जाता है या मत्स्य खेतों (तालाब, बांध, डाईक, ड्रेनेज नाली, पानी के स्रोतत्र की कई संरचनाओं के साथ चयनित स्थल या मत्स्य खेत की खड़ी रिलीफ, इसके परिणाम स्थलाकृतिक योजनाएं एवं मानचित्रों की तैयारी में मदद प्रदान कर सकते हैं।
Susceptible:	अतिसंवेदनशील
An organism, which has no immunity or resistance to infection by another organism.	वह जीव, जिसमें दूसरे जीव से होनेवाले दूषण के प्रति कोई प्रतिरक्षा या प्रतिरोधकता नहीं है।

Swamp:	दलदल
Type of wetland with water standing permanently or for a considerable period of time and with a dense cover of native vegetation. Swamps may be freshwater or saltwater, and tidal or non-tidal.	स्थायी रूप से या काफी समय तक तथा उसके चारों ओर फैली हुई सघन स्वदेशी वनस्पति के पानी युक्त गीली भूमि का प्रकार। दलदल स्वच्छपानी या लवणपानी युक्त तथा ज्वारीय या गैर-ज्वारीय हो सकते हैं।
Swelling:	फुलाव
In engineering: increase of soil volume, such as for example the swelling of a clayey soil under wet conditions.	**अभियांत्रिकी में:** मृदा की मात्रा में बढ़ोत्तरी, उदाहरण के लिए गीली स्थितियों में चिकनी मिट्टी का ुलाव।
Swimbladder:	तैराकी थैली
Organ (bladder) containing gas, present in the roof of the abdominal cavity in bony fish. It allows the specific gravity of the fish to vary in order to match with that of water at the depth at which the fish is swimming or resting. Large swimbladders have economic value.	वह अंग (थैली) जिसमें गैस होता है। यह हड्डीदार मत्स्यों के उदर मांस-पेशी विवरों के छत में पाया जाता है। यह मत्स्य के विशिष्ट गुरुत्त्व में भिन्नता लाने के माध्यम ये मत्स्य के तैरने या आराम करने की गहराई पर पानी के विशिष्ट गुरुत्त्व स्तर के अनुसार बनाता है। बड़े तैराक थैलियों के अच्छे आर्थिक मूल्य होते हैं।
Syndrome:	संलक्षण
An assembly of clinical signs, which, when manifested together, are indicative of a distinct disease or abnormality.	चिकित्सकीय संकेतों का समूह, एक साथ दिखाई देने पर किसी विशिष्ट रोग या असामान्यता का संकेत प्रदान करते हैं।
Synergism:	
Cooperative interaction of two or more chemicals, drugs or other substances, or phenomena, producing a greater total effect than the sum of their individual effects.	एक या दो रासायनिक पदार्थ, दवाईयाँ या अन्य पदार्थ, या कोई प्रक्रिया का सहयोगात्मक पारस्परिकता, जो अलग अलग जीवों के कुल प्रभावों की तुलना में अधिक कुल प्रभाव पैदा करते हैं।
Synopsis:	संक्षेप
Comprehensive study on taxonomy and biology of a species.	प्रजातियों के वर्गीकरण विज्ञान एवं जैव विज्ञान का विस्तृत अध्ययन।
System, aquaculture-	जलकृषि व्यवस्था
A combination of type of culture unit, level of intensity, culture species and scale or size of exploitation	किसी संवर्द्धन यूनिट के प्रकार का मिश्रण, सघनता का स्तर, संवर्द्धन प्रजातियां तथा स्तर या उपयोग का आकार।

System, farming-	खेती व्यवस्था
A population of individual farm systems that have broadly similar resource bases, enterprise patterns, household livelihoods and constraints, and for which similar development strategies and interventions would be appropriate.	अलग अलग खेत व्यवस्थाओं की संख्या जिनमें मूल रूप से समान स्रोत के आधार, उद्यम पैटर्न, घरेलू जीवनशैली एवं सीमाएं होती हैं तथा इनके लिए समान विकास कार्यनीतियां एवं हस्तक्षेप उचित होंगे।
System, field-pond-	**खेत तालाब व्यवस्था**
Chinese cultural system used to transform rural low-lying coastal areas (many just below sea level), in which ponds are dug to raise the height of fields to protect them from flooding. This gives rise to field-pond agroecosystems, commonly at ratios of 9:1.	चीनी संवर्द्धन व्यवस्था जिसे छिछले पानियों के ग्रामीण तटवर्ती तटवर्ती क्षेत्रों को रूपांतरित करने के लिए प्रयोग किया जाता है, जिसमें खेतों की ऊँचाई बढ़ाने के लिए तालाबों को खोदते हैं ताकि खेतों में पानी भर जाने से रोक सकें। यह खेत–तालाब कृषि–पारिस्थितिकी को प्रोत्साहन देता है जो आमतौर पर 9:1 के अनुपात पर होते हैं।
System, flow-through-	**खुला प्रवाह व्यवस्था**
A culture system in which the water supplied to it is used once only and then discharged with or without primary treatment (depending on stocking density and waste output).	वह संवर्द्धन व्यवस्था जिसमें पानी की आपूर्ति की जाती है और इसका प्रयोग एक ही बार होता है तथा इसके बाद प्राथमिक उपचार (स्टॉकिंग सघनता और व्यर्थ आऊटपुट के आधार पर) के बिना इसका निस्सारण किया जाता है।
System, lagoon-	**लगून व्यवस्था**
Wastewater treatment technology for stabilizing aquacultural sludge. Anaerobic lagoons have been used to treat waste discharges from all phases of the vast agricultural industry and have also been considered suitable treatment processes for aquacultural wastes A two-stage lagoon system should be used for sludge stabilization The first stage is anaerobic: main objective is biological oxygen demand reduction through organic decay. The second stage is facultative: main objective is nitrogen reduction as well as additional BOD removal.	जलकृषि पंक को स्थिर बनाने के लिए व्यर्थ पानी उपचार की तकनीक। बृहत् कृषि उद्योग के सभी फेज़ों के व्यर्थ उत्सर्जन का उपचार करने के लिए अवायवीय लगूनों का प्रयोग किया गया है तथा उन्हें जलकृषि व्यर्थ पदार्थों का उपचार करने के लिए उपयुक्त भी पाए गए हैं। पंक स्थिरन के लिए दो–फेज़ युक्त लगून व्यवस्था का प्रयोग किया जाना है। पहला स्तर अवायवीय होता है: कार्बनिक क्षय के माध्यम से जैविक ऑक्सीजन मांग अपचयन ही इसका मूल उऋेश्य है। द्वितीय स्तर विकल्पी है: अतिरिक्त बीओडी निकालने की प्रक्रिया के साथ नाईट्रोजन का अपचयन ही इसका मूल उद्देश्य है।

System, land-based-	भूमि आधारित व्यवस्था
Aquaculture system in which the holding unit is established on land and water arranged to be held or to pass through it, such as ponds, tanks and raceways	जलकृषि व्यवस्था जिसमें भूमि में होल्डिंग इकाई स्थापित है तथा उसमें से पानी प्रवाहित करने की व्यवस्था की जाती है, जैसे तालाब, टंकी और रेसवे।
System, recirculation-	पुनः संचारण व्यवस्था
A closed or partially closed system employed in aquaculture production where the effluent water from the system is treated to enable its reuse.	बंद या आंशिक रूप से बंद व्यवस्थाएं जिन्हें जलकृषि उत्पादन में प्रयोग किया जाता है, जहां पुनरुपयोग के लिए उस व्यवस्था के बहिस्राव पानी का उपचार किया जा सकता है।
System, water-based-	पानी आधारित व्यवस्था
Aquaculture system in which the holding unit is immersed within a specific waterbody, and so tends to be controlled by the waterbody itself, such as oyster beds, seaweed raft culture, pens and cages	जलकृषि व्यवस्था की होल्डिंग इकाई को किसी विशिष्ट जलाशय में डुबोया जाता है, जिसमें जलाशय द्वारा ही नियंत्रि होने की संभावना है जैसे शुक्ति बेड, समुद्री शैवाल रैफ्ट संवर्द्धन, घेरे या कटघरा।
Systematics:	वर्गीकरण विज्ञान
Study of the diversity of living organisms and the relationships between those organisms.	सजीव जीवों की वैविधयता का अध्ययन तथा उन जीवों के बीच में संबंध।
Systemic:	दैहिक
Pertaining to or affecting the body as a whole.	पूर्ण शरीर को प्रभावित करनेवाली या उससे संबंधित।

T

Tag:	टैग
For aquatic organisms: a small piece of metal orplastic usually attached externally or internally and containing specific identification information.	**जलजीवों के लिए:** धातु या प्लास्टिक का एक छोटा भाग जो सामान्य रूप से बाह्य या आंतरिक रूप से जुड़ा हुआ होता है और इसमें कुछ विशिष्ट पहचान करने योग्य सूचना होती है।
Tagging:	टैगिंग
The use of a tag to specifically identify an aquatic organism.	जलजीव पहचानने के लिए विशिष्ट टैग का प्रयोग।
Tambak:	टंबक
The Indonesian name for coastal Brackishwater ponds constructed mainly within the mangrove belt and originally used for milkfish and mullet culture.	मुख्य रूप से मेंग्रोव बेल्ट के अंदर ही निर्मित तटवर्ती खारापानी तालाबों के लिए प्रयुक्त नाम। मूल रूप से इसे दुधिया मछली एवं मल्लेट संवर्द्धन के लिए प्रयोग किया जाता है।
Tank:	टंकी
In aquaculture: a fish or water holding structure, usually above ground, typically with a high water turnover rate; highly controlled environment.	**जलकृषि में:** पानी या मत्स्य रखनेवाली संरचना जो प्राय: भूमि से ऊपर होती है। इसमें उच्च पानी टर्नोवर दर होता है और यह अत्यंत नियंत्रित पर्यावरण होता है।
Tank, circular-	गोलाकार टंकी
Commonly used tank type, typically made of materials such as concrete, wood, metal sheets, fibreglass, plexiglass, vinyl or polypropylene. Circular tanks have good water velocity, circulation and mixing; they usually have a flat or slightly sloping base and a central standpipe as drain.	आमतौर पर प्रयोग किए जानेवाली टंकी का प्रकार जो प्राय: कंक्रीट, लकड़ी, धातु प्लेट, फाइबर ग्लास, प्लेक्सी ग्लास, विनाईल या पॉलीप्रोपईलीन जैसी सामग्रियों से बनाया जाता है। गोलाकार टंकियों में पानी का अच्छा वेग, परिचालन और मिश्रण होता है, उनमें आमतौर पर समतल या थोड़ा-सा ढलान युक्त बेस होता है तथा ड्रेन के रूप में केन्द्रीय स्टैण्डपाइप होता है।

Tank, header-	हेडर टंकी
A water tank kept at a height for supplying water to lower rearing units, for example hatchery incubators and nursery tanks.	वह टंकी जो नीचे रखे गए पालन टंकियों में पानी की आपूर्ति करने के लिए ऊँचाई पर रखा जाता है, उदाहरण के लिए हैचरी इनक्युबेटर और नर्सरी टंकी।
Tank, holding-	**होल्डिंग टंकी**
Tank in which harvested fish are temporarily held prior to marketing.	वह टंकी जिसमें मत्स्यों को अस्थायी रूप से ़सल किया जाता है और इन्हें मार्केट करने से पहले इनमें रखा जाता है।
Tank, sedimentation-	**टंकी अवसादन**
A water treatment facility in which sedimentable solids are removed from the water; it may be sited at the inflow or outflow of a farm.	पानी उपचार करने की सुविधा जिसमें अवसादीय ठोस पदार्थों को पानी से निकाला जाता है, यह खेत के इनफ्लो या आऊटफ्लो में भी पाया जा सकता है।
Tank, septic-	**सेप्टिक टंकी**
An individual household sewage treatment system using underground tanks to receive the wastewater; the bacteria in the sewage decomposes the organic waste, the sludge settles on the bottom of the tank, and the effluent flows out of the tank below ground through drainage pipes. Sludge must be pumped out of the tanks at intervals.\	एक अलग सा घरेलू सीवेज उपचार व्यवस्था जिसमें भूमिगत टंकियों के माध्यम से व्यर्थ पानी प्राप्त करने का प्रयोग किया जाता है। सीवेज में उपस्थित बैक्टीरिया कार्बनिक व्यर्थ को अपघटित करता है, पंक टंकी के निचले स्तर में जम जाता है तथा बहिस्राव टंकी के बाहर ड्रेनेज पाइपों में से भूमि के नीचे प्रवाहित होता है। पंक को समयांतरालों में टंकियों से पंप करके निकालने की ज़रूरत है।
Tank, seasonal-	**मौसमी टंकी**
In India and Sri Lanka, a relatively small rain-fed reservoir, unmanaged or little managed for fish production, mostly used for domestic purposes.	भारत और श्रीलंका में एक छोटे वर्षा पानी युक्त जलाशय मत्स्य उत्पादन के लिए प्रयोग किया जाता है जिसका कुछ हद तक या बहुत कम प्रबंधन होता है। आमतौर पर या घरेलू प्रकार्यों के लिए प्रयोग किया जाता है।

Tank, spawning-	बोयाना टंकी
Rectangular or circular hatchery tank containing a relatively large volume of water (10-30 m3) in which brood fish are introduced to spawn; usually built in concrete or plastic, with sometimes a special design (e.g. in China); generally used for the propagation of fish with pelagic eggs (e.g. Chinese carps and marine fish), which can be automatically collected and concentrated in an outside egg collector.	आयताकार या गोलाकार हैचरी टंकी जिसमें पानी (10.30 m3) अत्यधिक मात्रा में होती है, जिसमें ब्रूड मत्स्यों को बोयाना के लिए डाला जाता है, सामान्यतया यह कंक्रीट या प्लास्टिक में बनाया जाता है, कभी कभी इसे विशिष्ट डिज़ाइनों (उदाहरण के लिए चीन में) में बनाया जाता है जहां पेलेजिक अण्डों से युक्त मत्स्यों के प्रजनन के लिए प्रयोग किया जाता है (उदाहरण के लिए चीनी कार्प और समुद्री मत्स्य), जिन्हें स्वचालित रूप से इकट्ठा किया जा सकता है तथा अण्डे इकत्रक के बाहर संकेन्द्रित किया जा सकता है।
Target group:	**लक्ष्य समूह**
A social group of any size with basic common socio-economic characteristics, which for example an extension service can be aimed at.	मूल सामूहिक सामाजिक-आर्थिकी लक्षणों के साथ किसी भी प्रकार का सामाजिक दल, उदाहरण के लिए विस्तार सेवा के लिए लक्षित किया जा सकता है।
Taxonomy:	वर्गीकरण
Classification of fossil and living organisms according to their evolutionary relationships.	जीवाष्म एवं सजीव जीवों के विकासात्मक संबंधों के अनुसार उनका वर्गीकरण।
Taxonomy, descriptive-	विवरणात्मक वर्गीकरण
Description, classification and naming of groups of organisms having common ancestry and common phenotypic (usually morphological) characteristics.	समान पूर्वज एवं समान फीनोटईपिक (आमतौर पर आकृतिक) लक्षण होन वाले जीवों के समूहों के विवरण, वर्गीकरण तथा उनका नामकरण।
Technology transfer:	प्रौद्योगिकी हस्तांतरण
The introduction and adoption of new (usually more advanced) production methods and equipment already in use in other areas.	नवीन (आमतौर पर अद्यतन) उत्पादन पद्धतियां तथा अन्य क्षेत्रों में प्रयोग किए जानेवाले उपकरणों का प्रारंभ एवं अपनाना।
Tender;	कोमल
A written bid submitted by a contractor in pursuance of the notification given, to execute certain work at calculated rates with the terms and conditions laid down in the tender documents.	जारी की गई अधिसूचना के अनुक्रम में ठेकेदार द्वारा प्रस्तुत लिखित बोली, जो निविदा दस्तावेज़ों में उल्लिखित शर्त एवं प्रतिबंधों में परिकलित दरों पर कुछ प्रकार का काम कर सकते हैं।

Testis (pl. testes):	वीर्यकोष
Male reproductive organ.	पुरुष प्रजनन अंग:
Testosterone:	वृषणि
A steroid hormone secreted by the testes, responsible for sperm production and secondary male sexual characteristics.	वीर्यकोष द्वारा स्रावित स्टीरॉईड हॉर्मोन, जो शुक्राणुओं को पैदा करने तथा द्वितीयक पुरुष लैंगिक लक्षण पैदा करने के लिए जिम्मेदार है।
Tetraploid:	टेट्रप्लॉइड
An organism or cell where each chromosome occurs in sets of four.	वह जीव या कोशिका जिसमें हर गुणसूत्र चार के सेट में पाया जाता है।
Tex system:	टेक्स व्यवस्था
International standard system to designate the thickness of individual netting yarns by measuring the weight (in grams) of 1000 m of yarn, a 23-tex yarn weighs 23 g per 1000 m.	यार्न के 1000 m का वज़न (ग्रामों में) मापन द्वारा अलग अलग नेटिंग यार्नों की मोटाई निर्धारित करने के लिए एक अंतर्राष्ट्रीय मानक व्यवस्था, एक 23-टेक्स यार्न का वज़न 23 g प्रति 1000 m होता है।
Thalassoculture:	थैलेस्सो-संवर्द्धन
Aquaculture of aquatic organisms in seawater, in their natural habitat or in specially built enclosures.	समुद्र पानी में प्राकृतिक आवास में या विशिष्ट रूप से निर्मित घेरों में जलजीवों की जलकृषि।
Thallus:	थैलस
Simple, vegetative body of macroalgae, showing no differentiation in root, stem and leaf.	मैक्रो शैवाल का सरल, वानस्पतिक शरीर जिसके मूल, तना एवं पत्ते में कोई भिन्नता नहीं दिखाई देती है।
Theodolite:	थ्योडोलईट
Modern instrument used by surveyors for levelling and to precisely measure horizontal angles and distances; in most cases, vertical angles can also be measured with great precision.	आधुनिक उपकरण, सर्वेक्षक समतल करने की प्रक्रिया के दौरान क्षैतिजिक कोण एवं दूरियों को मापने के लिए इसका प्रयोग करते हैं। कई मामलों में खड़ी कोणों को भी अत्यधिक सूक्ष्मता से मापा जा सकता है।
Therapy:	चिकित्सा
Any type of treatment of a disease, e.g. vaccine therapy.	रोग का किसी भी प्रकार का उपचार, उदाहरण के लिए वैक्सीन चिकित्सा।

Thermocline:	थर्मोक्लाईन
Region below the surface layer of a thermally stratified body of water (e.g. sea, lake, reservoir) where the temperature gradient increases abruptly (i.e. where temperature decreases rapidly with increasing depth). A thermocline is usually an ecological barrier and its oscillations have significant consequences on stocks distribution and productivity.	पानी के ऊष्मीय स्तरीकरण के सतह के नीचे का क्षेत्र जहां तापमान का ग्रेडियण्ट एकदम से (जहां तापमान बढ़ती हुई गहराई के साथ बहुत जल्द कम होते जाता है) ज्यादा हो जाता है। एक थर्मोक्लाईन प्राय: पारिस्थितिकी अवरोधक होता है और उसके दोलनों का स्टॉक वितरण एवं उत्पादन पर पर्याप्त प्रभाव होता है।
Tide (astronomical):	ज्वार (खगोलीय)
Periodic, short-term changes in the height of the ocean surface at a particular place caused by a combination of gravitational force of the moon and sun and the motion of the earth.	किसी विशिष्ट स्थान में चन्द्र एवं सूर्य के संयुक्त गुरुत्वाकर्षण बल तथा पृथ्वी की गति द्वारा समुद्र की सतह में आवधिक अल्पकालिक परिवर्तन।
Tide cycle:	ज्वारीय चक्र
The duration of a given tidal sequence, for example a lunar month or a tidal day.	किसी दिए हुए ज्वारीय क्रम की अवधि, उदाहरण के लिए चन्द्र मास या ज्वारीय दिवस।
Tide, diurnal-	दैनिक ज्वार
It has only one high water and one low water per tidal day.	इसमें एक ही उच्च पानी और एक निम्न पानी ज्वार प्रतिदिन होता है।
Tide, ebb-	ज्वार-भाटा
A non-technical term referring to that period of the tide between a high water and the succeeding low water.	एक गैर-तकनीकी शब्द जो उस अवधि का संदर्भ देता है जो उच्च पानी और उसके बाद आनेवाले निम्न पानी के बीच की अवधि है।
Tide, flood-	बाढ़ ज्वार
Refers to the incoming or rising tide.	यह आनेवाले या बढ़ने वाले ज्वार के संदर्भ में प्रयोग किया जाता है।
Tide, neap-	लघु ज्वार
A tide of minimum amplitude, occurring when the sun, moon and earth are at right angles to one another (1st and 3rd quarter of the moon).	न्यूनतम आयाम का ज्वार जो सूर्य, चन्द्रमां और पृथ्वी के एक दूसरे के समकोण पर होने से होता है (चन्द्रमा के एक चौथाई या तीन चौथाई पर)।

Tide, red-	**लाल ज्वार**
Proliferation of marine (phyto)plankton (often the dinoflagellate Gymnodinium sp.) that may be toxic or smother aquatic organisms. This natural phenomenon may be further stimulated by nutrients discharged into the aquatic environment by human beings.	समुद्री (पादप) प्लवकों (प्रायः डाईनोफ्लेजिलेट जिम्नोडियम प्रजाति) का प्रसरण जो विषैले हो सकते हैं या जलजीवों को दबा देता है। यह एक प्राकृतिक घटना है जो जलजीव वातावरण में मानवों द्वारा मिलाए गए पौष्टिक तत्त्वों से और उत्तेजित होता है।
Tidal current:	**ज्वारीय धारा**
Coastal horizontal movement of the sea caused alternatively by the rising tide and the falling tide (ebb).	उठने वाले एवं गिरनेवाले ज्वार (भाटा) द्वारा समुद्र में क्षैतिजिक गति होती है।
Tidal day:	**ज्वारीय दिन**
The period between two consecutive high waters at a given place, averaging 24 h 51 min (24.84 hrs).	किसी दिए हुए स्थान में दो लगातार उच्च पानी के बीच की अवधि, जो औसत 24 घंटे 51 मिनट (24.84 घंटे) पर होती है।
Tidal period:	**ज्वारीय अवधि**
The time interval between two successive high waters.	दो क्रमिक उच्च पानी के बीच समय का अंतराल।
Tidal range:	**ज्वारीय श्रेणी**
In diurnal and semi-diurnal tides, it is the difference between the high water and the low water levels; in a mixed tide, refers to the difference between the Higher High Water level and the Lower Low Water level.	दैनिक एवं अर्द्ध-दैनिक ज्वारों में, यह उच्च पानी एवं निम्न पानी स्तरों के बीच में अंतर होता है, एक मिश्रित ज्वार में यह उच्चस्तरीय पानी के उचच स्तर एवं निम्नस्तरीय पानी के निम्न स्तर के बीच के अंतर के संदर्भ में लिया जाता है।
Topography:	**स्थलाकृति**
Refers to the detailed mapping or description of the features of a relatively small area, district or locality "lay of the land"; or to the changes in the surface elevations of the ground whether flat, rolling or sloping, undulating and hilly.	एक छोटे क्षेत्र, जिले या स्थान फ्ले ऑफ दी लैण्ड" के पहलुओं के विस्तृत चित्रण या विवरण के संदर्भ में प्रयोग किया जाता है या समतल, लहरेदार या ढलान, तरंग रूप में या पहाड़ी प्रकार की भूमि पर सतही उत्कर्षों के परिवर्तन के संदर्भ में प्रयोग किया जाता है।

Topsoil:	ऊपरी मृदाय
Soil consisting of various mixtures of sand, silt, clay and organic matter; considered to be the nutrient-rich top layer of soil that supports plant growth.	मृदा जिसमें रेत, गाद, चिकनी मिट्टी और कार्बनिक पदार्थ के विभिन्न मिश्रण होते हैं, जो मृदा के ऊपरी भाग की पौष्टिकता युक्त सतह बनते हैं और पौधा विकास में समर्थन प्रदान करते हैं।
Toxicity:	विषैलापन
A relative measure of the ability of a chemical to be toxic. Usually refers to the ability of a substance to kill or cause an adverse effect. High toxicity means that small amounts are capable of causing dealth or ill health.	किसी रासायनिक पदार्थ का विषैला होने की क्षमता का सापेक्षिक माप। आमतौर पर यह पदार्थ की उस क्षमता का अर्थ देता है जो जीव को मार सकता है या उस पर प्रतिकूल प्रभाव पैदा कर सकता है। उच्च विषैलापन का अर्थ है कि छोटी मात्राएं भी मृत्यु या रोग पैदा करने की क्षमता रखते हैं।
Trap:	पिंजरा
Device designed to encourage fish to enter a confined space and to prevent fish from leaving once they have entered. May be of many sizes and configurations but usually it has an entrance, some form of non-return structure and a capture chamber. May be made of local materials or commercially bought wire mesh or netting. May be set unbaited or baited depending on the target species.	वह उपस्कर जिसकी डिज़ाइन ऐसी बनाई गई है कि वह एक बंद एवं सीमित जगह में मत्स्यों का प्रवेश प्रोत्साहन दे तथा प्रवेश करने के बाद उन्हें बाहर नहीं जाने दे। इनके कई आकार एवं समाकृतियों के हो सकते हैं, लेकिन सामान्य रूप से इसका एक प्रवेशद्वार होता है, वापस बाहर नहीं जाने देनेवाली कोई संरचना तथा पकड़नेवाला चेम्बर होता है। यह स्थानीय सामग्री या वाणिज्यिक रूप से बेचे गए वायर मेश या नेटिंग से भी बने हो सकते हैं। लक्षित प्रजातियों के आधार पर ये प्रलोभन युक्त या प्रलोभन युक्त नहीं भी हो सकता है।
Transfer:	हस्तांतरण
Of a fish species: intentional or accidental transport and release by humans into an environment inside its present range. A transferred species.	**मत्स्य प्रजातियों में:** जानबूझकर या दुर्घटनावश हस्तांतरण तथा उसके वर्तमान श्रेणी में मानवों द्वारा पर्यावरण में विमोचन हस्तांतरित प्रजाति।
Transmission:	प्रसारण
In pathology: transfer of an infectious agent from one organism to another.	**विकृति विज्ञान:** एक जीव से दूसरे जीव में एक दूषित एजेन्ट का हस्तांतरण।
Transmission, horizontal-	क्षेतिजिक प्रसारण
Direct transmission from the environment (e.g. via ingestion, skin or gills).	पर्यावरण से सीधा प्रसारण (उदाहरण के लिए अंतर्ग्रहण, चर्म या गलफड़े)।

Transmission, vertical-	खड़ी स्थिति में प्रसारण
Prenatal transmission (i.e. passed from parent to egg); may be either inside the egg or through external exposure to pathogens from the parent generation.	जन्मपूर्व प्रसारण (यानी जो मूल से अण्डे तक प्रेषित किया जाता है): अण्डे के अंदर हो सकता है या मूल वंश से रोगाणुओं के बाह्य प्रभाव से भी हो सकता है।
Transparency:	पारदर्शिता
Of water: the quality or condition of having the property of transmitting light.	पानी में : प्रकाश पारेषित करने का गुणधर्म युक्त स्थिति।
Transpiration:	वाष्पोत्सर्जन
In plants: the giving off of water vapour from plant pores as a part of plant metabolism.	पौधों में : पौधा चयापचयन में एक भाग के रूप में पौधे छिद्रों से पानी वाष्पों का उत्सर्जन।
Transporter, fish-	मत्स्य परिवाहक
Waterproof container or tank for transporting fish.May be motorised and for long journeys, may be equipped with aerators or portable oxygen cylinders. Boats may also be used.	मत्स्यों के परिवहन के लिए पानी फ्रू या टंकी। यह लंबी यात्र के लिए मोटर युक्त हो सकता है, इसमें वातक या गतिशील ऑक्सीजन सिलिंडर हो सकते हैं। नावों का प्रयोग भी किया जा सकता है।
Triploid (3n):	ट्रईप्लॉइड (3n)
An organism or cell where each chromosome occurs in sets of three.	वह जीव या कोशिका जिसमें हर गुणसूत्र तीन के सेट में होता है।
Trochophore:	ट्रॉकोफोर
The first free-swimming stage of mollusc larvae	पहला मुक्त रूप से तैरनेवाले सीप इल्ली का स्तर।
Trough, Von Bayer-	फॉन बेयर ट्रफ
A V-shaped trough 20 to 30 cm long, used to count salmonid eggs; eggs are placed side by side along the trough and the number of eggs per litre is either directly read on the trough or obtained from a graph.	20 से 30 cm की लंबाई युक्त V. आकार का ट्रफ, जिसे सॉलमोनिड अण्डों को गिनने के लिए प्रयोग किया जाता है, अण्डों को ट्रफ में साथ साथ रखा जाता है तथा अण्डे प्रति लीटर की संख्या सीधे ट्रफ पर पढ़ सकते हैं या उसे ग्रफ से प्राप्त कर सकते हैं।

Trout culture:	ट्राऊट जलकृषि
Branch of salmoniculture specialized in the breeding and rearing of trout species, in particular rainbow/steelhead trouts (Oncorhynchus mykiss ex-Salmo gairdneri), both in fresh and in saltwater. In the USA: breeding and rearing of all Salmo and Salvelinus species and their hybrids.	सॉलमनी-संवर्द्धन की वह शाखा जो प्रजनन एवं पालन में विशिष्ट होती है, विशेष रूप से स्वच्छ पानी एवं लवण पानी में रहनेवाले इन्द्रधनुष/स्टीलहेड ट्राऊट। अमरीका में : सभी सॉल्मो एवं सैलवेलिनस प्रजाति एवं एनके हईब्रिडों का प्रजनन एवं पालन।
True-breeding:	**शुद्ध प्रजनन**
A population that is capable of producing only one qualitative phenotype, because only one allele exists at the locus in question. When working with qualitative phenotypes, the goal of a selective breeding programme is to produce a true-breeding population.	वह संख्या जिसमें गुणात्मक फीनोटाईप पैदा करने की क्षमता होती है क्योंकि उसमें उस विशिष्ट स्थान में एक ही विकल्पी होता है। जब गुणात्मक फीनोटाईपों से काम करते हैं, एक शुद्ध प्रजनित संख्या पैदा करना ही चयनित प्रजनन कार्यक्रम का ध्येय है।
Turbidity:	**धूमिलता**
Referring to the disturbance or reduction in light transmittance in water resulting from suspended,colloidal or dissolved matter or the presence of planktonic organisms.	लंबित, कोलाइडल या विघटित पदार्थ या प्लवक जीवों की उपस्थिति से पानी में होनेवाले पारेषित प्रकाश में विघ्न या कमी के संदर्भ में प्रयोग किया जाता है।
Turbidity, humic-	**खाद से व्युत्पन्न धूमिलता**
Water turbidity caused by the presence of humus, which turns the water a dark brownish colour. Its origin is usually the water supply, although it can also be caused by an excess of organic matter entering the pond.	पानी की धूमिलता जो खाद की उपस्थिति से होती है, जिससे पानी का रंग गहरा भूरा हो जाता है। पानी की आपूर्ति ही इसका मूल कारण है, यद्यपि तालाब में अत्यधिक कार्बनिक पदार्थों की उपस्थिति से भी हो सकता है।
Turbidity, mineral-	**खनिज धूमिलता**
Water turbidity caused by a high content of silt and/or clay particles, which turn the water a light brown, sometimes reddish colour. May occur when the water supply is turbid or a bottom feeding fish, such as the common carp, stirs up the bottom mud. May also result from wave action stirring up bottom sediments.	पानी की धूमिलता पानी में निहित गाद और/या चिकनी मिट्टी के कणों से होती है जिससे पानी में हल्का भूरा रंग, कभी-कभी लाल रंग आ जाता है। पानी की आपूर्ति धूमिल होने पर या जब तालाब के निचले स्तर पर सामान्य कार्प जैसे मत्स्य फीड करते हें तो वे निचले स्तर की मिट्टी को उठा देते हैं। इससे निचले स्तर में उपस्थित अवसाद के उठने से तरंगें पैदा होती हैं।

Turbidity, plankton-	प्लवक धूमिलता
Water turbidity caused by a high content of phytoplankton and zooplankton, which colour the water in various shades of brown, green, blue-green or yellow-green, depending on which plankton species is dominant.	पानी में उपस्थित पादप-प्लवक एवं प्राणिप्लवक से पानी में धूमिलता होती है जिससे पानी में भूरे, हरे, नीले-हरे या पीला-हरा के विभिन्न शेड देते हैं और यह शेड अधिक उपस्थित प्लवक प्रजातियों पर निर्भर है।

U

Ulcer:	फोडा
Excavation of the surface of an organ or tissue,involving sloughing of necrotic inflammatory tissue.	किसी अंग या ऊतक के सतह का खोदना जिसमें परिगलित सूजे हुए ऊतकों को निकाला जाता है।
Umbrella stage:	छतरी स्तर
Developmental stage of the brine shrimp embryo,when it hangs underneath the empty cyst shell after the breaking stage and completes its development into a nauplius.	खारापानी या लवण-जल झींगा भ्रूण का विकासात्मक स्तर, जब वह टूटनेवाले स्तर के बाद खोखले पुटी शेल के नीचे टंगा हुआ होता है और नौप्लियस में उसका पूर्ण विकास होता है।
Upwelling:	अपवेल्लिंग
Upward movement of cool and nutrient-rich subsurface waters towards the surface often leading to exceptionally rich areas. There exist various types of upwelling. For fisheries, the most important type is the wind-induced coastal upwelling where the upward movement is a consequence of wind stress (along shore) and Eckman transport (offshore).	ठंड़े एवं पौष्टिकता युक्त उप-सतही पानी का सतह की ओर जाने की गति जिससे प्राय: अत्यंत पौष्टिक क्षेत्र पैदा होते हैं। विभिन्न प्रकार के अपवेल्लिंग होती हैं। मात्स्यिकी में पवन-उत्प्रेरित तटवर्ती अपवेल्लिंग अत्यंत महत्त्वपूर्ण प्रकार है जहां ऊपर की ओर की गति पवन दबाव (तट के साथ साथ) एवं ऐक्मेन परिवहन (तट से दूर) का परिणाम है।
Urea:	यूरिया
One end product of metabolism that is excreted via the kidney. In fish, the excretion of urea occurs largely at a constant rate.	चयापचयन का एक अंतिम उत्पाद जो गुर्दों के माध्यम से बाहर निकाला जाता है। मत्स्यों में यूरिया बाहर निकालने की प्रक्रिया अत्यधिक रूप में स्थिर दर पर होता है।
Uro-genital pore:	ऊरो-जननेन्द्रिय छिद्र
An opening for passage of urine and sperm outside the body.	मूत्र एवं शुक्राणु को शरीर से बाहर निकालने के लिए एक छिद्र।

V

Vaccine:	वैक्सीन
An antigen preparation from whole or extracted parts of an infectious organism, which is used to enhance the specific immune response of a susceptible host.	संक्रामक जीव के पूर्ण या निस्सारित भाग से तैयार किए गए प्रतिजन, जिन्हें किसी ग्रहणशील परपोषक के विशिष्ट प्रतिरोधी प्रतिक्रिया तैयार करता है।
Valli:	**वल्ली**
Italian term for embanked or fenced lagoons found principally on the northwestern Adriatic coast of Italy, which are subject to a considerable control of water levels, salinity and temperature.	एक इटालियन शब्द जिसे बांधे या घिरे हुए लगूनों के लिए प्रयोग किया जाता है जो प्राय: इटली के उत्तर-पश्चिमी तट पर पाए जाते हैं, यहां पानी स्तर, लवणता एवं तापमान पर काफी नियंत्रण होता है।
Variance:	**अंतर**
A statistical measure of variability, defined in an exact manner. In genetics: the average squared deviation of phenotypic values from the mean. It is a value that describes how phenotypes are disbursed about the mean. The square root of the variance is called "standard deviation.	भिन्नता का एक सांख्यकीय माप जिसकी सही परिभाषा प्रदान किया जाता है। आनुवंशिकी में : माधय से फीनोटाइप मूल्यों के औसत वर्ग अंतर है। यह वह मूल्य है जो माध्य पर कैसे फीनोटाईपों को वितरित किया जाता है। अंतर का वर्ग मूल को मानक अंतर कहा जाता है।
Variance, additive genetic- (VA):	**आनुवंशिक योजक अंतर (VA):**
The portion of phenotypic variance for a quantitative phenotype that is due to the additive effects of all alleles across all loci. This is the heritable component of variance, and it is exploited by selection.	परिमाणात्मक जीनोटाईप के लिए जीनोटाईप अंतर का वह भाग जो सभी बिन्दु में सभी विकल्पियों के बीच योजक प्रभावों के कारण है। यह अंतर का एक घटक है जिसे वांशिक रूप में पाया जा सकता है और इसका चयन द्वारा विकास किया जा सकता है।

Variance, dominance genetic- (VD):	आनुवंशिक प्रमुख अंतर (VD):
The portion of phenotypic variance for a quantitative phenotype that is due to the interaction between the alleles across all loci. This portion of genetic variance is not heritable because it is destroyed during meiosis. It is recreated in new and in different combinations every generation at fertilization. It is exploited by crossbreeding and helps explain inbreeding depression.	परिमाणात्मक फीनोटाईप के लिए फीनोटाईप अंतर का वह भाग जो लोसई में विकल्पियों के बीच अंत:प्रक्रिया के कारण है। आनुवंशिक अंतर का यह भाग विरासत में प्राप्त नहीं किया जा सकता क्योंकि यह अर्द्ध-सूत्र विभाजन में नष्ट हो जाता है। उर्वरण में हर वंश में नए एवं भिन्न भिन्न सम्मिश्रणों में इसकी फिर से रचना होती है। क्रॉस-प्रजनन द्वारा विकास किया जाता है तथा यह अंत: प्रजनन मंदी को स्पष्ट करने में मदद देता है।
Variance, environmental- (VE):	**पर्यावरणीय अंतर (VE)**
The portion of phenotypic variance for a quantitative phenotype that is due to environmental factors (e.g. spawning date, age of mother, temperature).	परिमाणात्मक ?ीनोटाईप के लिए ?ीनोटाईप अंतर का वह भाग जो पर्यावरणीय पहलुओं के कारण है (उदाहरण के लिए बोयाना दिनांक, माँ का उम्र, तापमान)।
Variance, epistasis genetic- (VI):	**आनुवंशिक ऐपिस्टाटिस अंतर (VI)**
The portion of phenotypic variance for a quantitative phenotype that is due to the interactions of alleles across loci. This portion of genetic variance is difficult to exploit and most of it is non-heritable as a result of the reduction division during meiosis; consequently it is usually ignored.	परिमाणात्मक फीनोटाईप के लिए फीनोटाईप अंतर का वह भाग जो लोसई में विकल्पियों के बीच अंत:प्रक्रिया के कारण है। आनुवंशिक अंतर के इस भाग तक पहुंचना अत्यंत कठिन है तथा अर्द्ध-सूत्री विभाजन के दौरान निम्नीकरण के कारण इसका अत्यधिक भाग को अनुवांशिक में प्राप्त नहीं किया जा सकता, अत: इसे छोड़ दिया जाता है।
Variance, genetic- (VG):	**आनुवंशिक अंतर (VG)**
The portion of phenotypic variance for a quantitative phenotype that is due to the genes.	परिमाणात्मक ?ीनोटाईप के लिए ?ीनोटाईप अंतर का वह भाग जो जीनों के कारण है।
Variance, phenotypic- (VP):	**फीनोटाईप अंतर (VP)**
The total variance that is measured for a quantitative phenotype in a population.	किसी संख्या में परिमाणात्मक ?ीनोटाईप के लिए मापित कुल अंतर।

Variety:	वैविधयता
Group of similar organisms within a species that clearly differs from other members of the species. Organisms of one variety transmit their characteristics to their offspring, but are alsocapable of interbreeding with other varieties within the same species. Term usually restricted to plant species.	एक ही प्रजाति में समान तरह के जीवों का दल जो स्पष्ट रूप से प्रजाति के अन्य सदस्यों से भिन्न होते हैं। एक प्रकार के जीव जो अपने लक्षणों को अपनी संतति में हस्तांतरित करते हैं, लेकिन वे उसी प्रजाति में निहित अन्य प्रकारों से भी अंत: प्रजनन की क्षमता रखते हैं। इस शब्दावली को पौधे प्रजातियों के लिए ही प्रयोग किया जाता हैं।
Vector:	वाहक
(a) Animal that transmits a disease-producing organism, including mosquitoes, aquatic molluscs, fish, birds, etc.	(a) वह जीव जो रोग पैदा करनेवाले जीवों का हस्तांतरण करते हैं, इसमें मच्छर, जलीय सीप, मत्स्य, पक्षी आदि शामिल हैं।
(b) Agent for transferring a gene from one organism to another.	(b) वे एजेन्ट जो जीनों को एक जीव से दूसरे में स्थानांतरित करते हैं।
(c) In GIS: a coordinate-based data structure commonly used to represent linear geographic features.	**(c) जीआईएस में** : संचालन आधारित डेटा संरचना जिसे रेखीय भौगोलिक पहलुओं को बताने के लिए प्रयोग किया जाता है।
Vector control:	वेक्टर नियंत्रण
Process of controlling a water-borne disease, parasite or infection by control of the carrier.	वाहकों के नियंत्रण द्वारा पानी-आधारित रोग, परजीवी या संक्रमण को नियंत्रित करने की प्रक्रिया।
Vegetation, emergent-	उद्गामी वनस्पति
Rooted plants, submerged at their basal portions and projecting out of the water for part of their length.	जड़ युक्त पौधे, जिनके आधारी भाग डूबे हुए हैं और उनके शेष भाग पानी के बाहर होते हैं।
Vegetation, submerged-	डूबी हुई वनस्पति
Rooted plants completely or mostly growing under water.	जड़ युक्त पौधे जो पूर्ण रूप से या कुछ हद तक पानी के नीचे विकसित होते हैं।
Veliger:	वेलिजर
Molluscan planktonic larval stage characterized by a band of small hairs (cilia, velum) that aids in weak locomotion.	सीप पादप-प्लवक का इल्ली स्तर जिसे उसके कमज़ोर गतिशीलता में सहायता देनेवाले उसपर निहित छोटे बालों (सीलिया, वेलम) द्वारा बताया जाता है।

Virion:	वायरन
Individual viral particle containing nucleic acid (the nucleoid), DNA or RNA (but not both) and a protein shell, or capsid.	अलग वायरल कण जियमें नाभिकीय अम्ल (न्यूक्लॉइड), DNA एवं RNA तथा प्रोटीन शेल या कैप्सिड होता है।
Virology:	वायरस विज्ञान
Branch of microbiology which is concerned with the study of viruses and viral diseases	सूक्ष्मजैविकी की वह शाखा जो वायरसों एवं वायरल रोगों के अध्ययन से संबंधित है।
Virus (pl. viruses)	वायरस
One of a group of minute infectious agents, characterized by a lack of independent metabolism and by the ability to replicate only within living host cells.	अत्यंत छोटे संक्रामक एजेन्टों का एक दल, जिसमें स्वतंत्र चयापचयी प्रक्रिया का अभाव होता है तथा उनमें केवल सजीव परपोषक कोशिकाओं के अंदर ही बढ़ने की क्षमता होती है।
Virulence	उग्रता
The degree of pathogenicity caused by an infectious organism, as indicated by the severity of the disease produced and its ability to invade the tissues of the host; the competence of any infectious agent to produce pathologic effects.	एक संक्रामक जीव द्वारा पैदा किए जानेवाले रोग की मात्रा, जिसे पैदा किए गए रोग की तीव्रता और परपोषक के ऊतकों का आक्रमण करने की क्षमता से बताया जाता है।
Vitamin	विटामिन
An organic compound occurring in minute amounts in foods and essential for numerous metabolic reactions.	एक कार्बनिक सम्मिश्र जो खाद्य पदार्थों में अत्यंत छोटी मात्राओं में पाए जाते हैं और वे कई चयापचयी अभिक्रियाओं के लिए अनिवार्य हैं।
Vitamin premix	विटामिन पूर्व-मिश्र
A mixture of crystaline vitamins or concentrates used to fortify a formulated feed.	क्रिस्टेलाइन विटामिनों का मिश्रण या सकेन्द्रित जिन्हें संविचरित फीड को सशक्त करने के लिए प्रयोग किया जाता है।
Viviparity	सजीवप्रजकता
Giving birth to living young, which have already reached an advanced stage of development.	एक सजीव संतति को जन्म देना जो विकास के उन्नत स्तर पर पहुंच चुके हैं।
Viviparous	सजीवप्रजक
Bringing forth living young; the mother contributes food toward the development of the embryos.	सजीव संतति को आगे लाना जहां माँ, भ्रूण के विकास हेतु खाद्य पदार्थ का योगदान देती है।

W

Wakame:	वेकेमे
Japanese name for the coldwater brown alga/ seaweed Undaria pinnatifida.	ठंड़े पानी भूरे शैवाल/समुद्री शैवाल उण्डारिया पिन्नाटिफिडा के लिए जापानी नाम।
Waste heat:	**व्यर्थ ताप**
Heated or thermal effluents produced by power plants.	पवर प्लांटों से पैदा किए जानेवाले ताप बहिस्राव या गरमी।
Waste, metabolic-	**चयापचयी व्यर्थ**
By-products of metabolism excreted from the body of an organism.	किसी जीव के शरीर से निस्सारित चयापचयी प्रक्रियाओं के उपोत्पाद।
Waste treatment, tertiary-	**तृतीयक स्तर व्यर्थपानी उपचार**
Advanced treatment process, following secondary treatment of wastewater, that produces highquality water. Tertiary treatment includes removal of nutrients such as phosphorus and nitrogen and practically all suspended and organic matter from wastewater.	उन्नत उपचार प्रक्रिया, इसके बाद व्यर्थपानी पर द्वितीयक उपचार प्रक्रिया अपनाया जाता है जो उच्च गुणवत्ता पानी पैदा करता है। तृतीयक उपचार में फॉसफोरस एवं नाईट्रजोजन जैसे पौष्टिकताओं को निकाला जाता है। इनके साथ में व्यर्थपानी से सभी लंबित एवं कार्बनिक पदार्थों को भी निकाला जाता है।
Waste treatment, secondary-	**द्वितीयक व्यर्थपानी उपचार**
Waste treatment that follows primary waste treatment primarily to consume the organic part of the wastes. It is accomplished by bringing sewage and bacteria together in trickling filters or in activated sludge processes. Secondary treatment may remove up to 90 percent of Biological Oxygen Demand by converting organic materials to inorganic materials such as phosphate and nitrate, which are then released to the environment.	वह व्यर्थपानी उपचार जो प्राथमिक उपचार प्रक्रिया के बाद यर्थ पदार्थों के कार्बनिक भागों का उपभोग करवाने के लिए ही अपनाया जाता है। यह सीवेज और बैक्टीरिया को ट्रिकलिंग फिल्टरों में या सक्रियकृत पंक प्रक्रियाओं में एक साथ लाने के माध्यम से किया जाता है। द्वितीयक उपचार फॉस्फेट और नाईट्रेट जैसे अकार्बनिक सामग्रियों को कार्बनिक सामग्रियों में बदलते हुए जैविक ऑक्सीजन डिमाण्ड को 90 प्रतिशत तक निकाल सकता है, जो आगे चलकर वातावरण में मुक्त हो जाते हैं।

Waste treatment, primary-	तृतीयक व्यर्थपानी उपचार
A process that removes material that floats or will settle in sewage, accomplished by using screens to catch the floating objects and tanks for the heavy matter to settle in and often including chlorination; results in the removal of about 30 percent of Biological Oxygen Demand from domestic sewage and something less than half of the metals and toxic organic substances.	वह व्यर्थपानी उपचार में सीवेज में जम जानेवाले सभी तैरनेवाली सामग्रियों को निकल जाता है। इस प्रक्रिया में स्क्रीनों का प्रयोग करते हुए पकड़ते हैं तथा भारी पदार्थों को टंकियों में जमने देता है। इसमें प्रायः क्लोरिनेशन प्रक्रिया शामिल की जाती है। इससे घरेलू सीवेज से लगभग 30 प्रतिशत जैविक ऑक्सीजन डिमाण्ड तथा धातु एवं विषैले कार्बनिक पदार्थों के लगभग आधे से अधिक भाग निकाल दिया जाता है।
Wastewater:	**व्यर्थपानी**
Water that has been used for domestic or industrial purposes including land-based aquaculture. Wastewater from one user can be a potential supply to a user elsewhere. Cooling water is not considered to be wastewater.	वह पानी घरेलू या औद्योगिक उद्देंश्यों के लिए प्रयोग किया गया है जिसमें भूमि-आधारित जलकृषि भी शामिल है। एक प्रयोगकर्ता से व्यर्थपानी दूसरी जगह पर स्थित अन्य प्रयोगकर्ता के लिए सक्षम आपूर्ति बन सकता है। ठंड़े किए गए पानी को व्यर्थपानी नहीं माना जाता।
Wastewater treatment:	**व्यर्थपानी उपचार**
Process to render wastewater fit to meet environmental standards or other quality norms. Three broad types of treatment may be distinguished: mechanical, biological and advanced.	वह प्रक्रिया जिसके माध्यम से पर्यावरण मानक या अन्य गुणवत्ता के मानदण्डों को पूरा करने के लिए व्यर्थ पानी को साफ किया जाता है। उपचार के तीन प्रमुख प्रकार हैं: यांत्रिकी, जैविक और उन्नत।
Water, artificial sea-	**कृत्रिम समुद्र पानी**
Seawater prepared from premixed salts or sea salt. A good artificial seawater is characterized by four factors: (i) it is simple but still contains, in reasonable concentrations, elements known to be essential to animals and plants; (ii) it is relatively easy to measure and mix; (iii) major ions are present in concentrations and ratios that approximate natural seawater, and (iv) the components consist of salts that do not precipitate easily.	पूर्व मिश्रित लवण या समुद्र लवण से तैयार किया गया समुद्र का पानी। एक अच्छा कृत्रिम समुद पानी है तथा चार घटकों से इसका लक्षण-वर्णन किया जाता है : (i) यह सरल है, लेकिन इसमें फिर भी उन तत्त्वों की उचित मात्रा की सान्द्रता होती है, जो जीवों और पौधों के लिए अनिवार्य होते हैं (ii) इसे आसानी से मापा जा सकता है या मिलाया जा सकता है (iii) सान्द्रताओं में प्रमुख अयॉन उपस्थित होते हैं और उनके अनुपात प्राकृतिक समुद्र पानी के बहुत ही करीब होता है, तथा (iv) इन लवणों का अवक्षेपन आसानी से नहीं होता है।

Water, brackish-	खारा पानी
Water with a salinity intermediate between seawater and freshwater, usually showing wide salinity fluctuations.	समुद्र पानी एवं स्वच्छ पानी के बीच में पाया जानेवाला लवण युक्त पानी जो प्राय: विस्तृत लवण उपस्थिति में उतार-चढ़ाव पाया जाता है।
Water, brown-	भूरा पानी
Filtered natural water (>2 μm), which retains small phytoplankton and is used for larval culture.	छाना हुआ प्राकृतिक पानी (>2 μm) जिसमें छोटे पादप-प्लवक रह जाते हैं और इसे इल्ली संवर्द्धन के लिए प्रयोग किया जाता है।
Water, enriched sea-	पौष्टिकता युक्त समुद्र पानी
Natural seawater to which nutrients have been added to promote the growth of (micro)algae. In most cases the media are sterilized by autoclaving or microfiltration to eliminate contaminant microorganisms.	प्राकृतिक समुद्र पानी जिसमें (सूक्ष्म) शैवालों की वृद्धि में बढ़ोत्तरी लाने के लिए पौष्टिक पदार्थ डाले गए हैं। कई मामलों में दूषित सूक्ष्मजीवियों को निकालने के लिए ऑटोक्लेव या माईक्रोफिल्टरेशन द्वारा माध्यम को विसंक्रमित किया जाता है।
Water, green-	हरा पानी
Water with an induced density of planktonic (micro)algae (usually green algae).	वह पानी जिसमें सघन पादप प्लवक (सूक्ष्म) शैवाल होते हैं (आमतौर पर हरित शैवाल)।
Water hardening:	पानी द्वारा कठोर करने की प्रक्रिया
In aquaculture, the addition of water to newly fertilized eggs to harden the chorion.	जलकृषि में नवीन उर्वरित अण्डों के कॉरियॉन को कठोर बनाने के लिए पानी डाला जाता है।
Water harvesting:	पानी का इकत्रीकरण
The collection of runoff for its productive use. More precisely, it is the process of collecting and concentrating rainfall as runoff from a catchment area larger than the area where it will be used. The collected water is either directly applied to the cropping area and stored in the soil profile for immediate uptake by the crop (e.g. runoff farming) or stored in a water reservoir for future productive use.	उचति उपयोग के लिए बह जानेवाले पानी का इकत्रीकरण। अधिक विवरणों के लिए यह प्रयोग किए जानेवाले क्षेत्र से बड़े कैचमेण्ट क्षेत्र में घोर वर्षा के बाद बह जानेवाले पानी को इकत्रित करने की प्रक्रिया है। इकत्रित पानी को सीधे खेती क्षेत्र में लागू किया जा सकता है और उसे फसलों के उद्ग्रहण हेतु मृदा प्रोफाईल में (उदाहरण के लिए प्रवाहित पानी खेती) भंडारित किया जा सकता है या उसे भविष्य में उचित उपयोग हेतु जलाशयों में भंडारित किया जा सकता है।

Water quality criteria:	पानी गुणवत्ता मानदण्ड
Specific levels of water quality desired for identified uses, including drinking, recreation, farming, aquaculture production, propagation of other aquatic life, and agricultural and industrial processes.	विशिष्ट प्रयोगों के लिए पानी की वांछित गुणवत्ता के विशिष्ट स्तर। विशिष्ट प्रयोगों में पीने का पानी, खेती, जलकृषि उत्पादन, अन्य जलजीवों का प्रजनन तथा कृषि एवं औद्योगिक प्रक्रियाएँ शामिल हैं।
Water, sea-	समुद्र पानी
Coastal and offshore waters in which the salinity is maximal (around 35 ppt) and not subject to significant daily and seasonal variation.	तटवर्ती या तट से दूर का पानी जिसमें लवणता अधिकतम होता है और वह दैनिक अथवा मौसमिक विभिन्नता नहीं होती है।
Water, seepage-	रिसाव का पानी
For an earthen pond: water that is lost vertically through the bottom, horizontally through the dikes by infiltration, and through the drainage system.	**मिट्टी के घड़े के लिए:** जो पानी निचले स्तर से खड़ी स्थिति में से, अंत:संचारण के माध्यम से डाईकों में से क्षेतिज स्थिति में और तथा सह ड्रेनेज व्यवस्था खो जाता है।
Water, saline-	लवण पानी
Inland water with high salt concentration.	तट से दूर भूमि पर उच्च सान्द्रता युक्त पानी।
Water treatment, tertiary-	तृतीयक स्तर पानी उपचार
Removal of chemicals and dissolved solids.	रासायनिक पदार्थों एवं विघटित ठोस पदार्थों को निकालने की प्रक्रिया।
Water treatment, secondary-	द्वितीयक स्तर पानी उपचार
Biological treatment methods (for example, by contact stabilization, extended aeration).	जैविक उपचार पद्धतियां (उदाहरण के लिए स्थिरन संपर्क द्वारा विस्तारित वातन)
Water treatment, primary-	प्राथमिक स्तर पानी उपचार
Removal of a substantial amount of suspended matter, but little or no removal of colloidal and dissolved matter	लंबित पदार्थों की पर्याप्त मात्रा निकालने की प्रक्रिया, लेकिन कोलॉयडल या विघटित पदार्थों को बिल्कुल नहीं निकाल पाना।
Waters, coastal-	तटवर्ती पानी
Littoral waters that contain a measurable quantity or percentage of seawater (e.g. more than 0.5 parts per thousand).	लिट्टोरल पानी जिसमें मापने योग्य अथवा प्रतिशत का समुद्र पानी होता है (उदाहरण के लिए 0.5 पाट्र्स प्रति हज़ार से भी अधिक)।

Waters, inland-	अंतर्देशीय पानी
All surface waters, usually fresh, contained within lands.	सभी सतही पानी जो आमतौर पर स्वच्छ होता है और यह तट से दूर भूमि पर होता है।
Waters, sea-	समुद्र पानी
Waterbodies such as fjords, inshore and open waters and inland seas in which the salinity generally exceeds 20 ppt.	"जोर्ड, तटवर्ती एवं खुले तथा अंतर्देशीय पानी, जिसमें आमतौर पर लवणता 20 चचज से अधिक होती है।"
Weaning :	स्तन्यमोचन/दूध छुड़ाना
Process in which an animal's dependence on its mother, directly or indirectly (e.g. yolk sac) for food or protection comes to an end. In aquaculture, also used to refer to the transition from live food to processed feed for small larval fish.	वह प्रक्रिया जिसके माध्यम से किसी जीव के खाने या सुरक्षा के संबंध में प्रत्यक्ष या परोक्ष रूप में माँ पर निर्भरता बंद हो जाती है। जलकृषि में छोटी मत्स्य इल्लियों के लिए इसे सजीव से लेकर प्रसंस्कृत खाद्य पदार्थ तक के संक्रमण बताने के लिए भी प्रयोग किया जाता है।
Wetlands:	आर्द्र प्रदेश
Areas of marsh, fen, peat bog or water, natural or artificial, permanent or temporary, with water that is static or flowing, fresh, brackish or saline,including areas of marine waters the depth of which at low tide does not exceed six metres.	पानी से युक्त दलदल, घेरे, पीट बॉग या पानी, प्राकृतिक या कृत्रिम, स्थायी या अस्थायी क्षेत्र जहां पानी स्थिर या प्रवाहित होता है, स्वच्छपानी, खारापानी या लवणीय है। इसमें उस गहराई के समुद्री पानी के क्षेत्र जहां निम्न ज्वार छह मीटर से अधिक नहीं होता।
Weed (a)	घास फूस (a)
Any plant that grows wild in fresh, brackish or sea water.	कोई भी मत्स्य जो स्वच्छपानी या समुद्र पानी में वन्य रूप में विकसित होता है।
Weed (aquatic) (b)	घास फूस (जलीय) (इ)
In pond culture: undesirable water plant growing in a pond. Any plant growing in a body of water that reduces the ability of the water to support fish life, or interferes with fishing or fish harvest.	तालाब संवर्द्धन में : अवांछित पानी के पौधे जो तालाब में विकसित होते हैं। कोई भी पौधा जो जलाशय में विकसित होता है, वह पानी में निहित मत्स्य जीवन को समर्थन देने की क्षमता कम करता है, या वह मत्स्य पकड़ने या ऱसल करने की प्रक्रिया में बाधा पैदा करता है।
Weed killer	घास ऱूस नाशक
A chemical or other product (usually poisonous) for destroying weeds.	वह रासायनिक पदार्थ या अन्य उत्पाद द्धआमतौर पर विषैलात्रः जो घास ऱूस नष्ट करने के लिए प्रयोग किया जाता है।

Weir (c)	**वीयर (ब)**
Stationary fish trap which acts as a barrier to fish movements and leads fish into pots.	स्थिर मत्स्य ंदा, जो मत्स्य की गतिविधियों को रोकता है और मत्स्यों को मटकों की ओर भेजता है।
Weir (d)	**वीयर (क)**
A dam type of structure installed for the measurement of the flow of a river. Measurement weirs are either flat crested or V shaped. V-notch weirs are often the option chosen as they give good accuracy at both low and high flows, whereas flat topped weirs can be inaccurate at low flows.	एक बांध प्रकार की संरचना जिसे नदी के प्रवाह का माप करने के लिए संस्थापित किया जाता है। मापन वीयर या समतल क्रेस्टेड होते हैं या ट आकार में होते हैं। ट-नॉट्च वीयर प्राय: चुने जानेवाले विकल्प होते हैं क्योंकि वे निम्न एवं उच्च प्रवाह, दोनों में अच्छी शुद्धता प्रदान करते हैं, जबकि समतल ऊपरी वीयर निम्न प्रवाहों में सही नहीं होते हैं।
Weight-length relationship	**वज़न-लंबाई संब)ता**
Mathematical relationship between weight and length of individual fishes usually in the form of an exponential curve, expressed as: W = aLb where W is live weight in grams, L length (to specify type) in centimetres, a and b estimated constants. This relationship varies with the species and its environment.	आमतौर पर अलग अलग मत्स्यों में वज़न और लंबाई के बीच गणितीय संबंध को एक प्रतिपादक वक्र में अभिव्यक्त किया जाता है, जिसे ˘ ˃ स्इ में अभिव्यक्त किया जाता है, जहां ˘ मत्स्यों का ग्रामों में सजीव वज़न है, स्र सेंटीमीटरों में व्यक्त लंबाई द्धप्रकार प्रस्तुत किया जाना हैऋ है तथा ˙ और इ आकलित स्थिरांक हैं। यह संबंध, प्रजातियां और उनके पर्यावरण के अनुसार भिन्न होते हैं।
Winterkill	**शरद-मृत्यु**
The loss of animals in a lake, pond or other waterbody as a result of heavy ice cover, which restricts photosynthesis and leads to an oxygen depletion. In the case of oyster culture: a condition in which oysters are frozen and die when exposed to cold temperatures at low tide in intertidal beds.	किसी झील, तालाब या कोई जलाशय में अत्यधिक र्क जम जाने के कारण मर जाते हैं, यह प्रकाश संश्लेषण प्रक्रियाओं को रोकता है और इससे ऑक्सीजन का नि:शेषण होता है। यह वह स्थिति है जिसमें सीप प्रशीतित हो जाते हैं तथा अंतर-ज्वारीय बेड में निम्न ज्वार के ठंड़े तापमानों के प्रभाव में लाए जाने पर मर जाते हैं।

Y

Yeast, bakers'-	खमीर बेकर्स
A specialized strain of yeast, often Saccharomyces cerevisiae that is used in the production of beer; capable of rapid fermentation activity underconditions of low oxygen tension, low water activity, and high osmotic pressure. Frequently used in the culture of rotifers as live food for fish larvae.	खमीर का एक विशिष्ट सार जो प्राय: सैखरोमईसिस सेरेविसी होता है और यह बीयर के उत्पादन में प्रयोग किया जाता है। यह अत्यंत निम्न ऑक्सीजन टेन्शन की स्थितियों में, निम्न पानी क्रियाकलाप एवं उच्च ऑस्मॉटिक दाब स्थितियों में त्वरित किण्वण करने में सक्षम है। यह प्राय: रोटिफर के संवर्द्धन में मत्स्य इल्लियों के लिए एक सजीव खाद्य पदार्थ के रूप में प्रयोग किया जाता है।
Yearling:	**नन्हें मत्स्य**
Fish of any age between one and two years from date of hatching.	प्रस्फुटन के दिनांक से एक या दो साल के बीच के उम्र के किसी भी प्रकार के मत्स्य।
Yield (b):	**प्राप्ति (इ)**
Production per unit area and unit time (e.g. 400 kg/ha/yr).	उत्पादन प्रति इकाई क्षेत्र और इकाई समय द्धउदाहरण के लिए 400 ाहधींधलतत्रः
Yield, maximum sustainable- (MSY):	**अधिकतम दीर्घकालिक प्राप्ति (डैल)**
For a fish stock: the highest theoretical equilibrium yield that can be continuously taken (on average) from a stock under existing (average) environmental conditions without affecting significantly the reproduction process.	मत्स्य स्टॉक के लिए : किसी वर्तमान पर्यावरणीय स्थितियों में प्रजनन प्रक्रिया पर कोई खास प्रभाव किए बिना स्टॉक से लगातार ली जानेवाली उच्च सै)ांतिक संतुलन प्राप्ति।
Yolk sac:	**अण्डे की ज़रदी का थैला**
A sac-like organ that encloses the yolk.	अण्डे की ज़रदी को ढकनेवाला थैला जैसा अंग।
Yolk (egg-):	**अण्डे की ज़रदी द्धअण्डात्रः**
Total nutritive reserves incorporated into the egg cytoplasm.	अण्डे के कोशिका द्रव्य में शामिल किए गए कुल पौष्टिक स्रोत।
Yolk:	**अण्डे की ज़रदी**
Cells and structures that are concerned with or associated to the egg yolk and its production and Development.	कोशिकाएं एवं संरचनाएं जो अण्डे की ज़रदी से संबंधित है। यह उत्पादन और विकास से संबंधित है।

Z

Zoobenthos:	ज़ूबेन्थॉस
Benthic fauna.	बेन्थिक जीव-जन्तु
Zygote:	**युग्मनज**
The cell that is created when a spermatozoon fertilizes an ovum. In aquaculture, this is often called a "fertilized egg".	वह कोशिका, जिसकी रचना तब होती है जब शुक्राणु, एक अण्डाणु को उर्वरित करता है। जलकृषि में इसे प्राय: ''उर्वरित अण्डा'' कहा जाता है।
Zooplankton (zooplancton):	**प्राणिमंदप्लवक**
The animal component of plankton.	प्लवकों के जीव घटक।
Zoea (pl. zoeae):	**ज़ोया**
Larval stage of crustaceans following metamorphosis from the nauplius larva; characterised by four pairs of thoracic appendages;it may be referred to as protozoea where differentiation between the nauplius and mysis (or postlarva stage of development) is difficult.	क्रस्टीशियनों का नौप्लियस इल्ली स्तर से रूपांतरित होने के बाद का इल्ली स्तर। इसमें चार जोड़ों के थोरेसिक उपांगों द्वारा वर्गीकृत किया जाता है। इसे प्रोटोज़ोआ के संदर्भ में भी लिया जा सकता है जहां नौप्लियस एवं माईसिस द्धविकास का इल्ली स्तर के बाद की स्थितित्रि के बीच में भिन्नता बताना बहुत ही कठिन है।